Adobe Photoshop Lightroom Classic 2021 经典教程 彩色版

[美] 拉斐尔 · 康塞普西翁（Rafael Concepcion）◎ 著
武传海 ◎ 译

人 民 邮 电 出 版 社
北 京

图书在版编目（CIP）数据

Adobe Photoshop Lightroom Classic 2021经典教程：彩色版 / （美）拉斐尔·康塞普西翁（Rafael Concepcion）著；武传海译. -- 北京：人民邮电出版社，2022.12
ISBN 978-7-115-59765-6

Ⅰ. ①A… Ⅱ. ①拉… ②武… Ⅲ. ①图像处理软件－教材 Ⅳ. ①TP391.413

中国版本图书馆CIP数据核字(2022)第133074号

◆ 著　　[美] 拉斐尔·康塞普西翁（Rafael Concepcion）
译　　武传海
责任编辑　罗　芬
责任印制　王　郁　胡　南

◆ 人民邮电出版社出版发行　北京市丰台区成寿寺路 11 号
邮编　100164　电子邮件　315@ptpress.com.cn
网址　https://www.ptpress.com.cn
北京九州迅驰传媒文化有限公司印刷

◆ 开本：787×1092　1/16
印张：25.5　　2022 年 12 月第 1 版
字数：685 千字　　2022 年 12 月北京第 1 次印刷
著作权合同登记号　图字：01-2021-4507 号

定价：149.90 元

读者服务热线：(010) 81055410　印装质量热线：(010) 81055316
反盗版热线：(010) 81055315
广告经营许可证：京东市监广登字 20170147 号

内容提要

本书由 Adobe 专家编写，是 Adobe Photoshop Lightroom Classic 2021 的经典学习用书。

全书共 11 课，每一个重要的知识点都借助具体的示例进行讲解，步骤详细，重点明确，帮助读者尽快掌握实际操作技巧。本书主要包含认识 Lightroom Classic、导入照片、认识 Lightroom Classic 的工作区、管理照片库、修改照片、高级编辑技术、制作画册、制作幻灯片、打印照片，以及备份与导出照片和工作流程介绍等内容。

本书语言通俗易懂，并配以大量的图片，特别适合新手学习。有一定 Lightroom Classic 使用经验的读者也可从本书中学到大量高级功能和 Adobe Photoshop Lightroom Classic 2021 版本新增功能的使用方法。本书适合作为各类院校相关专业的教材，还适合作为相关培训班学员及广大自学人员的参考用书。

前　言

Adobe Photoshop Lightroom Classic（本书简称为 Lightroom Classic）是 Adobe 公司为数字摄影师提供的一套“黄金标准”的工作流程解决方案，涵盖从导入、浏览、组织和修饰照片，到发布照片、制作客户演示文稿、创建相册，以及输出高质量印刷品的方方面面。

使用 Lightroom Classic 的好处之一是，你可以在一个易用的界面中获得你所了解和喜欢的 Adobe 系列软件的常用功能，并且能够快速上手。

无论你是普通的个人用户、专业摄影师、业余爱好者，还是商业用户，Lightroom Classic 都能帮助你有效地应付不断增加的照片，并轻松地为网络和印刷等用途制作出好看的图片和精美的演示文稿。

关于本书

本书是 Adobe 图形图像与排版软件官方培训教程之一，由 Adobe 产品专家编写。

本书每一个重要的知识点，都通过一系列的项目进行讲解，大家可以根据自己的学习进度灵活地进行学习。借助这些项目，大家能够学到大量 Lightroom Classic 实际操作技巧。

如果你是初次接触 Lightroom Classic 这款软件，那么在本书中你会学到各种基础知识、概念、技巧，为熟练掌握 Lightroom Classic 打下坚实的基础。如果你之前用过 Lightroom Classic 的早期版本，那么通过本书，你会学到使用该软件的一些高级技巧，还能接触到 Adobe 公司在新版本中添加的许多新功能和增强功能。

本版新增内容

本版涵盖 Lightroom Classic 中的许多新功能和增强功能，从删除一个图像特定步骤之前的历史，到过滤文件夹和收藏夹的新方法，再到使用多个导出预设从你的照片库批量导出图像等。

你会发现一些喜欢使用的功能得到了增强，包括细微缩放和框缩放、【导航器】面板中升级的缩放级别、新的【颜色分级】面板（代替色调分离，实现了对颜色更好的控制）等。

在本书中，我们还会学习一些组织图库和简化工作流程的新方法，包括如何从现有文件夹与子文件夹创建收藏夹和收藏夹集，如何通过建立一个可靠的工作流程确保工作有条不紊地进行，等等。在本书中，我们还会介绍几位特邀摄影师。大家可以听取这些经验丰富的摄影师的建议，从他们令人赞叹的摄影生涯中获得灵感。

学前预备

正式开始学习本书课程之前，请先根据后文的提示与指导做好准备。

硬盘空间

下载本书全部课程文件（有关下载方法请阅读“资源与支持”中的内容）并创建工作文件大约需要 8.5GB 的存储空间。

必备技能

学习本书课程的前提是你得会计算机的基本操作，会用计算机的操作系统。

而且，你还要会使用鼠标、标准菜单和命令，知道如何打开、保存、关闭文件，会拖动窗口的滚动条（水平滚动条和垂直滚动条）在显示区域中查看隐藏的内容，知道如何通过鼠标右键打开与使用上下文菜单。

如果你不懂这些基本的计算机操作，请先阅读 Apple macOS 或 Microsoft Windows 附带的说明文档。

安装 Lightroom Classic

注意 本书使用的软件版本是 Lightroom Classic 2021。

学习本书课程之前，请先确保你的计算机系统安装正确，而且安装了需要的软件和硬件。

Lightroom Classic 不随书提供，你必须单独购买它并自行安装。有关下载、安装、配置 Lightroom Classic 的系统需求和详细说明，请前往 Adobe 官网阅读 Lightroom Classic 入门中的相关内容。

了解 Lightroom Classic 目录文件

目录文件是图库中所有照片的数字笔记本。这个数字笔记本记录着主文件的位置、组织图片时添加的所有元数据，以及你做的每一次调整和编辑。大多数用户会把他们所有的照片保存在一个目录中，这样可以轻松地管理成千上万的照片。而有些人可能会为不同的目的创建单独的目录，例如个人照片和商业照片。虽然你可以创建多个目录，但请记住，在 Lightroom Classic 中一次只能打开一个目录。

为配合本书的学习，我们会新建一个目录，用来管理课程中用到的图像文件。这样，我们可以保留默认目录，确保学习过程中不修改它，同时把课程文件集中起来，存放到一个我们容易记住的位置上。

新建目录文件

首次启动 Lightroom Classic 时，它会自动在你的硬盘上创建一个名为 Lightroom Catalog.lrcat 的默认目录文件，该目录文件位于 [你的用户名]/Pictures/Lightroom 文件夹下。

下面我们将在 LRClassicCIB 文件夹中新建一个目录文件，它与 Lessons 文件夹（存放下载的课程文件）是同级的。

> **注意** 在本书中，我们使用向前箭头（ > ）表示菜单栏（位于工作区顶部）或上下文菜单中的子菜单与命令，例如【菜单】>【子菜单】>【命令】。

❶ 启动 Lightroom Classic。

❷ 从菜单栏中依次选择【文件】>【新建目录】。

❸ 在【创建包含新目录的文件夹】对话框中，转到前面创建的 LRClassicCIB 文件夹下。

❹ 在【存储为】(macOS) 或【文件名】(Windows) 文本框中输入“LRClassicCIB Catalog”，单击【创建】按钮，如下图所示。

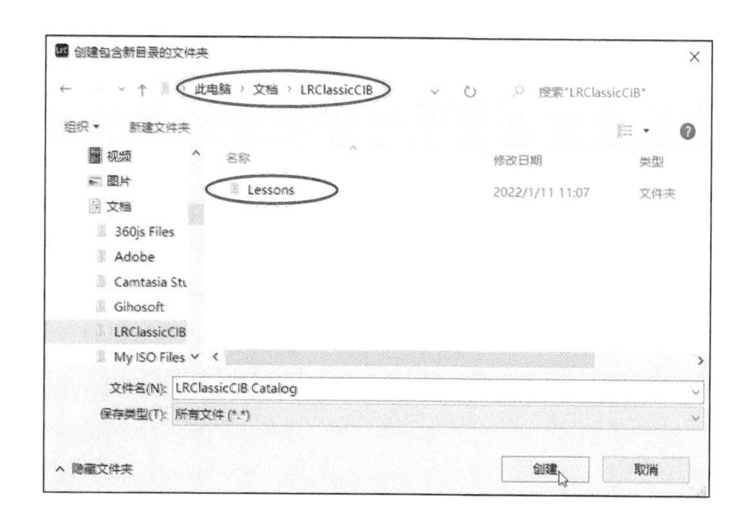

❺ 若弹出信息，询问是否在加载新目录前备份当前目录，请根据实际需要做出选择。

为确保做本书练习时你始终知道当前用的是哪个目录，接下来设置一下首选项，让 Lightroom Classic 每次启动时都会提示你指定的 LRClassicCIB 目录。建议你在学习本书的课程时，一直保持这个首选项设置不变。

❻ 从菜单栏中依次选择【Lightroom Classic】>【首选项】(macOS) 或者【编辑】>【首选项】(Windows)。

> **注意** Lightroom Classic 既可以运行在 macOS 下，也可以运行在 Windows 下，但在两个系统下同一个命令的操作方式会有所不同。为兼顾两个系统的用户，我们在给出操作方式时，会同时给出两种系统下的操作方式。

❼ 在【首选项】对话框中单击【常规】选项卡，从【启动时使用此目录】菜单中勾选【启动 Lightroom 时显示提示】，如下页图所示。

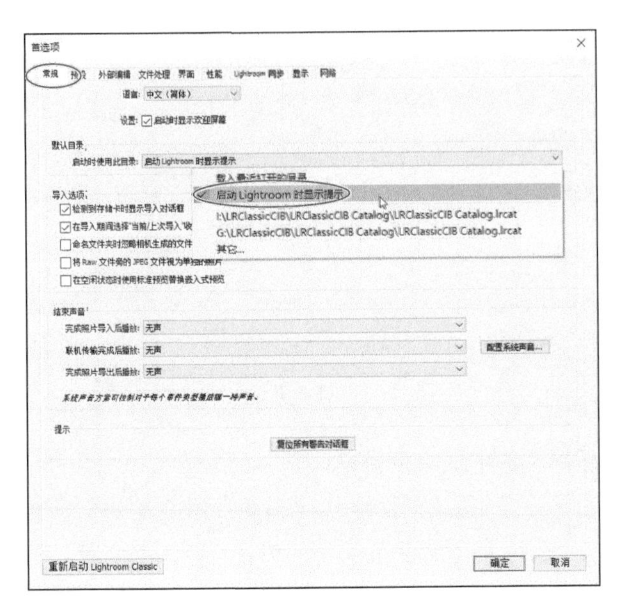

❽ 单击【关闭】（macOS）或【确定】（Windows）按钮，关闭【首选项】对话框。

重新启动 Lightroom Classic，弹出【Adobe Photoshop Lightroom Classic – 选择目录】对话框，在其中选择要打开的目录，这里是 LRClassicCIB Catalog.lrcat，然后单击【打开】按钮，启动 Lightroom Classic，如下图所示。

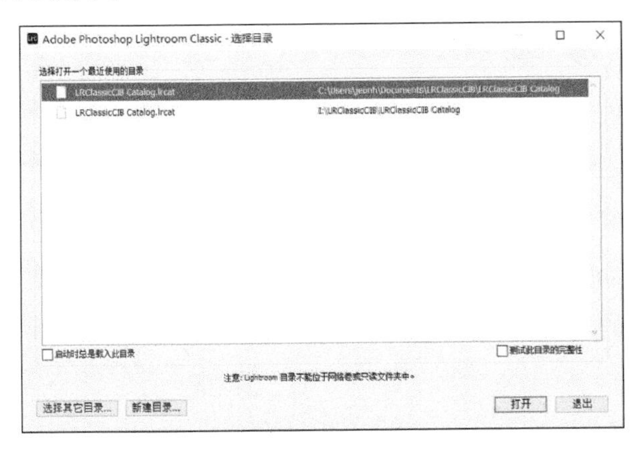

提示 若在【首选项】的【启动时使用此目录】菜单中勾选【载入最近打开的目录】（该选项是默认设置），启动 Lightroom Classic 后，立即按住 Control+Option（macOS）或 Ctrl+Alt（Windows）组合键，也可以打开【Adobe Photoshop Lightroom Classic – 选择目录】对话框。

云同步

借助 Adobe Creative Cloud，能将 Lightroom Classic 与 Lightroom 移动版（Lightroom for Mobile）、Lightroom 网页版（Lightroom on the Web）整合在一起，这样就可以轻松地在桌面计算机和移动设备之间同步照片，以便在任何时间、任何地点浏览、组织、编辑照片，然后在线分享给其他人。

无论你是在桌面计算机（笔记本电脑）上使用 Lightroom Classic，还是在移动设备上使用 Lightroom Classic，你对同步收藏夹或照片做的所有修改都会更新到其他设备上。请注意，Lightroom Classic 向移动设备同步的是高分辨率的智能预览而非原始照片。相比原始照片，智能预览尺寸较小、同步起来耗时短、占用的存储空间小，这样即使你身边没有桌面计算机，也可以使用原始图像。

你在移动设备上对照片所做的编辑会同步到 Lightroom Classic 目录中相应的全尺寸原始照片上。在把使用手持设备拍摄的照片添加到同步收藏夹之后，这些照片（全尺寸）也会被下载到你的桌面计算机中。你可以把设备中的照片分享到社交平台上，或者通过 Lightroom 网页版将其分享给其他人。

具体操作如下。

❶ 下载并在移动设备上安装 Lightroom 移动版。你可以从苹果应用商店（iPad 和 iPhone）或 Google Play（Android）免费下载该应用程序进行试用，然后选择一个订阅计划。

❷ 在移动设备上安装好 Lightroom 之后，阅读第 4 课学习更多有关 Lightroom 的入门知识。

借助完整的 Adobe Creative Cloud 订阅或摄影师计划，订阅移动版 Lightroom 是免费的。有关订阅细节，请前往 Adobe 官网了解。

获取帮助

你可以使用多种方式获取一些软件使用帮助，每种方式都有特定的使用场景，请根据实际情况选择合适的获取方式。

模块提示

首次进入 Lightroom Classic 的任意一个模块时，你会看到一些模块提示，如下页图所示。这些提示可以帮助你了解 Lightroom Classic 工作区的各个组成部分，以及熟悉整个工作流程。

单击提示浮动窗口右上角的【关闭】按钮（×），可关闭提示。无论何时，你都可以从菜单栏中依次选择【帮助】>【XXX 模块提示】（XXX 是当前模块名称），重新打开当前模块的提示。

在【帮助】菜单中，你还可以打开【XXX 模块快捷键】，以了解当前模块中各个操作对应的快捷键。

Lightroom Classic 帮助

从 Lightroom Classic 的【帮助】菜单中可以打开 Lightroom Classic 学习和支持页面，里面包含完整的用户文档。

注意 要从【帮助】菜单打开 Lightroom Classic 帮助，你的计算机应保持联网状态。

❶ 在 Lightroom Classic 中，从菜单栏中依次选择【帮助】>【Lightroom Classic 帮助】（或者按 F1 键），Lightroom Classic 会打开浏览器，打开【Lightroom Classic 学习和支持】页面。页面右上角有一个搜索框，在其中输入关键词，按 Return 键（macOS）或 Enter 键（Windows），可以快速检索到相关主题，如下图所示。

❷ 按 Command+Option+/（macOS）或 Ctrl+Alt+/（Windows）组合键，可以在浏览器中快速打开【Lightroom Classic 用户指南】页面。

❸ 按 Command+/（macOS）或 Ctrl+/（Windows）组合键，可以打开当前模块的快捷键列表。按任意键，可以关闭快捷键列表。

在线帮助与支持

不管 Lightroom Classic 当前是否处于运行状态，我们都可以轻松访问网络上的 Lightroom Classic 帮助、教程、支持和其他资源。

- 若 Lightroom Classic 当前处于运行状态，从菜单栏中依次选择【帮助】>【Lightroom Classic 联机】。
- 若 Lightroom Classic 当前处于未运行状态，请打开浏览器，登录 Adobe 官网，进入 Lightroom Classic 学习和支持页面查找与浏览有关内容。

更多资源

本书写作目的并非用来取代软件的说明文档，因此不会详细讲解软件的每个功能，而只讲解课程中用到的命令和菜单。有关软件功能与教程的更多信息，请参考以下资源。

Adobe Photoshop Lightroom Classic 学习和支持

在 Adobe 官网可搜索与浏览有关 Lightroom Classic 的学习和支持内容。

Adobe 支持社区

进入 Adobe 社区，你可以与一群志趣相投的人就使用 Adobe 公司产品中遇到的问题进行讨论与问答。

Adobe Creative Cloud 教程

前往 Adobe Creative Cloud 教程页面，可以找到一些与 Lightroom Classic 相关的技术教程、跨软件工作流程、新功能更新信息，还可以获得一些启发和灵感。

Adobe Photoshop Lightroom Classic 产品主页

进入 Adobe Photoshop Lightroom Classic 产品主页，了解有关 Lightroom Classic 产品的信息。

Adobe Create Cloud 在线杂志

Adobe Create Cloud 上有大量讲解设计以及设计相关问题的深度好文，你还可以在其中看到大量顶尖设计师的优秀作品和各种教程等，如下图所示。

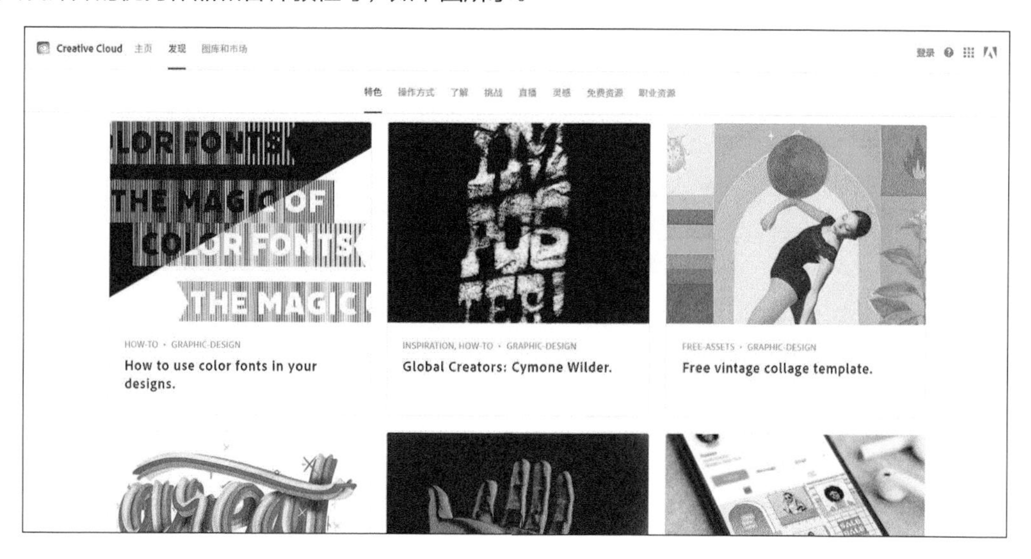

资源与支持

本书由“数艺设”出品，“数艺设”社区平台（www.shuyishe.com）为您提供后续服务。

配套资源

扫描下方二维码，关注“数艺设”公众号，回复本书第 51 页左下角的五位数字，即可得到本书配套资源的获取方式。

“数艺设”公众号

“数艺设”社区平台，为艺术设计从业者提供专业的教育产品。

与我们联系

我们的联系邮箱是 luofen@ptpress.com.cn。如果您对本书有任何疑问或建议，请您发邮件给我们，并请在邮件标题中注明本书书名，以便我们更高效地做出反馈。

如果您有兴趣出版图书、录制教学课程，或者参与技术审校等工作，可以发邮件给我们；如果学校、培训机构或企业想批量购买本书或“数艺设”出版的其他图书，也可以发邮件联系我们（邮箱：luofen@ptpress.com.cn）。

如果您在网上发现针对“数艺设”出品图书的各种形式的盗版行为，包括对图书全部或部分内容的非授权传播，请您将怀疑有侵权行为的链接通过邮件发给我们。您的这一举动是对作者权益的保护，也是我们持续为您提供有价值的内容的动力之源。

关于“数艺设”

人民邮电出版社有限公司旗下品牌“数艺设”，专注于专业艺术设计类图书出版，为艺术设计从业者提供专业的图书、课程等教育产品。“数艺设”出版领域涉及平面、三维、影视、摄影与后期等数字艺术门类，字体设计、品牌设计、色彩设计等设计理论与应用门类，UI 设计、电商设计、新媒体设计、游戏设计、交互设计、原型设计等互联网设计门类，环艺设计手绘、插画设计手绘、工业设计手绘等设计手绘门类。更多服务请访问“数艺设”社区平台 www.shuyishe.com。我们将提供及时、准确、专业的学习服务。

目　录

第 1 课

认识 Lightroom Classic

课程概览

本课带领大家快速认识 Lightroom Classic，一起了解它是如何帮助我们轻松地浏览、搜索、管理不断增加的图片，以及在不损伤原始文件的前提下处理照片的。本课会通过一些练习来介绍Lightroom Classic，在讲解典型工作流程的同时帮助大家熟悉 Lightroom Classic 的软件界面。本课主要讲解以下内容。

- 把照片导入 Lightroom Classic。
- 浏览与比较照片。
- 分类与组织照片。
- 调整与改善照片。
- 分享你的作品。

学习本课需要 1~2 小时

无论你是初学者还是专业人员，Lightroom Classic 都能为你（数码摄影师）提供一个完整的桌面型工作流程解决方案，它可以大大提高你的工作效率，并让你的照片呈现极佳的效果。

1.1 了解 Lightroom Classic 的工作方式

只有了解了 Lightroom Classic 的工作方式及其在处理照片方式上与其他图像处理程序的不同之处，我们才能更轻松、更有效地使用 Lightroom Classic。

1.1.1 目录文件

若想在 Lightroom Classic 中使用一张照片，首先必须把它导入目录文件。

注意 下载好的课程图片不会自动出现在 Lightroom Classic 中，我们必须主动把它们导入图库的目录文件中才行。相关内容将在“1.4.1 导入照片”小节中进行讲解。

你可以把 Lightroom Classic 目录文件想象成一个笔记本，里面记录着照片的位置（硬盘、外部存储器、网络存储器），以及你对照片所做的处理（如标级、分类、挑选、调整等）。这个数字笔记本中记录着你在目录文件中所做的所有改变，这些改变不会直接应用到原始照片上。借助于目录文件，你可以更快地处理照片，以及更好地组织、分类不断增加的照片。

通过单个目录文件，我们可以轻松地管理成千上万张照片（我的目录文件中管理的照片超过了 350000 张）。此外，我们还可以在 Lightroom Classic 中创建任意多个目录文件，而且可以在它们之间自由地切换。但有一点需要注意，那就是我们不能跨多个目录使用或搜索照片。因此，我建议各位使用一个目录文件来管理你的所有照片。

1.1.2 管理目录中的照片

在 Lightroom Classic 中，从导入照片开始，我们就可以着手组织照片了。Lightroom Classic 支持 4 种导入方式，分别是【拷贝为 DNG】【拷贝】【移动】【添加】。其中【添加】是指仅把照片添加到目录而不移动它们原始的保存位置；【拷贝】是指把照片复制到新位置并添加到目录（原始照片保持不动）；【移动】是指把照片移动到新位置并添加到目录（并非复制，而是会删除原始照片）。导入照片时，若选择了【拷贝】或【移动】，则可以自己指定新位置下文件夹的组织方式，如图 1-1 所示。

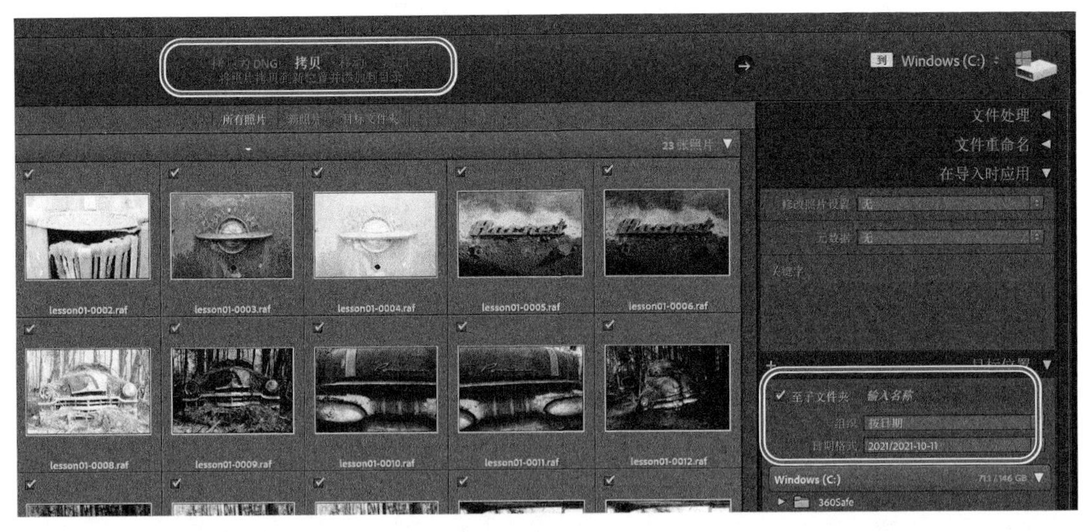

图 1-1

导入照片时，Lightroom Classic 支持对照片重命名、创建备份、添加关键字（这里我向导入的照片中添加了 Old Car City）等元数据，还可以对照片应用预设。请注意，所有这些处理在你打开一张照片之前就已经完成啦！

注意 在第 2 课，我们会详细讲解设置导入选项的有关内容。

在【图库】模块中，你可以非常方便地组织照片、添加关键字与说明。另外，你还可以通过设置旗标、星级、色标来对一组或多组照片快速进行分类与组织。在 Lightroom Classic 中，你甚至可以通过地点或人物面部来对照片进行分类。而且，所有这些信息都会被记录到目录文件中，你可以随时访问它们。

1.1.3 管理文件与文件夹

这里提醒一点：把一张照片或一个文件夹导入 Lightroom Classic 后，如果你想重命名或移除它们（包括那些包含图库中照片的文件夹），请一定要在 Lightroom Classic 中执行这些操作，这样目录文件才能把你所做的更改记录下来。如果你在 Lightroom Classic 外部执行这些操作，这些更改将无法被 Lightroom Classic 的目录文件记录下来，你也就无法重新恢复它们（如何恢复后面会讲）。

1.1.4 非破坏性编辑

借助于目录文件，我们可以把照片相关的信息集中存储起来，以便轻松地浏览、搜索、管理图库中的照片。使用目录文件还有一个很大的好处，那就是你对照片的所有编辑都是非破坏性的。当你修改或编辑一张照片时，Lightroom Classic 会把每一步操作都记录到目录文件中，而不是把修改直接应用到照片上，这样可以确保原始照片（RAW 数据）是绝对安全的。打个比方，原始照片就像是待烹饪的材料，目录文件中保存的则是烹饪方法。

在非破坏性编辑方式的保护下，我们可以大胆地对照片做各种调整、各种尝试，同时又不用担心这些调整和尝试会损坏原始照片，这使得 Lightroom Classic 成为一个非常强大的编辑环境。在 Lightroom Classic 中，你做的所有编辑都是"鲜活"的，你可以随时撤销、重做之前的调整，或者对这些调整再做一些微调。只有最后输出照片时，你对照片所做的调整才会永久地应用到照片的副本上，而且速度很快。

1.1.5 在外部程序中编辑照片

如果你想在其他程序中编辑目录中的某张照片，请一定要从 Lightroom Classic 中开始这个过程，这样 Lightroom Classic 才能记录你对照片做的所有改动。对于 JPEG、TIFF、PSD 格式的图像，在外部程序中编辑原始文件或副本时，你可以选择应用在 Lightroom Classic 中所做的调整，也可以选择不应用这些调整；而对于其他格式的图像，你只能选择编辑应用了 Lightroom Classic 调整的副本。编辑后的副本会被自动添加到目录文件中。

提示 在【首选项】的【外部编辑】选项卡中，你可以自己指定喜欢使用的外部编辑器。你选择的外部编辑器会出现在【在应用程序中编辑】菜单中。如果你的计算机中安装了 Photoshop，它默认被列出来。

1.2　Lightroom Classic 软件界面

Lightroom Classic 软件界面中间是预览区域，面板组分布在软件界面的左侧与右侧。软件界面的左上角是身份标识，右上角是模块选取器。预览区域下方是工具栏，再往下是胶片显示窗格（位于软件界面最底部），如图 1-2 所示。

图 1-2

注意 图 1-2 所示是 Lightroom Classic 在 macOS 下的界面截图。这与 Lightroom Classic 在 Windows 下的软件界面大致是一样的，但两者还是有一些细微差别，例如在 Windows 下，菜单栏位于标题栏之下，而在 macOS 下，菜单栏固定在屏幕顶部。

Lightroom Classic 中所有面板的视觉布局是一致的，但选择不同的模块，面板中显示的内容是不一样的。

1.2.1　身份标识和模块选取器

软件界面的左上角是身份标识，右上角是模块选取器。其中，身份标识支持自定义，你可以选择显示你的公司名称或 Logo，当 Lightroom Classic 进行后台处理时，身份标识会临时变成一个进度条（单击进度条可以打开一个菜单，显示 Lightroom Classic 当前任务的处理进度）。软件界面右上角是模块选取器，其中列出了各个模块。单击某个模块名称，即可切换到相应模块下，当前活动模块名称总是高亮显示的。

提示 第一次进入 Lightroom Classic 时，不管哪个模块，Lightroom Classic 都会显示模块提示，帮助你认识当前模块的各个组成部分，了解基本的工作流程。单击【关闭】按钮，可以关闭提示。从【帮助】菜单中选择【××× 提示】（××× 是当前模块名称），即可再次打开当前模块的提示。

1.2.2 预览区域

预览区域位于软件界面中央，我们大部分的时间都用在了这里。在这里，我们可以选择、浏览、分类、比较、调整照片，以及预览处理中的照片。在不同模块下，这个区域的显示效果不同，可以显示画册设计、幻灯片、网页画廊及打印布局等。

1.2.3 工具栏

工具栏位于预览区域之下，选择不同的模块，工具栏中显示的工具和控件各不相同。工具栏支持定制，你可以根据自己的需求为各个模块分别定制工具栏，可选的工具与控件有用来切换视图模式的，设置旗标、星级、色标的，添加文字的，以及在不同页面之间导航的。你可以显示或隐藏单个控件，也可以隐藏整个工具栏，并在需要时随时将其显示出来。

提示 按 T 键，可显示或隐藏工具栏。

图 1-3 所示是【图库】模块下的工具栏，其最左侧是【视图模式】工具，然后还有一些用于特定任务的工具与控件。这些工具与控件都是可以定制的，单击工具栏最右侧的向下箭头，从弹出菜单中可以勾选或取消勾选相应的工具和控件，如图 1-3 所示。

图 1-3

在弹出菜单中，有些工具和控件名称的左侧有对钩，有的没有，带对钩的工具和控件是当前显示在工具栏中的。工具和控件在工具栏中的显示顺序（从左到右）与它们在弹出菜单中的显示顺序（从上到下）是一致的。工具栏中的大多数选项都有对应的菜单命令或键盘快捷键。

1.2.4 胶片显示窗格

不管处在流程的哪个阶段，我们都可以通过胶片显示窗格轻松地访问目录或收藏夹中的所有照片。即使不返回到【图库】模块下，我们也可以使用胶片显示窗格快速浏览大量照片，或者在不同的照片集之间切换。

提示 若胶片显示窗格未在软件界面底部显示出来，请从菜单栏中依次选择【窗口】>【面板】>【显示胶片显示窗格】，或者直接按 F6 键。

与【图库】模块下【网格视图】中的缩览图一样，我们可以直接对胶片显示窗格中的缩览图进行各种操作，例如设置旗标、星级、色标，应用元数据，修改照片设置与旋转、移动、删除照片等，如图 1-4 所示。

图 1-4

默认设置下，胶片显示窗格中显示的照片与【图库】模块下【网格视图】中显示的一样，它既可以显示图库中的所有照片，也可以只显示所选文件夹或收藏夹中的照片，还可以只显示满足特定搜索条件的照片。

1.2.5 左右两侧面板

在不同模块之间切换时，左右两侧面板中显示的内容也会随之发生相应变化，显示当前模块相关的工具。不管在哪种模块下，左右两侧面板的分工大致相同：左侧面板帮助我们浏览、预览、查找、选择照片，右侧面板帮助我们为所选照片编辑或定制设置。

例如，在【图库】模块下，左侧面板包括【导航器】【目录】【文件夹】【收藏夹】【发布服务】，如图 1-5 所示，借助这些面板，我们可以对想要使用或分享的照片快速地进行查找与分组；右侧面板包括【直方图】【快速修改照片】【关键字】【关键字列表】【元数据】【评论】，如图 1-6 所示，这些面板帮助我们对所选照片进行修改。

图 1-5

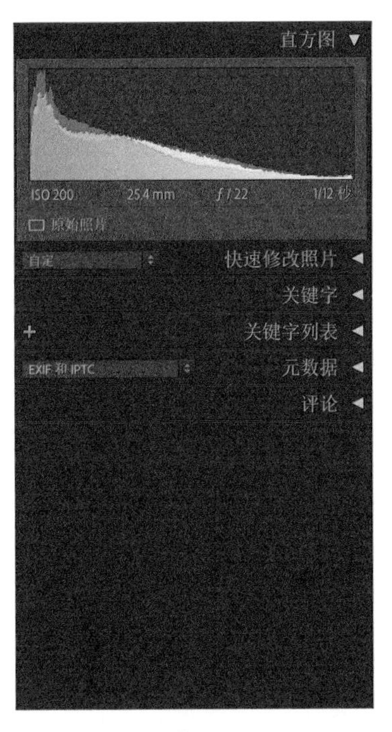

图 1-6

在【修改照片】模块下，你可以在左侧面板中选择某个预设，然后在右侧面板中做进一步调整。在【幻灯片放映】【打印】【Web】模块下，你可以在左侧面板中选择一种布局模板，然后在右侧面板中进一步调整其外观，如图 1-7 所示。

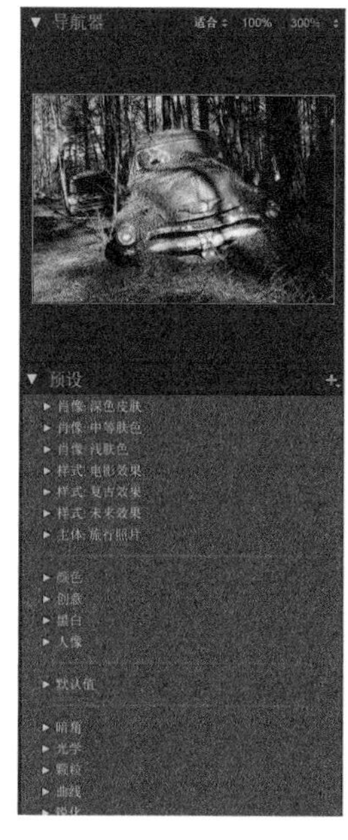

【修改照片】模块下的左侧面板

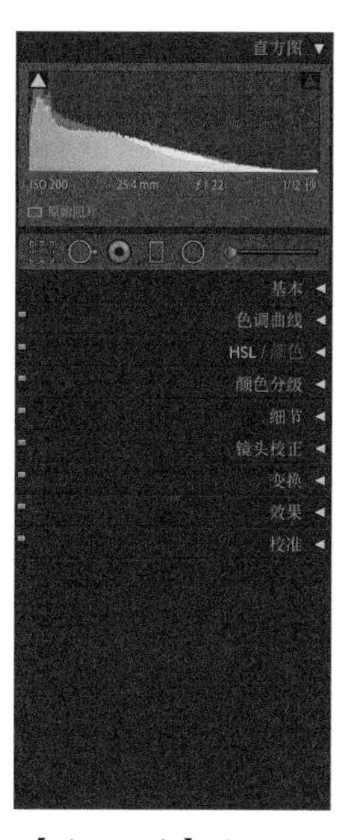

【修改照片】模块下的右侧面板

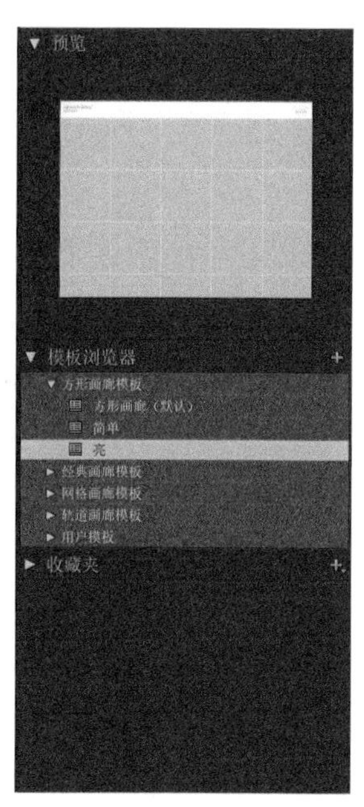

【Web】模块下的左侧面板

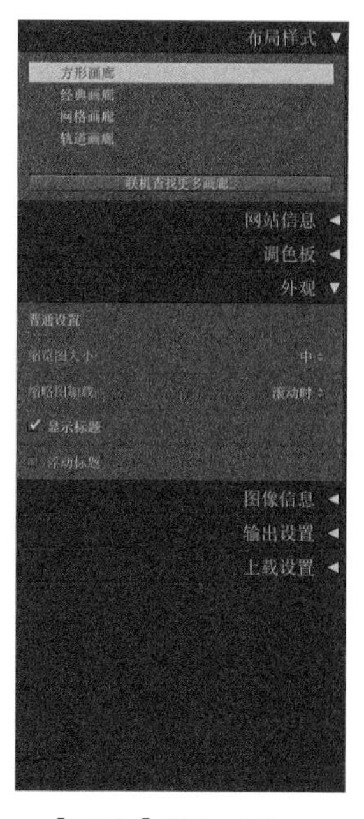

【Web】模块下的右侧面板

图 1-7

1.2.6 定制工作区

Lightroom Classic 用多了，你就会发现，在使用时其实不会用到里面的每一个面板。Lightroom Classic 允许我们根据自己的工作流程快速调整各个面板的布局方式。请注意，Lightroom Classic 中每种布局的配置都是以模块为单位的，这有助于我们适应切换模块时发生的需求改变。

提示 有一个讲解如何定制工作区的视频，你可以下载下来看一看。有关下载方法的说明，请阅读前言中的相应部分。

工作区的四周（上下左右）各有一个边框（中间有灰色三角形的黑条），单击它，或者使用【窗口】>【面板】菜单中的命令或快捷键，可以隐藏或显示上下左右的工具和面板。使用鼠标右键单击两侧或底部的边框，在弹出菜单中选择相应设置，可使两侧面板或胶片显示窗格跟着鼠标指针的移动显示或隐藏，这样可以让它们仅在需要的时候才显示相关信息、工具和控件，如图 1-8 所示。此外，你还可以根据自身需要，通过拖动方式调整两侧面板组的宽度，以及胶片显示窗格的高度。

图 1-8

在左右两侧面板中，每一个面板名称旁边都有一个三角形图标，单击这个三角形图标，可把面板展开或折叠起来。使用鼠标右键单击面板标题栏，在弹出菜单中单击某个很少用到的面板，可将其隐藏起来，从而为那些常用面板留出更多空间。选择【单独模式】后，只有单击的那个面板会展开，其他所有面板全部自动折叠起来。

注意 Lightroom Classic 允许在【修改照片】模块下重新组织面板。在第 5 课讲解【修改照片】模块时，我们会详细讲解如何（以及为何）创建你自己的配置。

我们可以在【视图】>【网格视图样式】菜单与【图库视图选项】对话框（【视图】>【视图选项】菜单）中自定义【网格视图】下照片缩览图的外观，指定缩览图是以【紧凑单元格】还是【扩展单元格】方式显示，还可以指定每个视图样式显示多少照片信息，如图 1-9 所示。

图 1-9

提示 在为胶片显示窗格设置缩览图时，请先使用鼠标右键单击胶片显示窗格，然后在弹出菜单的【视图选项】下进行选择。

如果你同时还在使用另外一台显示器，单击【副显示器】按钮（胶片显示窗格的左上角带数字 2 的矩形），可以再创建一个视图，它是独立的，不依赖于主显示器中的模块和视图模式。你可以使用第二个显示器顶部的视图选取器，或者使用鼠标右键单击【副显示器】按钮后，在弹出菜单中改变视图及其响应主工作区动作的方式。

1.3 Lightroom Classic 模块

Lightroom Classic 有 7 个模块，分别是【图库】【修改照片】【地图】【画册】【幻灯片放映】【打印】【Web】。不同模块有不同用途，它们所提供的工具也不一样：【图库】模块用来导入、组织、发布照片；【修改照片】模块用来校正、调整、增强照片；还有其他几个专用模块，分别用来为屏幕、打印、Web 创建漂亮的展示作品等。

工作中，使用软件界面右上角的模块选取器，或者【窗口】菜单中的命令与键盘快捷键，可以轻松地在这些模块之间来回切换，如图 1-10 所示。

图 1-10

注意【同步】按钮位于模块选取器的右侧，通过它，你可以查看已经使用的云存储容量，或者暂停把照片同步到云端等。

1.4 Lightroom Classic 工作流程

Lightroom Classic 的用户界面比较友好，使得对工作流程每个阶段（从导入照片到最终打印）的管理变得很简单。

- 导入照片。在【图库】模块下，你可以轻松地通过一个共享会话把照片从存储卡、硬盘或其他存储介质导入 Lightroom Classic 目录中。
- 组织照片。在照片导入过程中，你可以向照片添加关键字等元数据，从而大大加快任务进度。在把照片添加到目录之后，即可使用【图库】与【地图】模块管理它们，例如添加标记、分类、搜索图库、创建收藏夹（把照片分组）等。你还可以把这些照片集在线分享给其他人，得到他们对照片的反馈。
- 处理照片。处理照片是指在【修改照片】模块下剪裁、调整、校正、修饰照片，以及向照片应用各种效果，处理时可以逐张照片进行，也可以一次处理一批照片。
- 制作作品。在【画册】【幻灯片放映】【打印】【Web】模块下，你可以制作精美的画册、幻灯片等展示自己的作品。
- 输出。【画册】【幻灯片放映】【打印】【Web】模块分别有自己的输出选项和导出控件。【图库】模块使用【发布服务】面板实现在线分享照片。借助这些输出选项，我们能够轻松地输出符合要求的照片。

接下来具体走一遍上面这个流程，同时帮助大家熟悉 Lightroom Classic 工作区。

提示 如果你想在外部图像处理程序中进一步处理照片，请在【图库】或【修改照片】模块中启动外部图像处理程序，这样 Lightroom Classic 会记录下你对照片所做的更改。

1.4.1 导入照片

我们可以轻松地把硬盘、照相机、存储卡、外部存储设备中的照片导入 Lightroom Classic 库中（详细内容在第 2 课讲解）。

导入照片之前，请先检查是否已经为本书课程文件创建了 LRClassicCIB 文件夹，以及 LRClassicCIB Catalog 目录文件。其创建方法请阅读本书前言“了解 Lightroom 目录文件”中的内容。

提示 若软件界面中未显示模块选取器，请从菜单栏中依次选择【窗口】>【面板】>【显示模块选取器】，或者直接按 F5 键。在 macOS 下，有些功能键已经被分配给了操作系统的某个特定功能，使用 Lightroom Classic 时这些功能键可能无法正常发挥作用。遇到这种情况时，你可以先按住 Fn 键（有些键盘无 Fn 键），再按功能键（例如 F5 键），或者在系统首选项中更改功能键。

若你尚未下载本课课程文件，请先参考文前“资源与支持”中的说明，下载本课课程文件。

1. 启动 Lightroom Classic。在【Adobe Photoshop Lightroom Classic- 选择目录】对话框中，从最近使用的目录列表中选择 LRClassicCIB Catalog.lrcat 文件，然后单击【打开】按钮。
2. Lightroom Classic 在正常屏幕模式下打开，当前模块是你上一次退出时的模块。若当前模块不是【图库】模块，请在工作区右上角的模块选取器中单击【图库】，切换到【图库】模块。
3. 从菜单栏中依次选择【文件】>【导入照片和视频】，打开【导入】对话框。若【导入】对话框当前在紧凑模式下，可单击对话框左下角的【显示更多选项】按钮，如图 1-11 所示，使【导入】对话框进入扩展模式，里面提供了更多选项。

图 1-11

> **注意** 首次从菜单栏中选择【文件】>【导入照片和视频】时，在打开【导入】对话框之前，Lightroom Classic 可能会要求访问你的系统的某些部分。

【导入】对话框顶部栏的布局正好体现了导入照片和视频的操作步骤：从左到右，先指定从哪里导入照片和视频，然后选择合适的导入类型，最后指定一个目的地（仅针对复制和移动），以及设置批处理选项。

4 在左侧的【源】面板中，转到 LRClassicCIB 文件夹的 Lessons 文件夹下。

5 选择 lesson01 文件夹，单击缩览图区域左下角的【全选】按钮，确保选中了 lesson01 文件夹中的所有照片。

6 在缩览图区域上方的导入选项中单击【添加】按钮，Lightroom Classic 会把导入的照片添加到目录中，而且不会移动或复制原始照片。

7 在右侧的【文件处理】面板中，从【构建预览】菜单中选择【嵌入与附属文件】，取消勾选【构建智能预览】，勾选【不导入可能重复的照片】。

8 在【在导入时应用】面板中，从【修改照片设置】和【元数据】菜单中选择【无】，然后在【关键字】文本框中输入“Lesson 01,Tour”（含逗号），如图 1-12 所示，单击【导入】按钮。

图 1-12

导入完成后，Lightroom Classic 会自动切换到【图库】模块，并以【网格视图】的形式显示 lesson01 文件夹中的照片，同时这些照片还会显示在工作区底部的胶片显示窗格中。如果看不见胶片显示窗格，请按 F6 键，或者从菜单栏中依次选择【窗口】>【面板】>【显示胶片显示窗格】，把胶片显示窗格显示出来。

1.4.2 浏览与组织照片

随着图库中包含的照片数量越来越多，能否从庞大的图库中快速找到需要的照片就显得尤为重要。为此，Lightroom Classic 提供了多种组织与查找照片的工具。

我的习惯是导入照片完成后立即浏览照片，把它们分门别类放入相应的收藏夹中。事先花点时间整理，能够大大提高以后查找照片的速度。

导入照片时，我们已经使用关键字（Tour）对照片进行了标记，这是我们为组织照片迈出的第一步。

使用关键字标记照片是组织照片最直观、最常用的方式。通过关键字，我们不仅可以对图库中的照片进行分类，还可以对图库中的照片进行检索，有了关键字，不管需要的照片叫什么，位于何处，我们都能快速找到它。

关于关键字

关键字就是一些标签（例如“沙漠”“迪拜”），可以把它们添加到照片上，方便查找与组织照片。通过使用相同关键字，不管照片实际保存在哪里，我们都可以把一些照片关联起来，在图库中创建虚拟分组。

为照片添加关键字时，关键字的数量没有明确限制，可以为照片添加一个或多个关键字。工作区顶部有一个图库过滤器，使用其中的【元数据】和【文本】等过滤器，可以从图库中轻松、快速地找到需要的照片。

我们可以使用关键字把照片划分成若干类别，根据照片内容，通过添加人名、地点、活动、事件来组织照片。添加关键字时，开始时先用一般的关键字来标记照片，在后面的组织过程中再进一步添加更精细的关键字。

向照片添加的关键字越多，我们就能越快、越容易地找到自己想要的照片。例如，可以快速找到所有标有 Dubai（迪拜）关键字的照片，然后再把搜索范围进一步缩小到含有“Desert”（沙漠）关键字的照片，如图 1-13 所示。事实上，为照片添加的关键字越多，就能越快、越准确地找到自己需要的照片。

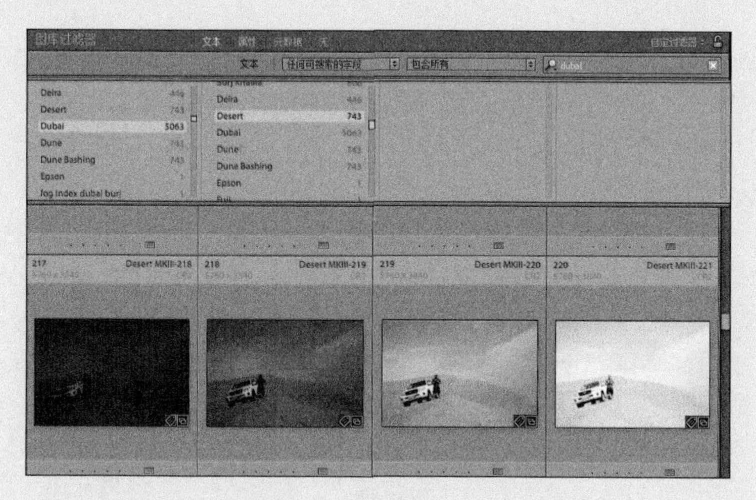

图 1-13

关于关键字的更多内容，我们将在第 4 课讲解。

1.4.3 选片

把照片导入 Lightroom Classic 后，接下来最好快速对照片做一下分类，如图 1-14 所示。这样做的目的是排除那些拍得不好的照片，把拍得好的照片保留下来。有关内容我们在后面会详细讲解，这里先大致介绍一下。

图 1-14

❶ 按 Space 键，或双击一张照片，放大显示照片。然后按 Shift+Tab 组合键，隐藏工作区周围的所有面板。所有面板隐藏起来之后，按 L 键可在不同背景光模式下转换，依次是【打开背景光】(默认)、【背景光变暗】、【关闭背景光】。按一次 L 键，变成【背景光变暗】(80% 黑)，再按一次 L 键，变成【关闭背景光】(全黑)。把背景调暗有助于我们把视线集中到当前照片上，让我们可以更轻松、更准确地评估当前照片。

> **注意** 按 Command+Return/Ctrl+Enter 组合键，将以幻灯片放映方式显示照片。Lightroom Classic 会根据【幻灯片放映】模块中的设置重复播放幻灯片，按 Esc 键则返回到【图库】模块下。

❷ 按 P 键，为当前显示的照片打【留用】旗标(▣)；按 X 键，打【排除】旗标(▣)；按 U 键，移除所有旗标。按向右箭头键，切换到下一张照片。浏览照片，从中选几张照片打上【留用】旗标，再选几张照片(至少一张)打上【排除】旗标。打旗标时，若出现犹豫不决的情况，可按向右箭头键暂且跳过。

❸ 按 Esc 键，返回到【网格视图】下，然后按 L 键，打开背景光。此时，在【图库】模块下，可以使用【图库过滤器】(位于照片缩览图上方)通过文本或元数据来搜索照片，然后再使用一个或多个属性(旗标、编辑、星级、颜色、类型)来进一步缩小搜索范围，从而把那些想要的照片显示在【网格视图】或胶片显示窗格中。现在，我们只想显示那些未打旗标的照片，如图 1-15 所示。

图 1-15

❹ 若当前过滤器栏(图库过滤器)未在工作区上方显示出来，请从菜单栏中依次选择【视图】>【显示过滤器栏】，将其显示出来。单击【属性】按钮，在属性栏的【旗标】中选择中间那个旗标(空心旗标)，把未打旗标的照片显示出来。

❺ 隐藏面板，关闭背景光，这样可以把注意力集中到打旗标(留用、排除)上。随着打旗标的进行，显示的照片数量逐渐减少，当工作区中一张照片也没有时，整个打旗标分类的过程就结束了。按 L 键，打开背景光，按 Shift+Tab 组合键，显示出面板，然后在属性栏的【旗标】中取消选择中间的空心旗标。你可以选择在【网格视图】和胶片显示窗格的缩览图上显示旗标和其他相关信息。带有【排除】旗标的照片显示为灰色，而带有【留用】旗标的照片有白色边框，如图 1-16 所示。

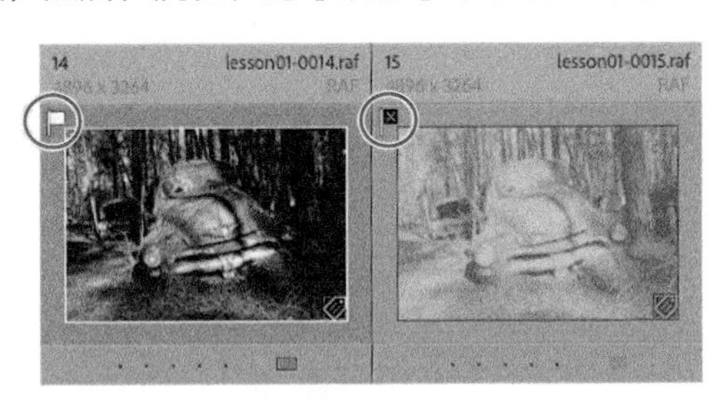

图 1-16

❻ 标星级有助于我们按重要性为照片划分等级。为当前显示的照片快速标星的方法是按键盘上的数字键 1(1 星)~ 5(5 星)，按数字键 0 可以

移除星级。请注意，一次只能向一张照片标一个星级，再次标星时，新星级会代替旧星级。这里，我们从图库中选三四张照片，练习一下标星操作，如图 1-17 所示。

在【图库】模块（包括所有视图）和胶片显示窗格中，标注的星级都会显示在照片的缩览图之下，如图 1-17 所示。

最后，颜色标签在标记具有特定用途或应用于特定项目的照片时非常有用。例如，可以使用红色标签标出那些需要剪裁的照片；使用绿色标签标出那些需要校正的照片；使用蓝色标签标出那些打算用在幻灯片展示中的照片。

图 1-17

> **提示** 每次用键盘即兴在幻灯片中标记一张照片时，指定的星级、旗标或色标都会在屏幕的左下角短暂地显示出来，用来确认操作。

❼ 在向当前显示的照片加色标时，也可以使用键盘上的数字键：数字 6 代表红色标，数字 7 代表黄色标，数字 8 代表绿色标，数字 9 代表蓝色标。请注意，紫色标没有对应的数字快捷键。若想移除某张照片上的色标，只需再按一次其对应的数字快捷键即可。我们可以把不同的色标指派给几张照片，然后再删除一个。

在【图库】模块（网格视图）与胶片显示窗格中，带有色标的照片在不同的选择状态下有不同的呈现效果。当处于选中状态时，照片周围会有一个窄窄的颜色框；当处于非选中状态时，照片格子的背景会变成相应颜色，如图 1-18 所示。

在【图库】模块下的【图库过滤器】中，我们可以使用旗标、星级、色标等属性来查找符合指定条件的照片。你能快速找到标有 5 星，又带有绿色标和【留用】旗标的照片吗？

在属性栏中开启这 3 个标记（星级、色标、旗标），就会找到一张同时符合上面 3 个条件的照片。如果找不到，请在开启这 3 个标记之前先确保图库中存在一张这样的照片。

图 1-18

1.4.4 使用收藏夹

使用旗标、星级、色标标记好照片之后，接下来，我们就该把标出的照片分别放入相应的收藏夹中。在 Lightroom Classic 中，收藏夹用来分门别类地组织目录中的照片。收藏夹是组织照片的基础，也是组织照片的好工具，我们应该尽早学习掌握它的用法。有关收藏夹的更多内容，我们会在后面课程中详细讲解，这里先简单介绍一下收藏夹的类型。

- 快捷收藏夹：【目录】面板下的一个临时收藏夹，用来临时收集一系列照片。
- 标准收藏夹：【收藏夹】面板下存续时间更久的照片分组。
- 智能收藏夹：这种收藏夹会根据特定条件从图库中自动筛选一系列照片。
- 收藏夹集：允许在其中存储多个收藏夹或其他收藏夹集，主要用来做组织工作。

下面我们创建一个标准收藏夹。

❶ 在【目录】面板中，确保【上一次导入】处于选中状态。从菜单栏中依次选择【视图】>【排序】>【文件名】,【网格视图】与胶片显示窗格中显示出所有照片。若看不到全部照片，检查一下【图库过滤器】栏中是否已经取消选择了所有属性，或者直接单击【无】按钮，如图 1-19 所示。

图 1-19

注意 （1）在【网格视图】与胶片显示窗格中，选中的照片呈高亮显示，照片周围有较粗的白色框线（若照片添加了色标，则显现的是彩色框线），缩览图背景呈现浅灰色。若同时选中了多张照片，则当前活动照片的背景呈现出更浅的灰色。有些命令只影响当前处于活动状态的照片，而有些命令则影响所有选中的照片。

（2）你在【网格视图】中看到的信息有可能与上图不一样，原因可能是你使用了其他视图模式。有关视图模式的内容，我们会在后面课程中详细讲解。

随着导入的照片越来越多，【上一次导入】这个文件夹中的内容会不断更新，我们无法通过在【目录】面板中选择【上一次导入】来隔离这组特定的照片。在这种情况下，我们可以通过在【文件夹】面板中选择相应的文件夹来获取这组照片，也可以通过搜索“lesson01”关键字来查找所有相关照片。但是如果那些照片没有共用的关键字，或者散布在不同文件夹中，那查找起来也不容易。其实，最好的做法是在【收藏夹】面板中创建一个收藏夹（长久存在的虚拟分组），这样任何时候只要单击该收藏夹，就能访问同一组照片。

提示 收藏夹可以嵌套在一起，形成所谓的“收藏夹集”。例如，你可以创建一个 Portfolio（作品集）收藏夹集，然后再在其中创建 Portraits（人像）、Scenic（风景）、Product Shots（产品）、Black&White（黑白）等子收藏夹。每次导入一张新照片时，就把照片添加到其中一个收藏夹中，这样逐渐建立起你的作品集。

❷ 创建收藏夹之前，先按 Command+A/Ctrl+A 组合键，选中【网格视图】中的所有照片。

❸ 在【收藏夹】面板中单击右上角的加号按钮（+），在弹出菜单中选择【创建收藏夹】。打开【创建收藏夹】对话框，在【名称】中输入“Lesson 01 - Tour”，在【位置】下取消勾选【在收藏夹集内部】，在【选项】下勾选【包括选定的照片】，其他选项取消勾选，单击【创建】按钮。

此时，新创建的收藏夹就出现在了【收藏夹】面板中。在收藏夹右侧有一个数字，用来指示照片张数。

1.4.5 重排与删除收藏夹中的照片

使用【上一次导入】与【所有照片】两个文件夹（两个文件夹都在【目录】面板中）中的照片时，一个不足之处是我们没有太多选择来组织照片。缩览图的排列顺序要么依据拍摄时间（默认），要么依据工具栏中【排序依据】菜单中的其他选项。

在收藏夹中，不管是在【网格视图】下还是胶片显示窗格中，你都可以自由地重排照片，甚至还可以把一些照片从工作视图中移除但不从目录中删除。

❶ 在【收藏夹】面板中，若新建收藏夹（Lesson 01 - Tour）当前未处于选中状态，请单击将其选中。然后从菜单栏中依次选择【编辑】>【全部不选】或者按 Command+D/Ctrl+D 组合键，取消选择所有照片。

❷ 在胶片显示窗格中，按住 Command 键或 Ctrl 键单击第 4 张与第 6 张照片，将其选中，按住鼠标左键，把它们拖动到第 1 张照片与第 2 张照片之间。当出现黑色插入线时，释放鼠标左键，如图 1-20 所示。

图 1-20

提示 拖移照片时，请直接拖照片的缩览图，不要拖胶片显示窗格本身（缩览图外部部分）。

释放鼠标左键后，在【网格视图】与胶片显示窗格中，所选照片会移动到新位置。

❸ 在工作区中单击空白区域，取消选择照片。在【网格视图】中单击第一张照片缩览图，将其选中，按住鼠标左键，将其拖动到第 5 张和第 6 张照片之间。当出现黑色插入线时，释放鼠标左键。此时，在工具栏中，【排序依据】变成【自定排序】，如图 1-21 所示。

图 1-21

④ 若有照片处于选中状态，从菜单栏中依次选择【编辑】>【全部不选】，取消选择所有照片。在【网格视图】中单击第 3 张照片（lesson01-0002，该照片过曝了），将其选中。然后使用鼠标右键单击它，从弹出菜单中选择【从收藏夹中移去】。

在【收藏夹】面板（及胶片显示窗格）中，显示当前收藏夹中的照片数量只有 22 张，如图 1-22 所示。

图 1-22

前面我们把一张照片从收藏夹中移除了，但其实它并没有从目录中删除。【目录】面板下的【上一次导入】和【所有照片】两个文件夹中包含的照片仍然是 23 张。收藏夹中保存的其实是指向原始照片的链接，删除链接不会影响目录中的文件。

提示 如果你想在两个收藏夹中以不同方式编辑同一张照片，首先需要创建一个虚拟副本，即为照片添加一个目录项，并将其纳入第二个收藏夹中。有关内容我们将在第 6 课讲解。

使用收藏夹中有两大好处。首先，你可以把一张照片添加到任意多个收藏夹中，实际添加的其实都是对 Lightroom Classic 目录中照片的引用（链接），并非照片副本；其次，修改了一个收藏夹中的某张照片之后，其他收藏夹中的这照片的所有实例都会同步更新。这两大好处有助于我们更好地管理照片，并为我们做其他尝试提供了很大的方便。在第 4 课中，我们将继续讲解如何创建符合你需要的收藏夹。

1.4.6 横排比较照片

有时，我们需要对照片做一下比较，从中挑出较好的照片。为此，Lightroom Classic 提供了一种很有用的比较模式。

提示 若当前有照片处于选中状态，请先按 Command+D（macOS）或 Ctrl+D（Windows）组合键，取消选择，再往下学习。

① 在胶片显示窗格中，同时选中两张照片，然后在工具栏中单击【比较视图】按钮，切换到【比较视图】下，如图 1-23 所示。此外，你还可以从菜单栏中依次选择【视图】>【比较】，或者直接按 C 键切换到【比较视图】。

图 1-23

❷ 在【比较视图】下，默认左侧窗格中的照片处于【选择】状态，右侧窗格中的照片处于【候选】状态。按向左箭头键或向右箭头键，可以不断更换【候选】状态下（右侧窗格中）的照片，如图 1-24 所示。

图 1-24

❸ 按 Tab 键，然后按 F5 键，隐藏左右两侧与顶部的面板和工具，这样照片就能以更大的尺寸显示在【比较视图】之下。

提示 如果你用的是 macOS 计算机，并且不是全尺寸键盘，请先按住 Fn 键，再按 F5 键。

❹ 如果你发现了一张很满意的照片，想用它替换掉左侧窗格中的照片（【选择】照片），请在工具栏中单击右端的【互换】按钮，把左右两个窗格中的照片互换（即互换【选择】照片和【候选】照片）。然后按左右箭头键，不断更换【候选】照片，把当前所选照片与收藏夹中的其他照片进行比较，如图 1-25 所示。

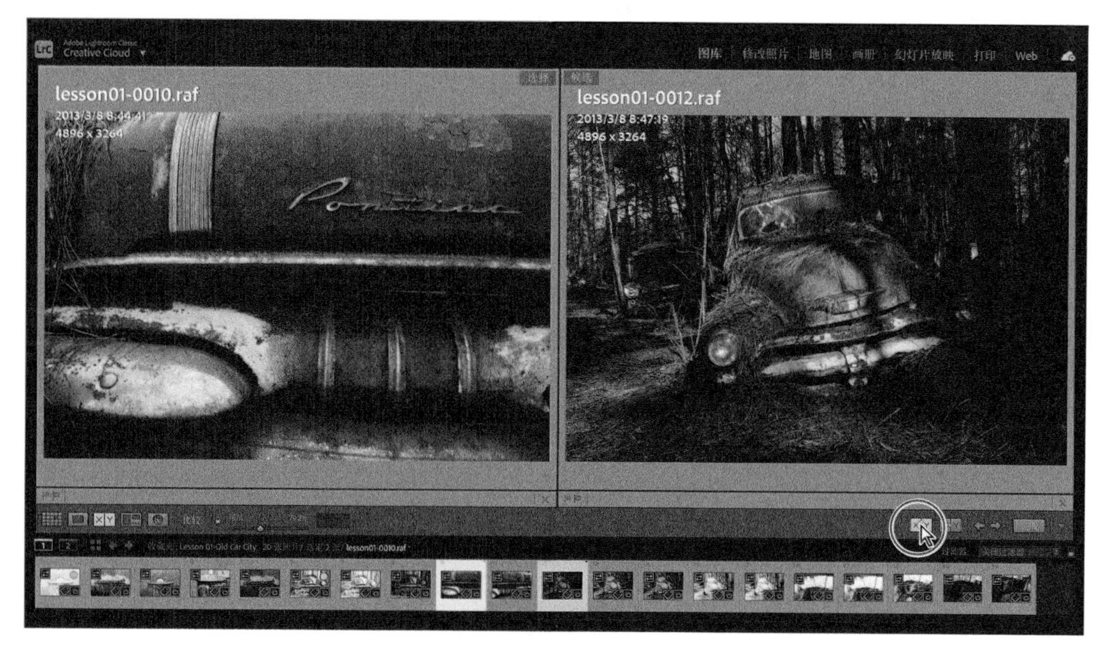

图 1-25

⑤ 当找到想要的照片后，在工具栏中单击右端的【完成】按钮，处于【选择】状态的照片（左侧窗格中的照片）就会以单图的形式显示在【放大视图】下。

1.4.7 同时比较多张照片

在【比较视图】下，我们只能比较两张照片，在【筛选视图】下则可以同时比较多张照片，不断缩小选择范围，直到找出最好的那一张。

提示 把一组照片并排放在一起有助于我们从中选出一张最好的或者选出那些需要编辑的。在【筛选视图】下，我们仍然可以使用旗标、星级、色标对照片进行分类。

① 从菜单栏中依次选择【编辑】>【全部不选】，取消选择所有照片。在胶片显示窗格中，按住 Command 键（macOS）或 Ctrl 键（Windows），随意单击 5 张照片，然后单击工具栏中的【筛选视图】按钮（位于【比较视图】按钮右侧），或者从菜单栏中依次选择【视图】>【筛选】，或者直接按 N 键，都可以进入【筛选视图】。

在【筛选视图】下，所有被选中的照片都会显示出来，选择的照片越多，单张照片的预览尺寸就越小。当前被选中照片的周围有一条细细的黑线，在胶片显示窗格或工作区中，单击某个照片的缩览图即可将其变为当前选择的照片。

图 1-26

② 如果你想把某两张照片放在一起比较，只需要通过拖动方式把它们拖放在一起即可，其他照片会自动让出位置。

③ 当把鼠标指针移动到某张照片上时，这张照片的右下角会出现一个【取消选择】按钮（☒），如图 1-26 所示。

单击这个按钮，就会把这张照片从【筛选视图】下移除，如图 1-27 所示。

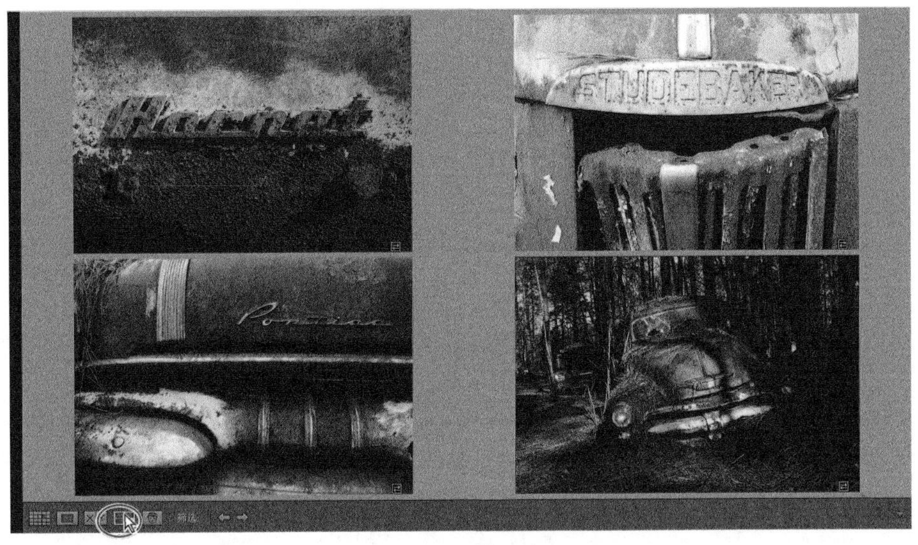

图 1-27

从【筛选视图】下移除一张照片后，工作区中的其余照片会自动调整尺寸与位置，填满整个可用空间。请注意，从【筛选视图】下移除一张照片并不会真正地将其从收藏夹中移除。

提示 若不小心从【筛选视图】下移除了某张照片，可从菜单栏中依次选择【编辑】>【还原"取消选择照片"】，将其重新添加到【筛选视图】下，也可以在胶片显示窗格中按住 Command 键（macOS）或 Ctrl 键（Windows）单击某张照片，将其添加到【筛选视图】下。

4 不断从【筛选视图】中移除照片，逐渐缩小选择范围，直到只剩下一张最满意的照片。然后按 E 键，切换到单张照片的【放大视图】下。

5 按 Shift+Tab 组合键（有可能需要按两次），显示出所有面板。按 G 键，返回到【网格视图】下，然后从菜单栏中依次选择【编辑】>【全部不选】，取消选择所有照片。

1.5 修改与编辑照片

选好要编辑的照片之后，接下来就该修改与编辑照片了。为此，Lightroom Classic 提供了非常强大的【修改照片】模块，另外还有【图库】模块中的【快速修改照片】面板。

在【快速修改照片】面板中，我们可以对照片做一些简单的调整，如校正颜色、调整色调、应用预设等。相比之下，【修改照片】模块提供了一套更完整、更强大、更易用的图像处理工具，使用这些工具，我们能够更好地调整和控制图像。

1.5.1 使用【快速修改照片】面板

下面我们先快速调整图像的颜色与色调，然后再使用【快速修改照片】面板中的工具做进一步调整。

1 选择 Lesson 01 - Tour 收藏夹，其中共有 22 张照片。

2 在胶片显示窗格或【网格视图】下，把鼠标指针放在最后一张照片（一栋建筑）上，在弹出的工具提示中有一些基本信息。单击缩览图，将其选中，其名字在胶片显示窗格的状态栏（位于缩览图上方）中显示出来。

提示 若当前胶片显示窗格未显示，请从菜单栏中依次选择【窗口】>【面板】>【显示胶片显示窗格】，或者直接按 F6 键，将其显示出来。

3 在胶片显示窗格中双击选择的照片，将其在【放大视图】下显示出来。在右侧面板组中单击面板名称右侧的箭头，展开【直方图】与【快速修改照片】两个面板，如图 1-28 所示。

提示 若收藏夹中什么图像都看不见，请检查一下图库过滤器，确保【无】处于选中状态。

不论是看缩览图，还是看直方图，你都会发现这张照片明显曝光不足。除天空之外，其他部分全都黑乎乎的，而且中间调对比不够，画面显得平淡、单调。下面就来修正这些问题。

提示 为了给【放大视图】下的照片留出更多显示空间，你可以使用【窗口】>【面板】菜单下用于隐藏左侧面板、模块选取器、胶片显示窗格的命令，以及【视图】菜单下的显示 / 隐藏工具栏、过滤器栏的命令。

图 1-28

④ 在【快速修改照片】面板下，在【色调控制】中单击【自动】按钮，在【直方图】面板中观察色调分布曲线的变化情况，如图 1-29 所示。

虽然自动调整无法做到十分完美，但对照片的改善效果还是相当明显的。经过自动调整之后，照片暗部区域中的大多数色调、颜色细节都被重新找回来了，这一点我们可以从直方图中得到印证（直方图被稍微推向了右侧）。此时，照片的色调已经平衡得比较好了，但还需要再做一点调整。

图 1-29

> **提示** 在【色调控制】的【自动】与【全部复位】(位于面板底部)之间来回单击，然后在【放大视图】下评估自动色调控制是否达到预期效果。

❺ 单击【自动】按钮右侧的三角形按钮，展开色调控制下的所有控制项。在【曝光度】下单击两次第二个按钮(左单箭头)；在【高光】下单击 3 次左单箭头；在【对比度】【白色色阶】【黑色色阶】【阴影】【清晰度】【鲜艳度】下分别单击一次最右侧的按钮(双箭头)；把【白平衡】设置为【自动】，如图 1-30 所示。

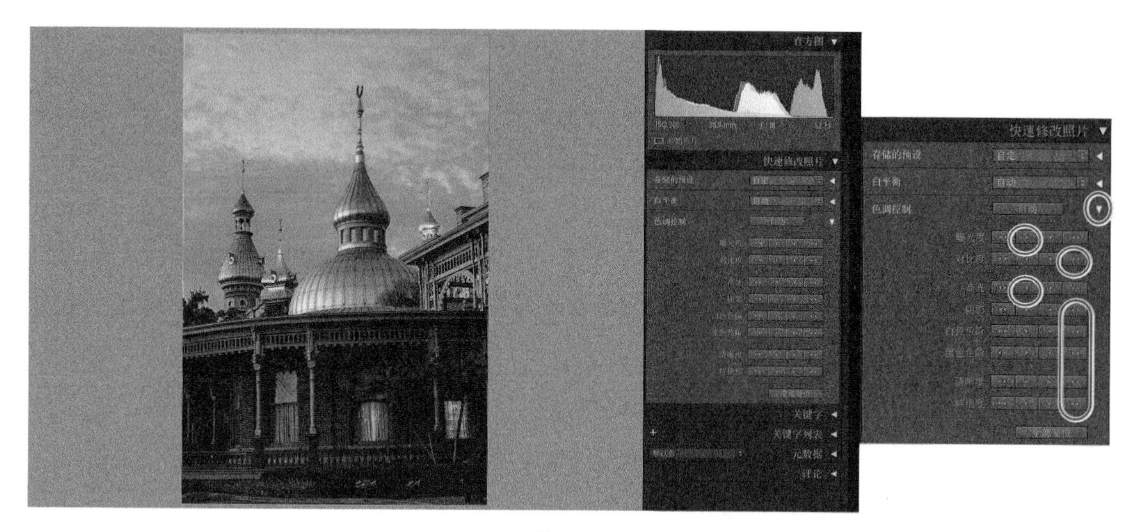

图 1-30

> **注意** 你看到的最终调整结果可能和这里的不一样，在不同的显示器、操作系统(macOS 或 Windows)下，设置的数值大小可能会有一些不同。

相比原始照片，调整后的照片在最亮与最暗区域中有了更多细节，而且画面的整体对比度和颜色也更好一些。按 D 键，切换到【修改照片】模块下，按反斜杠键(\)，可以在调整前与调整后之间切换，方便我们比较调整前后的效果。

1.5.2 使用【修改照片】模块

在【快速修改照片】面板中，我们可以对照片做一些简单的调整，但是看不到确切的调整数值。例如，在上一小节的调整中，我们不知道自动调整了哪些参数，以及分别调整了多少。【修改照片】模块为我们提供了一个更全面的编辑环境和更加精确的照片调整工具。

❶ 在上一小节照片仍处于选中状态的基础上，执行以下任意一种操作，切换到【修改照片】模块下。

- 在工作区顶部的模块选取器中单击【修改照片】按钮。
- 从菜单栏中依次选择【窗口】>【修改照片】。
- 按 Command+Option+2(macOS)或 Ctrl+Alt+2(Windows)组合键。

❷ 在左侧面板组中单击【历史记录】左侧的三角形按钮，展开【历史记录】面板；在右侧面板组中单击【基本】右侧的三角形按钮，展开【基本】面板。除了【导航器】(左侧)和【直方图】(右侧)面板之外，把当前处于展开状态的面板全部折叠起来。按 F6 键，隐藏胶片显示窗格。

【历史记录】面板中列出了对照片所做的每一次调整（包括在【图库】模块的【快速修改照片】面板中所做的调整），单击其中一条历史记录，Lightroom Classic 会把照片恢复到那之前的状态。

【自动调整白平衡】是最近做的一次调整，所以它出现在【历史记录】面板的最上方，如图 1-31 所示。在【历史记录】面板最底部记录的是导入操作，并且显示有导入的日期与时间。单击这条记录，Lightroom Classic 会把照片恢复到原始状态。当把鼠标指针移动到某条历史记录上时，【导航器】面板会显示照片当时的状态。

【基本】面板中显示各个调整项的具体数值，这些数值在【快速修改照片】面板中是不显示的。经过前面一系列调整后，照片当前的状态如下：【曝光度】+1.07、【对比度】+26、【高光】-57、【阴影】+50、【白色色阶】+38、【黑色色阶】+11、【清晰度】+20、【鲜艳度】+31、【饱和度】-1，如图 1-32 所示。当然，调整照片时，你使用的调整值不必非得和这里的一样。

图 1-31

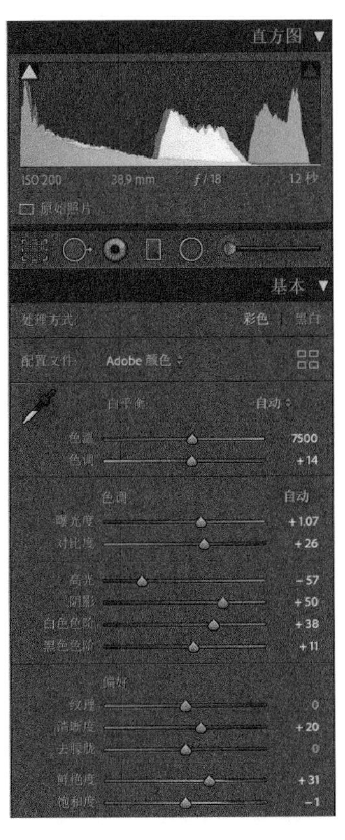

图 1-32

❸ 在【历史记录】面板中单击你对照片做的第一次调整——自动设置，然后在【基本】面板中查看各个设置值。

就当前照片来说，单击【自动】按钮，【色调】区域下的所有设置和【偏好】区域下的两个设置都会得到调整，但是在向其他照片应用自动色调时，所改动的设置可能会比较少，而且具体的调整值可能会完全不一样。

提示 在 Lightroom Classic 中，你可以轻松地清除所选步骤之前的历史记录。具体操作方法是：使用鼠标右键单击某条历史记录，在弹出菜单中选择【清除此步骤之前的历史记录】。

❹ 在【历史记录】面板中单击最上方的一条记录，把照片恢复到最近状态。

❺ 在工具栏（【视图】>【显示工具栏】菜单）中单击【修改前与修改后】按钮右侧的小三角形按钮，在弹出菜单中选择【修改前 / 修改后 左 / 右】，如图 1-33 所示。

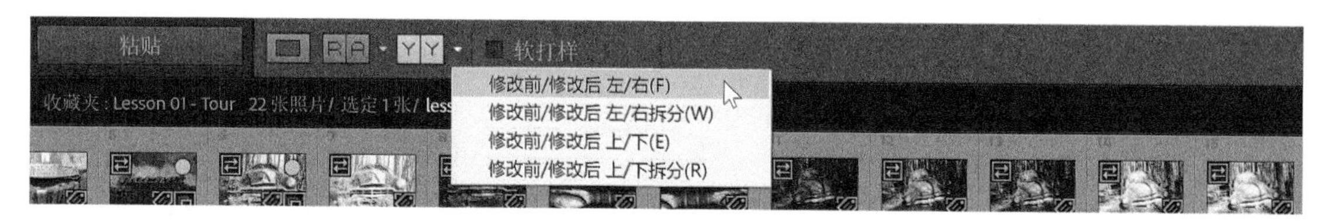

图 1-33

比较【修改前】与【修改后】两张照片，了解一下照片的最终调整效果是什么样的。接下来，我们一起看一看应用了自动色调之后，在【快速修改照片】面板中做出的手动调整会产生多少变化。

提示 若工具栏中未显示出【修改前与修改后】按钮，请单击工具栏最右侧的向下箭头按钮，在弹出菜单中选择【视图模式】。

❻ 在【历史记录】面板中，选择最近一次调整——自动调整白平衡，然后使用鼠标右键单击【自动设置】，在弹出菜单中选择【将历史记录步骤设置拷贝到修改前】，如图 11-34 所示。

图 11-34

关于【修改照片】模块下的照片校正和调整工具的内容有很多，这些内容我们将在后续课程中讲解。再次观察照片，可以发现照片略微有点倾斜，下面我们先校正照片，然后再进行剪裁。

1.5.3 矫正与裁剪照片

❶ 在【修改照片】模块下按 D 键，切换到【放大视图】。

❷ 在【直方图】面板下单击【裁剪叠加】工具，或者按 R 键。借助【裁剪叠加】工具，我们可

以对照片进行矫正与裁剪处理，如图 1-35 所示。

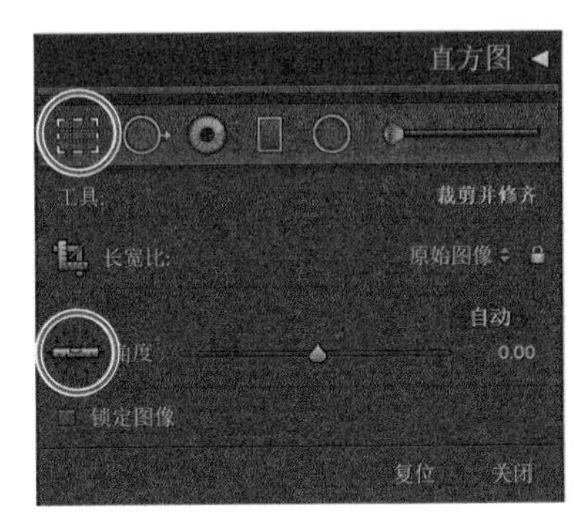

图 1-35

❸ 此时会显示出一个包含裁剪工具和矫正工具的面板。单击【矫正】工具，鼠标指针变成了一个十字准星形状，而且右下角出现了一个水平仪，它们会跟随鼠标指针一起移动。

❹ 选择门廊前的一根柱子，按住鼠标左键，沿着柱子自上而下拖动，拖绘出一条直线，如图 1-36 所示。释放鼠标左键后，Lightroom Classic 会旋转照片，让拖绘出的直线变为垂直线，同时【矫正】工具又重新出现在【裁剪叠加】工具面板中，如图 1-36 所示。若对矫正结果不满意，可以先按 Command+Z（macOS）或 Ctrl+Z（Windows）组合键撤销，再重新尝试。此外，你还可以拖动角度控制滑块，或者直接输入一个角度值来旋转照片。

图 1-36

提示 若想在裁剪时保持原始照片长宽比，请先从裁剪长宽比菜单中选择【原始图像】，然后再单击右侧的锁头按钮，锁定裁剪长宽比。

Lightroom Classic 会自动在矫正后的照片上叠加一个裁剪矩形，尽可能大地保留照片内容，同时保持原始照片的长宽比，并裁切掉照片边缘。

如果你想调整裁剪矩形的大小，可以拖动裁剪矩形上的 8 个控制手柄。如果你想改变裁剪参考线，可从【工具】>【裁剪参考线叠加】菜单下选择一种裁剪参考线，从菜单栏中依次选择【工具】>【工具叠加】>【从不显示】，可隐藏裁剪参考线。

⑤ 单击【裁剪叠加】工具，或者单击面板右下角的【关闭】按钮，或者单击工具栏中的【完成】按钮，均可完成裁剪。如果对裁剪结果不满意，无论何时都可以再次单击【裁剪叠加】工具，重新调整裁剪。

1.5.4 调整光线与色调

1.5.1 小节中，我们使用【快速修改照片】面板中的色调控件调整过一张照片。下面我们一起学习如何使用【基本】面板中的各种调整控件来调整照片。

① 在【修改照片】模块下依次按 F6 与 F7 键（或者使用【窗口】>【面板】菜单），显示胶片显示窗格，隐藏左侧面板。在胶片显示窗格中单击照片 lesson01-022.raf，如图 1-37 所示。

图 1-37

注意 RAF 文件是富士相机支持的一种 RAW 文件格式。这些照片都是用富士 X–T1 无反相机拍摄的。截至本书写作之时，这款相机的最新型号是富士 X–T4。

可以看到，这张照片严重曝光不足，暗部缺少细节，建筑物扭曲得厉害。照片中的天空和云彩非常棒，但是前景黑乎乎的，没有细节，而且画面中有大量噪点。

② 在右上角的【直方图】面板中观察直方图，可以看到照片中的大部分像素都位于左半部分，这是曝光不足造成的，如图 1-38 所示。

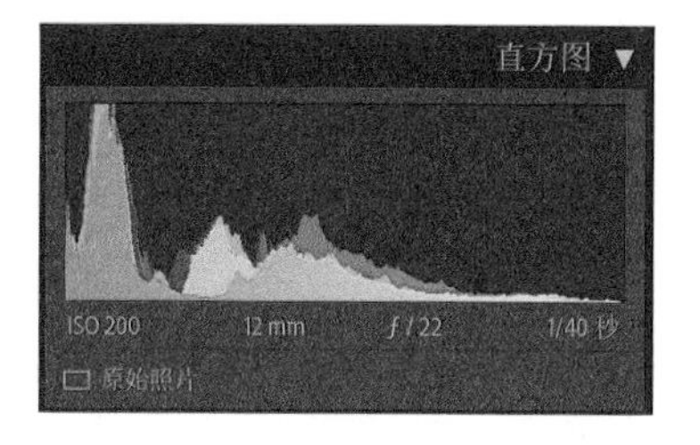

图 1-38

③ 在【基本】面板中单击【色调】区域右上角的【自动】按钮，观察直方图和照片画面发生了什么变化，如图 1-39 所示。

提示 我们之所以选择 RAW 格式拍摄照片，是因为 RAW 格式文件中包含了大量拍摄信息，这些信息为后期处理照片提供了很大的空间，是否要在 Lightroom Classic 中充分利用这些信息取决于我们自己。

此时，照片画面看上去好多了。从直方图来看，首先照片中的大部分像素移动到了直方图中间，整个画面变亮了；其次，像素在直方图中拉得更开了，画面的对比度变强。这是一个不错的起点，接下来在此基础之上做进一步调整，把画面效果调整得更好一些。

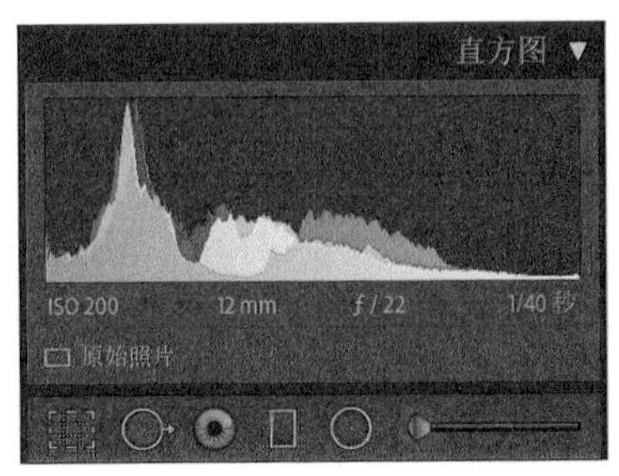

图 1-39

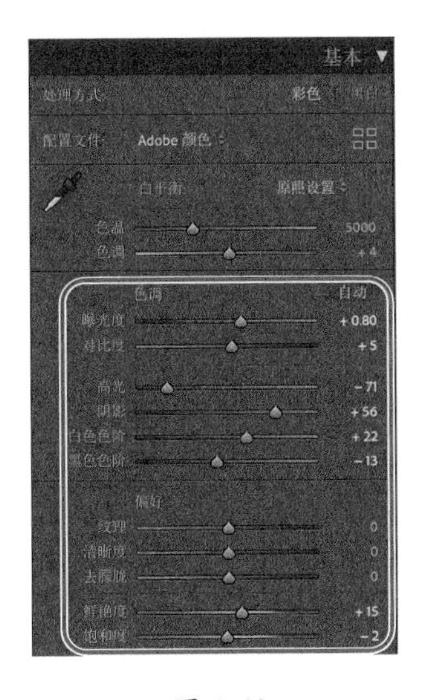

图 1-40

❹ 在【基本】面板中可以看到，自动色调调整影响了【色调】区域中的 6 个色调控制项，以及【偏好】区域中的【鲜艳度】与【饱和度】，如图 1-40 所示。

经过自动色调调整后，当前照片已经有了一个不错的效果。我们在此基础上做一些手动调整，就跟前面在【快速修改照片】面板中做的调整一样。

❺ 向左移动【高光】滑块，把【高光】值设置为 -100，或者直接在右侧的文本框中输入“-100”，同时观察直方图和照片画面中的变化。

减少高光似乎有违常理，但它能有效地把图像数据从直方图曲线的两端拉向中心，大大缩小波谷所影响的色调范围。接下来，我们先使用【曝光度】【阴影】【对比度】把波谷推到一个允许的范围内，最后再调整【白色色阶】【色温】【色调】。

❻ 依次把【曝光度】【阴影】【对比度】【白色色阶】设置为 +1.00、+100、+46、+31。经过这些调整之后，照片中的细节更丰富一些，如图 1-41 所示。

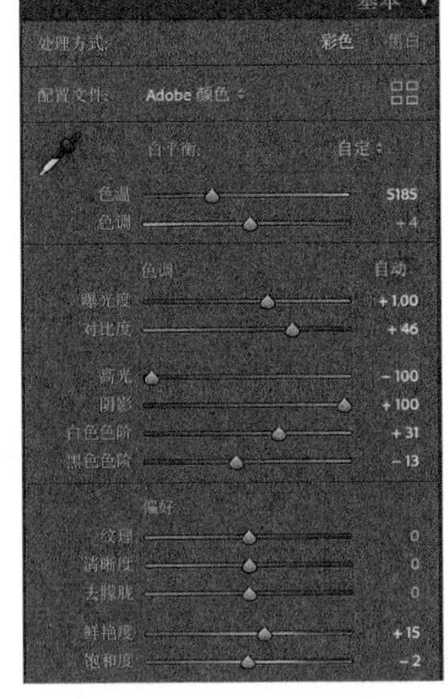

图 1-41

再次观察画面，可以发现画面中的蓝色看上去有点不太自然。把画面调暖一些，可以使蓝色看起来更真实、自然。这里跟大家分享一个小技巧：稍微提高一些【色调】的值，可以让天空显得更空灵。

⑦ 把【色温】设置为 5185，【色调】设置为 +4，加一点品红会让画面色调看起来更舒服。

⑧ 按 F7 键，或者使用【窗口】>【面板】菜单，把左侧面板重新显示出来。在【历史记录】面板中，在当前状态（位于列表最顶部）、导入时状态（位于列表最底部）、自动设置的记录之间来回切换，观看【直方图】与【放大视图】，比较有什么变化，如图 1-42 所示。做完比较后，使照片在【放大视图】中处于打开状态，继续学习下一小节。

原始照片

自动色调调整

自动色调调整 + 手动调整

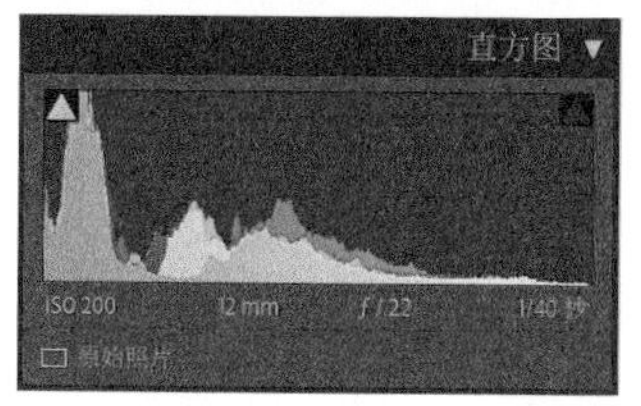

图 1-42

1.5.5 使用径向滤镜创建效果

借助径向滤镜，我们可以通过一个带羽化的椭圆蒙版向照片指定区域应用局部调整，制作一种偏离中心的暗角效果。与【效果】面板中的【裁剪后暗角】（居中）不同，我们可以把径向滤镜调整的中心放到画面的任意位置，把全部注意力集中到选择的那部分上。

默认情况下，Lightroom Classic 会把局部调整应用到椭圆的外部区域，椭圆的内部区域不受影响，但是径向滤镜有一个【反相】选项，勾选该选项，可把局部调整应用到椭圆内部，如图 1-43 所示。

通过应用多个径向滤镜，我们可以对内部区域和外部区域做不同的处理，在同一张照片中突显多个区域，或者创建非对称的暗角等。

你可以自己尝试在照片上添加各种自定义的暗角。在这里，我们将学习如何使用【径向滤镜】工具制作一个复杂一点的效果，以便为照片增添一些色彩和气氛。

首先，我们使用【径向滤镜】工具对照片做一些调整。

① 单击【径向滤镜】工具，该工具位于【直方图】面板下方的编辑工具条中（从左侧数

图 1-43

第 5 个)，如图 1-44 所示。

图 1-44

单击【径向滤镜】工具后，工具条下方会出现一个包含大量工具选项的面板。双击左上角的【效果】二字，把所有滑块的值设置为 0。

❷ 这里进一步凸显天空的颜色。把【曝光度】设置为 -0.16、【阴影】设置为 21、【白色色阶】设置为 -6、【羽化】设置为 41，取消勾选【反相】，如图 1-45 所示。

❸ 在【放大视图】下，把径向滤镜的十字光标放到建筑物左侧前壁的中心点上，按住鼠标左键，向右下方拖动，产生一个椭圆，调整椭圆的大小，如图 1-46 所示，然后释放鼠标左键。

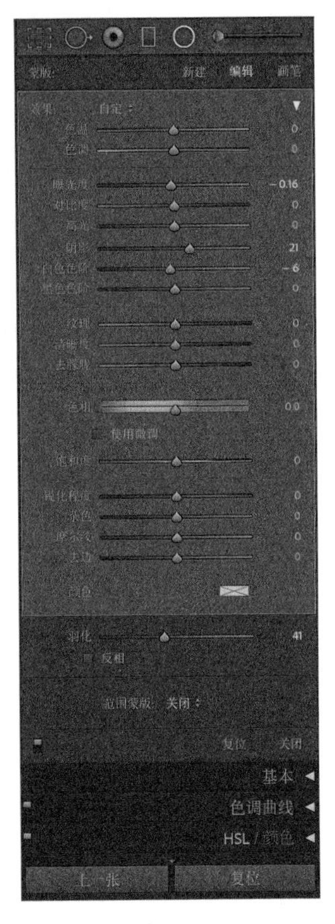

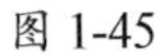

图 1-45

图 1-46

提示 默认设置下，缩放径向滤镜是以中心点为基准的。缩放时，若同时按住 Option 键（macOS）或 Alt 键（Windows），则以椭圆的一侧为基准进行缩放。

添加径向滤镜之后，你会在照片中看到一个椭圆，椭圆中心有一个实心点，周围有 4 个方形控制点。在【径向滤镜】工具处于激活状态时，单击实心点，可从现有滤镜中选择一个进行编辑；拖动实心点，可以调整滤镜的位置；拖动一个方形控制点，可以调整椭圆的大小与形状。

默认设置下，径向滤镜中的调整会均匀地应用到图像未被遮罩的区域上，就像叠加在上面一样。我们可以使用【范围蒙版】来指定调整应用的范围，例如，我们可以只让调整应用到具有特定明亮度或颜色的区域中。

提示 在【效果】区域中，最底部的一个调整选项是【颜色】，请确保其右侧颜色框中显示的是白底上有一个黑色叉号（无色彩效果）。若不是，请单击颜色框，在打开的面板中把【饱和度】设置为 0。

4 从【范围蒙版】（位于【羽化】之下）菜单中选择【颜色】。接下来，我们使用【颜色范围选择器】（吸管）吸取图像中某个区域的颜色。

5 单击【颜色范围选择器】按钮，然后单击天空中的一块蓝色区域（若需要，请在预览图下方的工具栏中取消勾选【显示选定的蒙版叠加】）。此时，前面做的调整不再均匀地应用到椭圆之外的整个区域中，而只应用到那些具有与所选颜色类似颜色的区域中，教堂的土坯墙等不再受影响。在径向滤镜处于选中的状态下，把【曝光度】进一步降低为 -0.30，把【色温】设置为 10。此时，天空看起来会更加真实、自然，图像的整体感觉保持得很好，如图 1-47 所示。

提示 如果你在自己的计算机屏幕上看到的颜色与书中插图差别很大，可以尝试校正一下显示器的颜色。有关校正显示器颜色的方法，请阅读 macOS/Windows 帮助文档。如果差别不是很大，那很有可能是颜色模式变了，例如，把 RGB 颜色模式转换成了 CMYK 颜色模式（用于打印），把颜色模式改回来即可。

图 1-47

到这里，我们对照片的调整就接近尾声了，但是画面中还有一些噪点影响图像的整体感觉。在 Lightroom Classic 中，我们可以使用【污点去除】工具去除画面中的噪点。

1.5.6　使用【污点去除】工具

我们拍摄的照片中总会有一些噪点，这些噪点是需要在后期处理时去除的。这些噪点可能来自相机的传感器，每次更换相机镜头，就会有灰尘落到相机的传感器上（请尽量不要在尘土飞扬的地方更换相机镜头）。除了噪点之外，还有一些你不希望在画面中看到的东西也要去除，例如不应该在画面中出现的人手，或者从人头顶上冒出来的电线杆等。在 Lightroom Classic 中，我们可以使用【污点去除】工具轻松去除画面中的噪点或不需要的部分，从而改善画面整体效果。

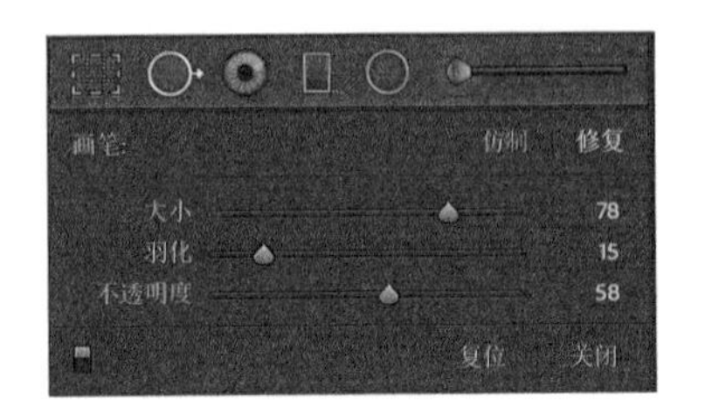

图 1-48

❶ 单击【污点去除】工具（【直方图】面板下方的第二个工具），或者按 Q 键，将其激活。

❷【污点去除】工具有两种模式：仿制与修复，如图 1-48 所示。在【仿制】模式下，Lightroom Classic 只是直接把一个区域中的内容复制到另外一个区域中。在【修复】模式下，Lightroom Classic 还会把复制过来的内容与原有内容进行混合，以获得更自然的效果。这里只讲【修复】模式。除了模式之外，我们还可以调整画笔大小、画笔边缘的软硬程度（羽化），以及结果的不透明程度（不透明度）。

提示 选择【污点去除】工具，按左、右中括号键（[、]），可以减小或增大画笔笔头的大小。

❸ 预览图左下角的工具栏中有一个很棒的工具：【显现污点】工具。勾选该选项后，照片会变成黑白负片，有助于我们找出画面中的噪点，如图 1-49 所示。在【显现污点】右侧还有一个滑动条，用来调整照片的对比度。照片中的噪点一般不容易发现，往往等到把照片印刷出来才发现有噪点存在，这时你不得不把印刷品扔掉，白白浪费了金钱。因此，在打印之前，找到并去除噪点就显得十分有必要，尽早去除噪点可防止印出废品，大大节省成本。

图 1-49

❹ 根据噪点大小调整画笔大小，然后用画笔点一下噪点，Lightroom Classic 会自动在附近找一块区域复制到噪点位置。这时会同时出现两个圆圈（第一个圆圈圈住噪点，第二个圆圈是复制的源），两个圆圈之间用箭头连接在一起，箭头方向表示复制的方向，如图 1-50 所示。如果你对修复结果不满意，可以单击第二个圆圈，把它移动到合适的位置上。

❺ 使用【污点去除】工具时，不仅可以一下一下地点，还可以按住鼠标左键拖动。当按住鼠标左键在一大块区域（例如教堂上方的区域）中拖动时，你会看到一个白色的笔触，释放鼠标左键后，

Lightroom Classic 会在附近找一块区域复制至白色笔触中，如图 1-51 所示。如果你对修复结果不满意，可以拖动复制源，找一块更合适的区域进行复制。

图 1-50

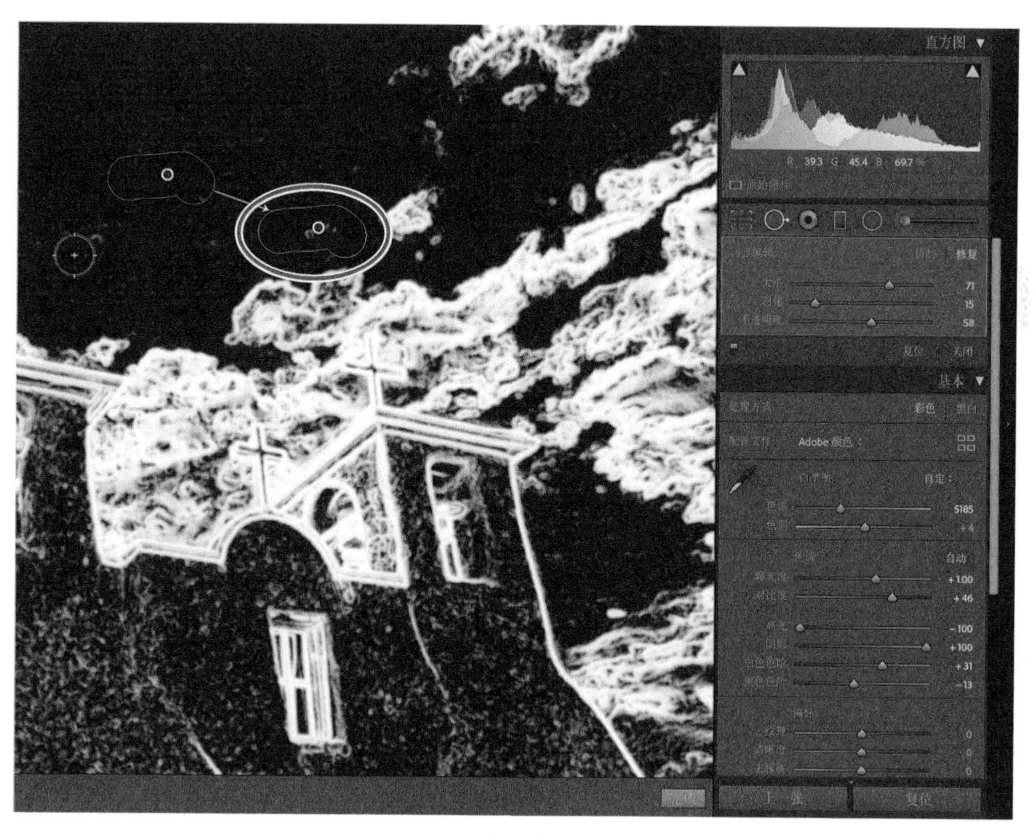

图 1-51

拖动【显现污点】右侧的滑块，找出画面中的其他噪点，使用【污点去除】工具将其去除，如图 1-52 所示。

图 1-52

去除画面中的噪点是个耗时的事儿，但是又必须要做，只有去掉了画面中的噪点，才能保证观众的注意力不会被这些噪点分散。不管你的照片中有多少噪点，都可以使用这里介绍的【污点去除】工具将它们去掉。经过上面一系列的处理之后，照片的画面干净多了。接下来，我们该把处理好的作品发送出去了。在【污点去除】工具选项面板中，单击右下角的【关闭】按钮，退出【污点去除】工具，如图 1-53 所示。

图 1-53

1.6 使用电子邮件分享作品

编辑好照片之后，接下来就该把照片分享出去了，分享的对象可能是你的客户、朋友、家人，也可能是世界各地的人（例如，你可以把照片上传到照片分享网站或展示自己作品的个人网站中）。

在 Lightroom Classic 中，只需要花几分钟就能制作出一个漂亮的画册或幻灯片，你可以自己指定排版样式把照片发布到网上，或者生成一个极具个人特色的动画相册，以便上传到你的个人网站服务器上。

在第 7 课、第 8 课、第 9 课中，我们会详细讲解 Lightroom Classic 中制作专业幻灯片、版面布局、照片画廊的各种工具和功能。这里，我们只介绍如何在 Lightroom Classic 中使用电子邮件把处理好的照片发送出去。

❶ 按 G 键返回到【网格视图】下，然后按 Command+D/Ctrl+D 组合键，或者从菜单栏中依次选择【编辑】>【全部不选】，取消选择所有照片。在胶片显示窗格中按住 Command 键（macOS）或 Ctrl 键（Windows），单击 lesson01-022.raf 与 lesson01-023.raf 两张照片，把它们同时选中。

❷ 从菜单栏中依次选择【文件】>【通过电子邮件发送照片】。

Lightroom Classic 会自动检测安装在计算机上的默认电子邮件程序，并打开一个对话框，其中需要指定电子邮件地址、主题、账号，以及照片附件的尺寸与质量。

注意 在 Windows 下，如果你未指定默认的电子邮件程序，你看到的对话框顺序可能和这里的（macOS）不一样，但是基本流程是一样的，只是你可能需要先参照步骤❽、步骤❾、步骤❿设置好电子邮件账户，然后再回到这一步。

❸ 单击【地址】按钮，打开【Lightroom 通讯簿】对话框。单击【新建地址】按钮，然后输入【姓名】和【地址】，单击【确定】按钮，如图 1-54 所示。

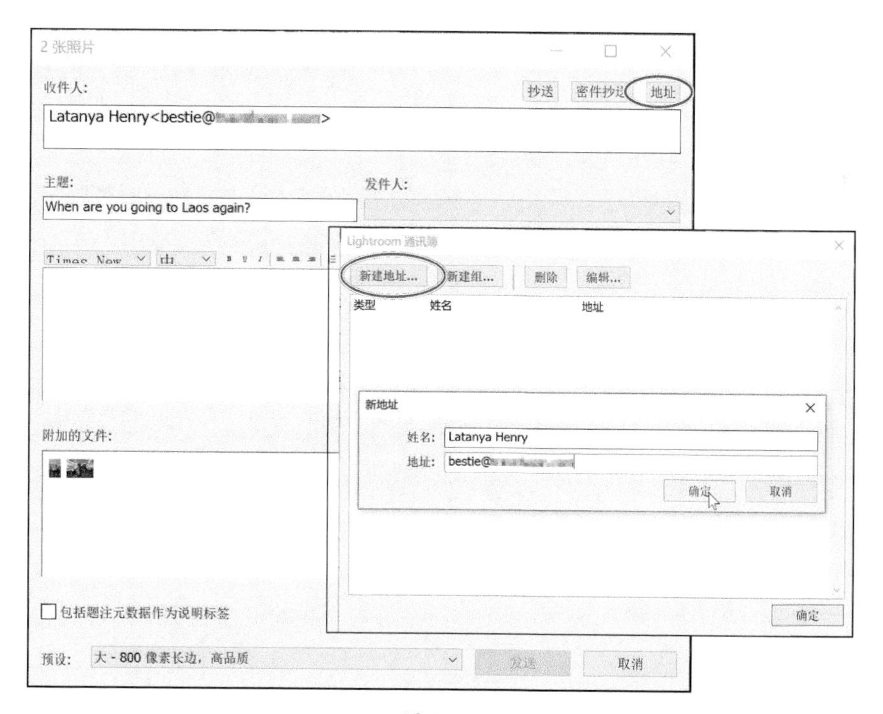

图 1-54

❹ 再次单击【地址】按钮，重新打开【Lightroom 通讯簿】对话框，在其中指定任意多个收件人。在【选择】列中勾选刚刚添加的收件人，单击【确定】按钮。

❺ 在【主题】文本框中，为电子邮件输入一个主题。

❻ 在【预设】菜单（位于对话框底部）中选择照片尺寸和质量，如图 1-55 所示。

❼ 如果你想使用默认的电子邮件程序，可以单击【发送】按钮，然后在标准电子邮件窗口中输入要发送的内容。

❽ 如果你想直接连接到基于网页的邮件服务器上，则需要先建立一个账户。在【发件人】菜单中选择【转至电子邮件账户管理器】，如图 1-56 所示。

❾ 在【Lightroom 电子邮件账户管理器】对话框中单击左下角的【添加】按钮，在打开的【新建账户】对话框中输入一个电子邮件账户名称，选择一个服务提供商，然后单击【确定】按钮，如图 1-57 所示。

❿ 在【凭据设置】中输入电子邮件地址、用户名、密码，然后单击【验证】按钮，如图 1-58 所示。

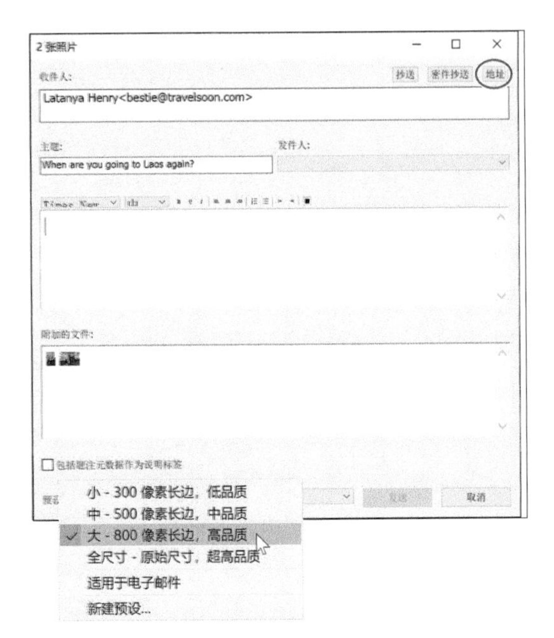

图 1-55

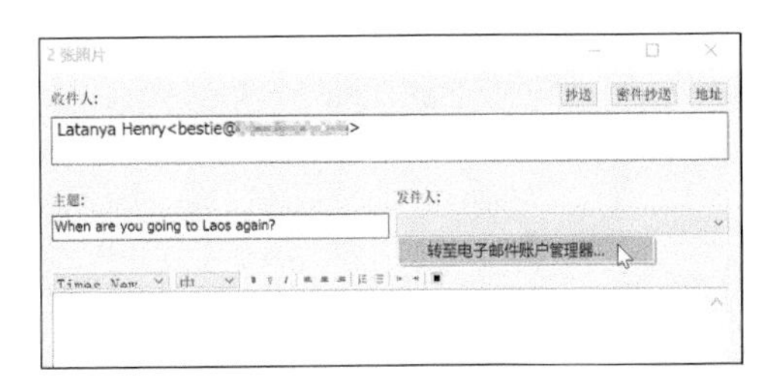

图 1-56

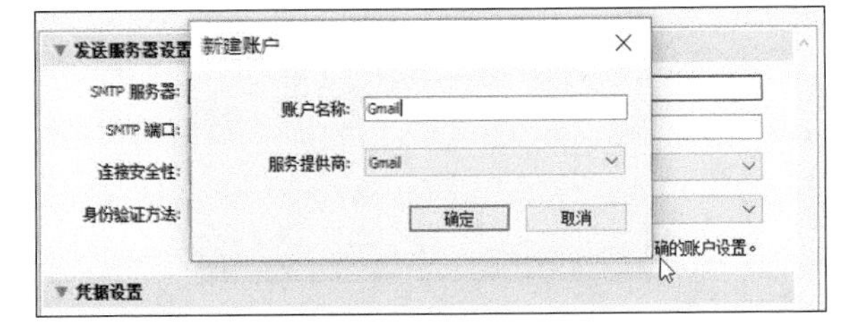

图 1-57

Lightroom Classic 会使用你设置的凭据验证你的电子邮件账户。若在左侧电子邮件账户列表中出现绿点，表示验证成功，此时 Lightroom Classic 可以访问你的网页电子邮件账户。

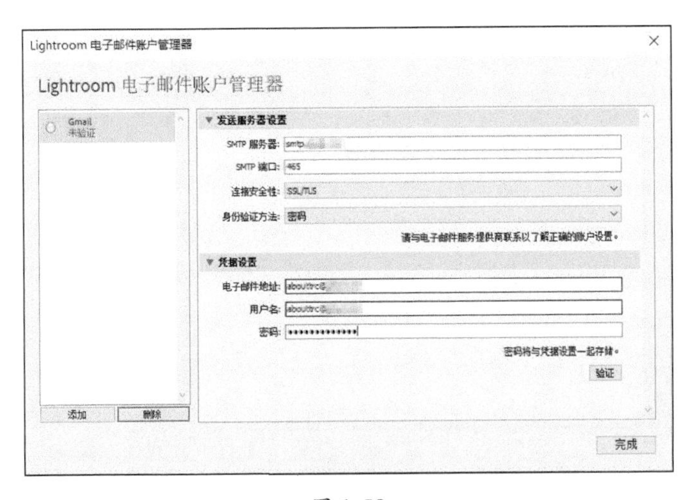

图 1-58

⓫ 单击【完成】按钮，关闭【Lightroom 电子邮件账户管理器】对话框。在照片附件上方的文本框中输入电子邮件内容，选择合适的字体、字号和字体颜色。最后，单击【发送】按钮，把照片发送出去。

1.7 复习题

1. 什么是非破坏性编辑？
2. Lightroom Classic 中有哪些模块，其在工作流程中如何使用？
3. 在不改变程序窗口的前提下，如何增大预览区域？
4. 对照片进行分类时，相比使用共享关键字，把照片归类到收藏夹中有什么好处？
5. 在【图库】模块中（使用【快速修改照片】面板）编辑照片与在【修改照片】模块中编辑照片有什么不同？

1.8 答案

1. 对图库中的照片进行编辑（裁剪、旋转、校正、润饰等）时，Lightroom Classic 会把编辑信息记录到目录文件中，并不是直接应用到原始图像上，原始图像数据未发生改动，这就是所谓的非破坏性编辑。
2. Lightroom Classic 有 7 个模块，分别是【图库】【修改照片】【地图】【画册】【幻灯片放映】【打印】【Web】。工作流程是从【图库】模块开始的，可以把照片导入图库中，然后在【图库】模块中组织、分类、搜索照片，管理不断增长的目录，以及记录发布的照片。在【地图】模块中，可以利用照片的 GPS 数据（位置信息）组织照片。【修改照片】模块提供了完整的编辑环境，包含用于校正、润色、增强、输出照片的各种工具。【画册】【幻灯片放映】【打印】【Web】模块都提供了多种预设，以及一系列强大易用的自定义控件。借助这些预设，我们能够快速创建复杂的布局和幻灯片，向其他人展示与分享你的作品。
3. 各个工作区中的面板和面板组都是可以隐藏的。当隐藏了某个面板后，预览区域会自动扩展到空闲区域。在 Lightroom Classic 中，工作区是唯一不能隐藏的部分。
4. 对照片进行分类时，相比使用共享关键字，把照片归类到某个收藏夹中不仅可以轻松改变照片在【网格视图】与胶片显示窗格中的显示顺序，还可以轻松把一张照片从收藏夹中移除。
5. 【快速修改照片】面板中只提供了一些简单控件，只能使用这些简单的控件来校正照片颜色、调整照片色调，以及快速应用一些现成的预设。相比之下，【修改照片】模块提供了一个更全面、更方便的编辑环境，其中包含许多更强大、更好用的照片处理工具。

摄影师
比努克·瓦吉斯（BINUK VARGHESE）

“照片是这个时代的通用语言。”

我是一名驻迪拜的旅行摄影师，来自印度的喀拉拉邦，热衷于在全球各地旅行，领略各地独特的文化和美丽的风景。作为一名旅行摄影师，最棒的事就是有机会遇到形形色色的人，了解他们的居住环境和生活方式。

我最近的拍摄项目叫“镜头下的生活”，里面收录了一些我个人最喜欢的人物肖像。这些人物肖像都是我在旅途中拍摄的，每张人物肖像描绘了不同的人物，也记述了不同的故事。我试图通过照片来反映真实生活及其蕴藏的情感，探索未知，分享未见。我会主动定格一些神奇的瞬间，热衷于拍摄那些能够给人以深刻思考或震撼人心的难忘画面。通过我的照片，你会发现，我是一个喜欢简朴生活的人。

照片是这个时代的通用语言，我的作品就是使用这种语言来讲述各种故事的。同时，我的照片重新审视和定义了那些我抓拍的瞬间。对我来说，摄影就像是活着必不可少的氧气，驱使着我不断前行。

工作中，我一直使用 Lightroom Classic 对照片进行分类，维护不断增加的图片，以及快速发送我的作品。

在摄影方面，我会一如既往地教导、鼓励新人，继续挖掘、颂扬感人的故事。

第 2 课

导入照片

课程概览

在导入照片方面，Lightroom Classic 提供了很大的灵活性：你既可以直接从相机把照片导入 Lightroom Classic，也可以从外部存储器导入，还可以在不同计算机的目录之间迁移照片。导入照片时，你可以组织文件夹、添加关键字和元数据（方便查找照片）、制作备份，以及应用一些预设。本课主要讲解以下内容。

- 从相机或读卡器导入照片。
- 从硬盘或可移动存储设备导入照片。
- 导入之前评估的照片。
- 组织、重命名、自动处理照片。
- 备份策略。
- 设置自动导入与创建导入预设。
- 从其他目录与程序获取照片。

学习本课需要 1~2 小时

Lightroom Classic 提供了大量实用工具，帮助我们轻松地组织、管理数目不断增加的照片，例如创建备份、创建与组织文件夹、以高放大倍率查看照片、添加关键字和其他元数据等，这些处理有助于我们节省对照片进行分类和查找所需的时间，而且所有这些处理都是在照片进入目录之前进行的。

2.1 学前准备

学习本课之前，请确保你已经为课程文件创建了 LRClassicCIB 文件夹，并且下载了 lesson02 文件夹，将其放入 LRClassicCIB\Lessons 文件夹中。此外，还要确保已经创建了 LRClassicCIB Catalog 目录文件来管理课程文件，详细说明请阅读前言中的相关内容。

❶ 启动 Lightroom Classic。

❷ 在【Adobe Photoshop Lightroom Classic- 选择目录】对话框中选择 LRClassicCIB Catalog.lrcat，单击【打开】按钮，如图 2-1 所示。

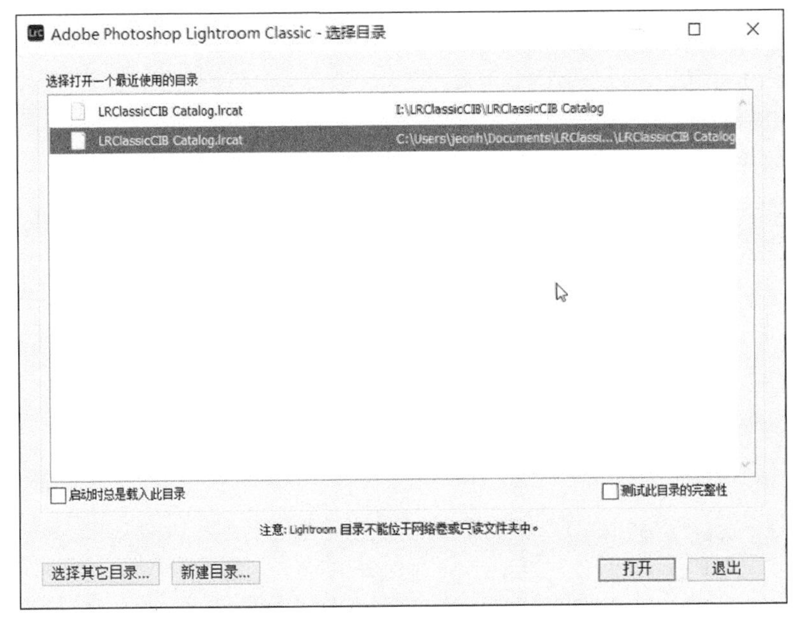

图 2-1

❸ Lightroom Classic 在正常屏幕模式下打开，并且进入上一次退出时的模块。在软件界面右上角的模块选取器中单击【图库】，如图 2-2 所示，进入【图库】模块。

图 2-2

2.2 Lightroom Classic 是你的数字笔记本

开始之前，我想先打个比方，帮助大家理解 Lightroom Classic 在组织照片方面都做了些什么。在本书内容讲解过程中，我会时不时地提到这个比方。

假设你现在坐在家里，有人敲门，塞给你一箱子照片，要求你妥善保管这些照片。于是，你接过箱子，把它放在客厅的桌子上。为了记住你把这箱照片放在了什么地方，你掏出一个笔记本，在笔记本上记下：照片在客厅桌子上的箱子里。

过了一会儿，又有人敲门，有人又塞给你另一箱照片。你接过箱子，把它放在卧室的一个抽屉里。你想记住它的位置，于是也把它记在了笔记本中。随后，有更多的箱子送上门来，你把它们分别放到房间的不同地方，并在笔记本中记下每个箱子的位置。虽然照片越来越多，但你并不想忘记其中任何一张。

在这个过程中，你的那个笔记本也逐渐变成了一个专用的本子，里面记录着每箱照片在你家里的存放位置。

有一天，你在家无聊，来到客厅桌子前，摆弄了一下桌上箱子里的照片，把它们的顺序重新排了一下。你想记下这个变化，于是你在笔记本中写下：客厅桌子上箱子里的照片已经按照特定顺序进行了整理。

这样，在你的笔记本中，不仅记录着每箱照片在家里的存放位置，还记录着你对每张照片做的调整。

这个笔记本在 Lightroom Classic 中对应的是目录文件，Lightroom Classic 目录文件是一个数字笔记本，里面记录着照片的位置，以及你对照片做的处理。

实际上，Lightroom Classic 并不保存照片，它只在目录文件中保存照片（或视频）的相关信息，包括照片在硬盘上的位置、相机拍摄数据，以及照片相关描述、关键字、星级等，这些信息你可以在【图库】模块中设置。此外，在【修改照片】模块中，你对照片做的每次编辑也都会保存到这个目录文件中。

说到 Lightroom Classic 中的目录文件，你只要把它想象成一个数字笔记本，知道里面记录着照片的位置，以及你对照片做的处理就行了。

2.3 照片导入流程

针对导入照片，Lightroom Classic 提供了大量选择。你可以直接从数码相机、读卡器、外部存储器导入照片，也可以从另外一个 Lightroom Classic 目录文件或其他程序导入照片。执行导入照片操作时，你可以直接单击【导入】按钮，也可以使用菜单命令，或者使用简单的拖放方式。只要连接好相机，或者把照片移动到一个指定文件夹，Lightroom Classic 就会启动照片导入流程，自动导入照片。不论从哪里导入照片，在导入照片之前，Lightroom Classic 都会打开【导入】对话框。要顺利完成照片导入，必须好好了解一下这个对话框才行。

在【导入】对话框的顶部给出了导入照片的基本步骤，从左到右依次是：选择导入源、选择导入照片的方式、指定导入目的地（选择【拷贝为 DNG】、【拷贝】或【移动】方式时）。导入照片时，如果你只想设置这些信息，则可以把【导入】对话框设置成紧凑模式，此时对话框会显示更少选项，如图 2-3 所示。如果想显示更多选项，请单击对话框左下角的三角形按钮，把对话框从紧凑模式变成展开模式。

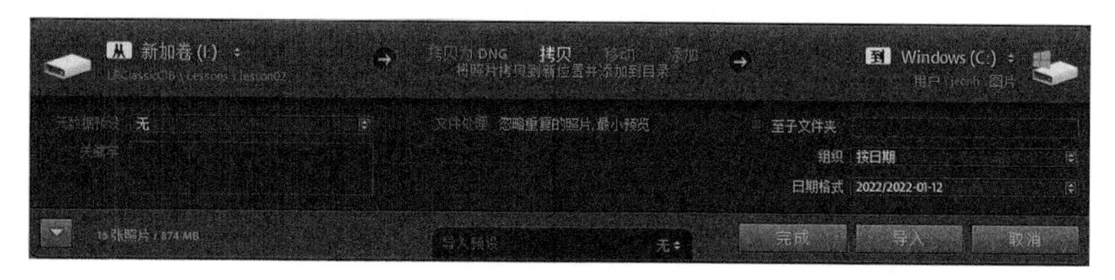

图 2-3

展开模式下，【导入】对话框的外观、行为与 Lightroom Classic 中的工作区类似，如图 2-4 所示。在左侧的【源】面板中，可以指定要导入哪里的照片。对话框的中间部分是预览区域，以缩览图的形式显示导入源中的照片，你可以选择【网格视图】显示，也可以选择【放大视图】显示。根据选择的导入方式不同，对话框右侧面板显示的内容也有所不同。当选择【拷贝为 DNG】、【拷贝】或【移动】时，右侧面板是一个导入目的地面板，在这里除了可以指定把照片导入哪里之外，还可以使用里面大量处理照片的选项，让 Lightroom Classic 在导入照片时就对照片做一些处理。

图 2-4

2.3.1 从数码相机导入照片

下面我们会详细介绍从数码相机导入照片的整个流程。学习本小节内容时，我强烈建议你用自己的相机拍一些照片，然后亲自动手导入试试。拿起你的相机，拍 10 ~ 15 张照片，不管拍什么都行，下面我们动手尝试导入照片的流程。

首先，我们先设置一下 Lightroom Classic 首选项，确保在把相机或存储卡连接到计算机时，Lightroom Classic 会自动启动导入流程。

❶ 选择 Lightroom Classic > 首选项（macOS）或者从菜单栏中依次选择【编辑】>【首选项】（Windows），在打开的【首选项】对话框中单击【常规】选项卡，在【导入选项】中勾选【检测到存储卡时显示导入对话框】，如图 2-5 所示。

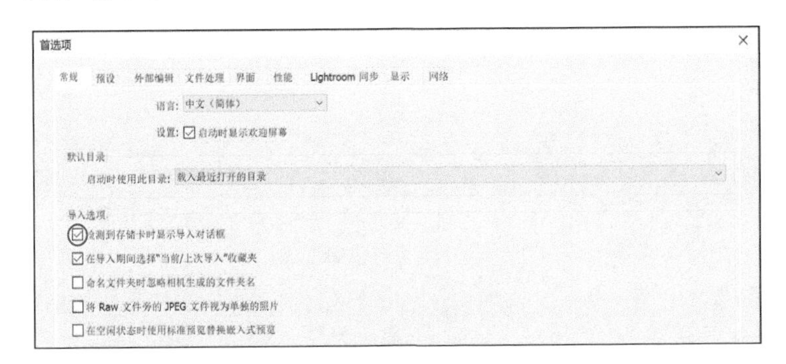

图 2-5

> 💡 **注意** 在【文件处理】选项卡下，有很多有关在导入期间创建 DNG 文件的选项，这里我们不需要做任何改动。有关 DNG 文件的更多内容，稍后在 2.3.2 小节的“关于文件格式”部分中讲解。

有些相机会在存储卡上自动生成文件夹名。如果这些文件夹名对组织照片无帮助，可勾选【命名文件夹时忽略相机生成的文件夹名】，忽略相机生成的文件夹名。有关文件夹命名的内容稍后讲解。

② 单击【关闭】按钮，或者单击【确定】按钮，关闭【首选项】对话框。

③ 按照产品说明手册，把数码相机或读卡器连接到计算机上。

④ 在不同操作系统和照片管理程序下，这一步可能不一样。

- 在 Windows 下，若弹出自动播放对话框或者设置面板，请选择【在 Lightroom Classic 中打开图像文件】，你可以把这个选项设置为默认选择。
- 如果你的计算机中还安装了其他 Adobe 图像管理程序，例如 Adobe Bridge，就会打开【Adobe 下载器】对话框，单击【取消】按钮。
- 若弹出【导入】对话框，请前往步骤⑤。
- 若未显示出【导入】对话框，请从菜单栏中依次选择【文件】>【导入照片和视频】，或者单击左侧面板组下的【导入】按钮。

⑤ 若【导入】对话框处在紧凑模式下，单击对话框左下角的【显示更多选项】按钮，你会在展开的【导入】对话框中看到所有选项，如图 2-6 所示。

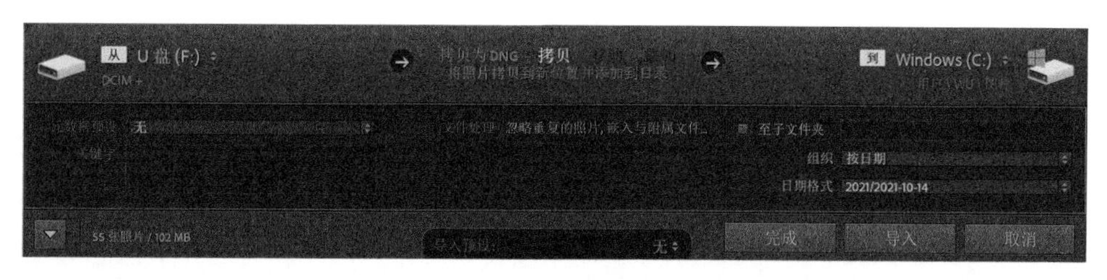

图 2-6

不管是在紧凑模式还是在扩展模式下，【导入】对话框顶部都给出了导入照片的 3 个步骤，从左到右依次如下。

- 选择要从哪里把照片导入 Lightroom Classic 目录中。
- 指定照片的导入方式，导入方式决定了导入照片时，Lightroom Classic 会如何处理照片。
- 设置要把照片导入哪里，指定导入照片时要应用到照片上的预设、关键字，以及其他元数据。

此时，在左上面板的【从 XXX】区域，以及【源】面板（位于【导入】对话框左侧）的【设备】下，显示相机或存储卡，如图 2-7 所示。

根据计算机的设置不同，有些计算机会把相机存储卡识别为可移动存储设备。遇到这种情况时，【导入】对话框中显示的可用选项会有一些不一样，但影响不大。

⑥ 在【源】面板中，如果存储卡出现在可移动硬盘（非设备）下，请在【文件】列表中单击它，将其选中，并且勾选【包含子文件夹】，如图 2-8 所示。

> 💡 **注意** 如果存储卡被识别为可移动硬盘，导入方式中的【移动】和【添加】可能不可用，稍后我们会详细介绍这些导入方式。

图 2-7

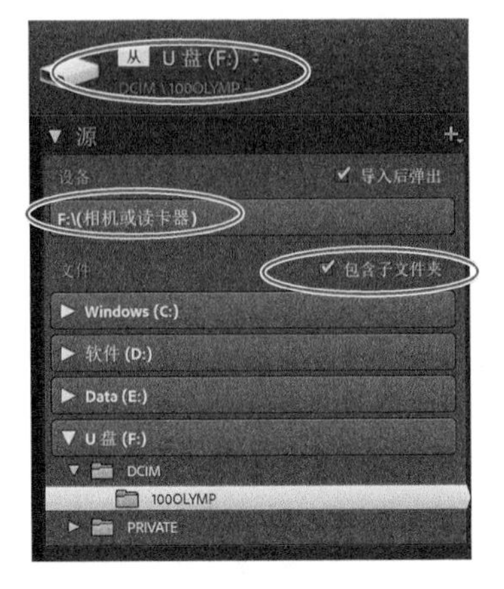

图 2-8

❼ 从位于对话框中上部的导入方式中选择【拷贝】，把照片从相机复制到硬盘中，然后添加到目录文件中，原始照片仍然存在于相机的存储卡中。

在照片导入方式中，不管你选择哪一个，Lightroom Classic 都会把当前选择的导入方式的简单描述在下方显示出来，如图 2-9 所示。

图 2-9

❽ 预览区域之上有一个选项栏，里面有 3 个选项，把鼠标指针移动到每个选项上，Lightroom Classic 会显示每个选项的功能说明。这里保持默认选择（选择【所有照片】）不变，暂且不要单击【导入】按钮，如图 2-10 所示。

图 2-10

提示 预览区域右下方有一个【缩览图】滑动条，拖动滑块，可改变缩览图大小。

在预览区域中，每张缩览图的左上方都有一个对钩，表示当前这张照片会被导入。默认设置下，Lightroom Classic 会选择存储卡中的所有照片进行导入。如果你不想导入某张照片，请单击缩览图左上角的对钩（取消勾选），将其排除在外即可。

你可以同时选择多张照片，然后同时改变这些照片的状态（取消对钩或打上对钩）。如果你想同时选中连续的多张照片，请先单击第一张照片的缩览图或所在的预览窗格，然后按住 Shift 键单击最后一张照片的缩览图或所在的预览窗格，此时，位于第一张照片和最后一张照片之间的所有照片（包括第一张和最后一张照片）都会被选中。按住 Command 键（macOS）或 Ctrl 键（Windows）单击一些照片的缩览图，不管它们是否连续，单击的照片都会被同时选中。当同时选中多张照片时，单击其中任意一张照片左上角的对钩，可改变所选照片的导入状态。

注意 在【导入】对话框顶部，请选择【拷贝】，而不是【添加】。请牢记，在照片导入期间，Lightroom Classic 并不是真的导入照片本身，它只是把照片添加到 Lightroom Classic 目录中，并记下它们的位置。当选择【拷贝】照片时，我们还需要指定目标文件夹。

当选择【添加】照片而非【拷贝】照片时，你并不需要指定目标文件夹，被添加的照片仍然存放在原来的位置上。为了重复使用相机存储卡，最后一般都会把相机存储卡中的照片删掉，因此不应该把相机存储卡作为照片的最终保存位置。因此，在从相机导入照片时，Lightroom Classic 不会提供【添加】与【移动】两个选项，而只提供【拷贝】选项，强制用户把照片从相机存储卡复制到另外一个能够持久保存照片的位置上。

接下来还要指定目标文件夹，用来存放复制过来的照片。指定目标文件夹时，可趁机考虑一下如何在硬盘上组织照片。当前，保持【导入照片】对话框处于打开状态，选择一个目标文件夹，接下来该设置一下其他导入选项了。

2.3.2 组织导入的照片

默认设置下，Lightroom Classic 会把导入的照片放入系统的【图片】文件夹中，但也可以选择其他任意一个位置。一般来说，我们会把所有照片保存到同一个位置下，这个位置可以是任意的，但是要尽早确定它，这有助于查找丢失的照片（相关内容后面讲解）。

学习本书课程之前，我们已经在计算机的 Users\[用户名]\Documents 文件夹下创建了一个名为 LRClassicCIB 的文件夹。这个文件夹中已经包含存放 LRClassicCIB Catalog 文件和学习本书课程所需图像文件的子文件夹。在此，出于练习的需要，我们会在 LRClassicCIB 文件夹中再创建一个子文件夹，用来存放那些从相机存储卡导入的照片。

❶ 在【导入】对话框右侧的面板组中，折叠【文件处理】【文件重命名】【在导入时应用】面板，展开【目标位置】面板。

❷ 在【目标位置】面板中，找到 LRClassicCIB 文件夹，然后单击【目标位置】面板左上方的加号按钮（+），从弹出菜单中选择【新建文件夹】，如图 2-11 所示。

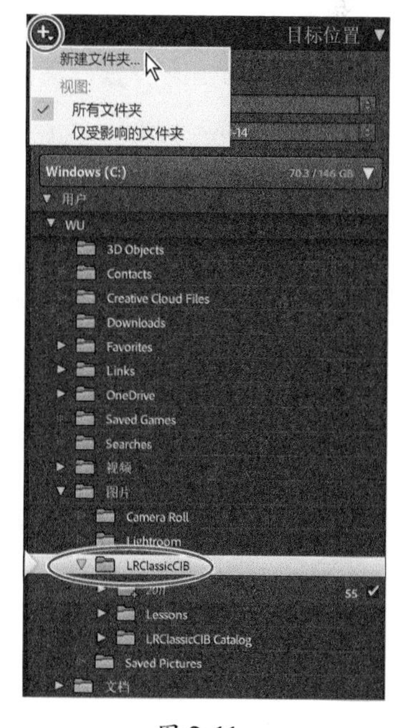

图 2-11

③ 在【浏览文件夹】(macOS)或【新建文件夹】(Windows)对话框中，转到 LRClassicCIB 文件夹下，单击【新建文件夹】按钮，输入名称“Imported From Camera”，然后单击【选择】按钮(macOS)或按 Enter 键(Windows)。

④ 在【浏览文件夹】或【新建文件夹】对话框中，确保 Imported From Camera 文件夹处于选中状态，然后单击【选择】或【选择文件夹】按钮，关闭对话框。此时，【目标位置】面板中出现 Imported From Camera 文件夹，并处于选中状态。

同时，【导入】对话框右上方的【到】区域中也显示出刚刚创建的 Imported From Camera 文件夹，如图 2-12 所示。

图 2-12

在【目标位置】面板顶部的【组织】菜单中，Lightroom Classic 提供了多个帮助我们把照片组织到文件夹中的选项，这些选项会在把照片复制到硬盘时起作用。

- 到一个文件夹中：选择该选项后，Lightroom Classic 会把照片复制到新创建的 Imported From Camera 文件夹中。若勾选【至子文件夹】，则 Lightroom Classic 在每次从相机导入照片时都会新建一个子文件夹。
- 按日期：选择该选项后，Lightroom Classic 会按拍摄日期组织照片。日期格式有多种，根据选择的日期格式，Lightroom Classic 会把照片复制到一个或多个子文件夹。例如，选择【2020/09/27】这种日期格式，Lightroom Classic 会根据拍摄日期创建 3 层文件夹，第一层文件夹按年创建，第二层文件夹按月创建，第三层文件夹按日创建；选择【20200927】这种日期格式，Lightroom Classic 会为每一个拍摄日创建一个文件夹，如图 2-13 所示。

注意 如果计算机把存储卡识别为可移动硬盘，在【组织】菜单中，你可能还会看到【按原始文件夹】这个选项，稍后我们会介绍这个选项。

从相机导入照片前，先考虑一下哪种文件夹组织方式适合你的需求。确定好文件夹的组织方式之后，每次从相机导入照片，就一直使用它。

⑤ 出于练习的需要，我们从【组织】菜单中选择【到一个文件夹中】，这也是我推荐的默认做法，如图 2-14 所示。

图 2-13

图 2-14

⑥ 勾选面板顶部的【至子文件夹】，在右侧文本框中输入“Lesson 2 Import”作为新建子文件夹的名称，按 Return 键(macOS)或 Enter 键(Windows)。此时，在【目标位置】面板底部的 Imported From Camera 文件夹中就出现了名为 Lesson 2 Import 的子文件夹。

关于文件格式

- 相机原生（RAW）格式：这种格式文件中包含的是直接来自数码相机传感器的未经处理的数据。大多数相机厂商都会使用自己专有的相机格式来保存这些原始数据。Lightroom Classic 支持从大多数相机读取这些数据，并把数据转换成全彩照片。在【修改照片】模块下，有一些控件可用来处理和解释这些原始图像数据。

- 数字负片（Digital Negative，DNG）格式：DNG 格式是数码相机原始数据的公用存档格式。DNG 解决了某些相机原始数据文件缺乏开放标准的问题，确保摄影师在未来能够访问他们的文件。在 Lightroom Classic 中，你可以把某个专有的原始数据文件转换成 DNG。

- 标签图像文件格式（Tag Image File Format，TIFF）：TIFF 格式用于在应用程序与计算机平台之间交换文件。TIFF 是一种灵活的位图图像格式，几乎所有的绘画、图像编辑和排版应用程序都支持它。另外，几乎所有桌面扫描仪都能生成 TIFF 图像。Lightroom Classic 支持以 TIFF 格式保存的大型文档（每边最大长度为 65000 像素），但是其他大多数程序（包括 Photoshop 早期版本，即 Photoshop CS 之前的版本）都不支持文件尺寸大于 2GB 的文档。与 Photoshop 文件（Photoshop Document，PSD）格式相比，TIFF 格式支持更大压缩和行业兼容性，它是 Lightroom Classic 和 Photoshop 之间交换文件的推荐格式。在 Lightroom Classic 中，你可以导出每个通道 8 位或 16 位位深的 TIFF 图像文件。

- 联合图像专家组（Joint Photographic Experts Group，JPEG）格式：JPEG 格式通常用于在网络照片库、幻灯片、演示文稿和其他在线服务中展现照片和拥有其他连续色调的图像。JPEG 格式保留了 RGB 图像中的所有颜色信息，它通过有选择性地丢弃数据来压缩文件大小。当打开一张 JPEG 图像时，它会自动解压缩。在大多数情况下，“最佳质量”设置产生的结果与原件没有区别。

- PSD 格式：PSD 格式是标准的 Photoshop 文件格式。要在 Lightroom Classic 中导入和使用含有多个图层的 PSD 文件，必须在 Photoshop 中保存该文件，并开启【最大兼容 PSD 和 PSB 文件】选项，你可以在【文件处理】首选项中找到这个选项。Lightroom Classic 会以每个通道 8 位或 16 位位深保存 PSD 文件。

- PNG 格式：Lightroom Classic 支持导入 PNG 格式的图像文件，但是不支持透明度，图像中的透明部分全部用白色填充。

- CMYK 文件：Lightroom Classic 支持导入 CMYK 文件，但是只支持在 RGB 颜色空间中编辑和输出它。

- 视频文件：Lightroom Classic 支持从大多数数码相机中导入视频文件。在 Lightroom Classic 中，你可以为视频设置标签、星级、过滤器，以及把视频文件放入收藏夹和幻灯片中。而且，你还可以使用大多数快速编辑控件修剪、编辑视频。单击视频缩览图上的【相机】按钮，可启动 QuickTime 或 Windows Media Player 等外部视频播放器。

- Lightroom Classic 不支持 Adobe Illustrator 文件、Nikon Scanner NEF 文件、边长大于 65000 像素或者大于 51200 万像素的文件。

注意 从扫描仪导入照片时，请使用扫描仪自带软件把照片扫描成 TIFF 或 DNG 格式。

创建导入预设

如果经常往 Lightroom Classic 中导入照片，你会发现每次导入照片时使用的设置几乎都是一样的。此时，你可以在 Lightroom Classic 中把这些设置保存成导入预设，以简化导入流程。要创建导入预设，首先在展开的【导入】对话框中指定导入设置，然后从预览区域下的【导入预设】菜单中选择【将当前设置存储为新预设】，如图 2–15 所示。

图 2-15

在【新建预设】对话框的【预设名称】中输入新预设名称，然后单击【创建】按钮，如图 2–16 所示。

新建预设

预设名称： Move to dated Subfolder

创建　取消

图 2-16

新预设中包含当前所有设置：导入源、导入类型（【拷贝为 DNG】、【拷贝】、【移动】或【添加】）、文件处理、文件重命名、修改照片设置、元数据、关键字、目标位置。你可以针对不同的任务创建不同的预设，例如你可以创建一个预设，用于把照片从存储卡导入计算机中，也可以创建另外一个预设，用于把照片从存储卡导入网络附加存储设备中。你甚至可以针对不同相机创建不同预设，以便在导入照片过程中快速应用相应的降噪、镜头校正、相机校准等设置，这样就不用再在【修改照片】模块中应用这些设置了，从而大大节省时间。

使用紧凑模式下的【导入】对话框

创建好预设之后，导入照片时，使用预设可以大大提高导入效率，即便使用紧凑模式下的【导入】对话框，照片导入效率也会得到显著提升。使用预设时，我们可以以当前预设为起点，然后再根据实际需要修改导入源、元数据、关键字、目标位置等设置，如图 2–17 所示。

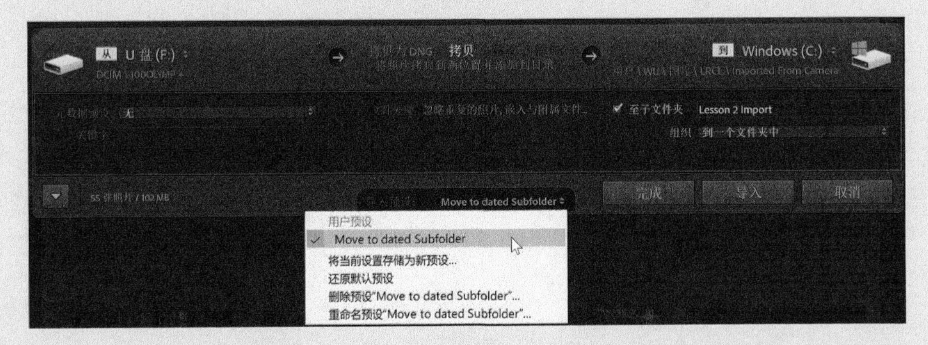

图 2-17

2.3.3 备份策略

接下来，我们要考虑一下：在Lightroom Classic往指定位置创建主副本并将其添加到图库目录时，是否需要为相机中的照片创建备份副本。若需要，在创建备份副本时，最好把它存放到单独的硬盘或外部存储设备上，这样当硬盘出现故障或不小心删除了主副本时，仍然有备份副本可用。

❶ 在【导入】对话框的右侧面板组中展开【文件处理】面板，勾选【在以下位置创建副本】。

❷ 单击右侧的小三角形图标，从弹出菜单中选择【选择文件夹】，为备份副本指定一个目标文件夹，如图2-18所示。

图2-18

❸ 在【浏览文件夹】(macOS)或【选择文件夹】(Windows)对话框中，转到要保存照片备份的文件夹下，单击【选择文件夹】按钮。

> **注意** 这里的备份是作为一种预防措施用的，用来防止照片导入过程中因磁盘故障或人为错误而导致数据丢失的情况，并不能用来取代你为硬盘文件准备的那些标准备份程序。

大多数情况下，我都不会开启这个备份选项。取而代之，我经常使用计算机的备份系统(例如macOS的【时间机器】)与网络附加存储设备进行备份。这是我个人工作流程的一部分，后面我会跟大家分享和介绍我个人常用的工作流程。

2.3.4 导入时文件重命名

对图库中的照片进行分类与搜索时，数码相机自动生成的文件名用处不大。其实，在往Lightroom Classic中导入照片时，我们可以对导入的照片进行重命名，而且Lightroom Classic提供了一些现成的名称模板供我们选用。当然，如果你不喜欢使用这些名称模板，也可以自己定义名称。

> **提示** 如果你的相机支持，可以考虑让相机为每张照片生成唯一一个编号。这样，当你清空或更换存储卡时，你的相机始终会为每张照片生成唯一一个编号，而不会重新编号。如此，当你把这些照片导入图库时，这些照片就会拥有唯一的文件名。

❶ 在【导入】对话框的右侧面板组中展开【文件重命名】面板，勾选【重命名文件】。从【模板】菜单中选择【自定名称 - 序列编号】，在【自定文本】中输入一个描述性名称，然后按Tab键，转到【起始编号】文本框中，输入一个数字编号。当从同一次拍摄或同系列拍摄中导入多组照片时(通常是从多个存储卡导入)，添加不同编号有助于区分不同组照片。此时，在【文件重命名】面板底部的【样本】(示例)中显示出第一张照片的完整名称，如图2-19所示，其他所有照片都将按照这种格式命名。

❷ 单击【自定文本】右侧的小三角形按钮，在弹出菜单中可以看到，Lightroom Classic把刚刚

输入的名称添加到了最近输入名称列表之中。在导入同一系列的另一组照片时，你可以直接从列表中选择已经设置好的名称。这不仅能节省时间和精力，还有助于确保后续批次的命名是相同的。如果你想清空列表，可以从弹出菜单中选择【清除列表】。

③ 从【模板】菜单中选择【自定名称（x - y）】。此时，在【文件重命名】面板底部的【样本】（示例）中显示更改后的文件名称。

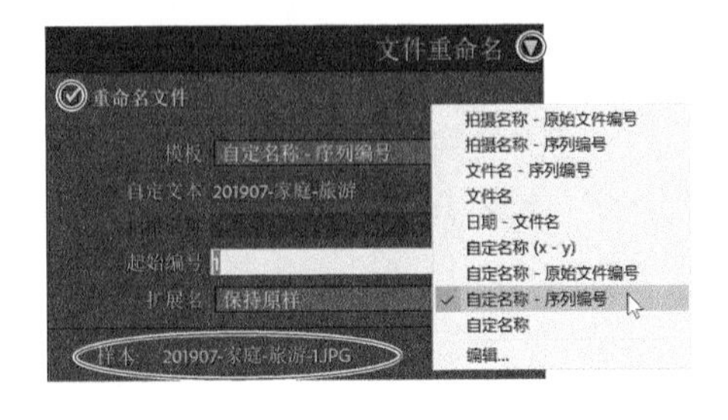

图 2-19

④ 从【模板】菜单中选择【编辑】，打开【文件名模板编辑器】对话框。

在【文件名模板编辑器】对话框中，你可以使用照片文件中包含的元数据信息（例如文件名、拍摄日期、ISO设置等）自己创建文件名模板，添加自动生成的序列编号并自定义文本。文件名模板中有一些占位符（标记），Lightroom Classic 在重命名时会使用实际值替换它们。在 macOS 中，占位符是蓝色高亮显示的，而在 Windows 中则是使用大括号括起的。

创建文件名模板时，使用短横线把自定文本、日期、序列编号（两位数）连起来，可把照片名称更改成 vacation_images-20210807-01 这种形式，如图 2-20 所示。关闭【文件名模板编辑器】对话框，在【自定文本】文本框中输入“vacation_images”，它会替换掉文件名中的【自定文本】占位符，同时照片元数据中的拍摄日期、序列编号也会自动添加。

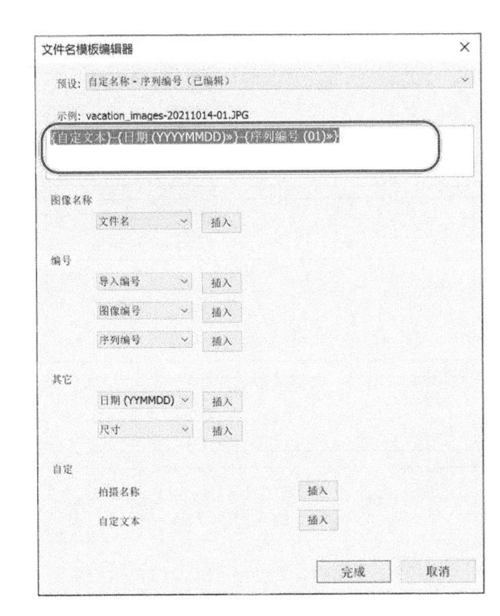

图 2-20

提示 有关使用【文件名模板编辑器】对话框的更多内容，请阅读 Lightroom Classic 帮助文档。

⑤ 单击【取消】按钮，关闭【文件名模板编辑器】对话框，不做任何修改。

尽管导入照片时有很多重命名选项可用，但是一个文件名能够容纳的信息毕竟是有限的。自定义文件名模板时，我通常会把日期格式设置为 YYYYMMDD，把序列编号设置为 3 位数字。组织与搜索照片时，最好综合运用元数据、关键字、收藏夹等信息，千万不要单独依靠文件名。如果某种情况下只能依靠文件名来查找照片，那这种情况多半是因为你的计算机出了问题。

文件与文件夹命名的小技巧

在前面的讲解中，我们提到为文件夹命名对于组织照片是很重要的，并且给出了一个命名的例子。下面是一些文件重命名的技巧与建议，列出来供大家参考。

- 以类似的方式命名文件与文件夹，让照片查找起来更容易。
- 与文件夹一样，每个文件的名称都以年份开始，然后加上月和日。
- 为文件与文件夹命名时，采用小写形式。

- 在日期之后添加一个描述拍摄的词语，但要尽量简短。
- 若需要在名称中添加间隔，请不要使用空格，建议使用短下划线（_）。
- 在文件名末尾添加 C1、C2、C3 等后缀，分别代表存储卡 1、存储卡 2、存储卡 3。当拍摄用到了多个存储卡时，添加这样的后缀非常有用，如图 2-21 所示。

图 2-21

例如，在导入 2019 年 10 月 26 日在博览会拍摄的照片时，我会把文件夹命名为 20191026_state_fair。如果拍摄期间只使用了一个存储卡，那么我可以把照片文件名按【20191026_state_fair_c1_序列编号】格式命名。文件名很长，但里面确实包含了很多拍摄信息。

图 2-22

把 C1 添加到照片名称中还有一个很现实的原因：有时，在往 Lightroom Classic 中导入照片时，你会遇到图 2-22 所示的照片，看起来这张照片好像来自一个有趣的艺术项目，但实际上这是一张损坏的照片，这表明我们使用的存储卡并不像想象的那么可靠。与其他东西一样，随着时间的推移，存储卡也有可能会出现问题。虽然我们不想因为存储卡出现问题而丢失拍摄的重要照片，但现实中确实存在这种可能。当出现这个问题时，若照片名称中包含存储卡编号，我们就能迅速确定到底是哪张存储卡出了问题。当从多张存储卡导入照片时，如果照片名称中不包含存储卡编号，遇到损坏的照片时，你说得出是哪个存储卡出了问题吗？

买了一张存储卡之后，我首先会给它贴一个标签，标上它的编号——C 编号，然后再把存储卡编号添加到照片名称中。当我发现一张损坏的照片时，我会看一下它的名字，并从其名称判断哪个存储卡出了问题，然后把出了问题的存储卡换掉。只要在存储卡上贴一个标签，注明编号（如 C1、C2），然后把存储卡编号添加到照片名称中，就可以避免日后很多麻烦。

在接下来的内容以及第 4 课中，我们会学习如何使用元数据、关键字、收藏夹。

6 如果你想把照片导入 LRClassicCIB 目录中，请单击【导入】按钮；如果不想导入照片，请直接单击【取消】按钮，关闭【导入】对话框。

到这里，我们学习了如何从数码相机或存储卡导入照片。接下来，我们学习如何从硬盘导入照片，和大家一起了解【导入】对话框中的其他选项。

2.3.5 从硬盘导入照片

相比于从数码相机导入照片，从硬盘或外部驱动器导入照片时，Lightroom Classic 提供更多照片组织选项。

与上一小节一样，在导入照片的过程中，你仍然可以选择把照片复制到新位置，但也可以选择把照片保留在当前位置，同时添加到目录中。如果你的照片在硬盘上已经组织得很好了，导入这些照片时，只需要选择【添加】，把它们添加到目录即可。

如果要导入的照片已经存在于硬盘上，你还可以选择【移动】，把照片从原始位置转移到新位置，同时添加到目录中。当照片在硬盘上组织得不太好时，可以选择【移动】这种导入方式。

❶ 要从计算机硬盘导入照片时，可执行如下 4 种操作之一。

- 从菜单栏中依次选择【文件】>【导入照片和视频】。
- 按 Shift+Command+I（macOS）或 Shift+Ctrl+I（Windows）组合键。
- 单击【图库】模块左侧面板组中的【导入】按钮。
- 直接把包含照片的文件夹拖入 Lightroom Classic 的【图库】模块中。

注意 在从 CD、DVD 或其他外部存储介质导入照片时，也使用同样的命令。

❷ 在【导入】对话框左侧的【源】面板中，转到 LRClassicCIB 文件夹下的 Lessons 子文件夹中，单击 lesson02 文件夹，勾选面板右上角的【包含子文件夹】（若想导入所有照片，请勾选该选项），如图 2-23 所示。

【导入】对话框的左下角显示着 lesson02 文件夹中包含的照片总张数（16 张）与总大小（874MB），如图 2-24 所示。

❸ 从导入类型选项（位于预览区域顶部中间）中选择【添加】，如图 2-25 所示。选择该选项后，导入照片时，Lightroom Classic 会把照片添加到目录中，但不会改变照片在硬盘上的存放位置。在从数码相机导入照片时，【添加】选项不可用。

❹ 拖动预览区域右侧的滚动条，浏览 lesson02 文件夹中的所有照片。在预览区域右下角有一个【缩览图】滑动条，向左拖动滑块，减小缩览图尺寸，这样在预览区域中就会显示更多照片。

❺ 在【源】面板中取消勾选【包含子文件夹】。此时，预览区域只显示 lesson02 根文件夹下的 16 张照片，【导入】对话框的左下角显示的是【16 张照片 /874MB】。

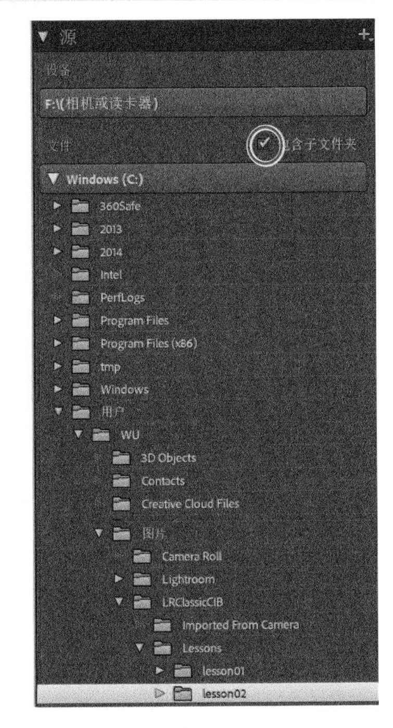

图 2-23

图 2-24

图 2-25

接下来，我们一起了解一下预览区域上方的 4 种导入类型。

❻ 从左到右，4 种导入类型依次如下。

- 拷贝为 DNG：选择该导入类型后，导入照片时，Lightroom Classic 会以 DNG（数字负片）格式把照片复制到一个新位置，然后把它们添加到目录中，如图 2-26 所示。不管选择【拷贝为 DNG】【拷贝】还是【移动】导入类型，右侧面板组中显示的面板都是一样的，它们分别是【文件处理】【文件重命名】【在导入时应用】【目标位置】。

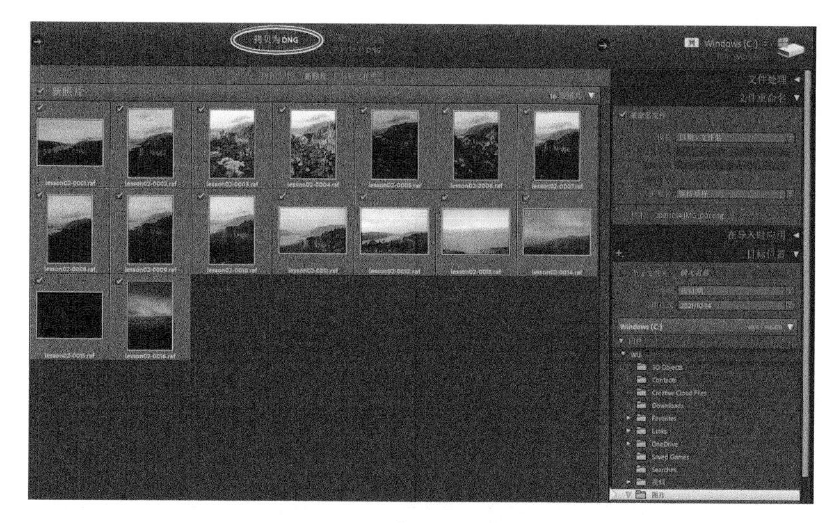

图 2-26

- 拷贝：选择该导入类型后，导入照片时，Lightroom Classic 会把照片复制到一个新位置，然后把它们添加到目录中，原始照片保留在原来的位置上，如图 2-27 所示。复制照片之前，你可以在【目标位置】面板中指定一个用来存放照片副本的目录。展开【目标位置】面板，单击【组织】菜单。当导入类型是【拷贝为 DNG】【拷贝】【移动】时，从硬盘或外部存储介质导入照片时，在【组织】菜单中，你可以选择把照片复制到单个文件夹，或者按拍摄日期复制到子文件夹，或者按原始文件夹进行复制。

图 2-27

注意 展开【文件处理】与【在导入时应用】面板，查看所有可用选项。

- 移动：选择该导入类型后，Lightroom Classic 会把照片移动（复制）到硬盘中的一个新位置，并按照你在【组织】菜单中选择的文件夹结构来组织照片，然后删掉原始照片。
- 添加：选择该导入类型后，Lightroom Classic 会把照片添加到目录中，但不会移动或复制原始照片，也不会改变存储照片的文件夹结构，如图 2-28 所示。选择【添加】选项后，右侧面板组中只有【文件处理】和【在导入时应用】两个面板，导入期间无法对原始照片进行重命名，也不需要指定目标位置，被添加的照片会保留在原始位置上。

图 2-28

2.3.6 添加元数据

Lightroom Classic 借助附加在照片上的信息来帮助我们快速查找和组织照片，这些信息就是所谓的“元数据”。有些元数据（例如快门速度、ISO、相机类型等）会在照片生成时由拍摄设备自动添加到照片中，而有些元数据（例如关键字、作者名称等）则是在后期添加到照片上的。

在 Lightroom Classic 中查找与筛选照片时，可以使用上面这些元数据，还可以使用旗标、色标、拍摄设置，以及其他各种条件及组合。

此外，你还可以从元数据中选择一些与照片息息相关的信息，然后让 Lightroom Classic 以文本的形式叠加到每张照片上，用在幻灯片、网上画廊、印刷版式中。

下面我们把一些重要信息保存成元数据预设，这样就可以把它们快速应用到导入的照片上，而不必每次都要手动添加。

1. 在【在导入时应用】面板中，从【元数据】菜单中选择【新建】，打开【新建元数据预设】对话框。

2. 我们要创建一个元数据预设，里面包含着版权信息。在【新建元数据预设】对话框中，在【预设名称】文本框中输入“Copyright Info 2021”。然后，勾选【IPTC 版权信息】，并输入版权信息，在【IPTC 拍摄者】下输入联系信息，如图 2-29 所示。这样你就可以在网上留下足够多的信息，当有人对你的照片感兴趣时能够联系到你。事实上，这种情况有时确实会发生。

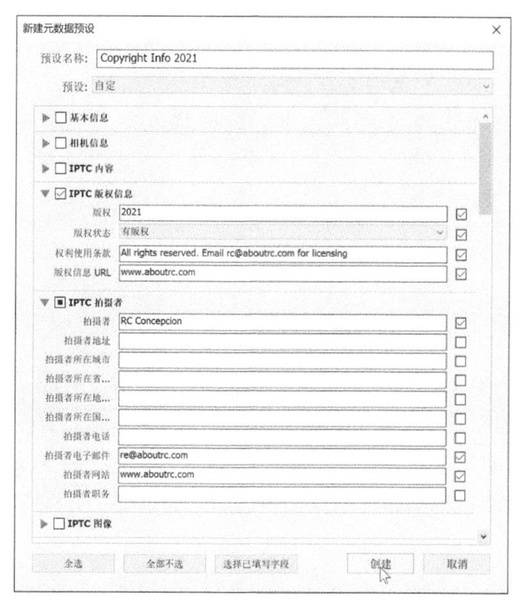

图 2-29

注意 在你把包含元数据的照片发布到网上后，其中的元数据谁都能看见。你可以在照片元数据中添加电子邮件地址、个人网站等这些公开信息，但是请不要往里面添加私人信息，例如家庭住址、电话号码等，以防止你的隐私外泄。请一定要把这些信息留空，切记！

③ 单击【完成】(macOS) 或【创建】(Windows) 按钮，关闭【新建元数据预设】对话框。此时，在【元数据】菜单中选择我们刚刚创建的元数据预设。

④ 在【在导入时应用】面板中，从【修改照片设置】菜单中选择【无】。在【关键字】文本框中输入“Lesson 02,Portland”。

⑤ 在【文件处理】面板中，从【构建预览】菜单中选择【最小】。参照图 2-30，检查你的设置，然后单击【导入】按钮。

图 2-30

此时，Lightroom Classic 会把照片从 lesson02 文件夹导入你的图库目录中，并且在【图库】模块下的【网格视图】与胶片显示窗格中均以缩览图的形式显示照片。

❻ 在【网格视图】中，使用鼠标右键单击 lesson02-0012，在弹出菜单中选择【转到图库中的文件夹】。

此时，在左侧面板组的【文件夹】面板中，Lightroom Classic 把 lesson02 文件夹高亮显示出来，并在右侧显示出其中包含有 16 张照片，如图 2-31 所示。

图 2-31

使用鼠标右键单击文件夹，在弹出菜单中选择【更新文件夹位置】，或者在【访达】(macOS) 或【资源管理器】(Windows) 中显示包含照片的文件夹。当找不到文件夹时，你可以这样做，相关内容我们后面会进一步讲解。当前，我们选择【在访达中显示】或【在资源管理器中显示】来查看文件夹。

2.3.7 通过拖放导入照片

把照片添加到图库最简单的方法是直接把选中的照片（乃至整个文件夹）拖入 Lightroom Classic 中。

❶ 在【访达】(macOS) 或【资源管理器】(Windows) 中，找到 lesson02A 文件夹。调整【访达】或【资源管理器】窗口的位置，使其位于 Lightroom Classic 工作区之上，而且保证能够看到 Lightroom Classic 的【网格视图】。

❷ 把 lesson02A 文件夹从【访达】或【资源管理器】窗口中拖入 Lightroom Classic 的【网格视图】，如图 2-32 所示。

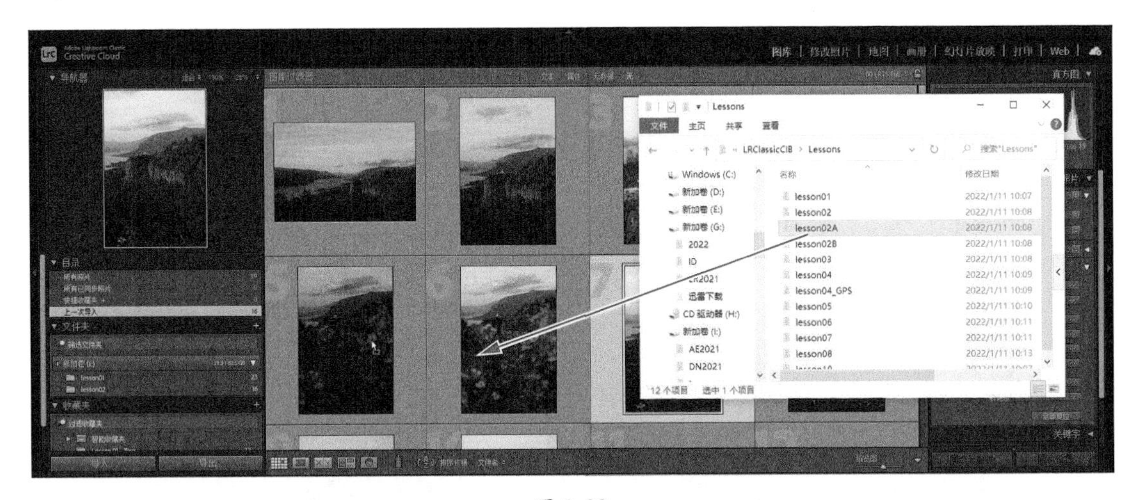

图 2-32

在【导入】对话框的【源】面板中，lesson02A 文件夹当前处于选中状态，其中包含的照片显示在预览区域中。

❸ 在【在导入时应用】面板中，从【元数据】菜单中选择【无】，在【关键字】文本框中输入 “Lesson 02,Waterfall”，如图 2-33 所示。

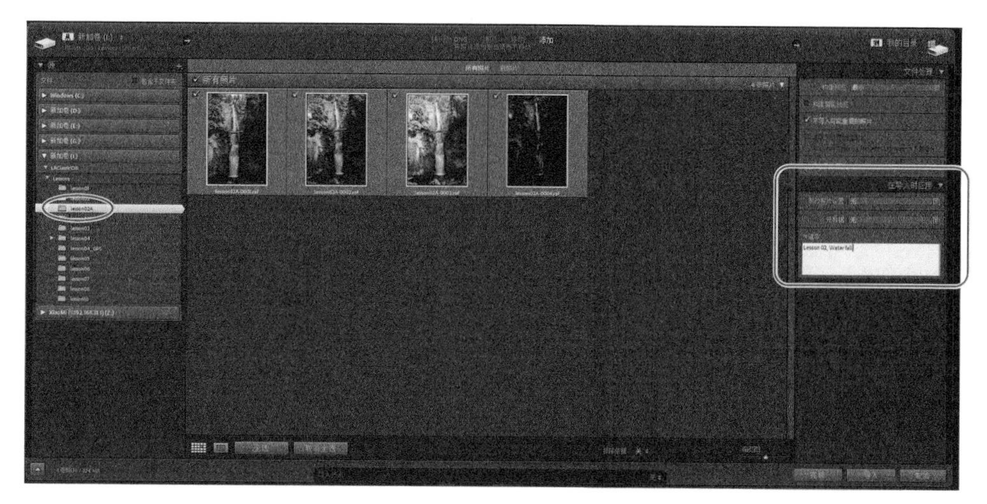

图 2-33

2.3.8 导入前评估照片

Lightroom Classic 在【导入】对话框中提供了【放大视图】功能。在【放大视图】下，我们可以仔细查看每张照片的细节，从一组类似的照片中选出最好的一张，或者剔除有失焦等问题的照片，这样就可以轻松指定要导入哪些照片。

❶ 在【网格视图】下双击某张照片的缩览图，即可将其在【放大视图】下打开。或者，先在【网格视图】中选择某张照片的缩览图，然后再在预览区域底部的工具栏中单击左侧的【放大视图】按钮。此时，所选照片会在预览区域中最大化显示出来，同时鼠标指针变成一个放大镜。根据显示器和程序窗口大小的不同，你看到的鼠标指针可能是一个缩小图标。

❷ 再次单击照片，Lightroom Classic 会把照片按 100% 的比例显示。使用预览区域下方的缩放滑块，可以查看照片更多细节。在预览区域中拖动照片，可以改变照片在预览区域中显示的部分，这样就可以轻松查看那些当前未在预览区域中显示出来的部分。

在【放大视图】中查看照片时，可以根据实际评估情况，在工具栏中勾选或取消勾选【包括在导入中】，如图 2-34 所示。

图 2-34

③ 单击以 100% 比例显示的照片，返回到适合视图下，此时整个画面都会显示出来。双击照片，或者单击【放大视图】或【网格视图】按钮，返回到【网格视图】下。

④ 这里，我们只保留第一张照片，取消勾选其他所有照片的【包括在导入中】复选框，然后单击【导入】按钮。

2.3.9 不导入可能重复的照片

Lightroom Classic 在组织收藏夹与防止导入重复照片方面做得很好，例如在【文件处理】面板中就有一个专门的选项——不导入可能重复的照片，用来防止再次导入那些已经添加到 Lightroom 目录中的照片。往 Lightroom Classic 导入照片之前，最好先把这个选项勾选上。

勾选【不导入可能重复的照片】后，从存储卡或文件夹（如 lesson02A 文件夹）导入照片时，若其中有一些照片之前已经导入过，则这些照片在预览区域中会以灰色显示，这表示无法再次选择它进行导入，如图 2-35 所示。若存储卡中的照片全部没有导入过，则所有照片都会正常显示在预览区域中，而且全部处于选中状态，你只要指定要把它们导入哪里就可以了。

图 2-35

作为一个过来人，我常常告诫摄影师朋友们在用完他们手里的所有存储卡之前千万不要随便格式化存储卡。例如，我有 4 张存储卡（A、B、C、D），拍摄时使用了存储卡 A，在把存储卡 A 中的照片导入 Lightroom Classic 后，我不会立即格式化它，而是一直保留着。下一次拍摄时，我们会使用存储卡 B，再下一次拍摄使用存储卡 C。这就是我常说的拍摄时要轮换使用存储卡的含义。

注意 虽然我建议拍摄时轮换使用不同存储卡，但是你也真的没有必要为此买很多张存储卡。你手里有几张存储卡就用几张好了，但拍摄时请一定轮换使用存储卡，这是我的个人经验，很多次帮我化解了丢失照片的风险。

如果我的计算机出了问题，导入的照片全丢了，那我可以再次从相应的存储卡中恢复这些照片，因为那张存储卡在上次导入照片之后并未立即进行格式化，里面的照片都还在。在轮换使用存储卡的方式下，你可能会忘记格式化某个存储卡就直接将其放入相机拍摄了。当你从这样的存储卡中把照片导入 Lightroom Classic 时，勾选【不导入可能重复的照片】后，Lightroom Classic 就会把存储卡中那些已经导入过的照片给筛选掉。Lesson02A 文件夹中有一张照片已经导入过了，把其他 3 张照片导入 Lightroom Classic 中即可。

导入与浏览视频

Lightroom Classic 支持从数码相机中导入多种常见格式的数字视频文件，包括 AVI、MOV、MP4、AVCHD、HEVC 等。从菜单栏中依次选择【文件】>【导入照片和视频】，或者在【图库】模块下单击【导入】按钮，然后在【导入】对话框中做导入设置，这与导入照片一样。

注意 从 Lightroom Classic 8.0 和 Lightroom 2.0（2018 年 10 月发布）开始，macOS 版本不再支持导入新的 AVI 文件。但 Lightroom Classic 目录中已有的 AVI 文件都能正常播放，而且在 Lightroom Classic 中的图库【放大视图】下支持在单独窗口中播放。从 2020 年 6 月开始，不论是在 macOS 还是在 Windows 下，新版本的 Lightroom Classic 都支持导入 AVI 文件。

在【图库】模块的【网格视图】下，在视频缩览图上移动鼠标指针，可以向前或向后播放视频画面，有助于选出你想要的剪辑。双击视频缩览图，可在【放大视图】下显示视频，拖动播放控制条上的小圆点，即可手动浏览视频。

为每个视频设置不同的海报帧，有助于从【网格视图】中迅速找到你想要的视频片段。首先把播放滑块移动到目标帧，然后单击播放控制条中的方块按钮，从弹出菜单中选择【设置海报帧】，可把当前帧设置成海报帧；选择【捕获帧】，可把当前帧转换成 JPEG 图片叠加到视频上。播放控制条中有一个齿轮按钮（最右端），单击它可裁切视频剪辑。单击齿轮按钮，播放控制条会展开，在时间轴视图中显示视频，你可以根据需要拖动左右两端的标记来裁切视频剪辑，如图 2-36 所示。

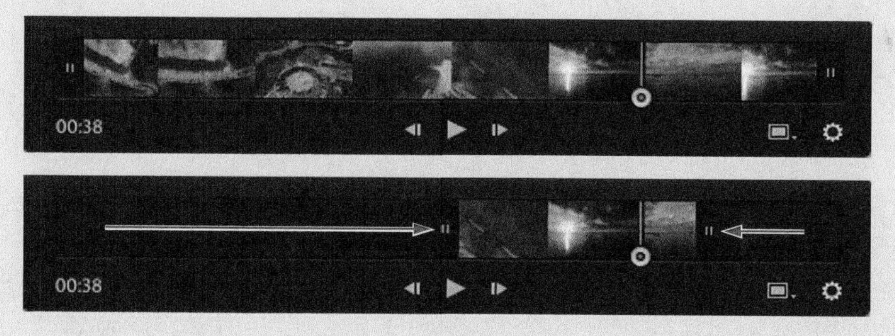

图 2-36

注意 只有 macOS High Sierra（10.13）与 Windows 10，才支持导入与播放 HEVC（MOV）视频文件。

2.3.10 把照片导入指定文件夹

在【图库】模块下，我们可以直接把图库中的照片导入【文件夹】面板中指定的文件夹下。

❶ 在【文件夹】面板中，使用鼠标右键单击 lesson02A 文件夹，从弹出菜单中选择【导入到此文件夹】，如图 2-37 所示。

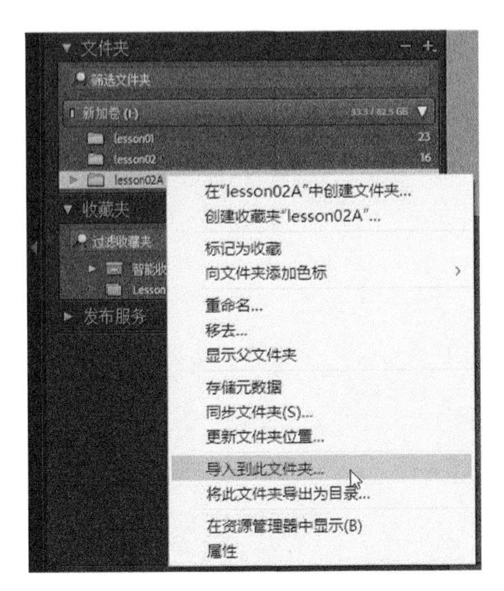

图 2-37

❷ 此时，Lightroom Classic 会打开【导入】对话框，并把目标文件夹设置为 lesson02A，如图 2-38 所示。

图 2-38

❸ 在【源】面板中，列出了计算机中的硬盘，以及连接至计算机的所有存储卡、网络存储器。

❹【导入】对话框中的其他所有面板中的功能都是可用的，例如你可以应用元数据模板、更改文件名称、添加关键字等。在这里请单击【取消】按钮。

当你有多张存储卡并希望把它们中的内容导入同一个文件夹时，【导入到此文件夹】会非常有用。但是，这个命令平时用得并不怎么多，因为 Lightroom Classic 能够自动记住上一次的保存位置。

2.3.11 从监视文件夹导入照片

在 Lightroom Classic 中，我们可以把硬盘上的某个文件夹指定为监视文件夹以便自动导入其中的照片。

在把一个文件夹指定为监视文件夹后，当你向监视文件夹添加新照片时，Lightroom Classic 就会侦测到并自动把它们移动到指定的位置并添加到目录中。在这个过程中，你还可以重命名照片、添加元数据等。

❶ 从菜单栏中依次选择【文件】>【自动导入】>【自动导入设置】，在打开的【自动导入设置】对话框中，单击【监视的文件夹】右侧的【选择】按钮，在【从文件夹自动导入】对话框中转到桌面，新建一个名为 Watch This 的文件夹，单击【选择】/【选择文件夹】按钮，把 Watch This 文件夹指定为受监视的文件夹。

导入 Photoshop Elements 目录

在 Windows 下，Lightroom Classic 能够轻松地从 Photoshop Elements 6 及其更高版本中导入照片和视频；在 macOS 下，仅支持从 Photoshop Elements 9 及更高版本中导入照片和视频。

从 Photoshop Elements 目录导入媒体文件（照片与视频）时，Lightroom Classic 不但会导入媒体文件本身，还会把它们的关键字、星级、标签一同导入，甚至连堆叠也会一起保留下来。Photoshop Elements 中的版本集会转换成 Lightroom Classic 中的堆叠，相册会变成收藏夹。

1. 在 Lightroom Classic 的【图库】模块下，从菜单栏中依次选择【文件】>【导入 Photoshop Elements 目录】。

Lightroom Classic 在计算机中搜索 Photoshop Elements 目录，并在【从 Photoshop Elements 导入照片】对话框中显示最近打开过的目录。

2. 如果你希望自己指定要导入的 Photoshop Elements 目录，而非默认选中的那个，可以从弹出菜单中进行选择。
3. 单击【导入】按钮，把 Photoshop Elements 中的图库和所有目录信息合并到 Lightroom Classic 目录中。

如果你想将照片和视频从 Photoshop Elements 迁移到 Lightroom Classic，或者想同时使用两个程序，请前往如下页面，阅读相关内容，如图 2-39 所示。

图 2-39

❷ 在【自动导入设置】对话框中指定好监视文件夹之后，勾选【启用自动导入】，启动自动导入功能，如图 2-40 所示。

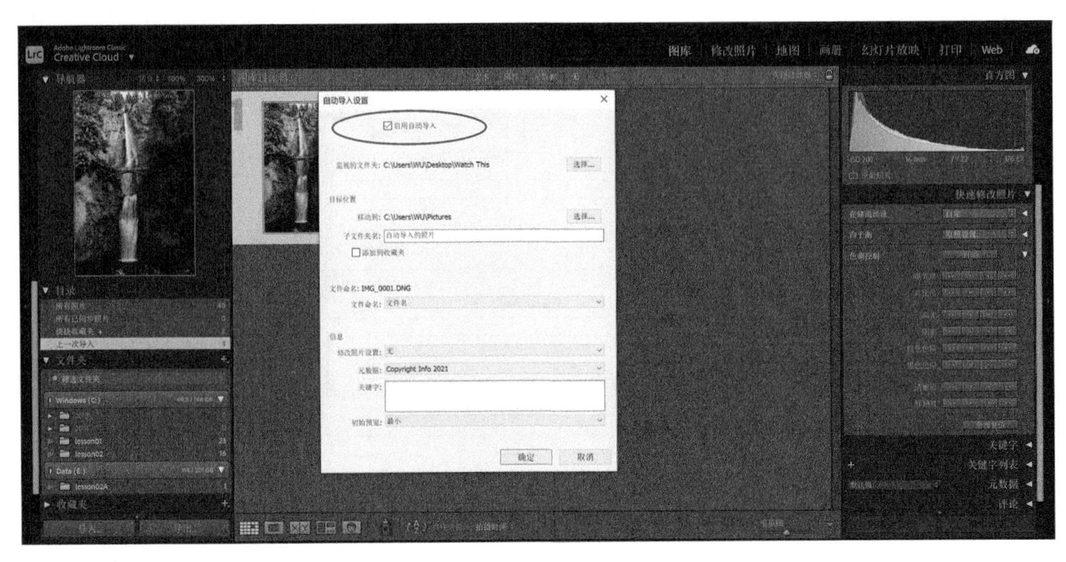

图 2-40

❸ 单击【目标位置】区域下的【选择】按钮，从【选择文件夹】对话框中选择一个文件夹，Lightroom Classic 会把照片移动到你选择的文件夹，并且添加到目录中。

选择 lesson02A 文件夹，然后单击【选择】(macOS) 或【选择文件夹】(Windows) 按钮。在【子文件夹名】文本框中输入 “Auto Imported”。

❹ 在【信息】区域中，选择前面创建的元数据预设，从【修改照片设置】菜单中选择【无】，从【初始预览】菜单中选择【最小】。然后单击【确定】按钮，关闭【自动导入设置】对话框。

❺ 打开【访达】(macOS) 或【资源管理器】(Windows)，转到 lesson02B 文件夹。打开 Watch This 文件夹，把照片从 lesson02B 文件夹拖入受监视的 Watch This 文件夹中，如图 2-41 所示。

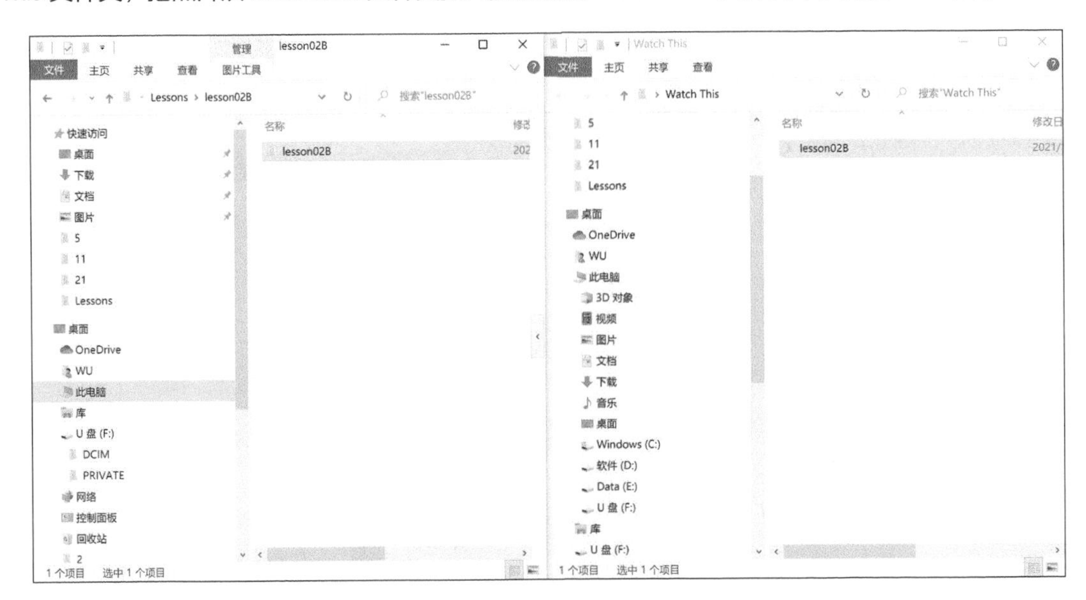

图 2-41

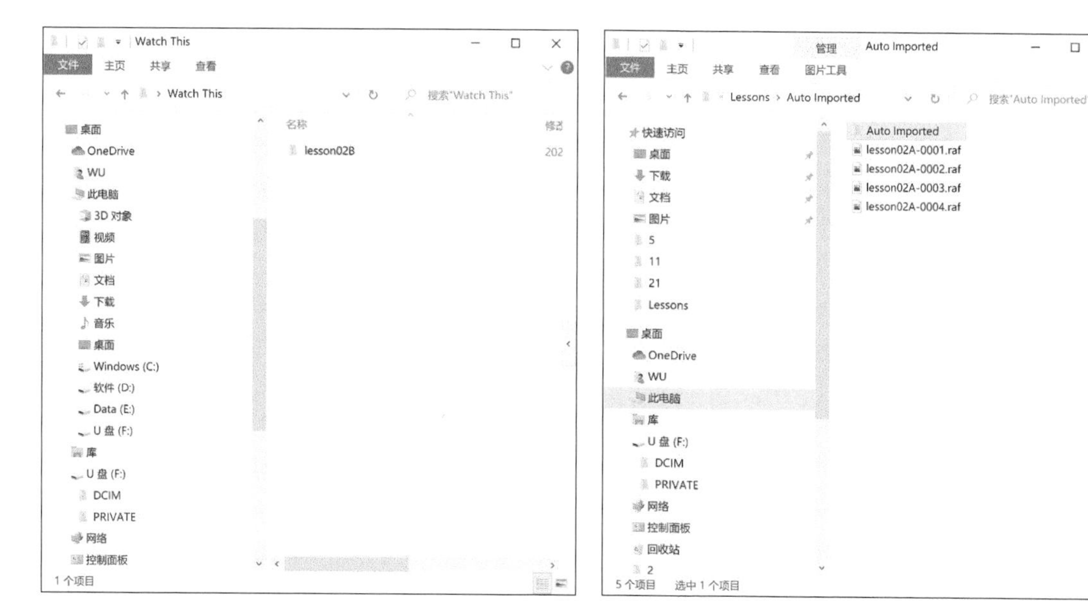

图 2-41（续）

提示 设置好监视文件夹之后，从菜单栏中依次选择【文件】>【自动导入】>【启用自动导入】，可以快速开启或关闭自动导入功能。开启了自动导入功能之后，【启用自动导入】命令左侧会有一个对钩。

Lightroom Classic 导完照片后，你可以在 lesson02A\Auto Imported 文件夹中找到导入的照片，而且 Watch This 文件夹此时也变成了空的。

打开 lesson02A 文件夹，你会发现还有几张照片也被添加到了那个文件夹中，如图 2-42 所示。

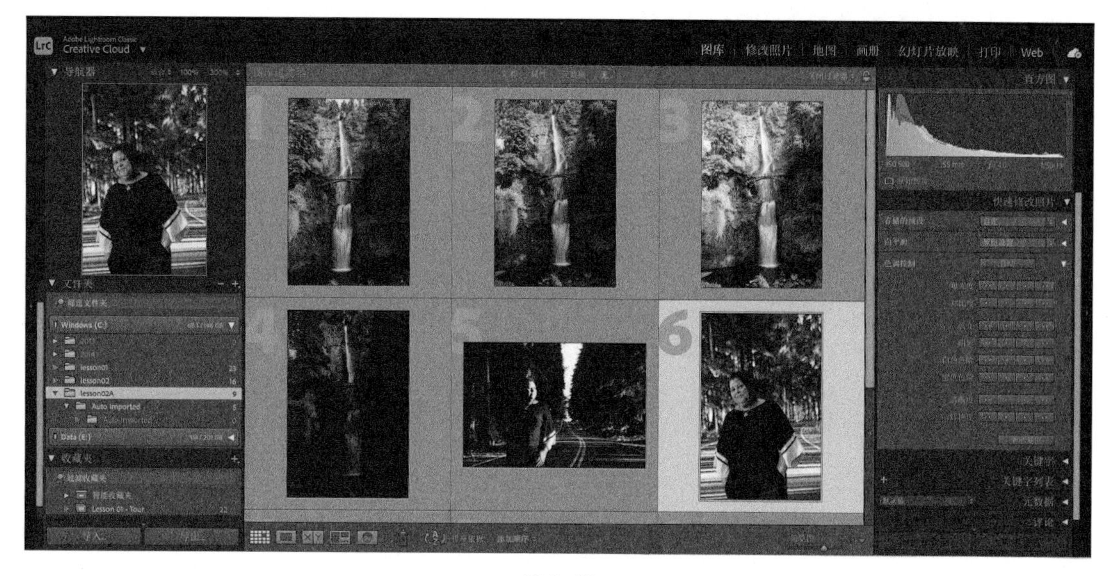

图 2-42

有些摄影师联机拍摄时喜欢使用相机厂商提供的相机控制软件，据我了解，他们特别喜欢使用这个自动导入功能。作为一套完整的解决方案，Lightroom Classic 当然也支持联机拍摄功能。接下来，我们就讲讲 Lightroom Classic 的联机拍摄功能。

设置初始预览

导入照片时，Lightroom Classic 可以立即显示照片的嵌入式预览或在程序渲染时显示更高质量的预览。选择【Lightroom Classic】>【目录设置】或者【编辑】>【目录设置】，打开【目录设置】对话框，在【文件处理】选项卡下，有【标准预览大小】和【预览品质】两个菜单，通过这两个菜单，我们可以指定预览的渲染尺寸和质量。请注意，嵌入式预览是相机工作时生成的，不带颜色管理，因此与 Lightroom Classic 对相机 RAW 文件的解释不一致。

在【导入照片】对话框中，【构建预览】包含如下 4 个选项。

- 最小：使用照片内嵌的最小预览图显示照片，需要时，Lightroom Classic 会渲染标准大小的预览图。
- 嵌入与附属文件：使用相机提供的最大预览图显示照片，其渲染速度在最小预览与标准预览之间。
- 标准：使用 Lightroom 渲染的预览图显示照片，标准大小的预览图使用 ProPhoto RGB 颜色空间。
- 1:1：以实际像素数显示照片。

此外，你还可以选择在导入期间构建智能预览。智能预览是一种经过压缩的，拥有高分辨率的预览图，你可以像处理原始照片一样处理它，即使原始照片处在离线状态，也没问题。虽然这些高分辨率的预览图尺寸远不及原始照片，但你同样可以在【放大视图】下编辑它们。当导入的照片数量很大时，创建智能预览会花一些时间，但它们能够为整个工作流程带来很多便利和灵活性。

2.4 联机拍摄

大多数现代数码相机都支持联机拍摄，允许你把数码相机连接到计算机上，相机拍摄的照片会直接保存到计算机硬盘而非相机存储卡中。联机拍摄时，每拍一张照片，你都可以立即在计算机显示器中查看它，这与从相机 LCD 屏上查看照片的感受是完全不一样的。

对于大多数 DSLR 相机（包括佳能和尼康的许多型号），Lightroom Classic 都支持你直接把相机拍摄的照片导入其中，而且不用使用其他第三方软件。如果你的相机支持联机拍摄，但是它不在 Lightroom Classic 所支持的联机拍摄设备中，你仍然可以使用相机附带的照片拍摄软件或者其他第三方软件把照片导入 Lightroom Classic 的图库中。

提示 请阅读 Lightroom Classic 帮助，查看它所支持的联机拍摄设备列表。

联机拍摄时，你可以轻松在 Lightroom Classic 中重命名照片、添加元数据、应用照片修改设置，以及组织照片等。若需要，你可以在进行下一次拍摄之前调整相机设置（白平衡、曝光值、焦点、景深等）或者更换相机。拍摄的照片质量越好，越不需要花时间调整相机。

联机拍摄实操

1. 把相机连接至计算机上。

注意 有些相机和计算机操作系统，可能需要你先为相机安装相关驱动程序。

❷ 在【图库】模块下，从菜单栏中依次选择【文件】>【联机拍摄】>【开始联机拍摄】，打开【联机拍摄设置】对话框。

❸ 在【联机拍摄设置】对话框中，为拍摄输入一个名称，Lightroom Classic 会在选择的目标文件夹下用这个名称创建一个文件夹，而且会将其显示在【文件夹】面板中，如图 2-43 所示。

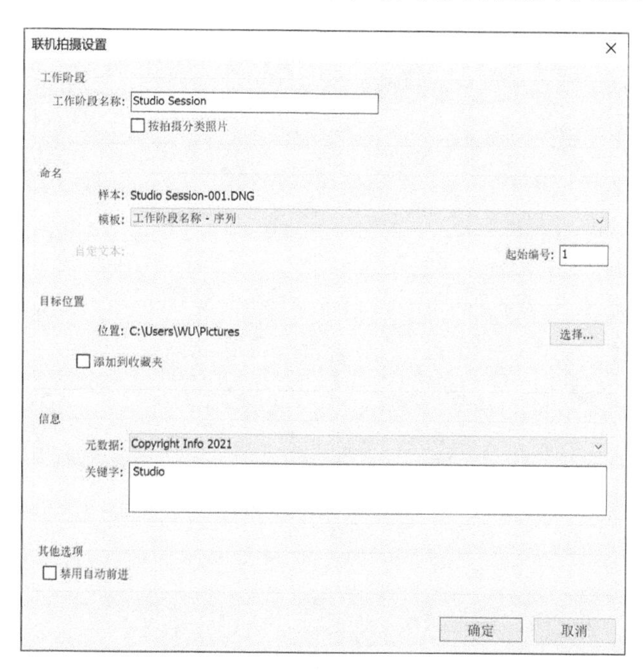

图 2-43

❹ 为拍摄的照片选择命名方式和目标文件夹，设置元数据和关键字，Lightroom Classic 导入新拍摄的照片时会添加这些信息。

❺ 单击【确定】按钮，关闭【联机拍摄设置】对话框。此时，出现联机拍摄控制栏，如图 2-44 所示。

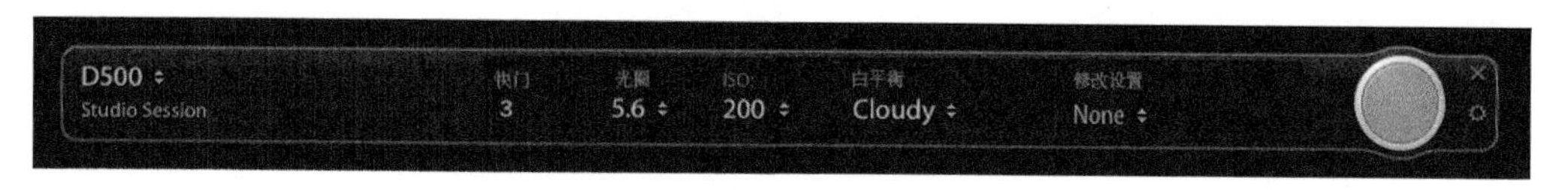

图 2-44

提示 按住 Option 键（macOS）或 Alt 键（Windows），单击联机拍摄控制栏右上方的【关闭】按钮，可把联机拍摄控制栏折叠起来，只显示一个拍照按钮。使用同样的方法，再次单击【关闭】按钮，可以再把联机拍摄控制栏展开。

联机拍摄控制栏中显示了相机型号、拍摄名称、当前相机设置，而且这些都是可以更改的。在右侧的【修改设置】菜单中，你可以从多种预设中选择一种使用。拍摄时，单击控制栏右侧的圆形按钮，或者直接按 F12 键，可触发相机快门，实施拍摄，如图 2-45 所示。

图 2-45

拍摄时，照片会同时在【网格视图】和胶片显示窗格中显示出来，如图 2-46 所示。浏览照片时，当然照片越大越好，为此你可以先切换到【放大视图】，再隐藏无关面板；或者从菜单栏中依次选择【窗口】>【屏幕模式】>【全屏并隐藏面板】。

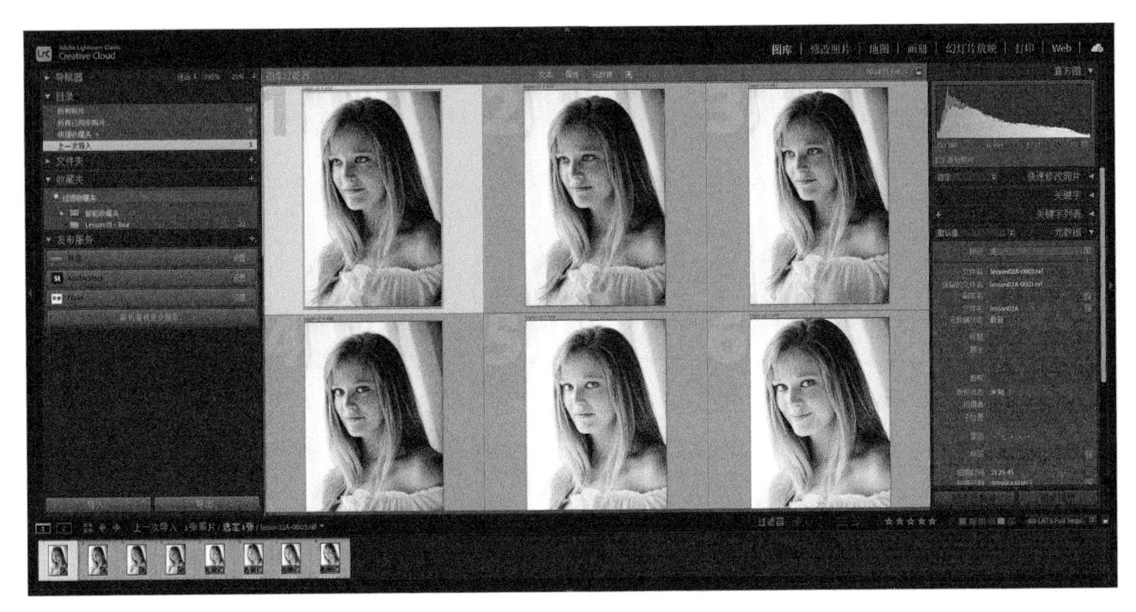

图 2-46

2.5 在工作区中浏览导入的照片

在【图库】模块下，主显示区域（工作区）位于程序窗口中间，你可以在其中选择、分类、搜索、浏览、比较照片。【图库】模块下的工作区提供了多种视图模式，可以满足组织照片、选择照片等多种任务的需要。

① 若当前不在【图库】模块下，在【模块选取器】中单击【图库】，进入【图库】模块。

注意 有关【图库过滤器】的更多内容，我们将在第 14 课中讲解。

工作区顶部有一个【图库过滤器】栏。你可以使用过滤器来控制【网格视图】和胶片显示窗格中显示的照片，例如只显示那些有指定星级、旗标或包含特定元数据的照片。

【工具栏】位于工作区底部，所有模块都有工具栏，但里面包含的工具和控件各不相同。

② 当工作区上方未显示过滤器栏时，可以按反斜杠键（\），或者从菜单栏中依次选择【视图】>【显示过滤器栏】，将其显示出来。再次按反斜杠键（\），或者从菜单栏中依次选择【视图】>【显示过滤器栏】，可将过滤器栏隐藏起来。

③ 若【工具栏】未显示出来，请按 T 键将其显示出来。再次按 T 键，把【工具栏】隐藏起来。切换到【修改照片】模块下，若【工具栏】未显示出来，请按 T 键将其显示出来。切换回【图库】模块下，在【图库】模块下，【工具栏】仍处于隐藏状态。Lightroom Classic 会为每个模块分别记住【工具栏】的设置状态。按 T 键，在【图库】模块中把【工具栏】显示出来，如图 2-47 所示。

图 2-47

④ 在【网格视图】下，双击一张照片，将在【放大视图】下显示它。【图库】模块和【修改照片】模块下都有【放大视图】，但是两个模块下的【放大视图】工具栏中显示的工具是不一样的。

提示 若要显示的工具个数超出了工具栏的宽度，你可以隐藏两侧的面板组，或者禁用暂时不需要的工具来增加工具栏的宽度。

⑤ 单击【工具栏】右端的白色箭头，从弹出菜单中选择某个工具名称，即可在工具栏中隐藏或显示某个工具。在弹出菜单中，有些工具名称左侧有对钩，这表示该工具当前显示在【工具栏】中。

2.6 图库视图选项

【图库视图选项】对话框中提供了很多视图选项，通过这些视图选项，你可以指定 Lightroom Classic 在【网格视图】和【放大视图】下显示照片时要显示哪些信息。对于【放大视图】叠加和缩览图工具提示，你可以激活两套选项，然后使用键盘快捷键在它们之间进行切换。

① 在【图库】模块下按 G 键，切换到【网格视图】。

② 从菜单栏中依次选择【视图】>【视图选项】，在打开的【图库视图选项】对话框中，默认【网格视图】选项卡处于选中状态。移动一下【图库视图选项】对话框，以便能在【网格视图】下看到一些照片。

③ 在【网格视图】选项卡顶部取消勾选【显示网格额外信息】，这会禁用其他大多数选项，如图 2-48 所示。

图 2-48

❹ 此时，唯一可用的两个选项是【对网格单元格应用标签颜色】和【显示图像信息工具提示】。若这两个选项当前处于未勾选状态，请先勾选它们。由于本课照片尚未添加色标，因此是否勾选【对网格单元格应用标签颜色】在【网格视图】下都没什么效果。使用鼠标右键单击任意一张照片（在【图库视图选项】对话框仍处于打开的状态下，你也可以这样做），从【设置色标】菜单中选择一种颜色。

在【网格视图】和胶片显示窗格中，某张带色标的照片处于选中状态时，其缩览图周围会有一个带颜色的边框。当带色标的照片未处于选中状态时，其窗格背景颜色就是你选择的色标颜色，如图 2-49 所示。

图 2-49

❺ 在【网格视图】或胶片显示窗格中，把鼠标指针放到某张缩览图上，会弹出一个工具提示信

息。在 macOS 中，你需要单击 Lightroom Classic 工作区窗口中的某个地方，将其激活，才能看到工具提示信息。

默认情况下，工具提示信息中包含照片名称、拍摄日期和时间，以及照片尺寸。在【图库视图选项】对话框的【放大视图】选项卡下，在【放大视图信息】中可以设置要在工具提示中显示的信息。

⑥ 在 macOS 中，若【图库视图选项】对话框当前隐藏在主程序窗口之后，可以按 Command+J 组合键重新将其激活。

⑦ 在【网格视图】选项卡下，勾选【显示网格额外信息】，从右侧菜单中选择【紧凑单元格】。勾选或取消勾选【选项】【单元格图标】【紧凑单元格额外信息】中的各个复选框，观察它们在【网格视图】中的效果。把鼠标指针移动到单元格的各个缩览图上，查看工具提示和额外信息，如图 2-50 所示。

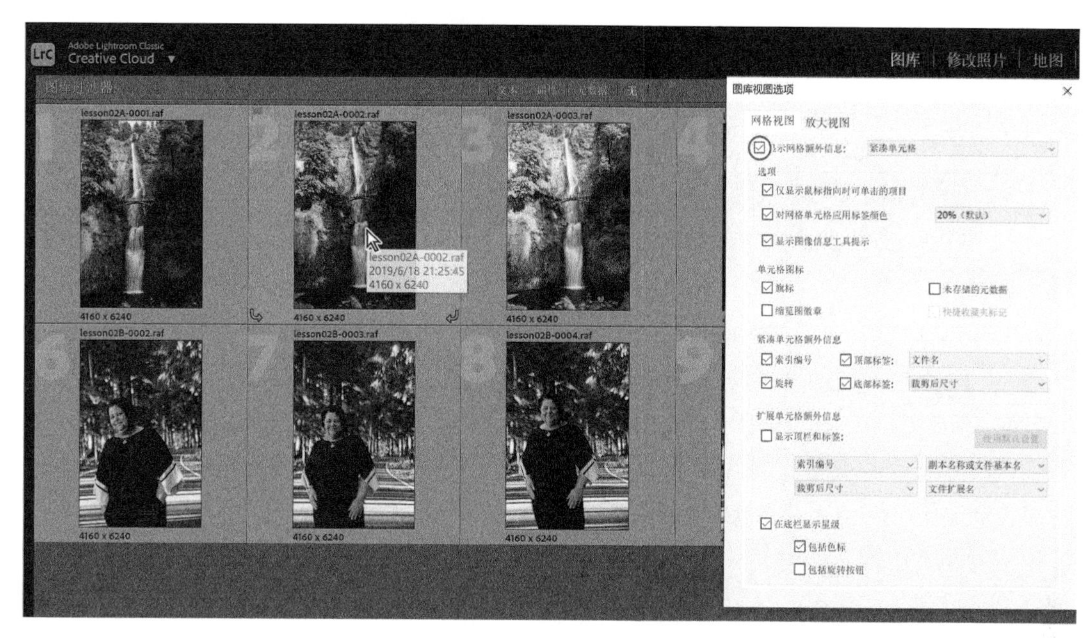

图 2-50

⑧ 在【紧凑单元格额外信息】下，单击【顶部标签】菜单，有一个长长的可供选择的列表。对于某些选择，例如标题或题注，如果不向照片的元数据添加相关信息，就什么都不会显示。

⑨ 从【显示网格额外信息】菜单中选择【扩展单元格】，尝试【扩展单元格额外信息】中的每个选项，观察它们在【网格视图】中的效果。在【显示顶栏和标签】下，尝试选择各个菜单，看看显示在单元格顶栏中的信息有什么变化。

⑩ 在【图库视图选项】对话框中单击【放大视图】选项卡。此时，工作区切换到【放大视图】下，你在【图库视图选项】对话框中所做的任何修改，你都能立马看到，如图 2-51 所示。

勾选【显示叠加信息】，把照片相关信息显示到照片缩览图的左上角，显示的信息要在【放大视图信息 1】或【放大视图信息 2】中进行设置，这是两套不同的信息，设置好这些信息之后，从【显示叠加信息】右侧的菜单中选择【信息 1】或【信息 2】即可。

注意 当选择了一个信息项（例如拍摄日期 / 时间）之后，Lightroom Classic 就会尝试从照片元数据中提取这些具体信息。若照片元数据中不包含所需要的信息，将不会显示任何内容。不论是【网格视图】还是【放大视图】，我们都可以选择【常见属性】这个信息项，其中包括旗标状态、评级、色标等。

图 2-51

⑪ 单击【关闭】按钮，关闭【图库视图选项】对话框。

⑫ 在【视图】>【放大视图信息】菜单中，有多个命令，通过选择相应命令，你可以控制要显示哪一套信息。或者按 I 键在【信息 1】【信息 2】和不显示叠加信息之间循环切换。

⑬ 切换到【网格视图】，从【视图】>【网格视图样式】菜单下可选择是否显示额外信息，是使用【紧凑单元格】还是【扩展单元格】布局。按 J 键可以在不同的单元格布局之间循环切换。

2.7 复习题

1. 什么时候选择把导入的照片复制到硬盘上的一个新位置？什么时候把它们添加到图库目录但不移动它们？
2. DNG 是什么？
3. 什么时候使用紧凑模式下的【导入】对话框？
4. 为什么使用 Lightroom Classic 进行联机拍摄？
5. 如何设置照片在【网格视图】与【放大视图】下显示的信息？

2.8 答案

1. 从相机或存储卡导入照片时，我们就需要把照片复制到一个能够长久保存照片的地方，因为存储卡会经常清除进行重用。当希望 Lightroom Classic 在导入照片期间使用有层次顺序的文件夹结构来组织照片时，会选择复制或移动照片。对于那些按一定方式存放在硬盘或可移动设备中的照片，我们可以在保持其位置不变的前提下把它们添加到图库目录中。
2. DNG 格式是数码相机原始数据的公用存档格式，用来解决相机生成的原始数据文件缺乏开放标准的问题。在 Lightroom Classic 中把 RAW 格式（原始数据文件格式）转换成 DNG 格式，这样即使原始专用格式不再受支持，你也仍然能够正常访问原始数据文件。
3. 在创建了符合自身工作流程的导入预设之后，使用紧凑模式下的【导入】对话框能够大大加快照片导入过程。可以在导入预设的基础上根据实际需要做一定的调整，并将其直接应用到照片导入流程中。
4. 使用 Lightroom Classic 进行联机拍摄时，可以直接在计算机屏幕上浏览大图，这要比在相机的 LCD 屏上浏览好得多。联机拍摄时，还可以边拍摄边调整相机设置，这样可以拍出符合要求的照片，从而大大减少后期工作量。
5. 借助【图库视图选项】(【视图】>【视图选项】菜单）对话框中提供的大量选项，我们可以指定 Lightroom Classic 在【网格视图】与【放大视图】中显示照片时要呈现的信息。对于【放大视图】与缩览图工具提示，我们可以定义两套信息，然后按 I 键在它们之间快速切换。通过【视图】>【网格视图样式】菜单，我们可以在【紧凑单元格】与【扩展单元格】之间切换，激活或禁用每种样式的信息显示。

摄影师
乔·康佐（JOE CONZO）

“摄影拯救了我。”

我在纽约的南布朗克斯区长大，那里的人连“摄影”这个词都没怎么听过，更别说去从事摄影工作了。我妈妈独自抚养我们 5 个孩子，她不允许我们从事那些非法的营生。我是一个小胖子，还留着个非洲式圆形爆炸头，很显然，我也没有体育天赋。后来，我有了一台胶片相机，不管去哪儿都带着，这让我觉得自己与众不同。我用相机记录下周围的一切，想留住时光。那时，我还是个孩子，买一卷胶卷很不容易，因此我会为每次拍摄制订计划，虽说不是多么详细，但大致框架是有的。在胶片的帮助下，我尝试表现自己的想法，试着模仿毕加索的光绘摄影作品。对我来说，用相机记录南布朗克斯区人们生活中的艰难很重要，也很有意义，因为那里有我的家人，也是我成长的地方。在那里生活的孩子们创造出了一种新的音乐形式——嘻哈音乐，我用相机记录下了嘻哈音乐诞生的过程。

一晃 40 多年过去了，摄影已经成了我的最爱，是我所有的激情所在。多亏了摄影，我才得以在世界各地见到与记录下形形色色的人和事，并把它们展示出来，跟大家分享。我告诉今天的年轻人，这个来自南布朗克斯区的孩子去过保加利亚——没错，保加利亚！我从来没想到，有一天我的档案也能在康奈尔大学进行展示。这些年，摄影有了很多变化，我一直敦促自己努力，跟上这些变化。但不管怎么变，我的初衷不改：尊重人、记录生活、玩得开心。

SHURE
LEGENDARY
PERFORMANCE™
Joe Conzo

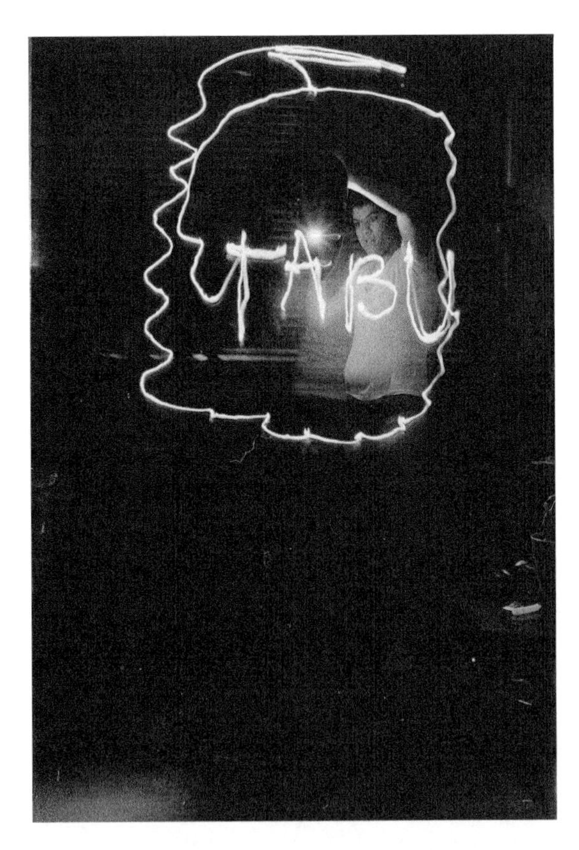
TABU

第3课

认识 Lightroom Classic 的工作区

课程概览

无论你喜欢使用菜单命令、键盘快捷键还是按钮、滑块，无论你使用一台显示器还是两台显示器，你都可以根据自己的工作方式来设置 Lightroom Classic 工作区。通过自定义每个模块，我们可以按自己喜欢的方式安排一些常用的工具与控件。本课中，我们将一起学习【图库】模块、各种视图模式，以及浏览照片和目录的各种工具和技术。在学习过程中，我们还将一起了解各个模块都有的一些界面元素和技术。本课主要讲解以下内容。

- 调整工作区布局，使用【导航器】面板和胶片显示窗格、使用第二台显示器。
- 使用不同的照片预览和屏幕模式。
- 使用键盘快捷键。
- 比较、标记、删除照片。
- 使用快速收藏夹对照片分组。

学习本课需要 1~2 小时

通过定制工作区，我们可以把自己喜欢用的工具放在方便的地方随时取用，这不仅大大提升了使用 Lightroom Classic 的舒适度，也大大提高了工作效率。在学习本课内容的过程中，我会尝试把一张照片放到杂志页面上，然后做一些排版，增加一点设计感。

3.1 学前准备

💡 **注意** 学习本课之前，你应该对 Lightroom Classic 的工作区有基本的了解。如果你对 Lightroom Classic 工作区一点也不了解，请先阅读 Lightroom Classic 帮助文档或前面的课程内容。

学习本课之前，请确保你已经为课程文件创建了 LRClassicCIB 文件夹，并创建了 LRClassicCIB 目录文件来管理它们，具体做法请阅读本书前言中的相关内容。

下载 lesson03 文件夹，将其放入 LRClassicCIB\Lessons 文件夹中。

1. 启动 Lightroom Classic。
2. 在【Adobe Photoshop Lightroom Classic- 选择目录】对话框中，在【选择打开一个最近使用的目录】列表中选择 LRClassicCIB Catalog.lrcat，单击【打开】按钮，如图 3-1 所示。

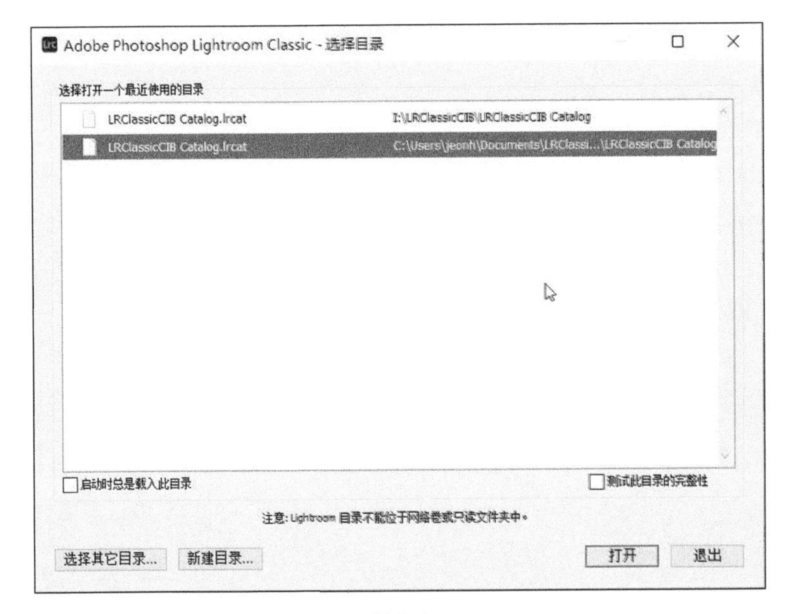

图 3-1

3. Lightroom Classic 在正常屏幕模式中打开，当前打开的模块是上一次退出时的模块。在软件界面右上角的模块选取器中单击【图库】，如图 3-2 所示，进入【图库】模块。

图 3-2

把照片导入图库

开始学习本课之前，先把本课照片导入 Lightroom Classic 的图库。

1. 在【图库】模块下，单击左侧面板组下方的【导入】按钮，如图 3-3 所示，打开【导入】对话框。

图 3-3

❷ 若【导入】对话框当前处于紧凑模式下，请单击对话框左下角的【显示更多选项】按钮（向下三角形），如图 3-4 所示，使【导入】对话框进入扩展模式，里面列出了所有可用选项。

图 3-4

❸ 在对话框左侧的【源】面板下，找到并选择 LRClassicCIB\Lessons\lesson03 文件夹，确保其中 13 张照片全部处于选中状态（不要选择 sample_cover.png）。

❹ 在最上方的导入选项中选择【添加】，Lightroom Classic 会把照片添加到目录中，但不会移动或复制它们。在对话框右侧的【文件处理】面板下，从【构建预览】菜单中选择【最小】，勾选【不导入可能重复的照片】。在【在导入时应用】面板中，分别在【修改照片设置】和【元数据】菜单中选择【无】和【Copyright Info 2021】。在【关键字】文本框中输入“Lesson 03,Majesty”。请确保所有导入设置跟图 3-5 中的一样，单击【导入】按钮。

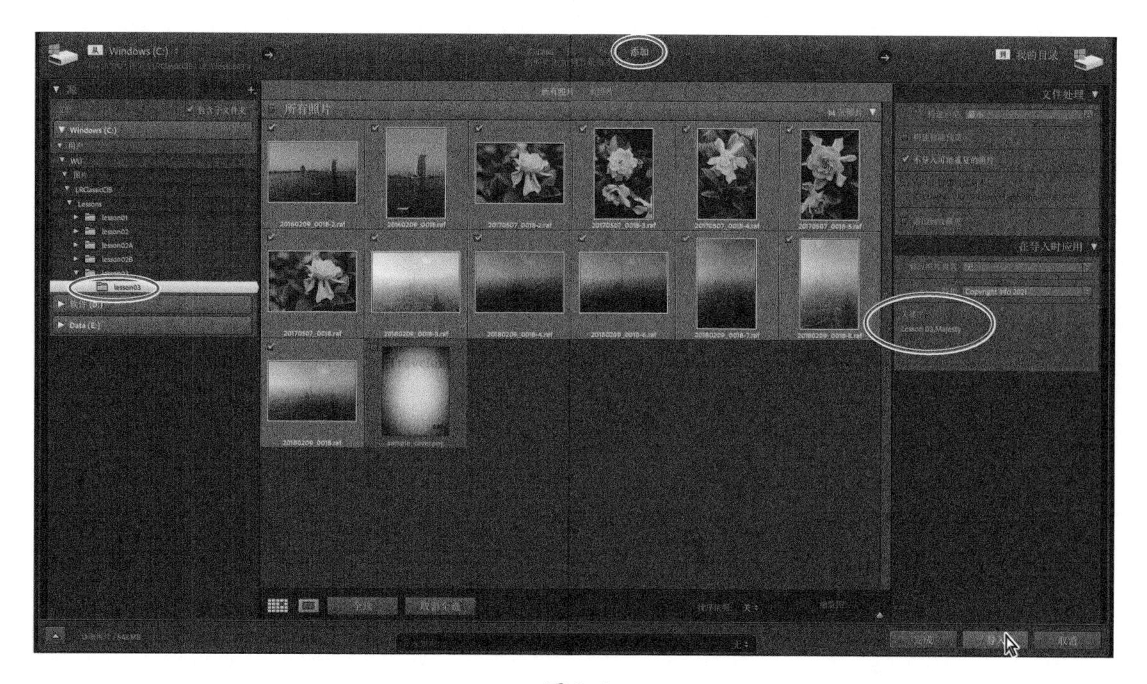

图 3-5

稍等片刻，Lightroom Classic 就会把 13 张照片全部导入，并在【图库】模块的网格视图和工作区底部的胶片显示窗格中显示出来。

3.2 浏览与管理照片

【图库】模块是一切任务的起点，例如导入照片、在目录中查找照片等都是在【图库】模块中进行的。【图库】模块提供了多种视图模式和大量工具、控件，帮助我们对照片进行评估、排序、分类等。导入照片期间，你可以把共同的关键字整体应用到一组照片上。首次浏览新导入的照片时，你也可以向目录中添加更多结构，对选取和排除的照片进行标记，以及添加评级、标记和色标。

在 Lightroom Classic 中，借助搜索与过滤功能，我们可以轻松地使用添加到照片上的元数据。通过照片的属性和关联，我们可以对图库中的照片进行搜索和排序，然后创建收藏夹，把照片分组。这样不管目录多大，我们都能轻松准确地找到所需要的照片。

在【图库】模块左侧的面板组中，有一些面板用于访问、管理那些含有照片的文件夹与收藏夹。右侧面板组中有大量控件，可用来调整照片、应用关键字和元数据等。工作区上方有一个过滤器栏，在其中我们可以自己设置过滤条件。工作区下方有一个工具栏，在其中我们可以轻松找到自己选的工具和控件。不管工作区当前是什么视图，胶片显示窗格中显示的总是所选的源文件夹或收藏夹中的照片，如图 3-6 所示。

图 3-6

3.3 调整工作区布局

在 Lightroom Classic 中，我们可以自定义工作区布局，以迎合个人的工作习惯和喜好，还可以根据需要腾出屏幕空间，放入我们喜欢使用的各种控件。接下来，我们将一起学习如何即时修改工作区，如何使用各种屏幕显示模式，还要学习一些 Lightroom Classic 各个模块通用的技能。

3.3.1 调整面板大小

通过调整两侧面板组的宽度和胶片显示窗格的高度（简单拖动），或者隐藏某些面板，我们可以腾出更大的屏幕空间。

❶ 把鼠标指针移动到左侧面板组的右边缘上，此时鼠标指针会变成一个水平双向箭头。按住鼠标左键向右拖动，当面板组宽度达到最大时，释放鼠标左键，如图 3-7 所示。

图 3-7

左侧面板组宽度增加的同时，中间预览区域缩小。有一些收藏夹名字很长，如果你想查看完整的名称，就可以把左侧面板组的宽度拉得更大一些。

❷ 在模块选取器中单击【修改照片】，进入【修改照片】模块。你会发现左侧面板组又恢复到了上一次使用【修改照片】模块时的宽度。

Lightroom Classic 会分别记住你对每个模块工作区的布局所做的调整。当你在工作流程中的不同模块之间切换时，相应模块的工作区会自动排列，以契合你在流程的不同阶段的工作方式。

❸ 在【图库】模块下按 G 键返回到【网格视图】下。

❹ 在【图库】模块下向左拖动左侧面板组的右边缘，使其宽度最小。

❺ 把鼠标指针移动到胶片显示窗格的上边缘上，当鼠标指针变成双向箭头时，按住鼠标左键并向下拖动，使其高度最小，如图 3-8 所示。

此时，整个胶片显示窗格上方的部分都会往下扩展。当你选择照片，或者在【放大视图】【比较视图】【筛选视图】下浏览照片时，这么做在保证胶片显示窗格可见的同时，也能增加【网格视图】的可用空间。

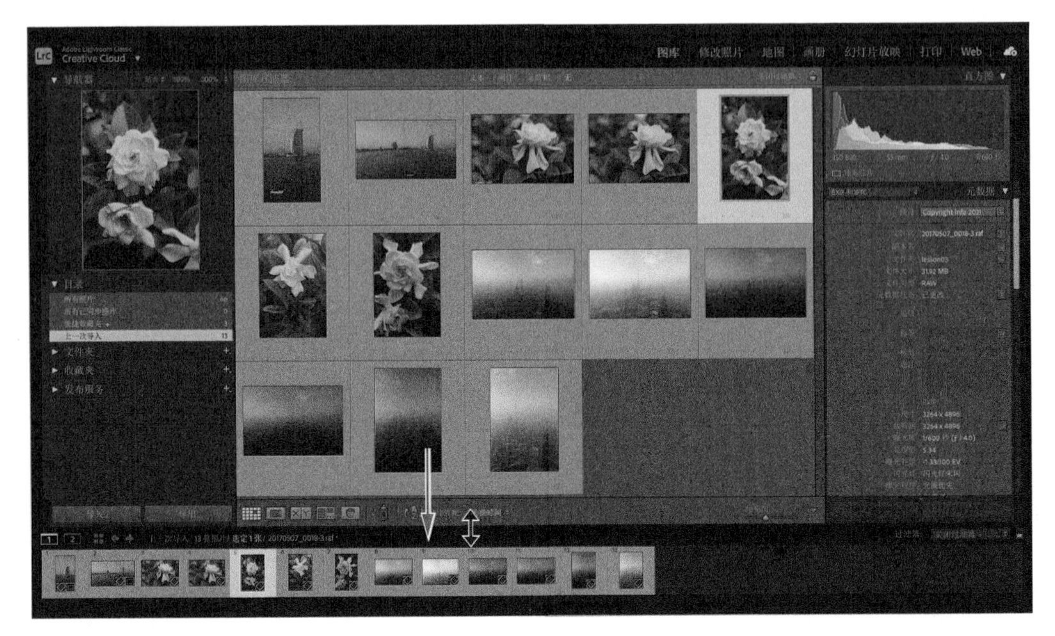

图 3-8

注意 预览区域顶部工具栏的尺寸无法改变，但是可以像隐藏或显示两侧面板组和胶片显示窗格一样把它隐藏或显示出来。有关显示与隐藏面板的内容，很快就会讲到。

⑥ 切换回【修改照片】模块，当在不同模块之间切换时，胶片显示窗格会保持不变。不论切换到哪个模块下，如果你不主动调整，胶片显示窗格都会一直保持着当前高度。

⑦ 把鼠标指针移动到胶片显示窗格的上边缘上，当鼠标指针变成双向箭头时，双击上边缘，把胶片显示窗格恢复成之前的高度，然后切换回【图库】模块。

注意 对于两侧面板组，双击面板组边缘会出现不同结果。有关内容，我们后面会讲解。

⑧ 向上拖动胶片显示窗格的上边缘，使其高度最大。此时，胶片显示窗格中的缩览图会变大，而且胶片显示窗格底部会出现一个水平滚动条。左右拖动水平滚动条，可以查看所有缩览图。再次把鼠标指针移动到胶片显示窗格的上边缘上，当鼠标指针变成双向箭头时，双击上边缘，使胶片显示窗格的高度恢复至上一次高度。

3.3.2 显示或隐藏面板或面板组

通过调整两侧面板组和胶片显示窗格的大小，可以腾出更多空间显示常用的控件，而减少那些不太常用的功能的曝光量。根据个人喜好设置好工作区之后，我们还可以根据需要临时隐藏周围的面板（部分或全部），从而把工作区域最大化。

① 窗口左边缘有一个三角形按钮，用来显示或隐藏左侧面板组。单击三角形按钮（朝左），可以把左侧面板组隐藏起来，此时三角形按钮反转方向，变为向右，如图 3-9 所示。

图 3-9

提示 单击三角形按钮隐藏或显示面板组时，不是非得把鼠标指针放到按钮上单击。其实，你可以单击工作区外边框上的任意一个位置来隐藏或显示面板组。

❷ 再次单击三角形按钮（朝右），把左侧面板组重新显示出来。

其实，在软件界面上下左右边框中都有这样的三角形按钮，分别用来隐藏或显示上下左右的面板或面板组。

❸ 从菜单栏中依次选择【窗口】>【面板】>【显示左侧模块面板】(选择后菜单左侧对钩消失)，或者按 F7 键，可以隐藏左侧面板组。再次按 F7 键，或者选择【窗口】>【面板】>【显示左侧模块面板】(选择后菜单左侧出现对钩)，可把左侧面板组重新显示出来。从菜单栏中依次选择【窗口】>【面板】>【显示右侧模块面板】(选择后菜单左侧对钩消失)，或者按 F8 键，可以隐藏右侧面板组。再次按 F8 键，或者选择【窗口】>【面板】>【显示右侧模块面板】(选择后菜单左侧出现对钩)，可把右侧面板组重新显示出来。

提示 在 macOS 下，有些功能键已经被分配给了操作系统的某个特定功能，使用 Lightroom Classic 时这些功能键可能无法正常发挥作用。遇到这种情况时，你可以先按住 Fn 键（有些键盘无 Fn 键），再按功能键，或者在系统首选项中更改功能键。

❹ 从菜单栏中依次选择【窗口】>【面板】>【显示模块选取器】(选择后菜单左侧对钩消失)，或者按 F5 键，可以隐藏顶部工具栏。再次按 F5 键，或者选择【窗口】>【面板】>【显示模块选取器】(选择后菜单左侧出现对钩)，可把顶部工具栏重新显示出来。从菜单栏中依次选择【窗口】>【面板】>【显示胶片显示窗格】(选择后菜单左侧对钩消失)，或者按 F6 键，可以隐藏底部的胶片显示窗格。再次按 F6 键，或者选择【窗口】>【面板】>【显示胶片显示窗格】(选择后菜单左侧出现对钩)，可把底部的胶片显示窗格重新显示出来。

❺ 按 Tab 键，或者从菜单栏中依次选择【窗口】>【面板】>【切换两侧面板】，可以同时隐藏或显示两侧面板组。按 Shift+Tab 组合键，或者从菜单栏中依次选择【窗口】>【面板】>【切换所有面板】，可以同时隐藏或显示上下左右面板组。

为了更方便、更灵活地安排工作空间，Lightroom Classic 还提供了自动显示或隐藏面板或面板组的功能，该功能会对鼠标指针的移动产生响应，只有当需要时，才会显示出相应的信息、工具、控件。

❻ 使用鼠标右键单击工作区左侧边缘中的三角形按钮，从弹出菜单中选择【自动隐藏和显示】(该菜单左侧有对钩)，如图 3-10 所示。

图 3-10

❼ 单击工作区左侧边缘中的三角形按钮，把左侧面板组隐藏起来，然后移动鼠标指针到工作区左侧边缘中的三角形按钮上。此时，左侧面板组会自动弹出，盖住下面一部分工作区。你可以在弹出的面板组中单击选择目录、文件夹、收藏夹，只要鼠标指针位于左侧面板组上，面板组就会一直处于展开状态。把鼠

标指针移动到左侧面板组之外，左侧面板组就会收起隐藏起来。不管当前设置如何，你都可以按 F7 键，把左侧面板组显示或隐藏起来。

⑧ 使用鼠标右键单击工作区左侧边缘中的三角形按钮，从弹出菜单中选择【自动隐藏】(该菜单左侧有对钩)。当用完左侧面板组时，左侧面板组就会自动隐藏起来。此时，即使把鼠标指针移动到工作区左边缘上，左侧面板组也不会显示出来。单击工作区左边缘，或者按 F7 键，可将左侧面板组再次显示出来。

⑨ 使用鼠标右键单击工作区左侧边缘中的三角形按钮，从弹出菜单中选择【手动】，关闭自动显示和隐藏功能。

⑩ 从弹出菜单中选择【自动隐藏和显示】，把左侧面板组重置为默认行为。若左侧面板组或右侧面板组仍处于隐藏状态，分别按 F7 或 F8 键，可将其再次显示出来。

Lightroom Classic 能够分别记住各个模块的面板布局，包括显示和隐藏设置。不过，当在不同模块之间切换时，你在胶片显示窗格和顶部工具栏中做的设置都会保持不变。

3.3.3 展开与折叠面板

前面讲的是左侧或右侧面板组，接下来，我们讲一讲如何使用面板组中的各个面板。

① 在模块选取器中单击【图库】，进入【图库】模块。参照上一小节中的步骤④，隐藏顶部工具栏和胶片显示窗格，为两侧面板组留出更多空间。

在【图库】模块下，左侧面板组中有【导航器】面板、【目录】面板、【文件夹】面板、【收藏夹】面板、【发布服务】面板。面板组中的每个面板都能单独展开或折叠（折叠后，只显示面板标题栏），以显示或隐藏其中内容。面板名称旁边有一个三角形按钮，用来指示当前面板的状态（展开或折叠）。

② 单击面板名称旁边的三角形按钮，三角形变为朝下，面板展开，显示出其中内容。再次单击三角形按钮，把面板折叠起来，如图 3-11 所示。

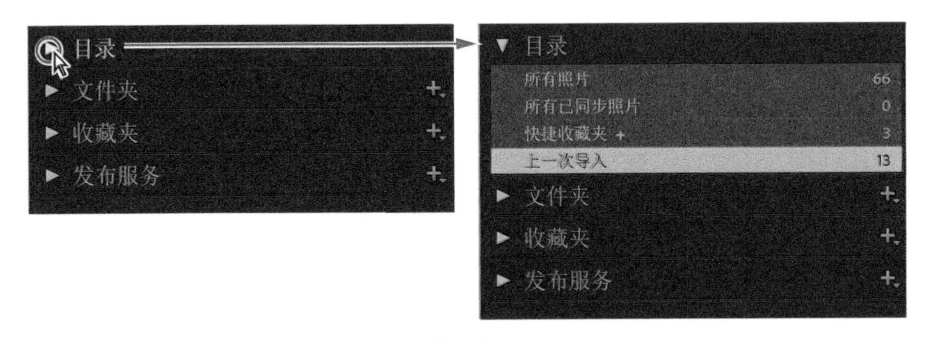

图 3-11

通过单击文件夹名称旁边的三角形按钮，可以把面板中的文件夹（例如【收藏夹】面板中的【智能收藏夹】）展开或折叠起来。

提示 单击三角形按钮展开或折叠面板时，不是非得要把鼠标指针放到按钮上单击。事实上，只要单击面板的标题栏，不管点到什么地方，都能把面板展开或折叠起来。但是，千万不要单击面板标题栏中的控件，这些控件一般都是有特定功能的，例如【收藏夹】面板标题栏中的加号按钮（+）。

③ 从菜单栏中依次选择【窗口】>【面板】菜单，其中一些面板名称的左侧有对钩，这些面板当

前处于展开状态，而且在面板组中是完全可见的。从【面板】菜单中任意选择一个面板，改变其显示状态，如图 3-12 所示。

图 3-12

❹ 在【窗口】>【面板】菜单中，每个面板名称右侧都有一个键盘快捷键，用来快速展开和折叠相应面板。

对于左侧面板组中的面板，键盘快捷键以 Control+Command（macOS）或 Shift+Ctrl（Windows）打头，后面跟着面板编号。面板编号是从上往下进行的，因此 Control+Command+0 或 Shift+Ctrl+0 组合键对应着【导航器】面板，Control+Command+1 或 Shift+Ctrl+1 组合键对应着【目录】面板等。

对于右侧面板组中的面板，键盘快捷键以 Command 或 Ctrl 打头，后面跟着面板编号。面板编号也是从上往下进行的，例如 Command+0 或 Ctrl+0 组合键对应着【直方图】面板。这些键盘快捷键都是开关键，按一次展开面板，再按一次折叠面板。请注意，在其他模块中，这些键盘快捷键可能会被指派给其他面板。只要记住，不论在哪个模块中，面板编号总是从上往下从 0 开始的，就不会引起太多混乱。

使用键盘快捷键能够大大提高工作效率，所以值得你花些时间好好记一记。

❺ 按 Command+/（macOS）或 Ctrl+/（Windows）组合键，打开当前模块所有键盘快捷键的列表。然后，单击键盘快捷键列表，将其关闭。

此外，Lightroom Classic 还提供了【全部展开】和【全部折叠】两个命令，我们只需要单击一下，就可以同时展开或折叠一个面板组中的所有面板（但面板组中最上面的那个面板除外）。在一个面板组中，最上面的那个面板地位特殊，不受这两个命令的影响。

❻ 使用鼠标右键单击某个面板组（左侧面板组或右侧面板组）中的任意一个面板（不能是最上方的面板）的标题栏，从弹出菜单中选择【全部折叠】，可以把面板组中的所有面板折叠起来，如图 3-13 所示。若面板组中最上方的面板最初处于展开状态，即使执行【全部折叠】命令，它仍然会保持展开状态。

⑦ 使用鼠标右键单击某个面板组（左侧面板组或右侧面板组）中的任意一个面板（不能是最上方的面板）的标题栏，从弹出菜单中选择【全部展开】，可以把面板组中的所有面板展开。若面板组中最上方的面板最初处于折叠状态，即使执行【全部展开】命令，它仍然会保持折叠状态。

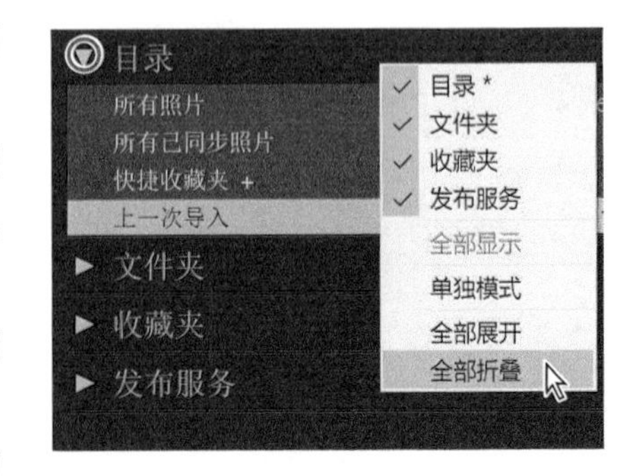

图 3-13

⑧ 使用鼠标右键单击某个面板组（左侧面板组或右侧面板组）中的任意一个面板（不能是最上方的面板）的标题栏，从弹出菜单中选择【单独模式】，可以把面板组中除所单击面板之外的其他所有面板折叠起来，只让你单击的那个面板处于展开状态。开启【单独模式】后，面板名称旁边的三角形从实心的变成虚点的。单击一个折叠的面板的标题栏，可以将其展开，先前展开的面板会自动折叠起来。

提示 按住 Option 键（macOS）或 Alt 键（Windows），单击任意一个面板的标题栏，可以快速开启或关闭【单独模式】。

3.3.4 隐藏与显示面板

在一个面板组中，有些面板常用，有些面板不常用，我们可以把那些不常用的面板隐藏起来，把更多的空间留给那些常用的面板。

图 3-14

① 使用鼠标右键单击某个面板组（左侧面板组或右侧面板组）中的任意一个面板（不能是最上方的面板）的标题栏，从弹出菜单中选择某个面板名称，Lightroom Classic 会把这个面板显示或隐藏起来，如图 3-14 所示。在弹出菜单中，当前处于显示状态的面板的名称左侧都有一个对钩。

② 使用鼠标右键单击某个面板组（左侧面板组或右侧面板组）中的任意一个面板（不能是最上方的面板）的标题栏，从弹出菜单中选择【全部显示】，可以把当前处于隐藏状态的所有面板重新显示出来。

注意 使用鼠标右键单击【导航器】面板或【直方图】面板的标题栏，无法打开面板组菜单。在某个面板组（左侧面板组或右侧面板组）中，除了最上方的面板之外，若全部处于隐藏状态，你可以从【窗口】>【面板】菜单中选择某个面板名称，将其再次显示出来。

3.4 切换屏幕模式

在 Lightroom Classic 中，无论处在哪个模块下，你都可以根据自己的需要切换不同的屏幕模式。在默认模式下，工作区位于软件界面之中，你可以随意调整软件界面的大小及其在屏幕上的位置。通过屏幕模式，你可以让工作区充满整个屏幕，带菜单栏或者不带，也可以切换到全屏预览模式，以大图形式浏览照片，而不用担心工作区元素会分散你的注意力。

❶ 从菜单栏中依次选择【窗口】>【屏幕模式】>【正常】，确保当前处在默认模式下。

在【正常】屏幕模式下，Lightroom Classic 工作区位于软件界面之中。你可以正常地调整软件界面的大小和位置，这与其他软件没什么不同。

❷ 把鼠标指针移动到应用软件界面的一个边缘或一个角上，当鼠标指针变成水平双向箭头、垂直双向箭头，或者斜向双向箭头时，按住鼠标左键拖动，改变软件界面的大小。

❸ 在 macOS 下，单击标题栏左侧的绿色缩放按钮；在 Windows 下，单击软件界面右上角的【最大化】按钮。软件界面扩展充满整个屏幕，但标题栏仍然看见。在把软件界面最大化之后，我们就不能像第❷步那样随意调整软件界面大小了，也不能通过拖动标题栏来调整软件界面的位置。

❹ 单击绿色缩放按钮或【向下还原】按钮，把软件界面恢复成第❷步中的大小。

❺ 从菜单栏中依次选择【窗口】>【屏幕模式】>【全屏】，工作区会充满整个屏幕，菜单栏也会隐藏起来，就像 macOS 中的 Dock 栏或者 Windows 下的任务栏一样。把鼠标指针移动到屏幕上边缘上，自动弹出菜单栏。从菜单栏中依次选择【窗口】>【屏幕模式】>【全屏并隐藏面板】，或者直接按 Shift+Command+F（macOS）或 Shift+Ctrl+F（Windows）组合键。

无论是在【网格视图】下，还是在【放大视图】下，你都可以通过进入【全屏并隐藏面板】模式下，快速地为主工作区留出最大的空间。根据实际需要，你可以使用键盘快捷键或鼠标（相关操作请参考前面讲过的内容）随时打开任意一个处于隐藏状态的面板，同时又不需要更改视图。

❻ 反复按 Shift+F 组合键，或者从菜单栏中依次选择【窗口】>【屏幕模式】>【下一个屏幕模式】，在不同屏幕模式之间切换。在不同屏幕模式之间切换时，工作区周围的面板仍处于隐藏状态。按 Shift+Tab 组合键，可以显示所有面板。按 T 键，可以显示或隐藏工具栏。

❼ 按 F 键，进入【全屏预览】模式，在最高放大倍率下浏览所选照片，而不用担心会有什么工作区元素分散你的注意力。再次按 F 键，返回到正常屏幕模式下。

3.5 切换视图模式

在 Lightroom Classic 中，在不同模块下，你可以根据流程进度选用不同的工作视图。切换视图模式的方法有 3 种：一是使用菜单栏中的【视图】菜单；二是使用键盘快捷键；三是在工具栏左侧单击视图模式按钮。

在【图库】模块下，你可以在如下 4 种视图模式之间切换：按 G 键，或者在工具栏中单击【网格视图】按钮，将以缩览图的形式浏览照片，同时允许你搜索照片，向照片添加旗标、星级、色标，以及创建收藏夹；按 E 键，或者在工具栏中单击【放大视图】按钮，在预览区域中以最大倍率查看单张照片；按 C 键，或者在工具栏中单击【比较视图】按钮，并排显示两张照片；在工具栏中单击【筛选视图】按钮，或者按 N 键，同时评估多张照片。在不同的视图模式下，工具栏中显示的控件也不一样。其实，除了上面 4 种视图模式之外，在工具栏中还有一种【人物视图】模式，主要用来对照片中的人脸做标记，相关内容将在第 4 课讲解，这里暂且不讲。

❶ 单击【网格视图】按钮，切换到【网格视图】。在【工具栏】右端有一个【缩览图】滑动条，拖动滑块，可调整缩览图的大小，如图 3-15 所示。

图 3-15

❷ 在【工具栏】最右端有一个三角形按钮，单击它，在弹出菜单中确保【视图模式】处于启用状态（左侧有一个对钩）。如果你用的是小屏，在本课学习中，你可以禁用除【缩览图大小】之外的其他所有选项。

在弹出菜单中，有些工具和控件名称左侧带有对钩，这表示它们当前已经显示在了工具栏中，如图 3-16 所示。

图 3-16

注意 在工具栏的弹出菜单中，工具和控件自上而下的排列顺序与它们在工具栏中从左到右的排列顺序是一致的。

❸ 回顾第 2 课中“2.6 图库视图选项”节的内容，指定你希望在【网格视图】的图片单元格中每张照片上要显示的信息项。

3.6 使用【放大视图】

在【放大视图】下，Lightroom Classic 会以符合预览区域大小的缩放比率来显示单张照片。由于照片在高放大比率下容易修改，所以在【修改照片】模块下，默认的视图模式就是【放大视图】模式。在【图库】模块下，在对照片进行评估与排序时，就会使用【放大视图】。你可以在【导航器】面板中设置照片的缩放级别，当照片放大到很大，大大超出预览区域时，你可以借助【导航器】面板在照片画面中导航。与【放大视图】一样，【图库】模块和【修改照片】模块下都有【导航器】面板。

❶ 在【网格视图】或胶片显示窗格中选择一张照片，然后在工具栏中单击【放大视图】按钮，或者直接按 E 键，又或者双击【网格视图】或胶片显示窗格中的缩览图，如图 3-17 所示。

图 3-17

提示 在【图库视图选项】对话框中勾选【显示信息叠加】，Lightroom Classic 会把详细信息叠加到【放大视图】下的缩览图上。默认设置下，【显示信息叠加】选项是禁用的。

❷【导航器】面板位于左侧面板组的最上方。若【导航器】面板当前处于折叠状态，请单击标题栏左侧的三角形按钮，展开【导航器】面板。在【导航器】面板的右上角有一组缩放控件，通过这些控件，你可以快速在不同的放大级别之间切换。从控件菜单中，你可以选择【适合】【填满】【100%】【200%】等缩放比率，如图 3-18 所示。

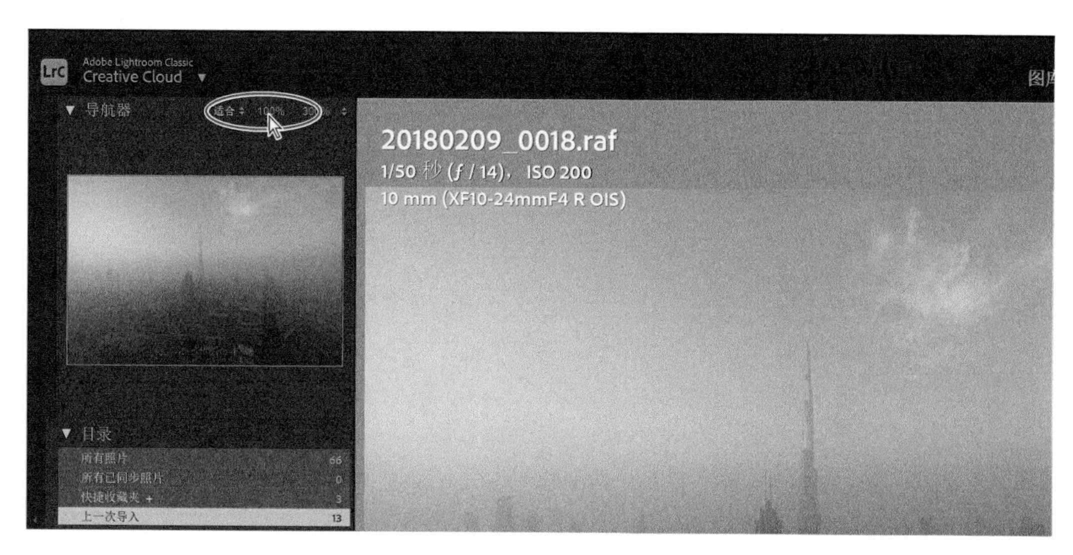

图 3-18

从菜单栏中依次选择【视图】>【切换缩放视图】，或者按Z键，或者单击工作区中的照片，可在不同缩放级别之间切换。

为了更好地理解【切换缩放视图】命令的功能，首先要知道放大控件有两组：适合与填满是一组；各种缩放百分比是另一组。【切换缩放视图】命令在每一组中最后使用的缩放级别之间切换【放大视图】。

③ 在【导航器】面板右上角的缩放控件中，先单击【适合】，然后单击100%。从菜单栏中依次选择【视图】>【切换缩放视图】，或者按Z键，缩放级别恢复成【适合】，再按一次Z键，缩放级别变成100%。

提示 Lightroom Classic 2021 中有一个滑拖缩放选项，你可以在【修改照片】模块下使用它。相关内容在第4课中讲解。

④ 在【导航器】面板的标题栏中，从【适合】菜单中选择【填满】，然后从最右侧菜单中选择【100%】，如图3-19所示。

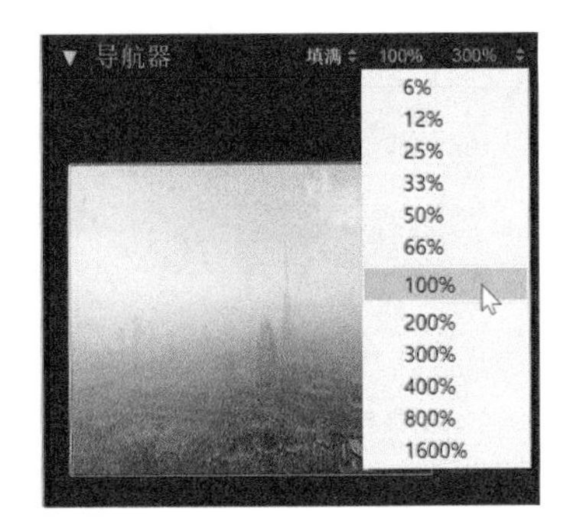

图 3-19

⑤ 单击处于【放大视图】下的照片，缩放级别恢复为【填满】。这种使用单击切换缩放级别的方式与【切换缩放视图】命令的不同是，Lightroom Classic 会把单击的区域置于视图中心。按Z键，把缩放级别切换为100%。单击【填满】菜单，选择【适合】。

此外，Lightroom Classic 还有另外一种放大照片的方式：按住Command键（macOS）或Ctrl键（Windows），然后在希望放大的区域上拖出一个矩形框。这样做可以把第三栏变为一个自定义的百分比，可以用Z键来回切换。

⑥ 按住Command键或Ctrl键，此时鼠标指针上出现一个虚线矩形框，在照片中希望放大的区域上按住鼠标左键并拖动，出现一个虚线矩形选框，其内部就是想放大的区域。释放鼠标左键，照片就会放大到指定百分比，这个百分比显示在【导航器】标题栏右侧的第三栏中。按Z键，在【适合/填满】与指定的缩放百分比之间切换。按Command+Option+0（macOS）或Ctrl+Alt+0（Windows）组合键，把缩放级别改为100%，如图3-20所示。

图 3-20

⑦ 放大照片查看细节时，使用键盘按键浏览整张照片会非常便捷。按Home键（macOS下为Fn+向左箭头组合键），把缩放矩形移动到照片左上角，然后按Page Down键（macOS下为Fn+向下箭头组合键），缩放矩形会沿着照片从上往下移动，每按一次，缩放矩形就往下移动一点。当缩

放矩形移动到照片底部时，再按 Page Down 键，它会跳到另一列的最上端（照片顶部）。按 End 键（macOS 下为 Fn+ 向右箭头组合键），缩放矩形会直接跳到照片右下角，按 Page Up 键（macOS 下为 fn+ 向上箭头组合键），可把缩放矩形自下而上、自右向左移动。

⑧ 在胶片显示窗格中选择另一张有相同朝向的照片，然后单击导航器中的预览画面，把缩放矩形移动到画面的不同部分。返回到上一张照片下，缩放矩形回到原来的位置上。从菜单栏中依次选择【视图】>【锁定缩放位置】，然后重复刚才的步骤，你会发现上一张照片中的缩放矩形位置也跟着变了。比较相似照片的细节时，这个功能会非常有用。

⑨ 再次从菜单栏中依次选择【视图】>【锁定缩放位置】，解除锁定，然后在【导航器】面板的标题栏中单击【适合】。

不管是在【图库】模块下还是【修改照片】模块下，就【放大视图】来说，缩放控件和【导航器】面板的工作方式是一样的。

3.7 使用放大叠加

在【图库】模块或【修改照片】模块下，或者联机拍摄期间，使用【放大视图】时，你可以选择在照片上叠加一些东西，用来帮助你创建布局、对齐元素，或者做变换。

① 在胶片显示窗格中任选一张照片。从菜单栏中依次选择【视图】>【放大叠加】>【网格】，然后选择【视图】>【放大叠加】>【参考线】。从菜单栏中依次选择【视图】>【放大叠加】>【显示】，可同时隐藏网格和参考线，再次选择【视图】>【放大叠加】>【显示】，可把网格和参考线再次显示出来，如图 3-21 所示。

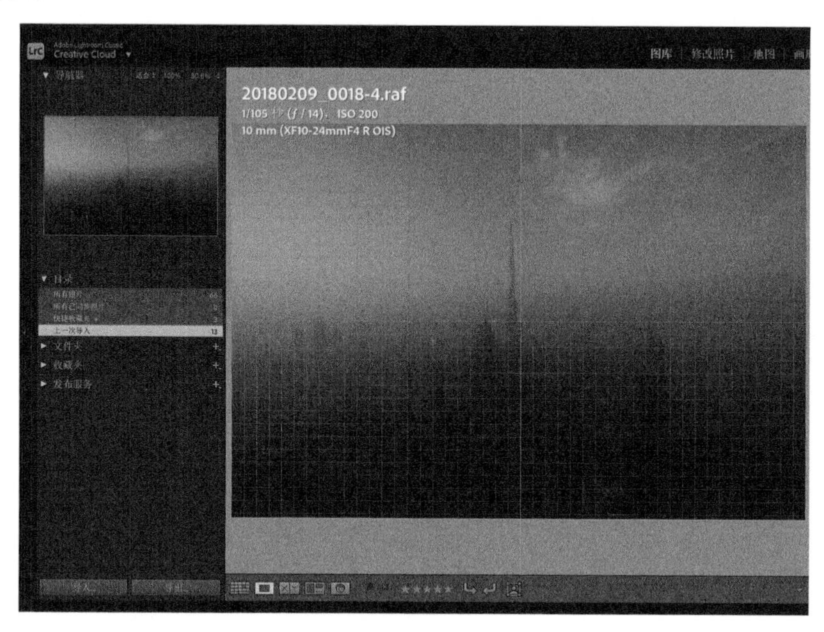

图 3-21

当选择一张照片（或者在联机拍摄模式下拍摄一张照片），并打算将其应用到打印、网页设计、幻灯片中时，【放大叠加】菜单下的【布局图像】命令很有用。你可以先创建一个 PNG 格式的带透明背景的布局草图，然后从【放大叠加】菜单中选择【布局图像】，如图 3-22 所示。

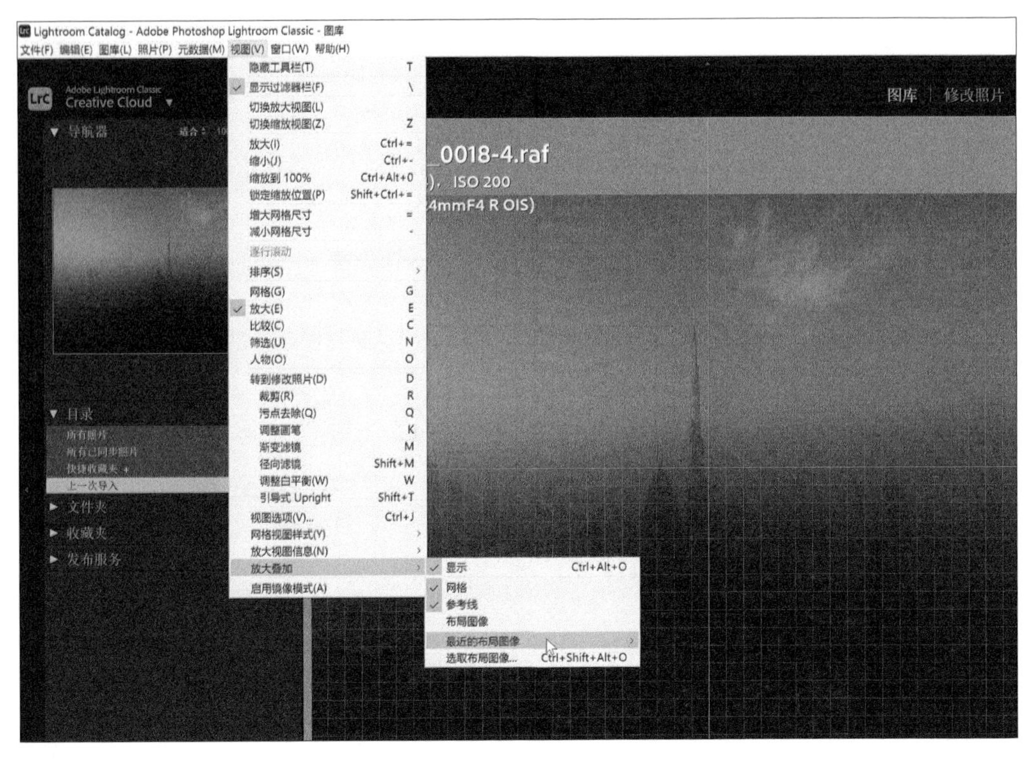

图 3-22

例如，我想浏览一些照片，想看一下它们在杂志封面上的效果。

❷ 从菜单栏中依次选择【视图】>【放大叠加】>【布局图像】，打开【选择 PNG】对话框。

❸ 转到 lesson03 文件夹，从中选择 sample_cover.png 文件，单击【选择】按钮，如图 3-23 所示。这个文件是一个带透明背景的 PNG 文件，你应该能够看到叠加在图像上的布局。

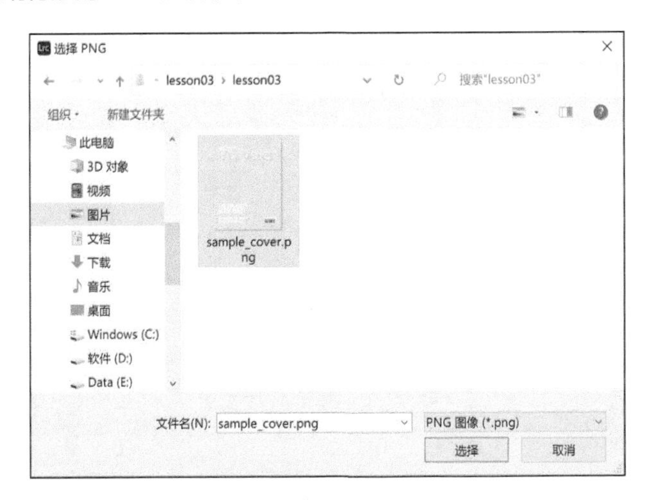

图 3-23

❹ 按住 Command 键（macOS）或 Ctrl 键（Windows），显示出叠加控件，如图 3-24 所示。借助这些控件，你可以调整布局图像的位置、布局或蒙版（布局周围的区域）的不透明度，还可以利用垂直与水平参考线对齐画面中的文本。从菜单栏中依次选择【视图】>【放大叠加】>【显示】，把布局图像隐藏起来。

图 3-24

3.8 比较照片

顾名思义，【比较视图】用来并排查看和评估多张照片，它也是查看与评估照片的最佳视图。

❶ 在胶片显示窗格中，任选两张类似的照片，然后单击【工具栏】中的【比较视图】按钮，如图 3-25 所示。

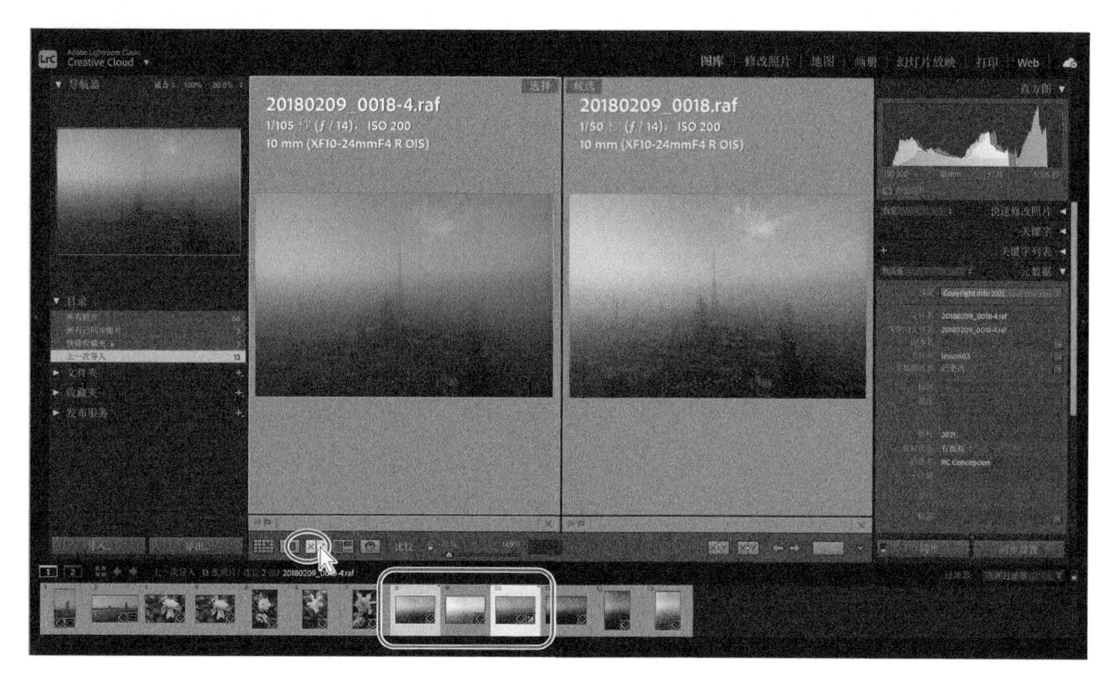

图 3-25

选择的第一张照片处于【选择】状态，显示在【比较视图】的左侧窗格中；右侧窗格中显示的是第二张照片，其处于【候选】状态。在胶片显示窗格中，处于【选择】状态的照片的右上角有一个白色的钻石按钮，而处于【候选】状态的照片的右上角是一个黑色钻石按钮。

使用【比较视图】时，若待选照片有很多张（多于两张），先选择一张最喜欢的照片，使其处于【选择】状态，然后按住 Command 键（macOS）或 Ctrl 键（Windows），单击其他照片（非连续选择多张），或者按住 Shift 键单击最后一张照片（连续选择多张），把选择的多张照片添加到候选集合中。在工具栏中单击【选择上一张照片】（向左箭头）和【选择下一张照片】（向右箭头）按钮，或者按向左箭头键与向右箭头键，更换候选照片。如果你发现当前候选照片好于当选照片，可以单击工具栏中的【互换】按钮，把两者互换位置。

提示 按 F5 与 F7 键，或者单击工作区顶部与左侧的白色箭头按钮，隐藏模块选取器和左侧面板组，可为预览区域腾出更大空间，把照片显示得更大一些。

❷ 向右拖动工具栏中的【缩放】滑块，可以把当选照片和候选照片放大，便于比较照片细节。拖动【缩放】滑块时，当选照片和候选照片的缩放是同步进行的。拖动【比较视图】中的任意一张照片，另一张照片也会跟着一起移动。【缩放】条左侧有一个锁头按钮，其处于锁起状态时，表示两张照片的焦点链接在一起，移动任意一张照片，另一张照片也会跟着移动，如图 3-26 所示。

某些情况下，这样很不方便。例如，两张照片虽然拍的是同一个对象，但是焦段不同，或构图不同。此时，最好单击锁头按钮（开锁状态），取消两张照片的焦点链接，如图 3-27 所示。

图 3-26

图 3-27

❸ 在工具栏中单击锁头按钮（开锁状态），取消两张照片的焦点链接，拖动【比较视图】中的任意一张照片，另一张照片不会跟着移动。也就是说，取消焦点链接之后，当选照片和候选照片可以分别进行移动了。

在【比较视图】下，哪个窗格有白色细边框，就表示那个窗格中的照片当前处于活动状态，拖动【缩放】滑块或者调整右侧面板组中的控件，当前处于活动状态的照片会受到影响。

❹ 单击右侧窗格中的照片，使其处于活动状态，然后调整缩放比率。

❺ 按两次 Shift+Tab 组合键，显示出所有面板。在工具栏中，单击锁头按钮，重新链接左右两个视图。然后从【导航器】面板的标题栏中选择【适合】。

❻ 单击左侧窗格中的照片，将其变为活动照片（编辑会作用到该照片上）。然后，展开【快速修

改照片】面板。在【色调控制】区域中，尝试调整照片的各个属性，提升照片画面。这里，分别单击【曝光度】和【对比度】的右双箭头一次，然后单击【阴影】和【白色色阶】的右单箭头一次，调整结果可以参考图 3-28，但不必拘泥于它，你可以自己多尝试尝试。

图 3-28

在【比较视图】下比较选片时，使用【快速修改照片】面板中的控件调整一下照片，有助于你从多张照片中选出较好的照片。把预设应用到照片上，或者快速修改一下照片，可以帮助你评估照片修改后的样子。选好照片之后，如果觉得调得不好，你可以撤销之前的快速调整，然后进入【修改照片】模块中重新进行调整，或者在快速调整的基础上做进一步调整。

3.9 使用【筛选视图】缩小选择范围

【筛选视图】是【图库】模块的第四个视图，在该视图下，你可以在一个屏幕上同时浏览多张照片，然后把不满意的照片从选集中一张张删除，最终把满意的照片选出来。

1. 在【目录】面板中，确保【上一次导入】文件夹处于选中状态，将其作为图像源。在胶片显示窗格中选择 5 张迪拜照片，在工具栏中单击【筛选视图】按钮（从左边数第 4 个），或者按 N 键，如图 3-29 所示。如果你希望中间的工作区更大一些，请隐藏左侧面板。

2. 按键盘上的方向键，或者单击工具栏中的【选择上一张照片】（向左箭头）和【选择下一张照片】（向右箭头）按钮，在不同照片之间切换，被激活的照片周围有黑色细框线。

3. 把鼠标指针移动到你不喜欢的照片上，然后单击照片缩览图右下角的叉号（取消选择照片），将其从【筛选视图】中移除，如图 3-30 所示。

当从【筛选视图】中移除一张照片后，其他照片会自动调整大小与位置，把可用的工作区域全部填满。

提示 如果不小心从【筛选视图】中删除了某张照片，可从菜单栏中依次选择【编辑】>【还原“取消选择照片”】，把照片恢复回来，还可以按住 Command 键（macOS）或 Ctrl 键（Windows），在胶片显示窗格中单击被删照片的缩览图，将其重新添加到【筛选视图】中。当然，你也可以使用同样的方法向【筛选视图】中添加新照片。

图 3-29

图 3-30

注意 从【筛选视图】中移除一张照片时，Lightroom Classic 并不会真的把它从文件夹中删除，也不会把它从目录中删除。你仍然可以在胶片显示窗格中看到被移除的照片，它只是被取消选择，而显示在【筛选视图】中的照片就是胶片显示窗格中那些处于选中状态的照片，如图 3–31 所示。

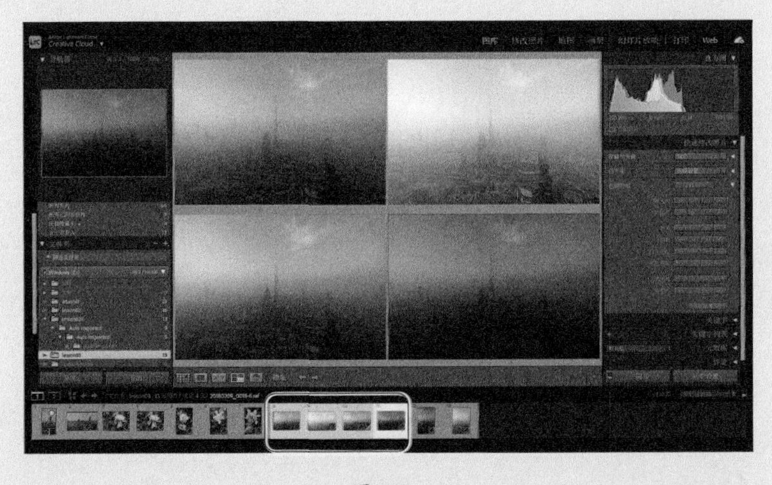

图 3-31

④ 继续从【筛选视图】中移除一些照片。这里，我们只保留一张照片，将其他照片全部移除。在【筛选视图】中选择仅剩的一张照片，继续学习下一节内容。

3.10 打旗标与删除照片

现在，【筛选视图】中只剩一张照片了。接下来，我们要给这张照片打上【选取】旗标。

浏览照片时，在照片上打旗标（【选取】或【排除】）是一种对照片快速分类的有效方法；旗标状态就是一种过滤条件，你可以通过旗标状态过滤图库中的照片。此外，你还可以使用菜单命令或键盘快捷键，从目录中快速删除带有【排除】旗标的照片。

在【筛选视图】中，黑色旗标（在胶片显示窗格中显示为白色旗标）代表【选取】，黑色带叉旗标代表【排除】，灰色旗标代表无旗标。

① 在【筛选视图】中，把鼠标指针移动到照片上，在画面左下角显示出两个旗标。灰色表示当前照片尚未打旗标。在两个旗标中，单击左侧旗标，其变成黑色旗标，代表【选取】。在胶片显示窗格中，在同张照片缩览图的左上角出现一个白色旗标，如图 3-32 所示。

提示 按 P 键，可把选择的照片标记为【选取】；按 X 键，可把选择的照片标记为【排除】；按 U 键，可移除照片上的所有旗标。

② 在胶片显示窗格中再选一张照片，然后按 X 键。在【筛选视图】中，画面的左下角出现黑色的【排除】旗标（旗帜上有一个叉号），同时在胶片显示窗格中，同张照片缩览图的左上角也出现一个黑色的【排除】旗标，并且照片缩览图呈灰色显示，如图 3-33 所示。

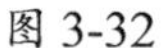
图 3-32

图 3-33

③ 从菜单栏中依次选择【照片】>【删除排除的照片】，或者按 Command+Delete（macOS）或 Ctrl+Backspace（Windows）组合键。然后在弹出的【确认】对话框中单击【从 Lightroom 中删除】按钮，可把排除的照片从图库目录中删除，但不会从磁盘上删除，如图 3-34 所示。

从 Lightroom Classic 的图库目录中删除被排除的照片后，这些照片不会再显示在胶片显示窗格中。按 Command+Z（macOS）或 Ctrl+Z（Windows）组合键，可恢复照片。

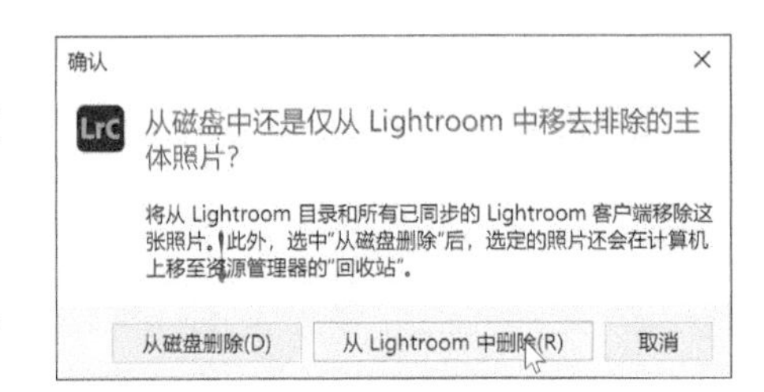

图 3-34

❹ 按 G 键，或者单击工具栏中的【网格视图】按钮，在【网格视图】中，以缩览图的形式查看所有照片。按 F7 键，再次显示出左侧面板组。

3.11 使用【快捷收藏夹】组织照片

组织 Lightroom Classic 目录中的照片时，收藏夹是一种非常便捷的方式，使用它可以轻松把一组照片组织在一起，即使这些照片存放在硬盘上不同的文件夹中。你可以为某个特定的幻灯片演示新建一个收藏夹，也可以使用不同收藏夹按类别或其他标准对照片进行分组。任何时候，你都可以从【收藏夹】面板中找到你的收藏夹，并快速访问它们。

【快捷收藏夹】是一个临时存放照片的收藏夹。当你浏览和整理新导入的照片时，或者当你从目录不同的文件夹中挑选一类照片时，你都可以暂时把照片放入这个收藏夹中。

在【网格视图】或胶片显示窗格中，只需要单击一下，就可以把照片添加到【快捷收藏夹】中，从【快捷收藏夹】移除照片也一样简单。只要你不把照片从【快捷收藏夹】中清除，或者把照片转移到【收藏夹】面板中某个持久的收藏夹中，你的照片就会一直存放在【快捷收藏夹】中。你可以从【目录】面板快速访问到【快捷收藏夹】，这样无论何时你都可以随时返回处理同一批照片。

3.11.1 把照片移入或移出【快捷收藏夹】

❶ 在左侧面板组中，展开【目录】面板，在其中可以看到【快捷收藏夹】，如图 3-35 所示。

图 3-35

❷ 在【网格视图】或胶片显示窗格中选择第 8、9、10、11 这 4 张照片，如图 3-36 所示。

图 3-36

提示 如果预览区域中未显示照片编号，请按 J 键，切换视图。

③ 按 B 键，或者从菜单栏中依次选择【照片】>【添加到快捷收藏夹】，把选择的照片添加到【快捷收藏夹】中。

在【目录】面板中，【快捷收藏夹】右侧的照片张数为 4，表示其中已经有了 4 张照片。单击【快捷收藏夹】，在中间预览区域中显示出【快捷收藏夹】中的 4 张照片。若在【图库视图选项】对话框中勾选了【快捷收藏夹标记】，你会在【网格视图】中每张缩览图的右上角看到一个灰色圆点，如图 3-37 所示。同时，在胶片显示窗格中，每张缩览图的右上角也有一个灰色圆点（当然前提是缩览图不能太小）。

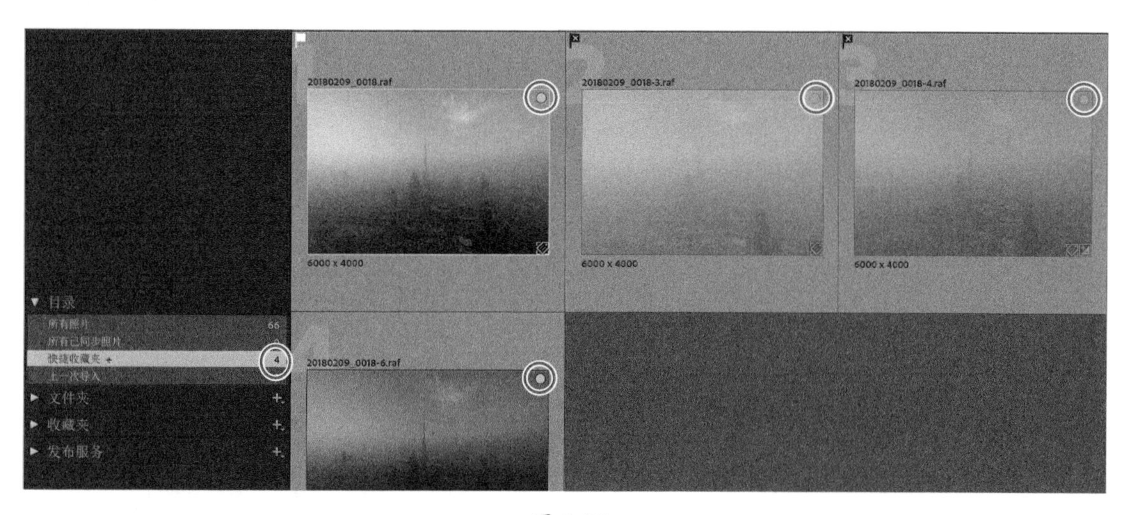

图 3-37

选择某张照片，然后单击照片缩览图右上角的灰色圆点，或者按 B 键，可以把选择的照片从【快捷收藏夹】中移除。

④ 这里，我们只从【快捷收藏夹】中移除第 2 张照片。首先选择第 2 张照片，其他 3 张照片不要选，然后按 B 键。此时，【快捷收藏夹】右侧的照片张数变为 3。

提示 当你把鼠标指针移动到一张照片缩览图上时，若看不到快捷收藏夹标记（灰色圆点），请在【视图】>【网格视图样式】菜单中开启【显示额外信息】。而且从菜单栏中依次选择【视图】>【视图选项】，在打开的【图库视图选项】对话框下的【单元格图标】区域中勾选【快捷收藏夹标记】。

3.11.2 移动与清空【快捷收藏夹】中的照片

① 在【目录】面板中，选择【快捷收藏夹】，当前【网格视图】下只有 3 张照片，如图 3-38 所示。只要不清空【快捷收藏夹】，这 3 张照片就会一直存在，你可以随时返回到这组照片中浏览它们。

假设这 3 张照片是我们精选后的，接下来，我们需要把它们转移到一个持久的收藏夹中。

② 从菜单栏中依次选择【文件】>【存储快捷收藏夹】，打开【存储快捷收藏夹】对话框。

③ 在【存储快捷收藏夹】对话框中，把【收藏夹名称】设置为 Mist，勾选【存储后清除快捷收藏夹】，然后单击【存储】按钮，如图 3-39 所示。

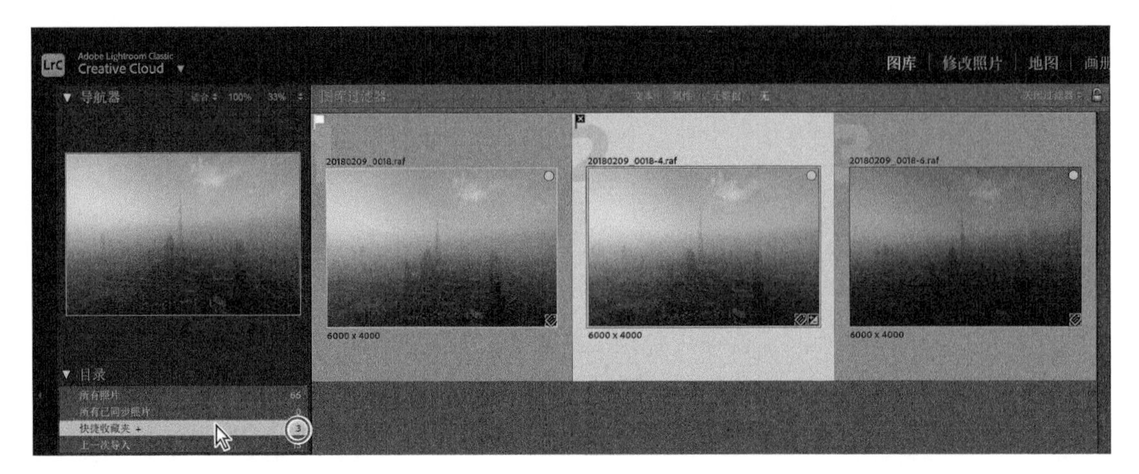

图 3-38

④ 在【目录】面板中，你可以看到【快捷收藏夹】当前被清空了，右侧的照片张数变为 0。展开【收藏夹】面板，从收藏夹列表中可以看到刚刚创建的收藏夹——Mist，其中包含 3 张照片，如图 3-40 所示。

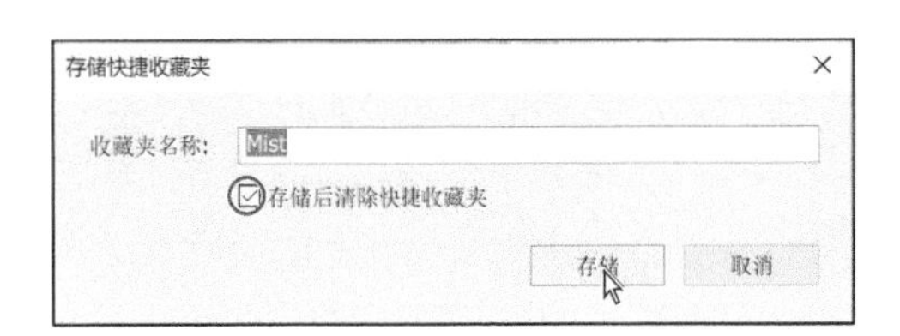

图 3-39

图 3-40

⑤ 在【文件夹】面板中单击 lesson03 文件夹，【网格视图】中再次显示出本课所有照片，包括添加到新收藏夹中的那些。

3.11.3　指定目标收藏夹

默认设置下，Lightroom Classic 会把【目录】面板下的【快捷收藏夹】指定为目标收藏夹，因此【快捷收藏夹】名称后面会有一个加号按钮（+）。当你选择某张照片之后，按 B 键或者单击照片缩览图右上角的圆圈，Lightroom Classic 会把所选照片添加到目标收藏夹中。

你可以把自己的某个收藏夹指定为目标收藏夹，这样你就可以使用相同的方法轻松快捷地把照片添加到指定的收藏夹，或者从指定收藏夹中移除。

① 在【收藏夹】面板中，使用鼠标右键单击新建的 Mist 收藏夹，从弹出菜单中选择【设为目标收藏夹】。此时，Mist 收藏夹名称后面出现了一个加号按钮（+），如图 3-41 所示。

图 3-41

② 在【目录】面板中，选择【上一次导入】文件夹，然后按住 Command 键（macOS）或 Ctrl 键（Windows），在【网格视图】中单击选择第 1 ~ 5 张照片。

❸ 展开【收藏夹】面板，边按 B 键，边观察 Mist 收藏夹的变化，添加好所选照片之后，Mist 收藏夹中的照片数目也增加了。

❹ 在【目录】面板中，使用鼠标右键单击【快捷收藏夹】，从弹出菜单中选择【设为目标收藏夹】。此时，【快捷收藏夹】名称之后再次出现一个加号按钮（+）。

3.12 使用胶片显示窗格

不论在哪个模块下使用哪种视图，你总是可以通过胶片显示窗格（位于 Lightroom Classic 工作区底部）访问所选文件夹或收藏夹中的照片。

与【网格视图】一样，你可以使用键盘上的方向键快速浏览胶片显示窗格中的照片。若照片数量很多，超出了胶片显示窗格的可见区域，导致某些照片显示不出来，此时，可使用如下几种方法把隐藏的照片显示出来：拖动照片缩览图下方的滚动条；把鼠标指针放到缩览图框架的上边缘上，当鼠标指针变成手形时，按住鼠标左键左右拖动；单击胶片显示窗格左右两端的箭头；单击胶片显示窗格左右两端带阴影的缩览图，访问那些位于当前视图之外的照片。

在胶片显示窗格顶部，Lightroom Classic 提供了一组控件，用来帮助我们简化工作流程。

最左侧有两个标有数字的按钮，分别用来切换主副显示器，把鼠标指针移动到其中一个按钮上，按住鼠标左键，可在弹出菜单中分别为各个显示器设置视图模式，如图 3-42 所示。

紧靠在数字按钮右侧的是图库网格和箭头按钮（【后退】和【前进】），其中箭头按钮用来在最近浏览过的文件夹和收藏夹之间切换，如图 3-43 所示。

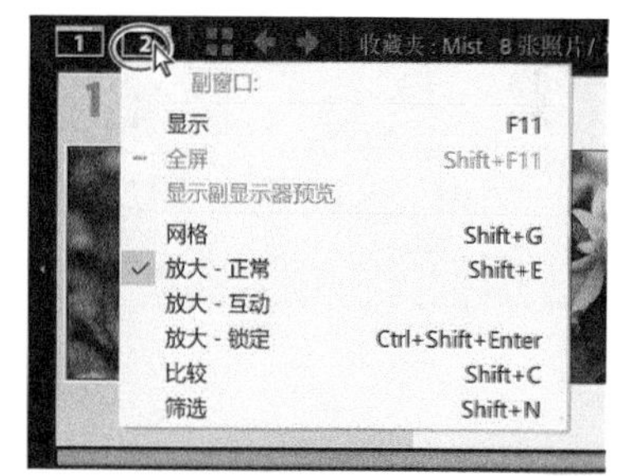

图 3-42

图 3-43

箭头按钮右侧是胶片显示窗格源指示器。通过它，你可以知道当前浏览的是哪个文件夹或收藏夹，其中包含多少张照片，当前选中了多少张照片，以及当前鼠标指针所指照片的名称。单击源指示器，会弹出一个菜单，其中列出了你最近访问过的所有照片源，如图 3-44 所示。

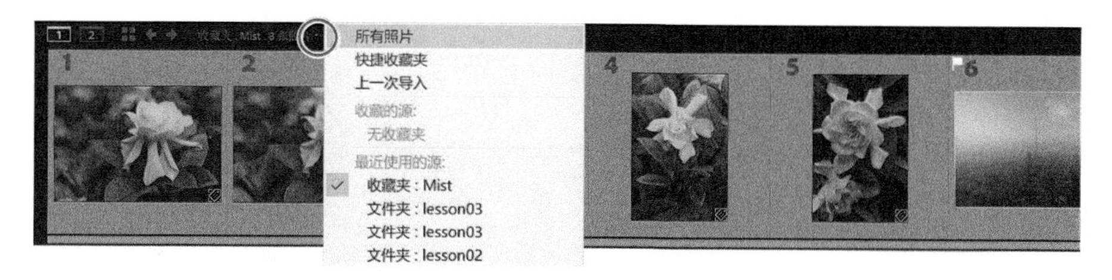

图 3-44

3.12.1 隐藏胶片显示窗格与调整窗格大小

与两侧面板组一样，你可以轻松地隐藏或显示胶片显示窗格并调整其大小，以便把更多屏幕空间留给你正在处理的照片。

① 工作区窗口的底部边框上有一个三角形按钮，单击它，或者按 F6 键，可以隐藏或显示胶片显示窗格。使用鼠标右键单击三角形按钮，在弹出菜单中选择【自动隐藏和显示】，如图 3-45 所示。

图 3-45

② 把鼠标指针移动到胶片显示窗格的上边缘上，当鼠标指针变成一个双向箭头时，按住鼠标左键，向上或向下拖动胶片显示窗格的上边缘，调整胶片显示窗格大小，以放大或缩小照片缩览图，如图 3-46 所示。胶片显示窗格越小，其中显示的照片缩览图就越多。

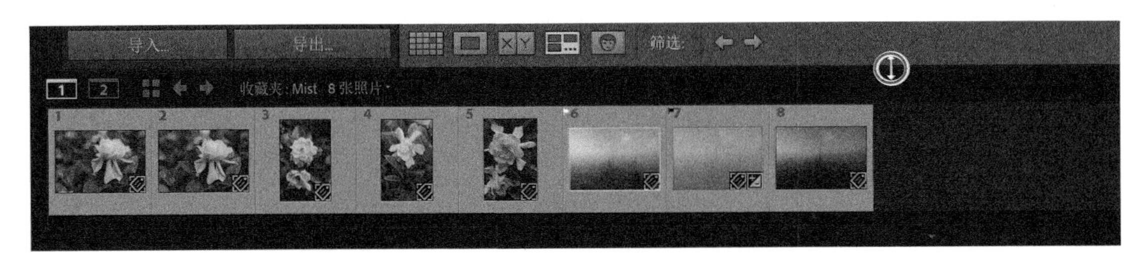

图 3-46

3.12.2 在胶片显示窗格中使用过滤器

当文件夹中只包含几张照片时，你可以很轻松地在胶片显示窗格中看到所有照片。但是，当文件夹中包含大量照片时，将会有很多照片无法显示在胶片显示窗格的可视区域中。此时，你只有手动拖动胶片显示窗格底部的滚动条，才能从大量照片中找到自己需要的照片，这样操作不太方便。

① 在胶片显示窗格中，lesson03 文件夹中有一张照片带有白色留用旗标。若看不见旗标，请使用鼠标右键单击照片单元格中的任意一个地方，然后从弹出菜单中依次选择【视图选项】>【显示星级和旗标状态】。请自己看一下弹出菜单（又叫胶片显示窗格菜单）中的其他菜单命令，其中，有些命令针对的是当前选中的照片，有些命令针对的是胶片显示窗格本身。

② 胶片显示窗格的右上角有一个【过滤器】菜单，单击它，从弹出菜单中选择【留用】。此时，胶片显示窗格中只显示带有白色旗标的照片，如图 3-47 所示。

图 3-47

③ 同时，在胶片显示窗格右上角的【过滤器】文字右侧，出现了一个高亮显示的白色旗标。单击【过滤器】文字，以按钮形式显示出所有过滤器，包括旗标、星级、色标、编辑状态等，如图 3-48 所示。

图 3-48

单击相应的过滤器按钮，可激活或禁用你在过滤器菜单中看到的任意一个过滤器。单击胶片显示窗格右上角的菜单，从弹出菜单中选择【将当前设置存储为新预设】，可以把当前过滤器组合存储为一个自定义预设，方便以后使用。

❹ 单击白色旗标按钮，取消旗标过滤器，或者单击胶片显示窗格右上角的菜单，从弹出菜单中选择【关闭过滤器】，禁用所有过滤器。此时，胶片显示窗格再次显示出文件夹中的所有照片。在胶片显示窗格右上角再次单击【过滤器】文字，隐藏过滤器按钮。

有关使用过滤器的更多内容，我们将在第 4 课讲解。

3.13　调整缩览图的排列顺序

使用工具栏中的【排序方向】和【排序依据】功能，可以改变【网格视图】和胶片显示窗格中的缩览图显示顺序。

❶ 若当前工具栏中未显示排序控件，请从工具栏右侧的【选择工具栏的内容】(向下箭头)菜单中选择【排序】，将其在工具栏中显示出来。

❷ 从【排序依据】菜单中选择【选取】，并确保【排序方向】是从 A 到 Z，而不是从 Z 到 A，如图 3-49 所示。

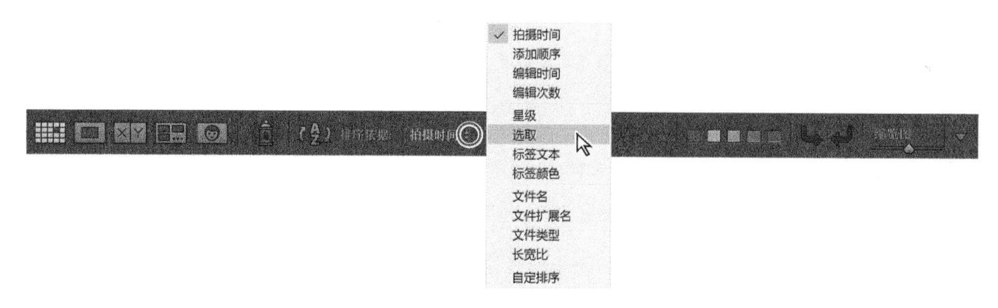

图 3-49

此时,【网格视图】和胶片显示窗格中的照片缩览图发生了重排，先显示的是带有排除旗标的照片，然后是无旗标的照片，再然后则是带有白色留用旗标的照片。

❸ 单击【排序方向】按钮，把照片缩览图的排序方向由从 A 到 Z 变为从 Z 到 A。此时，带有白色留用旗标的照片显示在最前面，然后是无旗标的照片，再然后是带有排除旗标的照片。

把一组照片放入收藏夹并组织其中的照片时，你可以随意指定照片的排列顺序。这在制作作品展示(例如幻灯片、网上画廊)或者做印刷排版时非常有用，因为这个过程中用到的照片会按照它们的排列顺序被放入模板中。

❹ 展开【收藏夹】面板，单击前面创建的 Mist 收藏夹，如图 3-50 所示。然后在工具栏中，从【排序依据】菜单中

图 3-50

选择【拍摄时间】。

⑤ 在胶片显示窗格中，向右拖动第一张照片，当在第二张照片之后出现黑色插入条时，释放鼠标左键，如图 3-51 所示。

图 3-51

提示 在【网格视图】下，拖动照片缩览图，也可以更改收藏夹中照片的排列顺序。

此时，在胶片显示窗格和【网格视图】中，第一张照片都移动到了新位置上。同时，工具栏中的【排序依据】变为【自定排序】，Lightroom Classic 会把刚才的手动排序保存下来，并以【自定排序】的形式显示在【排序依据】菜单中，如图 3-52 所示。

图 3-52

⑥ 从【排序依据】菜单中选择【文件名】，然后再选择【自定排序】，返回到手动排序，如图 3-53 所示。

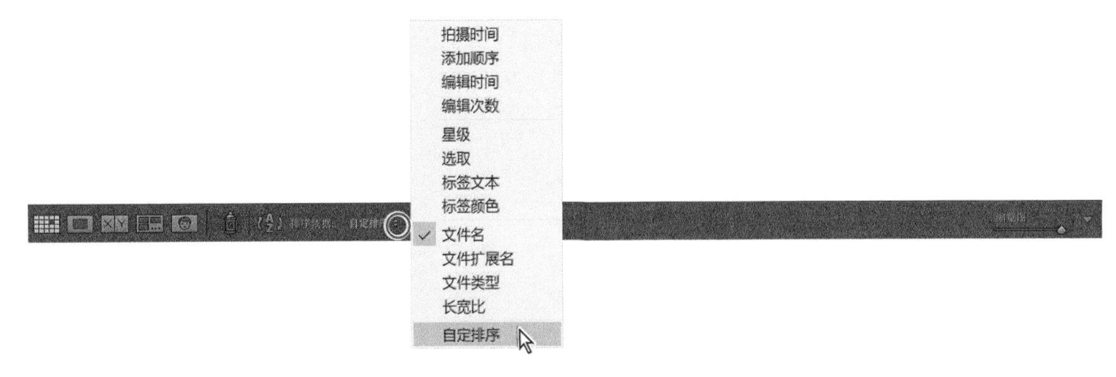

图 3-53

3.14 使用第二台显示器

在【文件夹】面板中单击 lesson03 文件夹，显示其中所有照片。如果你的计算机上连接着第二台显示器，你可以在第二台显示器上使用一个不同的视图（副视图）显示照片，这个视图独立于主显示器上当前激活的模块和视图模式（主视图）。你既可以选择让副视图显示在自己的窗口（该窗口大小、位置可调）中，也可以选择让它填满你的第二台显示器。第二台显示器顶部有一排视图选取器，单击它们，可以在【网格视图】【放大视图】【比较视图】【筛选视图】【幻灯片放映视图】这几个视图之间切换，如图 3-54 所示。

图 3-54

如果你的计算机上只连着一台显示器，那你可以在一个浮动窗口中打开辅助显示，而且你可以随时调整浮动窗口的尺寸和位置，如图 3-55 所示。

图 3-55

❶ 不管你的计算机上连着一台还是两台显示器，都请单击胶片显示窗格左上角的【副显示器】按钮（一个带数字 2 的显示器），打开一个独立窗口。

❷ 在副显示窗口的顶部面板中单击【网格】，或者按 Shift+G 组合键，如图 3-56 所示。

提示 你可以使用键盘快捷键更改副显示器中的视图：【网格视图】（快捷键为 Shift+G）、【放大视图】（快捷键为 Shift+E）、【比较视图】（快捷键为 Shift+C）、【筛选视图】（快捷键为 Shift+N）、【幻灯片放映视图】（快捷键为 Ctrl+Shift+Alt+Enter）。若副窗口未打开，你可以使用这些键盘快捷键在指定的视图模式下快速打开它。

❸ 拖动副显示窗口右下角的【缩览图】滑块，可以调整照片缩览图的大小。拖动窗口右侧的滚动条，可以上下滚动【网格视图】，如图 3-57 所示。

图 3-56

图 3-57

尽管主显示窗口与副显示窗口可显示放大尺寸不同的照片，但是副显示窗口中的【网格视图】与主显示窗口中的【网格视图】、胶片显示窗格中显示的照片是完全一样的。

副显示窗口左下角有源指示器和菜单，它们与胶片显示窗格中的源指示器和菜单一样。与主显示窗口一样，副显示窗口中的顶部面板和底部面板也是可以显示或隐藏的。

❹ 在副显示窗口中的【网格视图】下，单击任意一张照片缩览图，然后在顶部面板左侧的视图选取器中单击【放大】。检查顶部面板右侧的模式选取器，确保当前处在【正常】模式下，如图 3-58 所示。

图 3-58

当副显示窗口处在正常模式下时，【放大视图】中显示的是主显示窗口中【网格视图】和胶片显示窗格下当前选中的照片。

注意 如果你的辅助显示（副显示）是在一个窗口而非第二台显示器中打开的，你可能需要在主显示窗口内或标题栏上单击，才能改变键盘输入的焦点。

⑤ 按键盘上的左右方向键，选择一组照片中的前一张或后一张照片，新选择的照片成为当前活动照片，副显示窗口中显示的照片随之更新。

⑥ 在副显示窗口顶部面板右端的模式选取器中单击【互动】。

在【互动】模式下，在主显示窗口中，无论是在【网格视图】中，还是在胶片显示窗格中，还是在【放大视图】【比较视图】【筛选视图】下，鼠标指针指到哪张照片，副显示窗口中就显示哪张照片，如图 3-59 所示。

图 3-59

副显示窗口的右下角有几个缩放级别设置控件，使用这些控件，你可以为副显示窗口中的照片指定不同的缩放显示级别。

⑦ 在胶片显示窗格中选择一张照片，然后进入副显示窗口，在顶部面板右端的模式选取器中单击【锁定】。此时，不管主显示窗口中显示什么照片，只要不选【正常】或【互动】模式，副显示窗口中显示的照片就会一直保持不变。

⑧ 使用副显示窗口右下角的缩放级别控件，可以为副显示窗口中的照片指定不同的缩放显示级别。这些控件有【适合 / 填充】、【100%】、缩放百分比菜单。

⑨ 在副显示窗口中把照片放大后，拖动照片，调整其在副显示窗口中的位置。然后单击照片，返回到之前的缩放级别下。

⑩（可选）使用鼠标右键单击照片，从弹出菜单中选择一种背景颜色。这些设置会应用到副显示窗口中，而且与主显示窗口中的设置无关。

⑪ 在副显示窗口顶部面板左侧的视图选取器中选择【比较】。此时，主显示窗口的【网格视图】

或胶片显示窗格中当前选中的照片及其下一张照片就会变成当选照片和候选照片，但你可以选择两张或两张以上照片替换它们。

⑫ 与主显示窗口一样，【比较视图】左侧窗格中的照片是当选照片，右侧窗格中的照片是候选照片。变更候选照片时，先单击候选照片窗格，然后单击【选择上一张照片】和【选择下一张照片】按钮。若同时选择了两张以上的照片，则只有被选中的照片才被视为候选照片。单击副显示窗口右下角的【互换】按钮，可以把当选照片与当前候选照片互换，如图 3-60 所示。

图 3-60

⑬ 在主显示窗口中选择 3 张以上照片，然后在副显示窗口的顶部面板中单击【筛选】。使用【筛选视图】，可同时比较两张以上照片。把鼠标指针移动到希望移除的照片上，单击照片右下角的叉号按钮（取消选择照片），可把相应照片从【筛选视图】中移除，如图 3-61 所示。

图 3-61

⑭ 从菜单栏中依次选择【窗口】>【副显示窗口】>【显示】，取消其选择，或者单击胶片显示窗格左上角的【副显示器】按钮，关闭副显示窗口。

3.15 复习题

1. 请说出【图库】模块中的 4 种视图，并指出如何使用它们。
2. 什么是导航器？
3. 如何使用【快捷收藏夹】?
4. 什么是目标收藏夹?

3.16 答案

1. 按 G 键，或者单击工具栏中的【网格视图】按钮，可在预览区域中以缩览图的形式浏览你的照片，同时可以搜索照片，向照片添加旗标、星级、色标，以及创建收藏夹；按 E 键，或者单击工具栏中的【放大视图】按钮，可以在一定放大范围内查看单张照片；按 C 键，或者单击工具栏中的【比较视图】按钮，可以并排查看两张照片；按 N 键，或者单击工具栏中的【筛选视图】按钮，可以同时评估多张照片，或者对照片进行精选。
2. 导航器是一个交互式的全图预览工具，可以帮助你在一张放大后的照片画面（即【放大视图】下）内轻松移动，以查看照片画面的不同区域。在导航器预览图中单击或拖动，照片就会在预览区域中移动。导航器预览图上有一个白色矩形框，矩形框之内的部分就是当前照片在预览区域中显示出来的部分。【导航器】面板中还有一些用来调整照片缩放级别（放大视图）的控件。在【放大视图】下单击照片，可以在【导航器】面板中最后两个缩放级别之间进行切换。
3. 选择一张或多张照片，然后按 B 键，或者从菜单栏中依次选择【照片】>【添加到目标收藏夹】，即可把所选照片添加到【快捷收藏夹】中。【快捷收藏夹】是一个临时存放照片的区域，你可以不断往【快捷收藏夹】中添加照片，也可以从中移除一些照片，最后你可以把【快捷收藏夹】中的照片保存到一个永久的收藏夹中。你可以在【目录】面板中找到【快捷收藏夹】。
4. 当选择一张照片，然后按 B 键，或者单击照片缩览图右上角的圆圈按钮时，Lightroom Classic 就会把所选照片添加到目标收藏夹中。默认设置下，【快捷收藏夹】（位于【目录】面板中）就是目标收藏夹，因此你可以在快捷收藏夹名称后面看见一个加号按钮（+）。你可以把自己创建的一个收藏夹指定为目标收藏夹，这样你就可以把照片快速地添加到其中或者从中移除了。

摄影师
艾伦·夏皮罗（ALAN SHAPIRO）

“对我来说，每张照片都是一次祈祷。”

对我来说，每张照片都是一次祈祷。每张照片都是不同的、独特的、真诚的、重要的，里面记录了周围一些让人感激的事、一些值得庆祝的事、一些应该纠正的事和一些令人遗憾的事。

每张照片都是一次祈祷，照片中承载了很多事：一些需要反思的事、一些需要和人分享的事、一些需要传承或流传的事和一些让人备受鼓舞或感到渺小的事。

对我来说，每张照片都是一种认可、一种提示、一次呼吁、一次感恩。照片是一种能够让人与巨大、宏伟的事物产生情感联系的媒介，能够给人以安宁、敬畏、鼓舞和深深的感动。

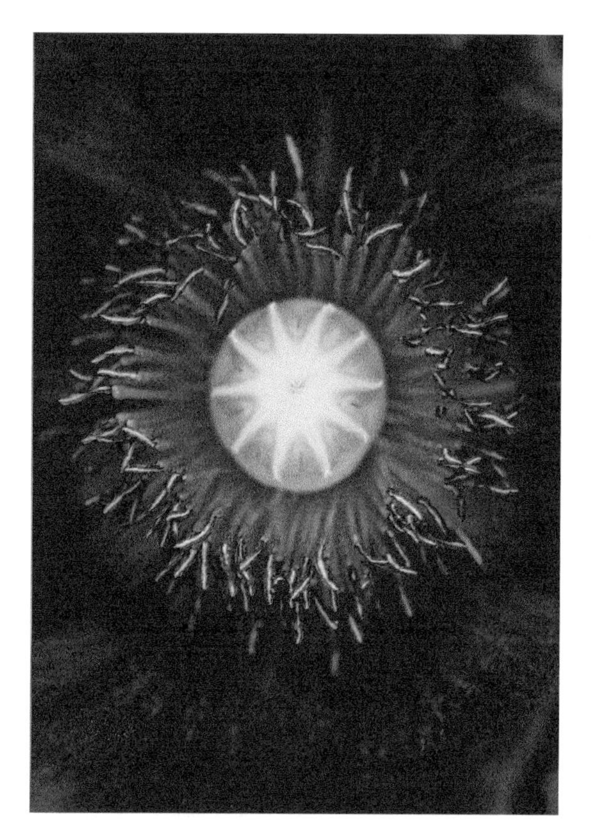

第 4 课

管理照片库

课程概览

随着照片数量的增长，组织照片变得越来越重要，照片组织得好，查找效率就高。Lightroom Classic 为我们提供了大量组织照片的工具，不论是在单击【导入】按钮之前，还是在把照片导入目录之后，你都可以使用这些工具来好好地组织照片。在【图库】模块下，你可以管理文件夹和文件，添加关键字、旗标、星级、色标，然后把照片放入相应收藏夹中，同时又不必在意它们具体保存在什么位置。本课主要讲解以下内容。

- 使用文件夹结构、认识与使用收藏夹。
- 使用关键字、旗标、星级、色标。
- 在【人物视图】下标记面部、在【地图】模块下通过位置组织照片。
- 编辑元数据、使用【喷涂】工具加快工作流程。
- 查找与过滤照片。

学习本课需要 1~2 小时

Lightroom Classic 提供了强大的多功能工具，帮你组织照片库。它使用人物标签、关键字、旗标、色标、星级、GPS 位置数据对照片进行分类，然后通过某种关联关系把它们放入虚拟收藏夹中。在 Lightroom Classic 中，我们可以把不同条件轻松地进行组合以创建出高效、复杂的搜索，从而迅速找到需要的照片。

4.1 学前准备

学习本课之前，请确保你已经为课程文件创建了 LRClassicCIB 文件夹，并创建了 LRClassicCIB 目录文件来管理它们，具体做法请阅读本书前言中的相关内容。

下载 lesson04 和 lesson04_GPS 两个文件夹，将其放入 LRClassicCIB\Lessons 文件夹中。

❶ 启动 Lightroom Classic。

❷ 在【Adobe Photoshop Lightroom Classic- 选择目录】对话框中，在【选择打开一个最近使用的目录】列表中选择 LRClassicCIB Catalog.lrcat，单击【打开】按钮，如图 4-1 所示。

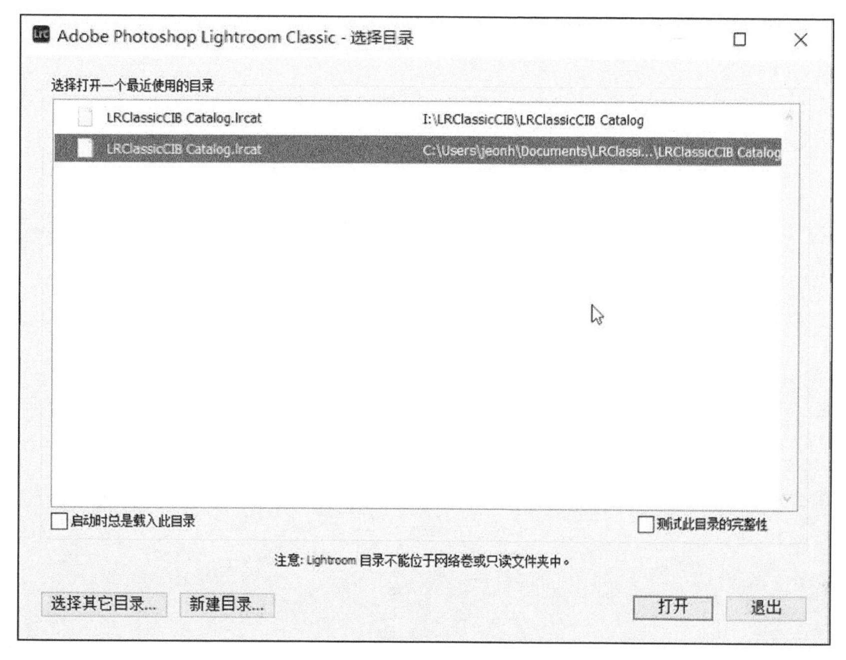

图 4-1

❸ Lightroom Classic 在正常屏幕模式中打开，当前打开的模块是上一次退出时的模块。在软件界面右上角的模块选取器中单击【图库】，进入【图库】模块，如图 4-2 所示。

图 4-2

4.2 把照片导入图库

开始学习之前，我们首先把本课用到的照片导入 Lightroom Classic 的目录中。

❶ 在【图库】模块下，单击左下角的【导入】按钮，如图 4-3 所示，打开【导入】对话框。

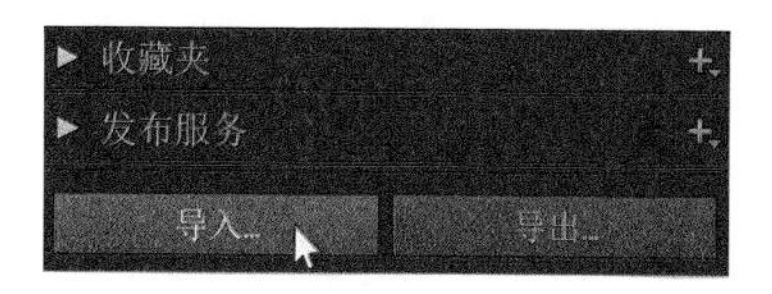

图 4-3

❷ 若【导入】对话框当前处在紧凑模式下，请单击对话框左下角的【显示更多选项】按钮（向下三角形），使【导入】对话框进入扩展模式，里面列出了所有可用选项，如图 4-4 所示。

图 4-4

❸ 在左侧【源】面板中，找到并选择 LRClassicCIB\Lessons\lesson04 文件夹，勾选右上角的【包含子文件夹】。此时，Lightroom Classic 选择 lesson04 文件夹中的 38 张照片，准备导入它们。

❹ 在预览区域上方的导入选项中选择【添加】，Lightroom Classic 会把导入的照片添加到目录中，但不会移动或复制原始照片。在右侧的【文件处理】面板中，从【构建预览】菜单中选择【最小】，勾选【不导入可能重复的照片】。在【在导入时应用】面板中，分别从【修改照片设置】和【元数据】菜单中选择【无】。在【关键字】文本框中输入“Lesson 04，Collections”，如图 4-5 所示，检查你的设置是否无误，然后单击【导入】按钮。

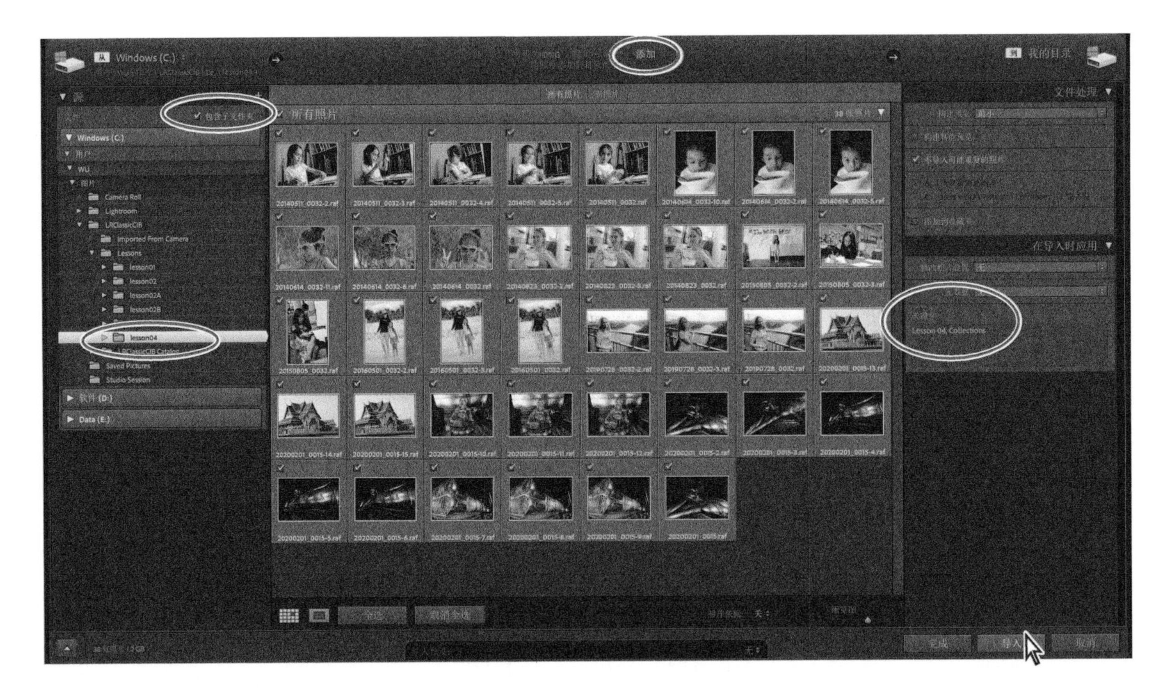

图 4-5

当 Lightroom Classic 从 lesson04 文件夹中把 38 张照片导入后，就可以在【图库】模块下的【网格视图】和工作区底部的胶片显示窗格中看到它们了。

4.3 文件夹与收藏夹

每次导入一张照片，Lightroom Classic 就会在目录文件中新建一个条目，记录照片文件在硬盘上的地址。这个地址包括存放照片的文件夹以及文件夹所在的硬盘卷，你可以在左侧面板组的【文件夹】面板中找到。

为了应对日益增长的照片数量，我们需要把照片保存到文件夹中，并且让这些文件夹拥有某种组织结构。但是，文件夹不是一种组织信息的高效方式，尤其是用来组织照片时，效率就更低下了，因为从一大堆地方中找到某一张照片并不是一件容易的事。在这种情况下，我们可以使用收藏夹来高效地组织照片。

提示 从菜单栏中依次选择【图库】>【同步文件夹】，在打开的【同步文件夹】对话框中勾选【导入新照片】。此时，Lightroom Classic 会自动导入那些已经添加到文件夹但尚未添加到图库中的照片。勾选【导入前显示导入对话框】，选择希望导入的新照片文件。勾选【扫描元数据更新】，检查元数据在其他应用程序中发生修改了的照片文件。

文件夹用于保存而非组织照片

举个简单的例子，图 4-6 是我女儿（Sbine）最棒的照片之一。在不同时间和情境下，我想把它拿给不同的人看，我该怎么做？我可以为每个美好的瞬间创建一个相册（文件夹），然后把 Sbine 的照片分别放入这些文件夹中。

图 4-6

现在这张照片同时存在于 5 个文件夹中，如图 4-7 所示。所以，如果这张照片有 10MB 大小，那它总共就占用了 50 MB 硬盘空间。我之所以把它放入 5 个不同的文件夹中，只是为了能够在不同情况下都能轻松地找到它。但是，从硬盘的使用量来看，这么做显然是在浪费硬盘空间。

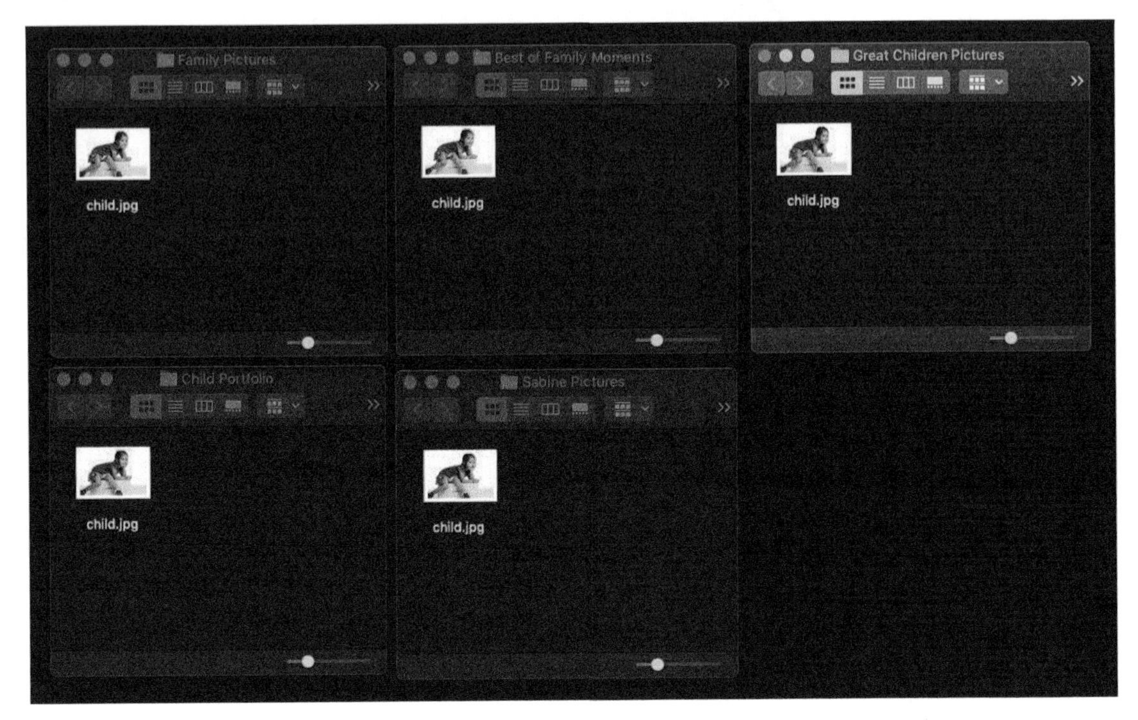

图 4-7

如果我想修改一下这张照片，会发生什么？首先，我必须记住这张照片都在哪些地方，然后分别去这些地方重复修改照片。这么做太没效率了。为此，Lightroom Classic 专门为我们提供了收藏夹这个工具。

4.4 使用收藏夹组织照片

收藏夹是一个虚拟文件夹，用来把多个物理文件夹中的照片组织在一起，这些文件夹可以在硬盘上、可移动存储设备上，或者网络存储设备上。在 Lightroom Classic 中，你可以把一张照片放入多个收藏夹中，这样做不会增加空间占用量，而且能够让你灵活地组织所有照片。回到前面的例子，在 Lightroom Classic 中，我们可以创建 5 个收藏夹，分别对应不同的情况，然后把这张照片放入这些收藏夹中，但放入其中的其实并不是真正的物理文件，而是对物理文件的引用。

提示 如果你是 Apple iTunes 用户，可以把收藏夹看成照片的“播放列表”。你可以把同一张照片放入不同的“播放列表”之中。

收藏夹是在 Lightroom Classic 中做一切工作的基础，掌握使用收藏夹组织照片的方法会使使用 Lightroom Classic 变得更简单、轻松。

Lightroom Classic 中有以下几类收藏夹：快捷收藏夹、收藏夹、收藏夹集、智能收藏夹。

注意 你可以在本书附赠内容中学习到更多有关发布收藏夹的知识。关于如何得到这些文件，请阅读本书前言中的相关内容。

任何一个收藏夹都可以作为输出收藏夹使用。当你保存排版版面、相册或网上画廊等创意项目时，Lightroom Classic 会自动创建一个输出收藏夹，用来把用到的照片与指定的项目模板和你的个人设置链接在一起。

任何一个收藏夹也可以同时是一个发布收藏夹，它会自动记录你通过在线服务分享出去的照片，以及通过 Adobe Creative Cloud 同步到移动设备 Lightroom Classic 中的照片。

下面我们将逐一学习上面 4 种收藏夹，掌握它们的用法，然后尽快把它们应用到个人工作中。

提示 在【图库视图选项】对话框中勾选【缩览图徽章】，打开一个收藏夹，其中每张照片缩览图的右下角都会显示出其所在收藏夹的按钮，如图 4-8 所示。

图 4-8

单击收藏夹图标，弹出菜单中列出了那些收录了该照片的收藏夹。从收藏夹列表中选择某个收藏夹，可以切换到那个收藏夹。

4.4.1 快捷收藏夹

快捷收藏夹是一个用于临时存放照片的收藏夹，你可以把来自不同文件夹的照片收集起来放入其中。你可以在【目录】面板下找到【快捷收藏夹】，无论何时，你都可以通过它轻松地打开同一组照片进行处理。在把照片放入【快捷收藏夹】之后，只要你没有主动把照片转移到一个持久的收藏夹（位于【收藏夹】面板中），这些照片就会一直待在【快捷收藏夹】中。

你可以根据需要创建任意多个收藏夹和智能收藏夹，但是【快捷收藏夹】只有一个。若当前【快捷收藏夹】中已经有了一组照片，而你想用它存放一组新照片，此时需要先清空【快捷收藏夹】中原有的那组照片，或者把那组照片转移到其他收藏夹中，然后再把一组新照片放入其中。

有关使用【快捷收藏夹】的内容已经在第 3 课中讲过了，这里不再赘述。接下来，我们讲 Lightroom Classic 中两个最常用的工具——收藏夹和收藏夹集。

4.4.2 创建收藏夹

细心一些，你会发现 lesson04 文件夹中的照片并不是直接放在根目录下，而是放在某个子文件夹中。这是有意为之，目的在于模拟我们日常导入照片的情形。接下来，我们将使用收藏夹对这些照片做些整理。

❶ 在左侧【文件夹】面板中，单击 lesson04 文件夹中的 20140823_jenn_pho 子文件夹，Lightroom

Classic 会把其中的照片显示在预览区域中（【网格视图】模式）。在预览区域中，按 Command+A（macOS）或者 Ctrl+A（Windows）组合键，选择所有照片。

❷【收藏夹】面板的右上角有一个加号按钮（+），单击它，在弹出菜单中选择【创建收藏夹】，在打开的【创建收藏夹】对话框的【名称】文本框中输入“Jenn at Pholicious”，在【选项】区域中勾选【包括选定的照片】，然后单击【创建】按钮，如图 4-9 所示。

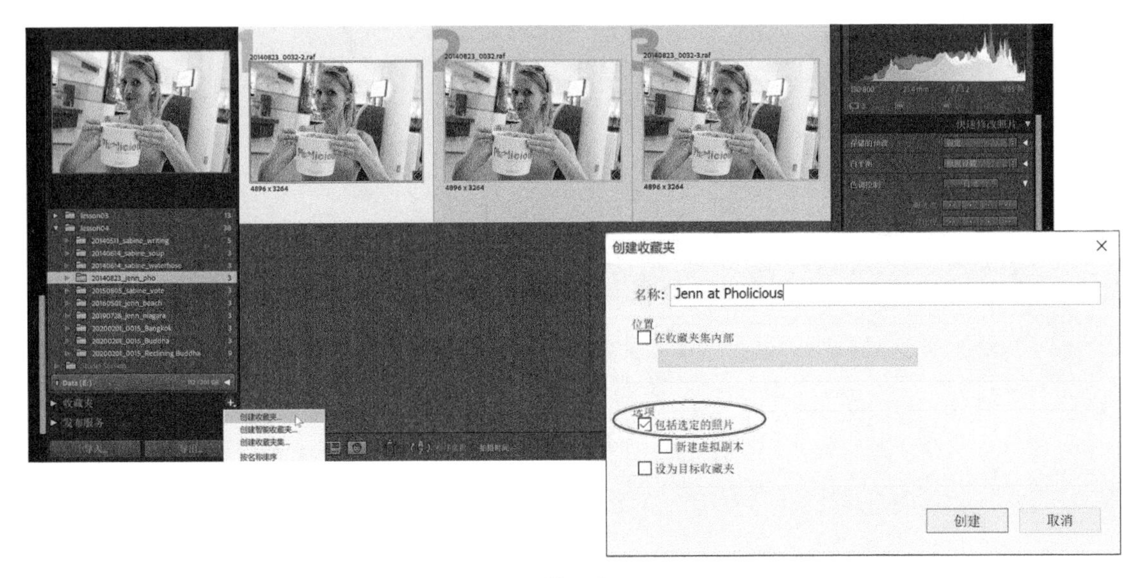

图 4-9

注意 在把一组照片放入某个收藏夹之后，你就可以在【网格视图】或胶片显示窗格中重新排列它们，改变它们在幻灯片演示和印刷排版中的顺序。Lightroom Classic 会记住这些照片在收藏夹中的排列顺序。

此时，Lightroom Classic 会新建一个名为 Jenn at Pholicious 的收藏夹，并把它显示在【收藏夹】面板中，其里面包含 3 张照片，如图 4-10 所示。请注意，收藏夹中的照片并不是从原始照片复制过来的，更不是把原始照片移动到了这里，它们其实都是对原始照片的引用而已，真实的照片文件还在原来的保存位置下。

图 4-10

接下来，我们继续了解一下收藏夹还有哪些强大的地方。

❸ 再分别创建 Summer Portfolio、Happy Jenn 两个文件夹，然后把照片 20140823_00322.raf 放入这两个收藏夹之中，如图 4-11 所示。

目前，我们有了 3 个不同的收藏夹：Summer Portfolio、Happy Jenn、Jenn at Pholicious。每个收藏夹中存放的都是我妻子（Jenn）的照片，但其实这些照片都只是对原始照片文件的引用而已。

图 4-11

❹ 在【收藏夹】面板中单击 Happy Jenn 收藏夹，选中其中的照片。

❺ 在右侧的【快速修改照片】面板中找到【曝光度】选项，单击两次右箭头，把照片提亮，如图 4-12 所示。

在【收藏夹】面板中，单击每个收藏夹（Summer Portfolio、Happy Jenn、Jenn at Pholicious），你会发现 3 个收藏夹中的同一张照片都被自动提亮了，如图 4-13 所示。因为这 3 个收藏夹中的同一张照片引用了同一张原始照片，所以在其中一个收藏夹中调整照片，其他收藏夹中的同张照片会同步发生改变。

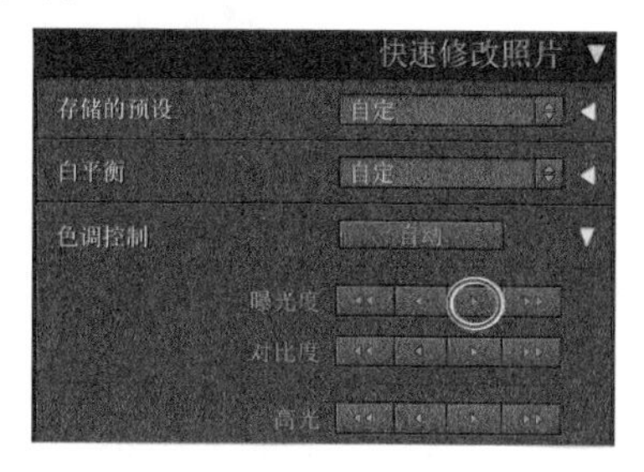

图 4-12

图 4-13

智能化的文件管理、更小的文件尺寸、即时版本控制是收藏夹的三大优点，也是人们喜欢使用它的原因。

4.4.3 从所选文件夹创建收藏夹

虽然使用收藏夹来组织导入的照片很方便，但是当需要用到多个收藏夹时，创建收藏夹本身就变成了一件麻烦的事。尤其是当用惯了文件夹之后，就特别想基于现有文件夹来创建收藏夹。这在 Lightroom Classic 中能不能办到呢？答案是能。

lesson04 文件夹中共有 10 个子文件夹，前面我们已经为其中的 20140823_jenn_pho 文件夹创建了一个收藏夹，接下来我们为其余的 9 个文件夹分别创建一个收藏夹。在【文件夹】面板中找到并展开 lesson04 文件夹，单击第一个文件夹，然后按住 Shift 键单击最后一个文件夹。释放 Shift 键，按住 Command 键（macOS）或 Ctrl 键（Windows），单击 20140823_jenn_pho 文件夹，将其排除在选择之外。单击鼠标右键，在弹出菜单中选择【从所选文件夹创建收藏夹】，如图 4-14 所示。

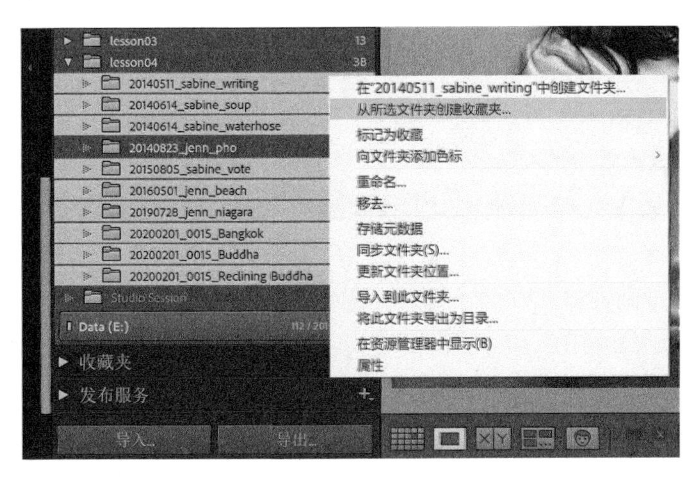

图 4-14

在【收藏夹】面板中，你可以看到 Lightroom Classic 基于所选文件夹创建了一系列收藏夹，每个收藏夹都对应着 lesson04 文件夹中的一个子文件夹，如图 4-15 所示。

图 4-15

4.4.4 自己动手新建收藏夹

下面再新建一个收藏夹，用来存放从多个文件夹中挑选的照片。

❶ 在【收藏夹】面板中单击右上角的加号按钮（+），从弹出菜单中选择【创建收藏夹】，在打开的【创建收藏夹】对话框的【名称】文本框中输入“Lightroom Book Highlights”，取消勾选【包括选定的照片】，单击【创建】按钮。

❷ 在【目录】面板中单击【所有照片】，查看导入的所有照片。若有必要，你可以把缩览图缩小一些，以便能够同时看到所有照片。

❸ 按住 Command 键（macOS）或 Ctrl 键（Windows），从中选择 7 张照片，然后把它们拖入 Lightroom Book Highlights 收藏夹中，如图 4-16 所示。请注意，选择照片时，要确保所选照片来自第 1 课到第 4 课的每个课程文件夹。

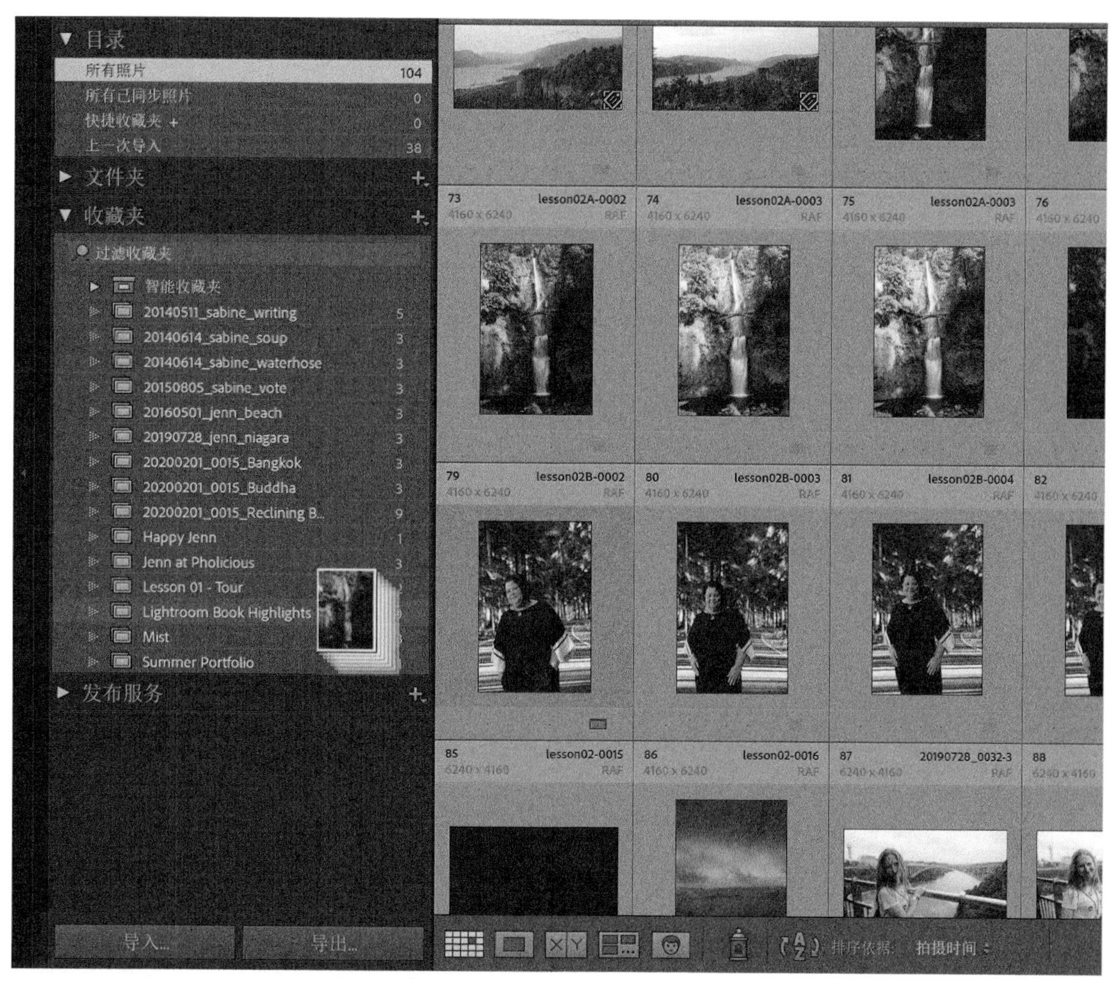

图 4-16

当前，Lightroom Book Highlights 收藏夹中的照片来自不同的文件夹，其实这些照片也只是对原始照片文件的引用，原始照片仍然保存在原来的文件夹中，如图 4-17 所示。随着照片不断增加，你会发现需要像数字相册一样组织收藏夹，才能在短时间内分享选择的照片。这时，就需要用到收藏夹集了。

图 4-17

4.4.5　使用收藏夹集

显而易见，随着添加的收藏夹越来越多，【收藏夹】面板中的列表必然会越来越长，如图 4-18 所示。如果工作中和生活中你都使用 Lightroom Classic 来管理照片，而且组织这两类照片的过程中都用到了大量收藏夹，那么你会发现，你很难在这些收藏夹之间进行滚动浏览，也不太容易搞清楚工作照片和家庭照片都在什么地方。

图 4-18

> **注意** 虽然从现有文件夹创建收藏夹非常有用，但我不喜欢让收藏夹名和文件夹名一模一样。当我创建收藏夹时，我通常会给它们取一个既通俗又具描述性的名称。所以，在基于现有文件夹创建好收藏夹之后，我一般都会给收藏夹重命名，给它们取一个于我更有意义的名字。

这种情况下，我们就需要进一步组织收藏夹，给它们分一分类了。此时，收藏夹集就大有用武之地了。收藏夹集也是一个虚拟的文件夹，里面不仅能存放普通收藏夹，还能存放其他收藏夹集。

这里，我们以前面创建好的收藏夹为例。浏览这些收藏夹，我们可以发现它们有一些共同的特点。

例如，其中有些收藏夹存放着我妻子（Jenn）的照片，有些收藏夹存放着我女儿（Sabine）的照片。下面我们使用收藏夹集把这些收藏夹组织在一起。

❶ 单击【收藏夹】面板右上方的加号按钮（+），从弹出菜单中选择【创建收藏夹集】，打开【创建收藏夹集】对话框，如图 4-19 所示。

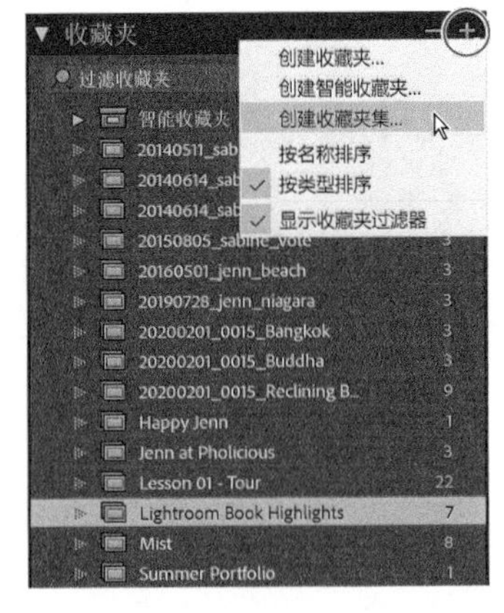

图 4-19

❷ 在【创建收藏夹集】对话框的【名称】文本框中输入“Jenn

Vacation Images”，取消勾选【在收藏夹集内部】，如图 4-20 所示。

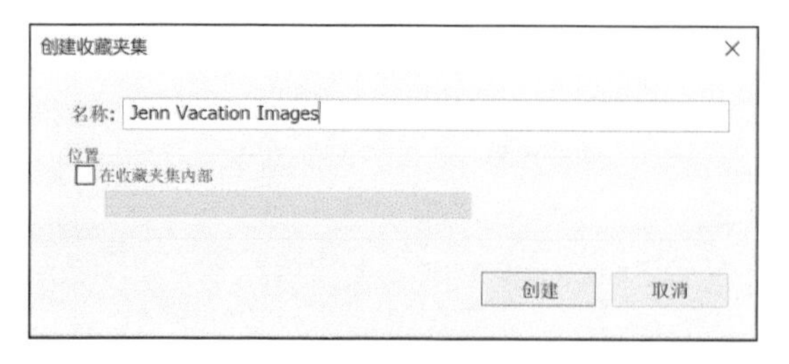

图 4-20

❸ 单击【创建】按钮，然后把 3 个包含 Jenn 照片的收藏夹（20160501_jenn_beach、20190728_jenn_niagara、Jenn at Pholicious）拖入 Jenn Vacation Images 收藏夹集中。

此时，我们就把 3 个收藏夹组织在了一起。在 Jenn Vacation Images 收藏夹集下，你可以看到其中包含的 3 个收藏夹。

❹ 再创建一个收藏夹集，将其【名称】设置为 Sabine Vacation Pictures，然后把所有包含 Sabine 照片的收藏夹（20140511_sabine_writing、20140614_sabine_soup、20140614_sabine_waterhose、20150805_sabine_vote）放入其中。最终收藏夹的组织结构如图 4-21 所示。

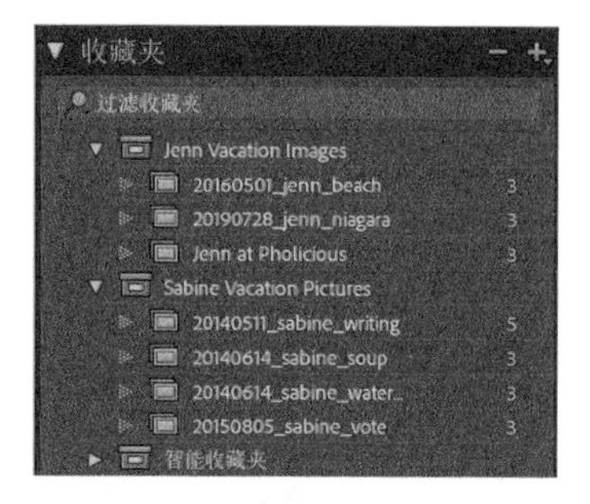

图 4-21

❺ 看看刚刚创建的两个收藏夹集，它们有什么共同点吗？有，它们存放的都是家人休假的照片。下面我们再创建一个收藏夹集，在【创建收藏夹集】对话框的【名称】文本框中输入“Family Vacation Pictures”。然后，把前面创建好的两个收藏夹集（Jenn Vacation Images、Sabine Vacation Pictures）拖入其中，如图 4-22 所示。

图 4-22

这就是 Lightroom Classic 拥有强大照片组织能力的体现之一。如果我想查看所有家人的度假照片，只要单击 Family Vacation Pictures 收藏夹集，所有照片就瞬间呈现在眼前，如图 4-23 所示。如果我只想查看 Jenn 的度假照片，只要单击 Jenn Vacation Images 收藏夹集，就能看到所有 Jenn 的照片。如果我想查看 Sabine 做手工的照片，只要单击相应的收藏夹即可。

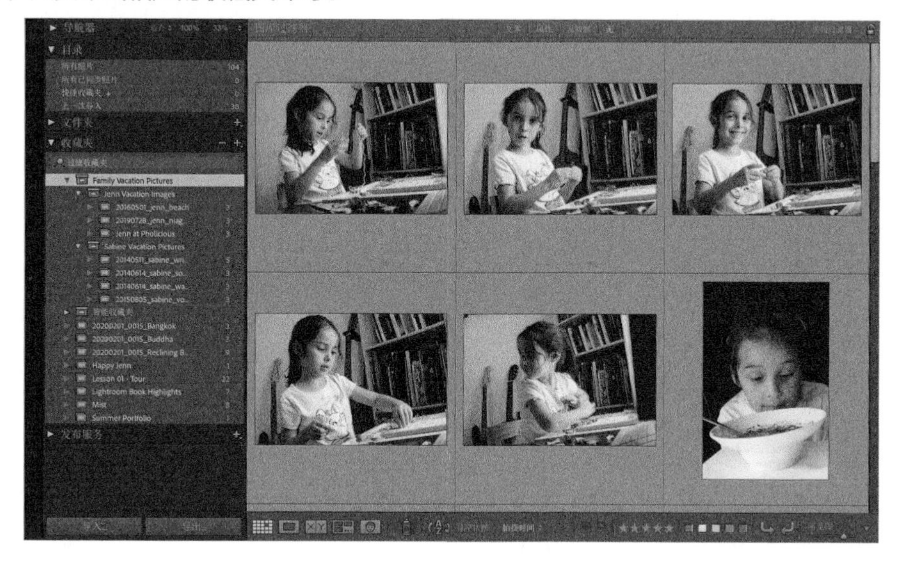

图 4-23

在图 4-24 中，我创建了一个名为 Tailand 的收藏夹集，把其他收藏夹（包含 lesson04 文件夹中的照片）放入其中。然后，我又创建了一个名为 Work Images 的收藏夹集，把 Tailand 收藏夹集放入其中。请你自己动手尝试一下，看看你做得怎么样。

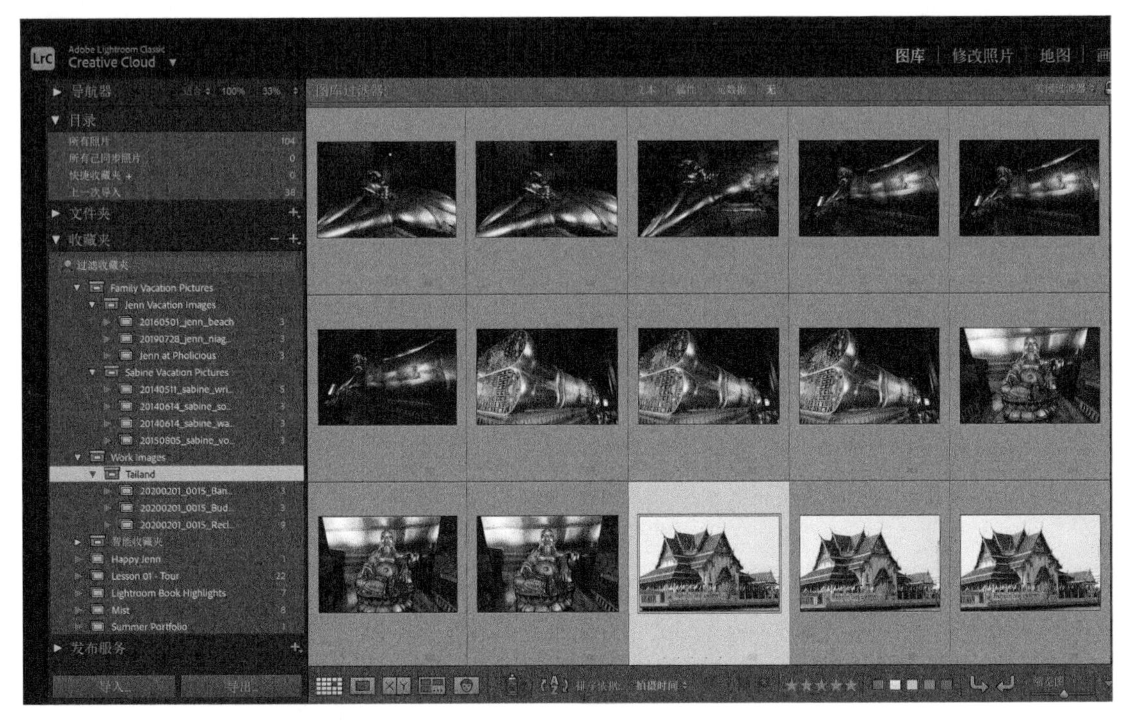

图 4-24

4.4.6 智能收藏夹

智能收藏夹会搜索照片的元数据，并把所有符合指定条件的照片收集在一起。当新导入的照片符合你为智能收藏夹设定的条件时，Lightroom Classic 就会自动把它们添加到智能收藏夹中。

从菜单栏中依次选择【图库】>【新建智能收藏夹】，在打开的【创建智能收藏夹】对话框中，根据添加的条件输入一个描述性名称。然后从规则菜单中选择一些规则，为智能收藏夹指定搜索条件，如图 4-25 所示。

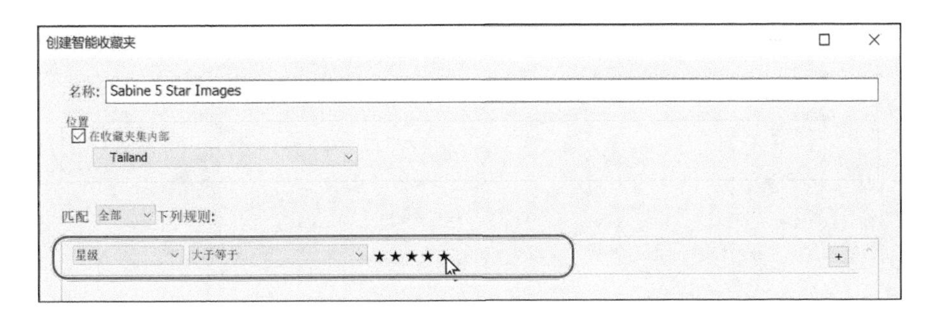

图 4-25

单击规则右侧的加号按钮（+），可添加更多搜索条件。按住 Option 键（macOS）或 Alt 键（Windows）单击加号按钮（+），可进一步调整规则。下面我再添加一条照片搜索规则，要求在任何可搜索的文本中包含 Thailand 这个单词；接着再添加一条照片搜索规则，要求照片带有【留用】旗标；然后再添加一条照片搜索规则，要求编辑日期在今年之内。最后，我又根据设置的搜索条件修改了智能收藏夹的名称，如图 4-26 所示。

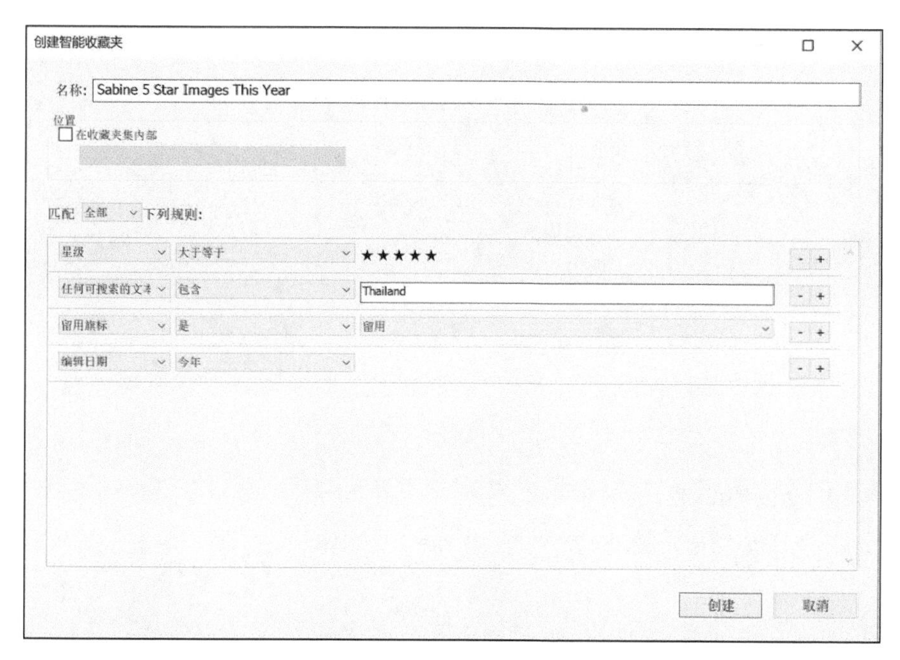

图 4-26

4.5 同步照片

借助 Lightroom Classic，我们可以轻松地在台式计算机与移动设备之间同步照片收藏夹，以便随时随地访问、组织、编辑、分享照片。不论 Lightroom Classic 是运行在台式计算机、iPad、iPone，还是 Android 设备上，在你对收藏夹中的照片做出修改之后，Lightroom Classic 会自动把这些更改同步更新到其他设备。

4.5.1 从 Lightroom Classic 同步照片

注意 本小节假定你已经使用 Adobe ID 登录到 Lightroom Classic。如果你尚未登录，请先从菜单栏中依次选择【帮助】>【登录】完成登录。

Lightroom Classic 只允许从一个目录进行同步。本书学习过程中，我们会一直用一个示例目录，现在我不建议你切换到个人目录同步照片。这里，我会切换到我的个人目录，为大家演示同步过程。请大家在学完本书全部内容之后，再切换到你自己的目录，进行同步照片和分享照片。

❶ 单击工作区右上角的云朵按钮，打开【云存储空间】面板，单击【开始同步】按钮，如图 4-27 所示。单击右侧齿轮按钮，可修改同步设置。

❷ 在【收藏夹】面板中，单击某个收藏夹名称左侧的空白复选框，将其同步到 Lightroom Classic，如图 4-28 所示。若弹出共享同步收藏夹提示信息，请暂时忽略它。

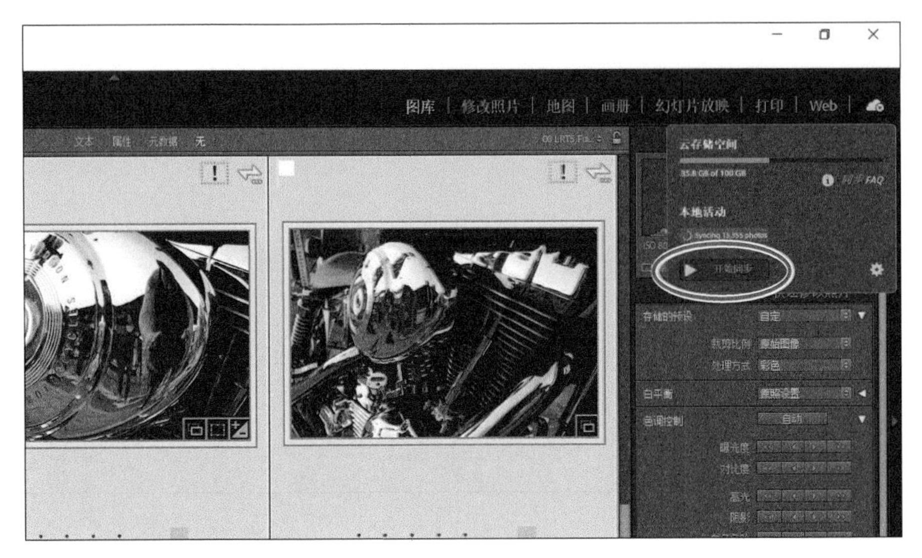

图 4-27

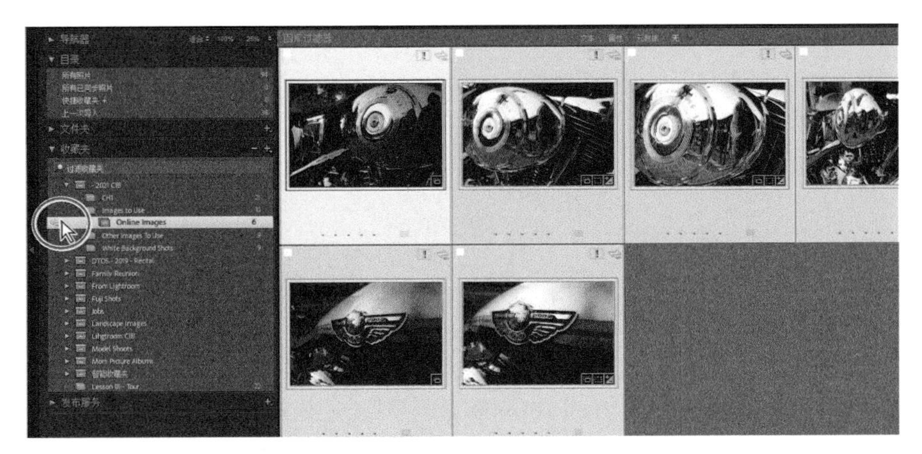

图 4-28

当工作区右上角出现【公有】按钮时，就表示你的收藏夹已经同步到云端了，如图 4-29 所示。

默认设置下，你的线上收藏夹是私有的。单击【公有】按钮，Lightroom Classic 就会把它换成【私有】，如图 4-30 所示，并且生成一个 URL，你可以单击这个 URL 访问你的线上收藏夹，也可以把这个 URL 复制给其他人，让他们访问你的线上收藏夹。

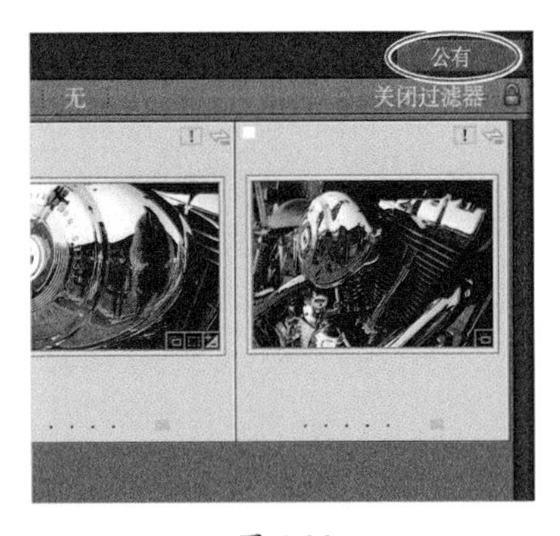

图 4-29

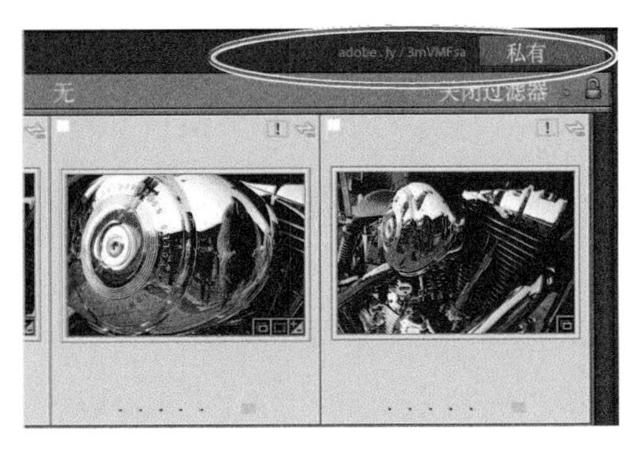

图 4-30

在把 Lightroom Classic 生成的 URL 发送给其他人之后，他们就可以浏览、点赞、评论你的收藏夹中的照片了，如图 4-31 所示。此外，Lightroom Classic 还在移动 App 与浏览器中提供了一些选项，供你管理线上收藏夹。

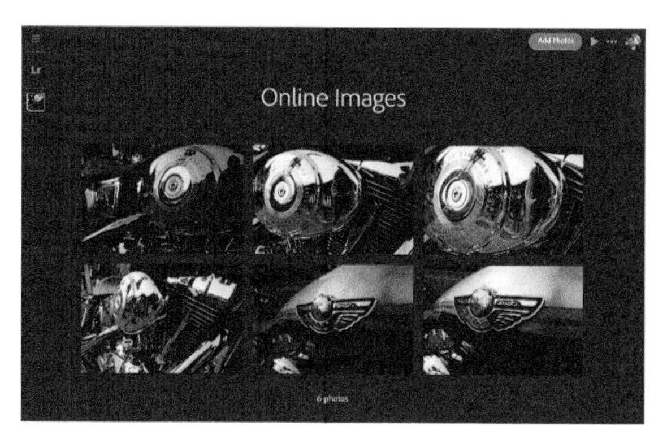

图 4-31

4.5.2 在移动设备中浏览云端照片

❶ 在移动设备上点击 Lightroom App 按钮，然后使用 Adobe ID、Facebook 或 Google 账号登录 Lightroom Classic 移动版。

登录成功后，首先看到的是【相册】，里面列出了你从台式计算机同步过来的收藏夹，以及你在 Lightroom Classic 移动版中创建的东西，其中也有一些内置的视图供你选用，如图 4-32 所示。第一个是【全部照片】视图，在这个视图下，你可以浏览所有同步过来的照片、所有照相机拍摄的照片，以及所有导入 Lightroom Classic 中的照片。此外还有几个视图，分别用来显示在 Lightroom Classic 中拍摄的照片、最近添加的照片、最近编辑过的照片，以及有人物面孔的照片。

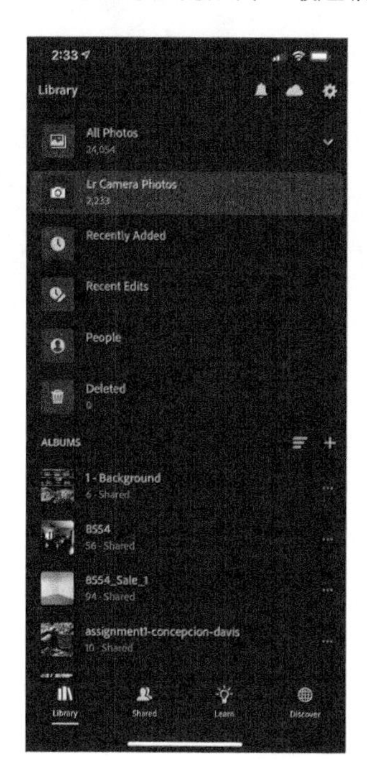

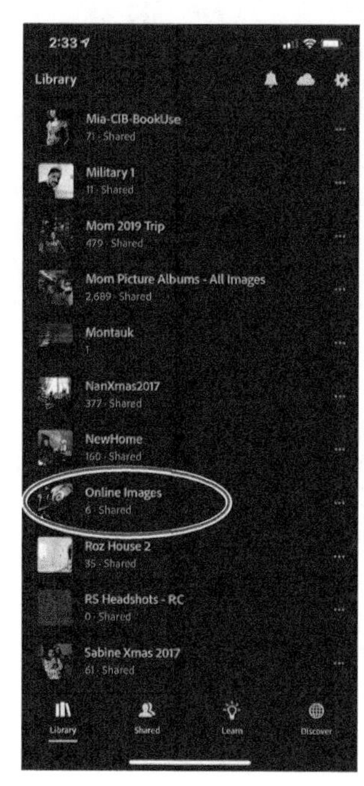

图 4-32

向下滚动，找到完成在线同步的相册，点击查看。

② 对于 Lightroom Classic 移动版，我最喜欢的一个功能是可以对线上收藏夹中的照片做一些编辑工作。点击同步收藏夹中的一张照片，在照片底部（竖屏）或右侧（横屏）会显示一组组编辑工具，如图 4-33 所示。

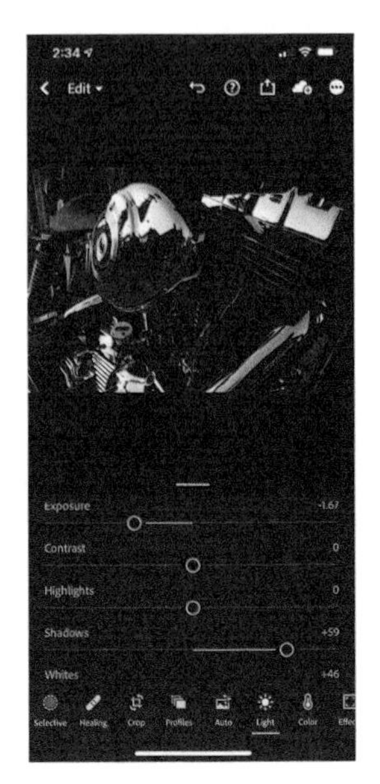

图 4-33

下一课讲【修改照片】模块时，我们会介绍大量编辑工具的用法，其实这些编辑工具在 Lightroom Classic 移动版中也有，用法也一样。你可以轻松地导入、同步照片，然后使用编辑工具在几秒内编辑好照片。

当你在 Lightroom Classic 移动版中修改了照片之后，Lightroom Classic 会自动把这些修改同步到台式计算机的 Lightroom Classic 中（该操作要求你的台式计算机联网），如图 4-34 所示。这样有助于进行编辑协同工作。

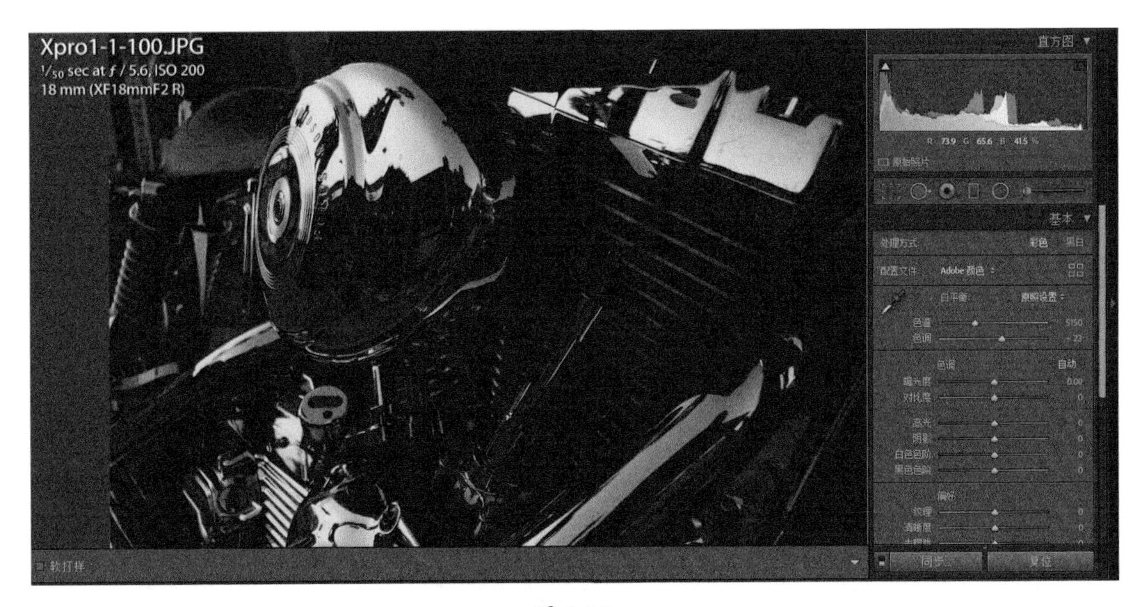

图 4-34

4.5.3 使用 Lightroom 网页版

如果无法使用 Lightroom Classic 移动版，如果你的设备可以正常联网，那么可以打开网页浏览器，使用 Lightroom Classic 网页版。在 Lightroom Classic 网页版中，你可以访问所有线上收藏夹，不只能够浏览照片，还能干更多事情，如图 4-35 所示。

与移动版 Lightroom Classic 一样，网页版 Lightroom Classic 也提供了一系列控件，这些控件和 Lightroom Classic 中的那些控件类似。借助这些控件，你就可以轻松地在线编辑和分享你的照片了，如图 4-36 所示。

图 4-35

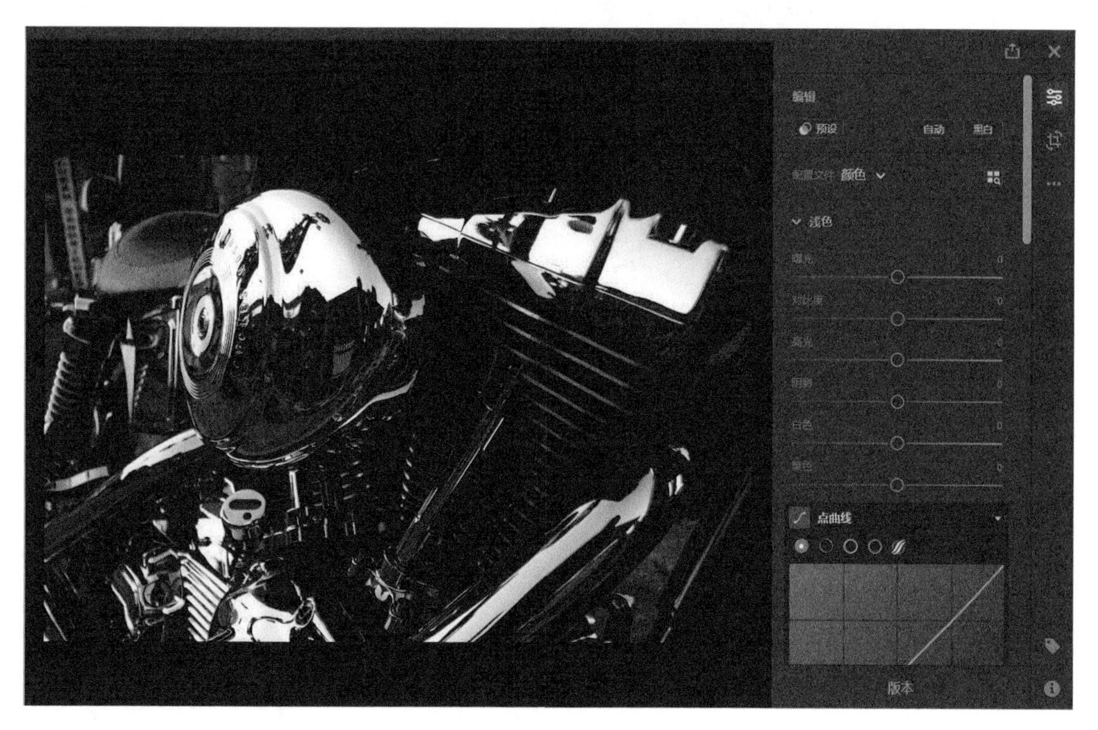

图 4-36

当你学完本书内容之后，我建议你打开网页版 Lightroom Classic，登录成功后，分享几个收藏夹。然后尝试用一下网页版 Lightroom Classic，你会惊奇地发现它是多么强大，你可以用它干很多事。

向收藏夹添加色标

在早期的 Lightroom Classic 中，我们可以向照片添加色标，这些色标会显示在【图库】模块的【网格视图】下。在 2019 年 8 月以后发布的 Lightroom Classic 中，我们还可以向收藏夹和收藏夹集添加色标，如图 4-37 所示。色标是一种很棒的视觉辅助工具，借助于色标，我们能更快地找到需要的收藏夹。

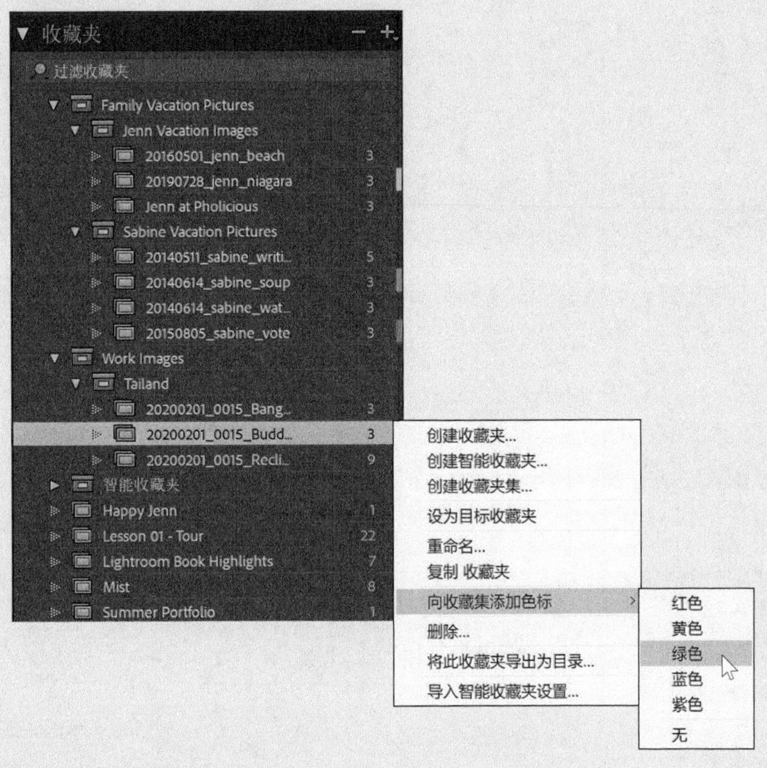

图 4-37

使用鼠标右键单击某个收藏夹或收藏夹集，从弹出菜单中选择【向收藏集添加色标】，即可为某个收藏夹或收藏夹集指定一种颜色，可供选择的颜色有红色、黄色、绿色、蓝色、紫色。当你选择了某种颜色之后，Lightroom Classic 就会把这种颜色显示在收藏夹名称的最右边。

当一些带有颜色标签的收藏夹嵌套在某个收藏夹集中时，你可以让 Lightroom Classic 按指定的颜色来筛选收藏夹。【收藏夹】面板顶部有一个搜索框，单击放大镜按钮，在弹出菜单的【色标】下选择一种颜色，即可按色标对收藏夹进行筛选，如图 4-38 所示。

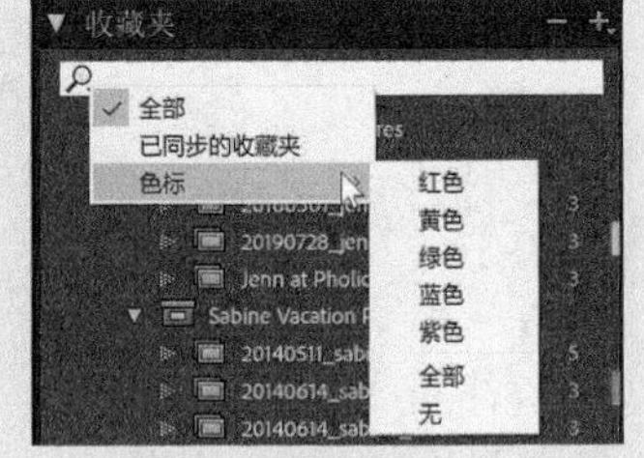

图 4-38

使用鼠标右键单击某个带有色标的收藏夹，在弹出菜单中，从【向收藏集添加色标】菜单中选择【无】，即可移除收藏夹上的色标。从菜单栏中依次选择【元数据】>【色标集】>【编辑】，在打开的【编辑色标集】对话框中单击【收藏夹】选项卡，然后更改色标名称，即可更改默认的色标名称，例如把【红色】更改为【进行中】，把【蓝色】更改为【最终照片】。

4.6 使用关键字标记

标记照片最便捷的方式就是给照片添加关键字，关键字是一种附着在照片上的文本元数据。我们可以通过关键字按照某个主题或某种关联把照片分类，这样可以加快照片的查找速度。

例如，导入图 4-39 中的照片时，我们为它添加 Buddha、Bangkok、Thailand 等关键字，然后在图库中查找这张照片时，我们就可以使用这些关键字中的一个或几个的组合快速找到它。当在【图库视图选项】对话框中勾选了【缩览图徽章】后，Lightroom Classic 就会在照片缩览图的右下角显示一个【照片上有关键字】按钮，以便把带关键字的照片和不带关键字的照片区分开，如图 4-39 所示。

在向照片添加关键字时，既可以逐张照片添加，也可以一次向多张照片同时添加某些通用的关键字，通过关键字在这些照片之间建立联系，这样我们可以从图库的大量照片中快速找到它们。在 Lightroom Classic 中，我们添加到照片上的关键字可以被其他 Adobe 应用程序（例如 Adobe Bridge、Photoshop、Photoshop Elements）以及其他支持 XMP 元数据的应用程序正常读取。

图 4-39

4.6.1 查看关键字

导入本课照片时，我们已经向照片上添加了一些关键字，因此【网格视图】和胶片显示窗格中的照片缩览图上都显示有关键字按钮。下面我们一起查看一下那些已经添加到照片上的关键字。

① 在【文件夹】面板中选择 lesson04 文件夹，进入【网格视图】。

② 在右侧面板组中展开【关键字】面板，然后展开位于面板顶部的【关键字标记】文本框。在【网格视图】下依次单击每张照片缩览图，你会发现 lesson04 文件夹中的所有照片都有两个共同的关键字——Collections、Lesson 04，如图 4-40 所示。

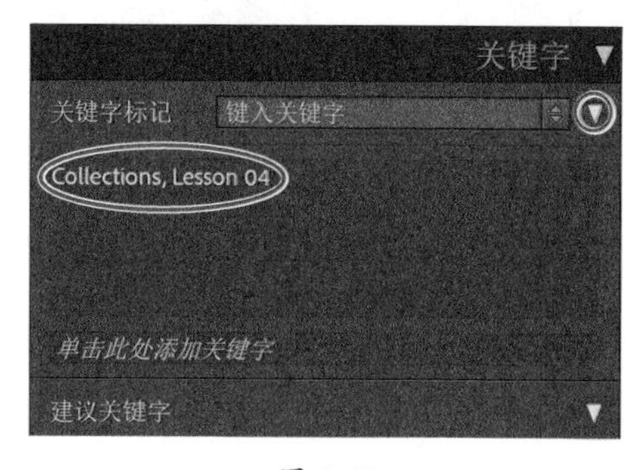

图 4-40

提示 在【网格视图】下单击某张照片缩览图右下角的关键字按钮，Lightroom Classic 会自动展开【关键字】面板。

③ 在 lesson04 文件夹中选择任意一张照片。在【关键字】面板顶部的【关键字标记】文本框中选择关键字 Lesson 04，然后按 Delete 键或 Backspace 键，将其删除。

④ 在【网格视图】中任意单击一个地方，然后从菜单栏中依次选择【编辑】>【全选】，或者按 Command+A（macOS）或 Ctrl+A（Windows）组合键，选择 lesson04 文件夹中的所有照片。在【关

键字标记】文本框中，关键字 Lesson 04 右上角出现一个星号，表示该关键字不再是所有照片共有的，如图 4-41 所示。

提示 在【关键字】面板中有一个【建议关键字】区域，单击其中的某个关键字，可以将其添加到所选照片上。要从某一张或多张选中的照片上删除一个关键字，既可以从【关键字】面板下的【关键字标记】文本框中删除它，也可以在【关键字列表】面板中勾选某个关键字左侧的复选框，以禁用它。

5 展开【关键字列表】面板。在关键字列表中，关键字 Collections 左侧有一个对钩，表示它是所有照片共有的关键字，而关键字 Lesson 04 左侧有一条短横线，表示在所选照片中只有部分照片有这个关键字。关键字 Collections 右侧有一个数字 38，这个数字表示本课照片中共有 38 张照片有这个关键字。关键字Lesson 04右侧的数字是37，表示在38张照片之中只有37张照片有这个关键字，如图4-42所示。

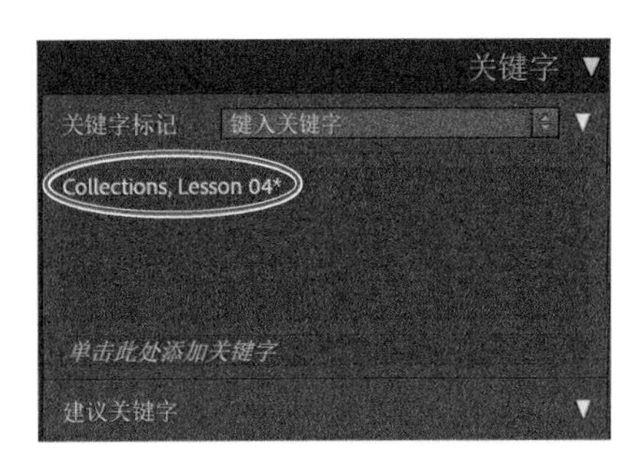

图 4-41

图 4-42

6 在所有 38 张照片仍处于选中的状态下，单击关键字 Lesson 04 左侧的短横线，此时短横线变成一个对钩，表示当前 38 张照片又都有了 Lesson 04 这个关键字。

4.6.2 添加关键字

前面我们学习了在把照片导入 Lightroom Classic 图库时如何向照片添加关键字。其实，在把照片导入 Lightroom Classic 图库之后，我们仍然可以使用【关键字】面板向照片添加更多关键字。

注意 添加多个关键字时，不同关键字之间要用逗号分隔。Lightroom Classic 会把使用空格或圆点分隔的多个关键字看作一个关键字，例如在 Lightroom Classic 看来，Copenhagen Denmark 是一个关键字，Copenhagen.Denmark 也是一个关键字。

1 在【收藏夹】面板中单击 20190728_jenn_niagara 收藏夹，然后从菜单栏中依次选择【编辑】>【全选】，或者按 Command+A（macOS）或 Ctrl+A（Windows）组合键，选择收藏夹中的所有照片。

2 在【关键字】面板中，在【关键字标记】区域底部单击【单击此处添加关键字】，输入“Niagara Falls，Photo”，如图 4-43 所示。请注意，关键字之间一定要用逗号分隔。

图 4-43

③ 输入完成后，按 Return 键（macOS）或 Enter 键（Windows）。此时，Lightroom Classic 会把新添加的关键字按照字母表顺序显示在【关键字】面板和【关键字列表】面板中，如图 4-44 所示。

图 4-44

④ 在【文件夹】面板中选择 lesson04 文件夹，然后从菜单栏中依次选择【编辑】>【反向选择】，排除掉刚刚添加了 3 个关键字的照片，选择其他所有照片。

⑤ 在【关键字】面板中单击【关键字标记】区域底部的文本框，输入“Holiday”，按 Return 键（macOS）或 Enter 键（Windows）。

⑥ 从菜单栏中依次选择【编辑】>【全部不选】，或者按 Command+D（macOS）或 Ctrl+D（Windows）组合键，取消选中所有照片。

⑦ 向 20200201_0015_Buddha 文件夹中的所有照片添加关键字 Wat Pho。

4.6.3 使用关键字集和嵌套关键字

关键字集是一组有特定用途的关键字。在 Lightroom Classic 中，你可以使用【关键字】面板中的【关键字集】区域来使用关键字集。你可以针对不同情况创建不同的关键字集，例如为某个特定项目创建一组关键字，为某个特殊情况创建一组关键字，为你的朋友、家人创建一组关键字等。Lightroom Classic 提供了 3 种基本的关键字集预设。如果合适，你可以原封不动地使用这些关键字集预设，也可以基于这些关键字集预设自己创建一套关键字集。

提示 在处理图库中的不同收藏夹时，关键字集为我们提供了一种快速获取所需关键字的简便方法。一个关键字可以出现在多个关键字集中。若【关键字集】菜单中不存在可用预设，请打开 Lightroom Classic 的【首选项】对话框，单击【预设】选项卡，在【Lightroom 默认设置】中单击【还原关键字集预设】。

① 在【关键字】面板中展开【关键字集】区域，然后从【关键字集】菜单中选择【婚礼摄影】。这组关键字对于组织婚礼照片非常有帮助。请自行查看其他关键字集预设中包含的关键字。你可以基于这些关键字集根据自身需要自己创建关键字集，并把创建好的关键字集保存成一个预设，供以后使用。

关键字集是一种组织关键字的方式，组织关键字时，你可以把关键字放入相应的关键字集中，对关键字进行分类整理。另一种组织关键字的方法是把相关关键字嵌套进一个关键字的层次结构中。

② 在【关键字列表】面板中单击 Niagara Falls 关键字，然后将其拖动到 Photo 关键字上。此时，

Lightroom Classic 会把 Niagara Falls 关键字（父关键字）放到 Photo 关键字（子关键字）之下，形成嵌套关系。

③ 在【关键字列表】面板中，把 lesson 01、lesson 02、lesson 03、lesson 04 这 4 个关键字拖动到 Collections 关键字上。此时，Collections 关键字下出现 4 个嵌套在其中的关键字，如图 4-45 所示。

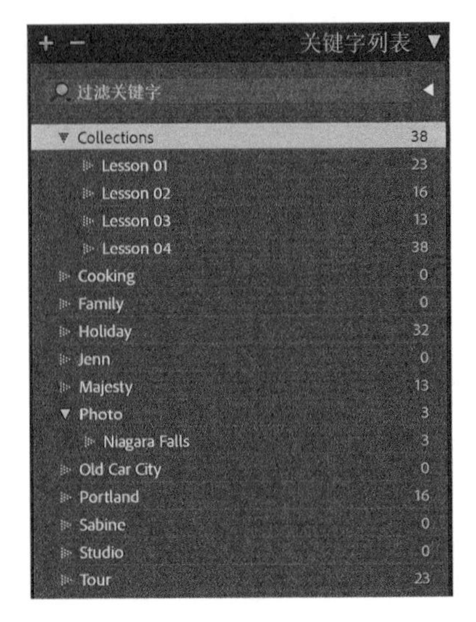

图 4-45

④ 我们要在 Old Car City 关键字（第 1 课中的某些照片有这个关键字）下创建一个 Rust 关键字。在【关键字列表】面板中单击 Old Car City 关键字，再单击面板左上角的加号按钮（+），如图 4-46 所示，打开【创建关键字标记】对话框。

图 4-46

⑤ 在【创建关键字标记】对话框中，在【关键字名称】文本框中输入“Rust”。在【关键字标记选项】区域中勾选前 3 个选项，然后单击【创建】按钮，如图 4-47 所示。

- 导出时包括：导出照片时，关键字随照片一同导出。
- 导出父关键字：导出照片时，连同父关键字一起导出。
- 导出同义词：导出照片时，把与关键字有联系的同义词一同导出。

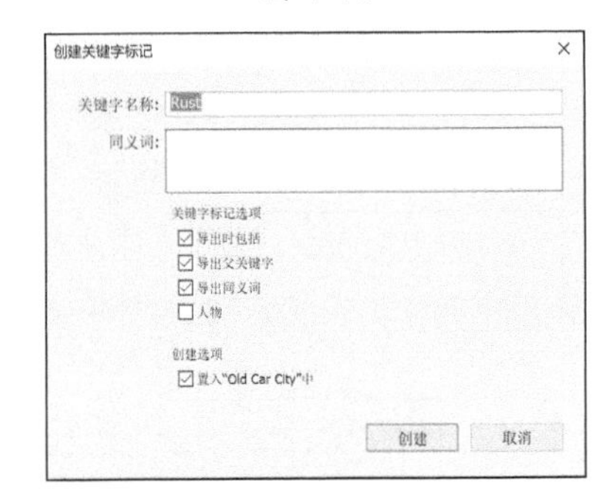

图 4-47

⑥ 在【文件夹】面板中选择 lesson01 文件夹，然后选择文件夹中的所有照片（不包括最后两张）。从关键字列表中把 Rust 关键字拖动到【网格视图】下的任意一张照片上。

在关键字列表中，单击 Rust 和 Old Car City 两个关键字左侧的三角形按钮，从每个关键字右侧的照片数目来看，Lightroom Classic 已经把两个关键字添加到了所选照片上，如图 4-48 所示。

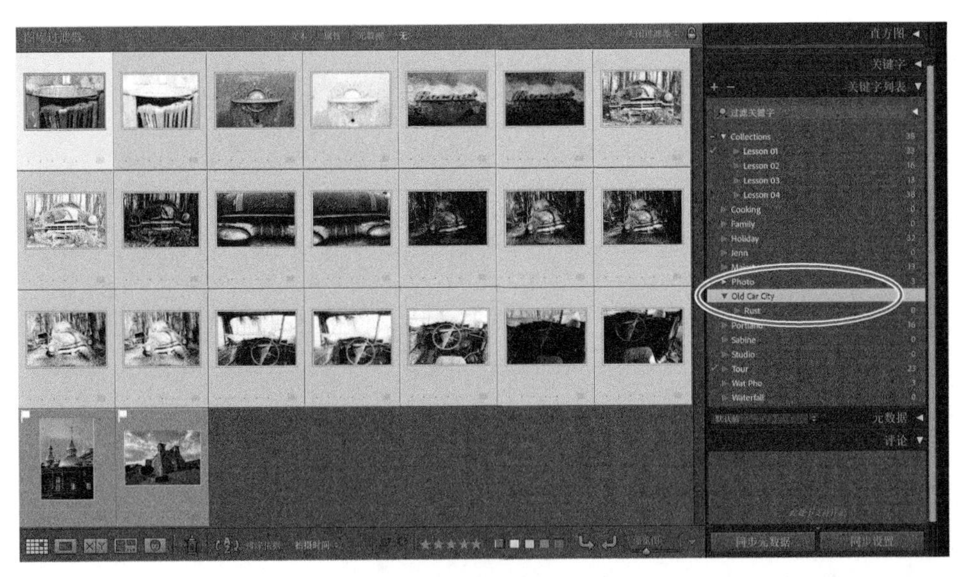

图 4-48

> **提示** 如果你想在不同计算机之间传送关键字列表，或者在同事之间共享关键字列表，则可以使用【元数据】菜单下的【导出关键字】和【导入关键字】两个命令。

4.6.4 通过关键字查找照片

组织照片时，在添加了关键字、星级、旗标、色标等元数据之后，你可以轻松地使用这些元数据构建出复杂、详细的筛选条件，进而准确地找出需要的照片。

下面学习如何通过关键字搜索来从图库中找到需要的照片。

❶ 从菜单栏中依次选择【图库】>【显示子文件夹中的照片】。在左侧面板组中展开【目录】和【文件夹】面板，折叠起其他面板。在【文件夹】面板中单击 lesson04 文件夹，然后从菜单栏中依次选择【编辑】>【全部不选】，或者按 Command+D（macOS）或 Ctrl+D（Windows）组合键，取消选中所有照片。

> **提示** 不论是在哪个面板组中，当两个面板无法同时展开时，请使用鼠标右键单击面板组中某个面板的标题栏，然后从弹出菜单中取消选择【单独模式】。

❷ 向左拖动【工具栏】中的【缩览图】滑块，把照片缩览图的尺寸缩小到最小，这样才能在【网格视图】中显示出更多照片。若【网格视图】上方未显示出过滤器栏，请从菜单栏中依次选择【视图】>【显示过滤器栏】，或者按反斜杠键（\），将其显示出来。

❸ 在右侧面板组中展开【关键字列表】面板，折叠起其他所有面板（我在之前的一些照片上又添加了一些关键字，以便你更好地了解这个面板），如图 4-49 所示。

图 4-49

❹ 在【关键字列表】面板中，把鼠标指针移动到 Niagara Falls 关键字上，然后单击照片数量右侧的白色箭头，显示包含此关键字的照片，如图 4-50 所示。

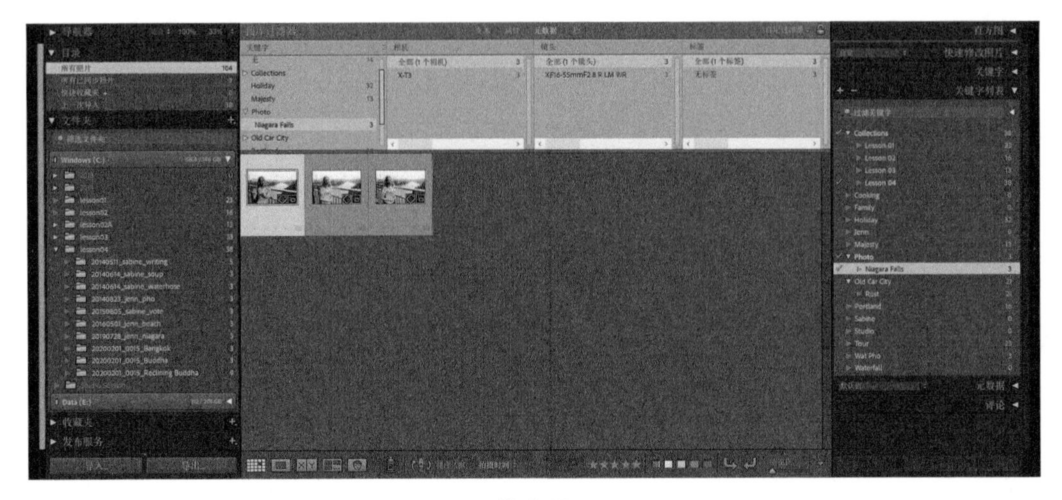

图 4-50

在左侧面板组中，【目录】面板中的【所有照片】处于选中状态，表明 Lightroom Classic 搜索了整个目录来查找包含 Niagara Falls 关键字的照片。

同时，在工作区上方的过滤器栏中，【元数据】过滤器处于激活状态。此时，【网格视图】中只显示图库中那些带有 Niagara Falls 关键字的照片，如图 4-51 所示。

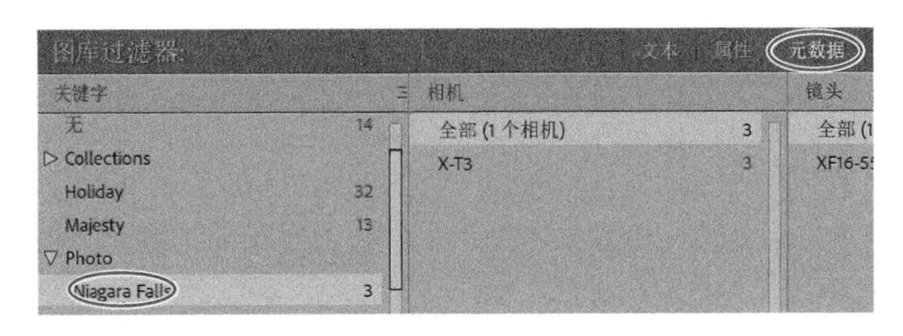

图 4-51

【网格视图】中的照片经过了筛选，只有带有 Niagara Falls 关键字的 3 张照片才被显示出来。接下来，我们尝试用一种不同的方法来搜索照片。

5 在【关键字】栏顶部单击【全部】，然后在【图库过滤器】中单击【文本】。在文本过滤器选项中，从第一个菜单中选择【任何可搜索的字段】，从第二个菜单中选择【包含所有】，请看一下每个菜单都有哪些可用选项。在右侧文本框中输入“Tour”，按 Return 键（macOS）或 Enter 键（Windows），如图 4-52 所示。

提示 单击过滤器栏右端的锁头按钮，可把当前过滤器设置锁定，这样当你从【目录】【文件夹】【收藏夹】面板中选择不同的照片源时，Lightroom Classic 仍会应用同样的过滤器设置。

此时，只有 23 张照片显示在【网格视图】中，它们是我们在第 1 课中添加的照片。当然，【图库过滤器】的强大之处不止如此，当你组合多个条件创建复杂的过滤器时，【图库过滤器】的威力才能真正显现出来。

6 在【图库过滤器】栏中单击【无】，取消过滤器。在【文件夹】面板中选择 lesson04 文件夹，然后从菜单栏中依次选择【编辑】>【全部不选】，或者按 Command+D（macOS）Ctrl+D（Windows）组合键，取消选择所有照片。

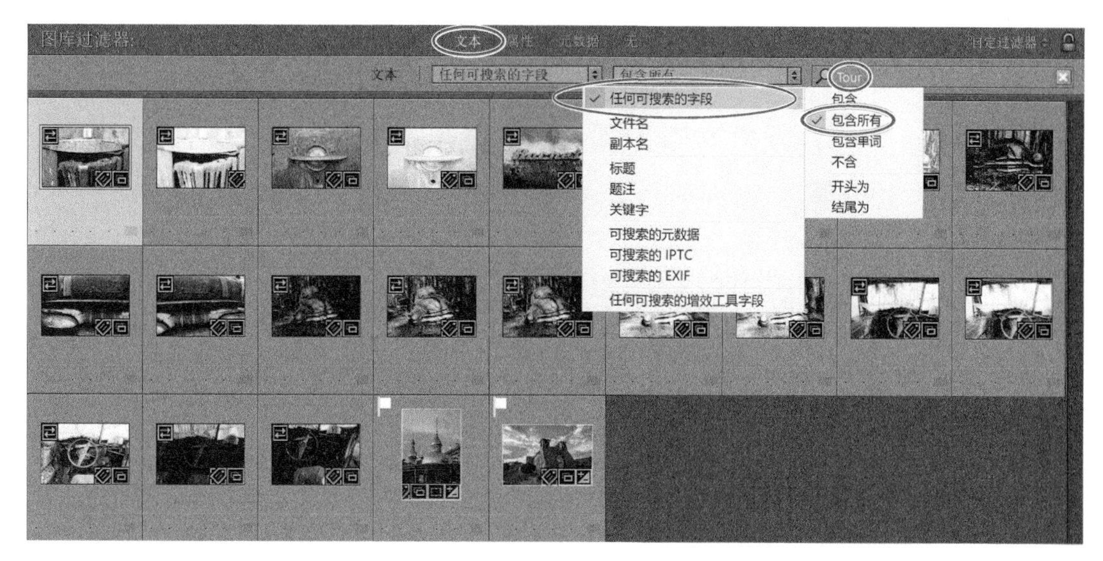

图 4-52

4.7 使用旗标和星标

在【图库过滤器】栏中有一个【属性】过滤器，借助它，我们可以根据旗标、星标等属性来搜索和分类照片。单击【属性】，Lightroom Classic 显示出属性栏，里面有旗标、编辑、星级、颜色、类型这几个属性，通过这些属性（一个或若干个的组合），我们可以快速对照片进行分类整理，如图 4-53 所示。

图 4-53

4.7.1 添加旗标

组织照片时，给照片添加旗标是对照片进行分类整理的好方法。借助旗标，我们可以把所有照片大致划分成 3 类：好照片、不好的照片、一般的照片。在一张照片上添加了旗标之后，旗标有 3 种状态：【留用】、【排除】、无旗标。

❶ 在【图库过滤器】栏中单击【属性】，Lightroom Classic 显示出属性栏。

❷ 若【工具栏】未在【网格视图】下显示出来，请按 T 键，将其显示出来。单击工具栏右端的三角形按钮，从弹出菜单中选择【旗标】。此时,【工具栏】中就显示出【标记为选取】和【设置为排除】两个旗标，如图 4-54 所示。

图 4-54

提示 在【网格视图】和【放大视图】下,【工具栏】中有添加星级、旗标、色标的工具。在【比较视图】和【筛选视图】下，你可以使用照片下方的控件更改星级、旗标、色标等属性。此外，你还可以使用【照片】菜单中的【设置旗标】【设置星级】【设置色标】命令给选定的照片添加旗标、星级或色标。

③ 在【文件夹】面板中，单击 lesson04 文件夹中的 20200201_0015_Bangkok 子文件夹。该文件夹中包含 3 张在泰国拍摄的照片。

④ 在【图库视图选项】对话框中，在【单元格图标】下勾选【旗标】。在【网格视图】下，把鼠标指针移动到某张照片上，照片预览窗格的左上角会显示一个灰色旗标，代表该照片无旗标。把鼠标指针从照片预览图上移走，旗标消失。在【图库视图选项】对话框中取消勾选【仅显示鼠标指向时可单击的项目】，旗标会一直显示在预览窗格中，如图 4-55 所示。

图 4-55

提示 从菜单栏中依次选择【视图】>【视图选项】，或者直接按 Command+J（macOS）或 Ctrl+J（Windows）组合键，可打开【图库视图选项】对话框。

⑤ 单击照片预览窗格左上角的旗标，或者在【工具栏】中单击【标记为选取】。此时，照片预览窗格左上角的旗标变成白色旗标，表示当前照片被留用（或被选取）。

⑥ 在属性过滤器栏中单击白色旗标。此时，【网格视图】中只显示 20200201_0015_Bangkok 文件夹中有【留用】旗标的照片，如图 4-56 所示。

图 4-56

Lightroom Classic 中有多种为照片添加旗标的方式。从菜单栏中依次选择【照片】>【设置旗标】>【留用】，或者按 P 键，可以把一张照片标记为【留用】(选取)；单击预览窗格左上角的旗标按钮，可以在无旗标和有【留用】旗标两种状态之间切换；从菜单栏中依次选择【照片】>【设置旗标】>【排除】，或者按 X 键，或者按住 Option 键（macOS）或 Alt 键（Windows）单击预览窗格左上角的旗标按钮，可以把照片标记为【排除】；从菜单栏中依次选择【照片】>【设置旗标】>【无旗标】，或者按 U 键，可移除照片上的旗标；使用鼠标右键单击预览窗格左上角的旗标按钮，从弹出菜单中选择【留用】【无旗标】【排除】，可改变照片的旗标状态。

提示 从菜单栏中依次选择【图库】>【精简显示照片】，Lightroom Classic 会根据旗标状态快速对照片进行分类。从菜单栏中依次选择【图库】>【精简显示照片】，从弹出的【精简显示的照片】对话框中单击【精简】，Lightroom Classic 会把无旗标的照片标记为【排除】，把有留用旗标的照片重置为无旗标状态。

7 当前属性过滤器栏中选择的是白色旗标，单击中间的灰色旗标。此时，【网格视图】中显示的是有留用旗标和无旗标的照片，所以，你会再次看到 20200201_0015_Bangkok 文件夹中的所有照片。

8 在过滤器栏中单击【无】，关闭属性过滤器。

4.7.2 设置星级

在 Lightroom Classic 中，我们可以一边浏览照片一边为照片设置星级（一星到五星），这是一种对照片进行快速分类的简便方法。

1 在【收藏夹】面板中单击 20140511_sabine_writing 收藏夹，从【工具栏】的【排序依据】菜单中选择【拍摄时间】，然后单击第三张照片，将其选中。

2 按数字键 3，屏幕上出现【将星级设置为 3】的提示信息，同时在照片预览窗格的左下角出现 3 颗星，如图 4-57 所示。

图 4-57

提示 若在预览窗格的左下角看不到星级按钮，请从菜单栏中依次选择【视图】>【视图选项】，在打开的【图库视图选项】对话框的【紧凑单元格额外信息】区域中勾选【底部标签】，并从菜单中选择【星级和标签】。

③ 单击工具栏右端的三角形按钮，从弹出菜单中选择【星级】。此时，工具栏中显示的星级是你刚刚应用到所选照片上的星级。如果你选择了多张带不同星级的照片，工具栏中显示的星级是第一张被选中的照片的星级。

提示 此外，你还可以在【元数据】面板中设置星级；从【照片】>【设置星级】菜单中选择一种星级；使用鼠标右键单击照片缩览图，然后从弹出菜单的【设置星级】中选择一种星级。

若想更改所选照片的星级，操作起来也很简单：只要按数字键（1 ~ 5），即可向选择的照片应用新星级。按数字键 0，可以删除照片上的星级评级。

使用色标

组织照片时，色标也是一种非常有用的工具。与旗标、星级不同，色标本身没什么特定含义，你可以自行为某种颜色指定某种含义，并为特定任务定制一套色标。

设置打印作业时，你可以把红色标签指派给那些你希望打校样的照片，把蓝色标签指派给那些需要润饰的照片，把绿色标签指派给那些已批准的照片。而在另一个项目中，你可以使用不同的颜色标签来表示紧急程度。

应用颜色标签

你可以使用【工具栏】中的颜色标签按钮为照片应用某种颜色标签。若【工具栏】中无颜色标签按钮，请单击【工具栏】右端的三角形按钮，然后从弹出菜单中选择【色标】，即可将其显示出来。在【网格视图】下，当把鼠标指针移动到某个缩览图单元格上时，缩览图单元格的右下角会显示一个灰色矩形，单击它，从弹出菜单中选择一种颜色，即可向所选照片应用一种色标。或者从菜单栏中依次选择【照片】>【设置色标】，从菜单中选择一种颜色。色标总共有 5 种颜色，其中 4 种颜色有对应的键盘快捷键。

若希望在【网格视图】下的缩览图单元格中显示色标，请从菜单栏中依次选择【视图】>【视图选项】，或者使用鼠标右键单击某张缩览图，从弹出菜单中选择【视图选项】，打开【图库视图选项】对话框，在【网格视图】选项卡中勾选【显示网格额外信息】。在【紧凑单元格额外信息】区域中，从【顶部标签】或【底部标签】菜单中选择【标签】或【星级和标签】；在【扩展单元格额外信息】区域中，勾选【包括色标】。

编辑色标与使用色标集

你可以根据需要重命名色标，并为工作流程中的不同部分量身定制单独的标签集。在 Lightroom Classic 默认设置下，你可以在【照片】>【设置色标】菜单下找到【红色】【黄色】【绿色】【蓝色】【紫色】【无】这几个命令。从菜单栏中依次选择【元数据】>【色标集】，然后选择【Bridge 默认设置】或【Lightroom 默认设置】或【审阅状态】，可以改变色标集。

借助于【审阅状态】色标集，你可以了解如何指派自己的标签名称，才能保证标签组织有序。在【审阅状态】色标集下，可用选项有【可删除】【需要校正颜色】【可以使用】【需要修饰】【可打印】【无】。你可以直接使用这套色标集，也可以在其基础上创建自己的色标集。从菜单栏中依次选择【元数据】>【色标集】>【编辑】，打开【编辑色标集】对话框，先选择一种预设，进入【图像】选项卡下，为每种颜色输入你自定义的名称，然后从【预设】菜单中选择【将当前设置存储为新预设】。

按色标搜索照片

在过滤器栏中单击【属性】，会显示出属性过滤器控件。通过单击某一个颜色按钮，或者单击多个颜色按钮，可以搜索带有指定颜色标签的照片。再次单击某种颜色标签按钮，将其取消选择。你可以结合使用颜色标签和其他属性过滤器，使搜索结果更加准确。在胶片显示窗格上方的工具栏中也有各种属性过滤器（包括色标过滤器）。如果未显示，请单击工具栏右端的【过滤器】标签，把它们显示出来。

4.8 添加元数据

在 Lightroom Classic 中，我们可以使用附加在照片上的元数据信息来组织和管理照片库。大部分元数据是由相机自动生成的，例如拍摄时间、曝光时间、焦距等相机设置，但是其实我们也可以主动给照片添加一些元数据，使照片搜索和分类变得更轻松。前面我们向照片添加关键字、星级、色标，其实就是在向照片添加元数据。此外，Lightroom Classic 还支持国际出版电讯委员会（International Press Telecommunications Council，IPTC）元数据，包括描述、关键字、分类、版权、作者等。

在右侧面板组中，我们可以使用其中的【元数据】面板来查看或编辑添加到所选照片上的元数据。

❶ 在【收藏夹】面板中单击 20200201_0015_Reclining Buddha 收藏夹，在【网格视图】下，选择最后一张照片，如图 4-58 所示。

❷ 在右侧面板组中展开【元数据】面板，折叠其他面板或隐藏胶片显示窗格，使【元数据】面板中显示更多内容。在【元数据】面板标题栏中，从【元数据集】菜单中选择【默认值】，如图 4-59 所示。

图 4-58

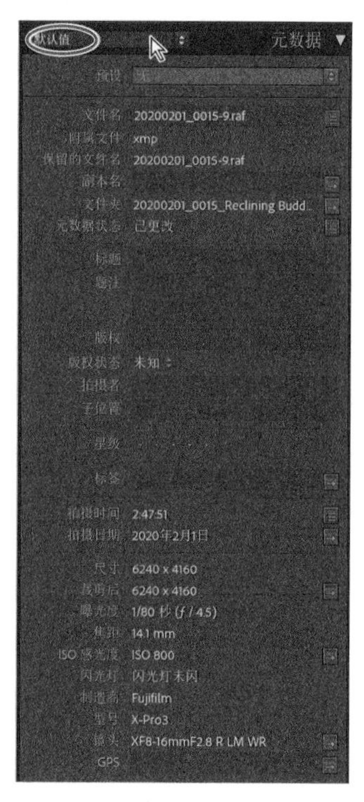

图 4-59

默认元数据集中包含了大量照片相关信息。其中大部分元数据是由相机自动生成的，有些对照片分类很有帮助，例如，你可以按拍摄日期筛选照片，搜索使用特定镜头拍摄的照片，或轻松地将用不同相机拍摄的照片分开。不过，默认元数据集也只是显示了照片元数据的一部分。

❸ 从【元数据集】菜单中选择【EXIF 和 IPTC】。向下拖动面板组右侧的滚动条，通过【元数据】面板查看照片上都附带了哪些信息。

❹ 从【元数据集】菜单中选择【简单描述】，如图 4-60 所示。

在【简单描述】元数据集中，【元数据】面板中显示【文件名】、【副本名】（虚拟副本）、【文件夹】、【星级】，以及一些 EXIF 与 IPTC 元数据。你可以在【元数据】面板中向照片添加标题和题注、版权声明、有关拍摄者与拍摄地的详细信息，以及改变照片星级等。

图 4-60

❺ 在【元数据】面板中，在【星级】右侧单击第三个星号，把照片星级设置为 3 星，然后在【标题】文本框中输入“The Reclining Buddha”，按 Return 键（macOS）或 Enter 键（Windows），如图 4-61 所示。

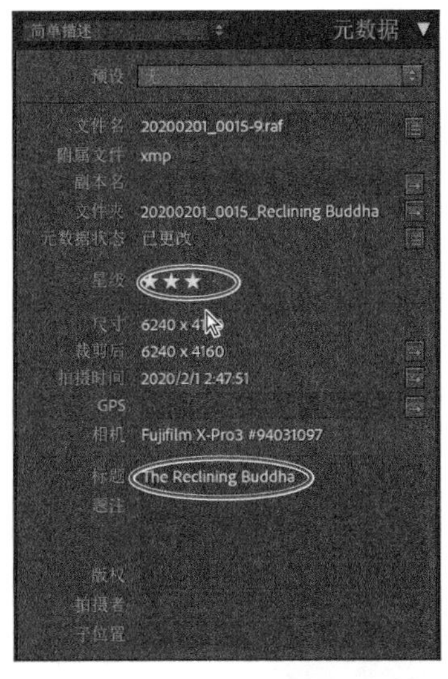

图 4-61

❻ 按住 Command 键（macOS）或 Ctrl 键（Windows），单击另外两张类似照片中的任意一张，将其添加到选择之中。在【元数据】面板中，可以看到两张照片共有的元数据有【文件夹】【尺寸】【相机】，但两张照片非共享的元数据显示的是【<混合>】。在【元数据】面板中，修改某个元数据（包含显示为【<混合>】的元数据），会同时影响两张选定的照片。这是一种同时编辑一批照片的元数据（例如版权信息）的快捷方式，如图 4-62 所示。

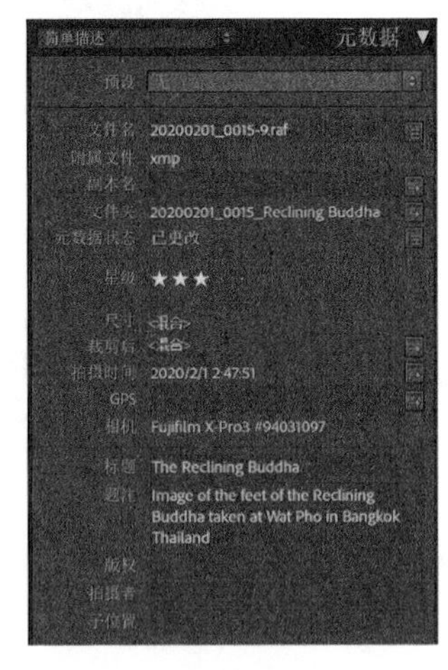

图 4-62

提示 如果你需要为照片添加一个很长的题注（例如新闻摄影师和体育摄影师），请从【元数据集】菜单中选择【大题注】，这样你会看到一个很大的题注文本框，输入长文本时非常方便。

存储元数据

照片相关信息存储在 XMP（可扩展元数据平台）格式的文件中，XMP 是一种基于 XML 的文件格式。对于使用专用文件格式的 RAW 文件，它不会把 XMP 写入原始文件中。为避免损坏照片，XMP 格式的元数据保存在一个叫“附属文件”的独立文件中。对于 Lightroom Classic 支持的其他所有文件格式（JPEG、TIFF、PSD、DNG），XMP 格式的元数据会被写入位于该数据指定位置的文件中。

XMP 格式常用来在 Adobe 应用程序之间以及发布工作流程之间交换元数据。例如，你可以把某个照片的元数据存储为模板，然后把该元数据导入其他文件中。以其他格式【如 EXIF、IPTC（IIM）和 TIFF】存储的元数据是用 XMP 格式进行同步和描述的。因此，我们可以非常方便地进行查看和管理。更多有关元数据的内容，请阅读 Lightroom Classic 帮助文档。

——摘自 Lightroom Classic 帮助文档

4.9 在【人物视图】下标记人脸

毋庸置疑，在你的照片库中肯定有大量家人、朋友、同事的照片。在 Lightroom Classic 中，利用各种强大的功能，我们可以快速轻松地从大量照片中找出那些对你非常重要的人，大大减少了对照片进行分类、组织的工作量，而且能够让你更轻松、更准确地找到要找的照片。

人脸识别就是其强大功能之一，它能够自动帮助我们在照片中找到某个人，轻松地为其打上标签。你标记的人脸越多，Lightroom Classic 就越能学会如何识别你指定的人。只要这个人在新照片中出现，Lightroom Classic 就会自动标记其面部。

本节内容没有配套照片，开始学习之前，请先导入一些你自己的照片。

提示 当你导入包含 GPS 数据的照片时，Lightroom Classic 会打开【启用地址查询？】对话框，单击【启用】按钮。

❶ 使用【导入】按钮或第 2 课中学过的拖放方法导入一些含有你认识的人的照片。请确保导入的照片里面既有单人照也有集体照（各张集体照人数不同），而且有大量重叠，至少有几个陌生人的面孔。

默认设置下，人脸识别功能是关闭的。我们需要让 Lightroom Classic 分析一下照片，为包含人脸的照片建立索引。

❷ 在【目录】面板中，把照片源从【上一次导入】更改为【所有照片】。这样，Lightroom Classic 会为整个目录建立索引，按 Command+D（macOS）或 Ctrl+D（Windows）组合键，或者从菜单栏中依次选择【编辑】>【全部不选】，取消选中所有照片。

❸ 按 T 键，显示出工具栏，单击【人物】按钮，如图 4-63 所示。

图 4-63

❹ Lightroom Classic 显示【欢迎使用人物视图】信息，单击【开始在整个目录中查找人脸】。此时，工作区的左上角出现一个进度条，同时活动中心菜单打开，提示在哪里可以关闭与打开人脸识别。请耐心等待索引建立完成，再往下操作，如图 4-64 所示。

图 4-64

此时，工作区进入【人物视图】模式下。Lightroom Classic 把相似面孔堆叠在一起，并显示有多少张照片包含某个面孔。默认排序方式是按字母顺序，但是由于当前未标记任何面孔，所以按堆叠大小来排列。目前，所有面孔都出现在【未命名的人物】下，如图 4-65 所示。

图 4-65

❺ 单击某组照片左上角的堆叠按钮，将其展开。按住 Command 键（macOS）或 Ctrl 键（Windows），单击某个堆叠中的所有照片（并排放在一起），然后单击缩览图下面的问号，输入人物名称，按 Return 键（macOS）或 Enter 键（Windows）。

Lightroom Classic 会把选择的照片移到【已命名的人物】分类下，同时更新两个分类下的照片数量。

❻ 使用同样的方法，为其他几组照片中的人物命名。这个过程中，Lightroom Classic 一直在学习，并在尚未命名的几组照片上显示同样的人名。移动鼠标指针到所建议的人名上，单击同意或不同意，如图 4-66 所示。

图 4-66

提示 从【未命名的人物】类别下直接把照片拖入【已命名的人物】类别下，也可以把照片添加到【已命名的人物】分类下。

❼ 继续上面这个过程，至少命名五六个人，而且为每个人标记若干张照片。在【已命名的人物】分类下，双击某个面孔，进入【单人视图】。在该视图下，上半部分区域是【已确认】类别，显示标记着所选人名的所有照片；下半部分区域是【相似】类别，只显示有类似人脸的照片，如图 4-67 所示。

图 4-67

❽ 从【相似】类别中选择更多有同样面孔的照片，添加到【已确认】类别下。全部找完之后，单击【已确认】标题栏上方的【人物】，从【单人视图】返回到【人物视图】。

❾ 为所有已命名的人物重复上面过程，不断在【人物视图】和【单人视图】之间切换，直到未标记的照片全是你不认识的人或者面部识别有误的。在剩余照片上忽略不正确的人名建议，然后单击问号右侧的叉号按钮，把照片从【未命名的人物】类别中删除，如图 4-68 所示。

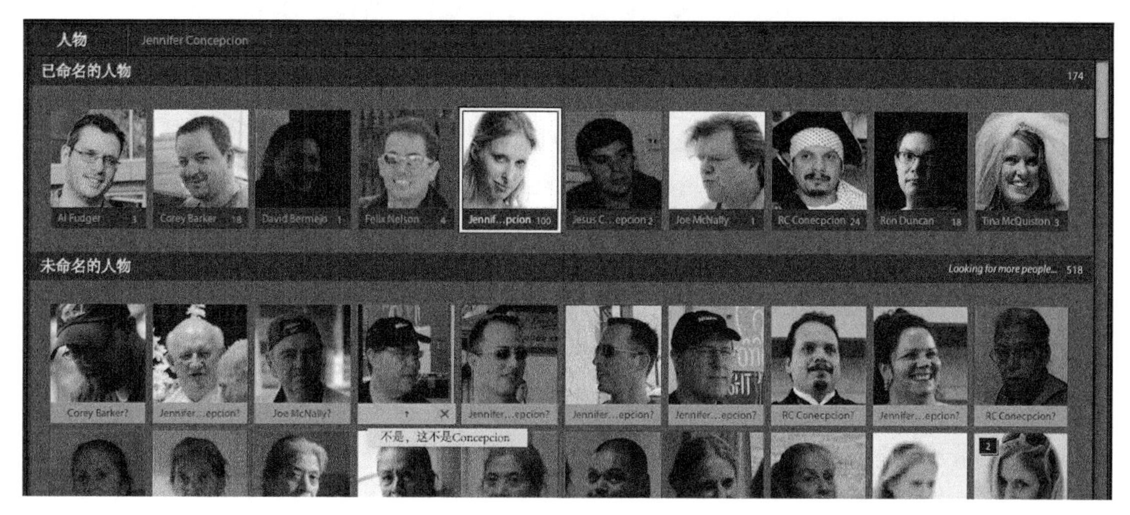

图 4-68

提示 在【关键字列表】面板中展开关键字列表顶部的过滤器选项，单击【人物】，可把【已命名的人物】类别下的人名全部列出来，如图 4–69 所示。

图 4-69

⑩ 在工具栏中单击【网格视图】按钮，然后双击一张包含多个人物的照片，将其在【放大视图】中显示出来。在工具栏中单击【绘制人脸区域】按钮，查看照片中的人物标记，如图 4-70 所示。当发现照片中有人脸未识别出来时，请使用【绘制人脸区域】工具把人脸框出来，然后输入人名。

图 4-70

⑪ 查看【关键字列表】面板，你会发现新人名已经出现在了列表之中。你可以使用【关键字列表】面板、文本过滤器、元数据过滤器查找人物标记（人名），这与查找其他关键字是一样的。

4.10 根据地理位置组织照片

在【地图】模块下，我们可以借助照片中的地理标记在 Google 地图中查看照片是在哪里拍摄的，而且还可以根据地理位置搜索和筛选图库中的照片。

注意 只有联网才能使用【地图】模块。

在 Lightroom Classic 中，使用能够记录 GPS 坐标的相机或手机拍摄的照片会自动显示在地图上。

在 Lightroom Classic 中，我们可以很轻松地向不带 GPS 信息的照片添加地理位置元数据，方法有以下两种：把照片直接从胶片显示窗格拖到地图上；让 Lightroom Classic 把照片的拍摄时间与从移动设备上导出的轨迹日志进行匹配。

① 在【图库】模块下单击左下角的【导入】按钮，打开【导入】对话框。

② 在左侧的【源】面板中，转到 LRClassicCIB\Lessons\lesson04_GPS 文件夹，选择该文件夹中的所有照片。在预览区域上方的导入选项中选择【添加】，在【在导入时应用】面板下的【关键字】文本框中输入“Lesson 04,GPS”，单击【导入】按钮。

提示 若当前目录未启用 GPS 地址查询功能，则在导入包含 GPS 数据的照片时，Lightroom Classic 会弹出【启用地址查询？】对话框，请求你允许 Lightroom Classic 把 GPS 位置信息发送给 Google 地图。单击【启用】按钮，然后在弹出的通知之外单击以忽略它。

③ 在【网格视图】下，把【排序依据】设置为【文件名】，然后选择第三张照片，如图 4-71 所示。照片里的人是我，当时是在泰国的一艘小船上。

④ 在模块选取器中，单击【地图】。

图 4-71

4.10.1 使用【地图】模块

Lightroom Classic 会自动读取照片中的 GPS 元数据，然后把照片的拍摄位置在地图上用黄色标记出来。在某个缩放级别下，你能看见某个标记位置的照片数量。单击位置标记，可查看在该位置拍摄的照片。

提示 如果在地图上看不到位置信息叠加，也看不到地图键（说明地图标记的含义），请从菜单栏中依次选择【视图】>【显示地图信息】（macOS）或【视图】【显示地图键】（Windows），把它们显示出来。

注意 受地图样式和上次使用【地图】模块时设定的缩放级别的影响，你看到的屏幕可能不一样。

① 单击【地图键】面板右上角的叉号按钮（X），或者从【视图】菜单中取消选择【显示地图键】，把【地图键】面板关闭。双击某个位置标记附近的地图，可把该位置附近的地图放大。

左侧【导航器】面板中显示的是概览图，白色矩形代表主地图视图中的可视区域。【地图视图】下的工具栏中有地图样式、缩放滑块、锁定标记、GPS 跟踪日志等。右侧【元数据】面板中显示的是地理位置信息。

② 在工具栏中反复单击缩放条右端的加号按钮（放大），把地图放大。在【地图样式】菜单中依次选择每一种样式（共 6 种），了解一下每种地图样式。在其他地图样式中，你能看见地名。

在主视图中，你可以拖动地图，调整显示的区域。当然，你也可以拖动【导航器】面板中的白色矩形框来调整显示的区域。按住 Option 键（macOS）或 Alt 键（Windows），在【主地图视图】中拖出一个矩形框来放大其内部区域。

地图上方有一个位置过滤器栏，里面有 3 种过滤器：【地图上可见】【已标记的照片】【未标记的照片】。单击【地图上可见】，仅显示在地图当前可见位置拍摄的照片；单击【已标记的照片】，显示已在地图中做标记的照片；单击【未标记的照片】，显示未在地图中做标记的照片。

③ 在位置过滤器栏中依次单击每种过滤器，注意观察胶片显示窗格中显示的照片有什么变化。在胶片显示窗格与【图库】模块的【网格视图】中，带有 GPS 位置信息的照片的右下角会有一个位置标记按钮，指示该照片中包含 GPS 坐标，如图 4-72 所示。

图 4-72

提示 在胶片显示窗格或【图库】模块的【网格视图】中，单击照片右下角的位置标记按钮，Lightroom Classic 会进入【地图】模块，并在地图上显示出照片的拍摄位置。

4.10.2 向不带 GPS 数据的照片添加地理位置标记

即使你的相机无法记录 GPS 数据，我们也可以在 Lightroom Classic 的【地图】模块中轻松地为照片添加地理位置标记。

提示 从图库中选择一张照片，然后在【元数据】面板的【元数据集】菜单中选择【位置】，查看 GPS 字段中是否有 GPS 坐标，可确定该照片是否带有 GPS 元数据。

① 在胶片显示窗格顶部的工具栏中单击当前所选照片名称右侧的白色箭头，在弹出菜单中，从【最近使用的源】列表中选择 20200201_0015_Reclining Buddha 收藏夹，然后选择其中的所有照片。

② 在位置过滤器栏右端的搜索框中输入"Reclining Buddha Thailand"，然后按 Return 键（macOS）或 Enter 键（Windows）。此时，Lightroom Classic 重绘地图，并使用搜索结果标记标出新位置。

③ 在位置过滤器栏中，单击搜索框右端的叉号按钮，清理掉搜索结果标记。

④ 在地图上，使用鼠标右键单击找到的位置，从弹出菜单中选择【在选定照片中添加 GPS 坐标】。

⑤ 从菜单栏中依次选择【编辑】>【全部不选】，取消选择所有照片。把鼠标指针移动到刚刚添加到地图的位置标记上，你可以看到在该位置拍摄的所有照片。单击位置标记，打开照片浏览面板，单击面板左右两侧的白色箭头，浏览在该位置拍摄的照片都有哪些，然后在浏览面板之外单击，关闭它。

⑥ 使用鼠标右键单击位置标记，从弹出菜单中选择【创建收藏夹】，为新收藏夹输入名称"Bangkok"，然后取消勾选所有选项，单击【创建】按钮。

此时，你可以在【收藏夹】面板中看见刚刚创建的收藏夹，还可以把照片拖入其中。

4.10.3 保存地图位置

在左侧【存储的位置】面板中，你可以保存一些喜欢的地点，以便通过它们查找和组织相关照片。你可以创建一个存储的地图位置，用来存放你去过的地方，或者标记你为客户拍摄照片的地点。

❶ 在胶片显示窗格顶部的工具栏中单击白色箭头，在弹出菜单中选择【所有照片】，缩小【地图视图】。

❷ 展开左侧【存储的位置】面板，然后单击右上角的加号按钮（新建预设），打开【新建位置】对话框。

❸ 在【新建位置】对话框中，在【位置名称】文本框中输入“Thailand Memories”。在【选项】下把【半径】设置为 1.0 英里，然后单击【创建】按钮，如图 4-73 所示。

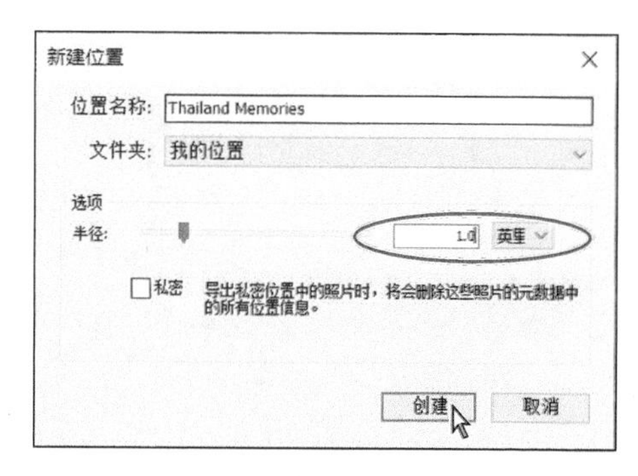

图 4-73

此时，新创建的位置出现在【我的位置】下，其右侧显示的是照片张数 11，表示有 11 张照片位于该半径覆盖的区域之中。在地图上，存储的位置中心有一个灰色的圆点标记，你可以移动其位置，圆圈上也有一个灰色的圆点标记，用于改变半径。

在【存储的位置】面板中选择一个位置，或者取消选择一个位置，Lightroom Classic 会显示或隐藏圆形位置叠加，同时激活位置等待编辑。在把照片添加到存储的位置时，你可以直接从胶片显示窗格中把相关照片拖动到【存储的位置】面板中的位置项上，也可以先在胶片显示窗格中选择照片，然后在【存储的位置】面板中勾选位置名称左侧的复选框。

图 4-74

把鼠标指针移动到【存储的位置】面板中的位置上，单击位置名称右侧的白色箭头（位于照片张数右侧），可在地图上移动到那个位置，如图 4-74 所示。在【存储的位置】面板中，使用鼠标右键单击某个位置，然后从弹出菜单中选择【位置选项】，打开【编辑位置】对话框，在其中编辑位置即可。

一旦在照片上添加好位置标记，你就可以使用地图上方位置过滤器栏中的过滤器选取器和搜索框、【存储的位置】面板，以及图库元数据过滤器搜索带有特定 GPS 数据或地图位置的照片了。

❹ 在模块选取器中单击【图库】，返回到【图库】模块。

4.11 使用【喷涂】工具

Lightroom Classic 提供了大量照片组织工具，在这些工具中，【喷涂】工具用起来最灵活。在【网格视图】下，使用【喷涂】工具拖扫某些照片，你就可以把关键字、元数据、标签、星级、旗标添加到照片上，还可以应用修改照片设置，旋转照片，或把照片添加到目标收藏夹中。

提示 在关键字模式下，【喷涂】工具可以喷涂整个关键字集或者你选择的关键字。在【喷涂】工具的【关键字】模式下，按住 Shift 键可以打开【关键字集】面板，此时鼠标指针变成一个吸管，你可以吸取需要的关键字。

在工具栏中单击【喷涂】工具，其右侧就会出现【喷涂】菜单，如图 4-75 所示。从【喷涂】菜单中，你可以选择希望应用到照片上的设置或属性。一旦做好选择之后，【喷涂】菜单右侧就会显示相应控件。

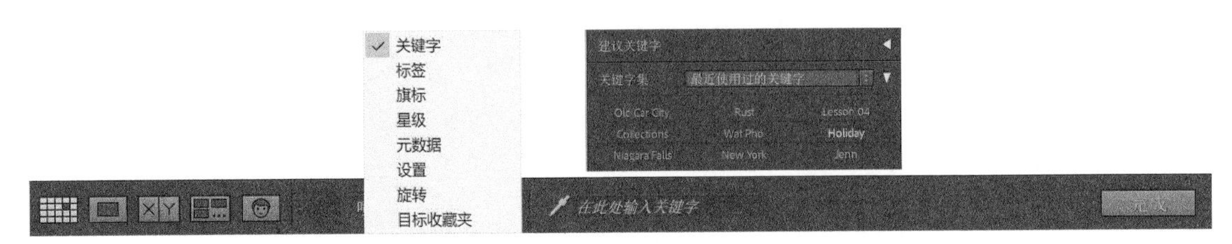

图 4-75

下面我们使用【喷涂】工具为照片添加色标。

❶ 在【文件夹】面板中单击 lesson04 文件夹。按 G 键切换到【网格视图】，然后取消选择所有照片。若当前工具栏中未显示出【喷涂】工具，请单击工具栏右端的三角形按钮，从弹出菜单中选择【喷涂】工具。

❷ 在工具栏中单击【喷涂】工具，从【喷涂】菜单中选择【标签】，再单击【红色】色标，如图 4-76 所示。

图 4-76

❸ 此时，【喷涂】工具已经就绪。在【网格视图】下，把鼠标指针移动到某张照片预览图上，鼠标指针变成一个红色漆桶，如图 4-77 所示。

❹ 在【网格视图】下单击某张照片预览图，【喷涂】工具就会把红色色标添加到这张照片上，如图 4-78 所示。能否在照片单元格中看见颜色，取决于图库视图选项设置，以及当前照片是否处于选中状态。若预览图右下角未显示出红色色标（右图圈出部分），请从菜单栏中依次选择【视图】>【网格视图样式】>【显示额外信息】。

❺ 再次把鼠标指针移动到同一张预览图上，然后按住 Option 键（macOS）或 Alt 键（Windows），此时，鼠标指针从漆桶变成橡皮擦，如图 4-79 所示。单击预览图，即可移去红色色标。

图 4-77

图 4-78

图 4-79

❻ 释放 Option 键或 Alt 键，单击某张预览图，按住鼠标左键不放，拖动鼠标指针扫过多张照片，

可把红色色标同时应用到多张照片上。按住 Option 键或 Alt 键，移除各张照片上的红色色标，只让一张照片保留红色色标。

❼ 在工具栏右端单击【完成】按钮，或者单击【喷涂】工具的空槽，取消选择【喷涂】工具，使工具栏返回到正常状态。

4.12 查找与过滤照片

前面我们学习了多种对照片进行分类和打标记的方法，一旦为照片分好类、打好标记，对照片进行搜索和排序将是个非常简单的事。现在，我们可以轻松地通过星级、色标、关键字、GPS 位置等元数据来搜索和筛选照片。在 Lightroom Classic 中查找照片的方法有很多，其中最简单的一种是使用【网格视图】上方的过滤器栏。

4.12.1 使用过滤器栏查找照片

❶ 若【网格视图】上方未显示出过滤器栏，请按反斜杠键（\），或者从菜单栏中依次选择【视图】>【显示过滤器栏】，将其显示出来。在【文件夹】面板中选择 lesson04 文件夹。此时，你应该能够看到文件夹中有 38 张照片。若照片数目不对，请从菜单栏中依次选择【图库】>【显示子文件夹中的照片】。

过滤器栏中有 3 种过滤器：【文本】【属性】【元数据】。单击任意一种过滤器，过滤器栏都会展开，显示该过滤器相关的设置与控件，你可以使用它们创建一个过滤搜索。这些过滤器既可以单独使用，也可以组合在一起使用来创建复杂的搜索。

【文本】过滤器用来搜索照片附带的文本信息，例如文件名称、关键字、标题，以及 EXIF 和 IPTC 元数据。【属性】过滤器用来通过旗标、星级、色标、复制状态搜索照片。在【元数据】过滤器下，你最多可以创建 8 列条件来缩小搜索范围，从列标题右端的菜单中可以选择【添加列】或【移去此列】，如图 4-80 所示。

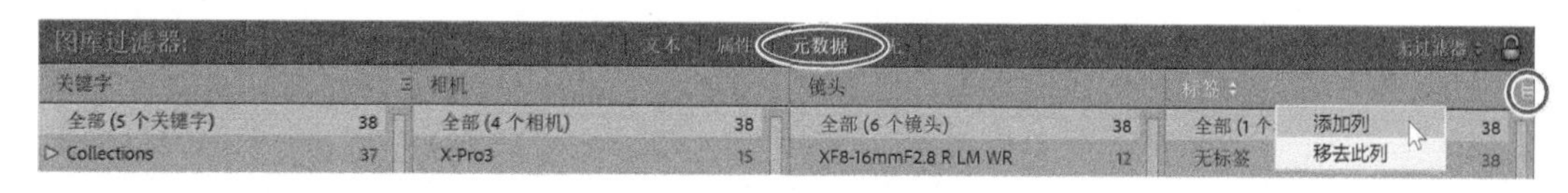

图 4-80

❷ 在【文本】过滤器或【元数据】过滤器处于激活的状态下，单击【无】，可禁用它们。单击【属性】过滤器，将其激活。若当前有旗标处于激活状态，单击旗标可以取消它，或者从菜单栏中依次选择【图库】>【按旗标过滤】>【复位此过滤器】将其复位。

❸ 在【星级】控件中单击第三颗星号，可搜索评级在三星或三星以上的照片，如图 4-81 所示。此时，【网格视图】中仅显示星级是三星、四星、五星的照片。

❹ 有许多选项可用来缩小搜索范围。在过滤器栏中单击【文本】，追加一个过滤器。在【文本】过滤器栏中打开第一个菜单，从中选择搜索目标，包括文件名、副本名、标题、题注、关键字、可搜索的 IPTC 元数据、可搜索的 EXIF 元数据等。这里我们选择【任何可搜索的字段】，单击第二个菜单，从中选择【包含所有】，如图 4-82 所示。

图 4-81

图 4-82

❺ 在搜索文本框中输入“Niagara”。经过这样缩小搜索范围后，此时【网格视图】中只显示一张照片，如图 4-83 所示。

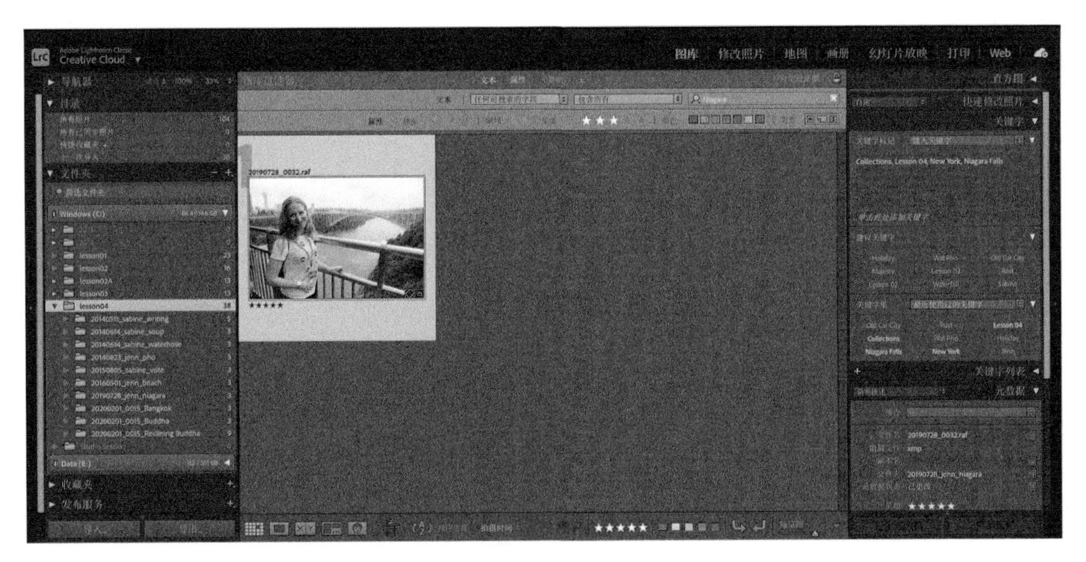

图 4-83

❻ 在【星级】控件中单击第三颗星，禁用当前星级过滤器，或者从菜单栏中依次选择【图库】>【按星级过滤】>【复位此过滤器】。在过滤器栏中单击【属性】，关闭【属性】过滤器。

❼ 在文本过滤器栏中单击搜索文本输入框右端的叉号按钮，清空搜索文本，然后输入“Wat Pho”。此时，【网格视图】中显示 lesson04 文件夹中的 4 张照片，如图 4-84 所示。

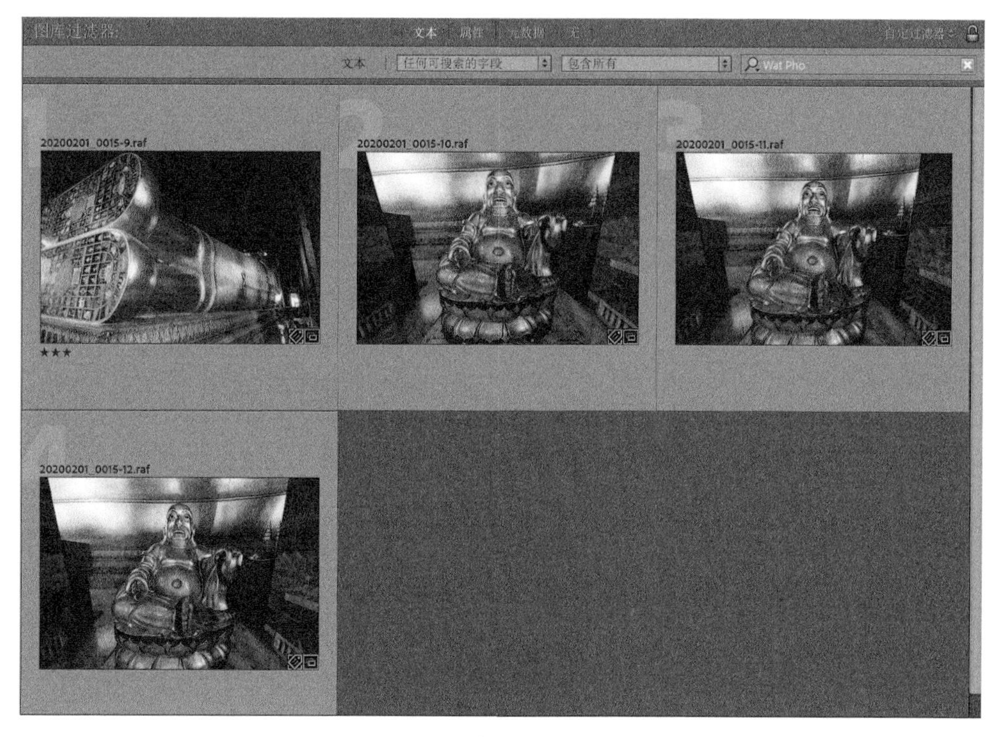

图 4-84

4.12.2 使用胶片显示窗格中的过滤器

除了图库过滤器栏之外，胶片显示窗格标题栏中也有【属性】过滤器控件，如图 4-85 所示。与图库过滤器栏一样，胶片显示窗格标题栏中的过滤器菜单中也列出了大量过滤属性，同时还提供了把当前过滤器设置存储为预设的命令，存储好的预设也会出现在菜单中。

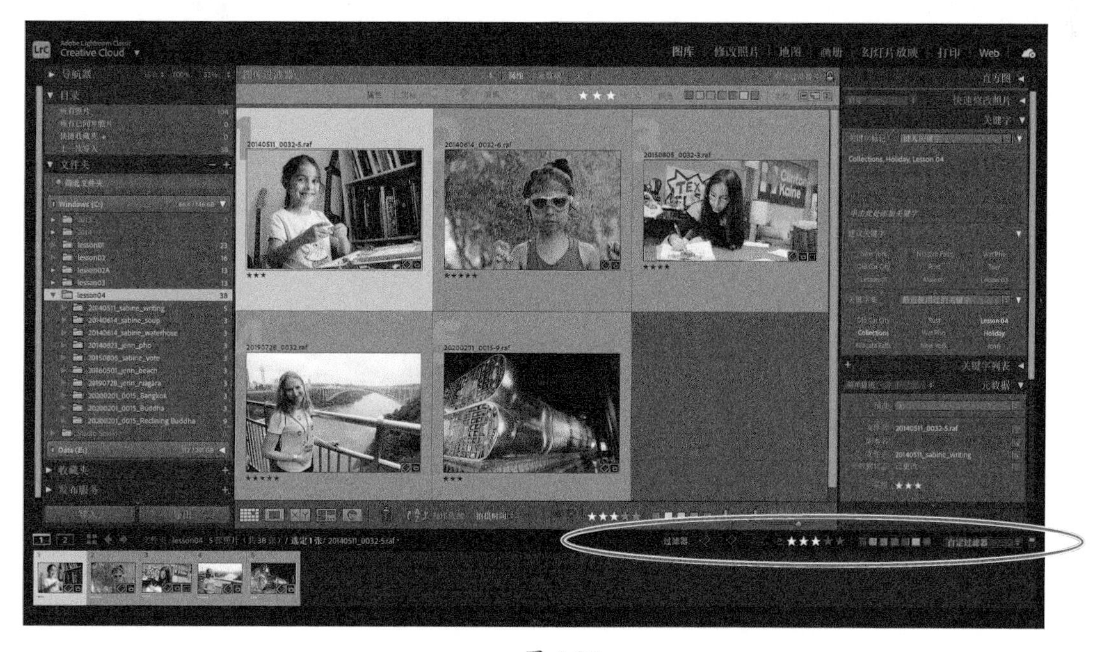

图 4-85

选择【默认列】预设，Lightroom Classic 会在过滤器栏中打开【元数据】的 4 个默认列：【日期】【相机】【镜头】【标签】。

选择【关闭过滤器】，可关闭所有过滤器，并折叠起过滤器栏。选择【留用】，只显示带【选取】旗标的照片。

选择【有星级】，只显示符合当前星级条件的照片。单击不同位置上的星星改变星级，单击星星左侧的符号，可选择【大于等于】【小于等于】【等于】，只显示符合指定星级条件的照片。选择【无星级】，显示所有不带星级的照片。

这里，我们选择大于等于三星，这样 Lightroom Classic 就只显示星级是三星或三星以上的照片。此时，你会看到 5 张照片。

从过滤器菜单中选择【关闭过滤器】，或者单击胶片显示窗格标题栏最右端的开关按钮，可关闭所有过滤器，显示 lesson04 文件夹中的所有照片。

提示 若过滤器菜单中无任何过滤器预设，请打开【首选项】对话框，在【预设】选项卡的【Lightroom 默认设置】下单击【还原图库过滤器预设】。

硬件推荐：Monogram 创意控制台

选片过程中，我一般只使用【选取】【排除】【上一张】【下一张】这几个按钮，除此之外，其他什么地方都不碰。这是我多年使用 Lightroom Classic 得来的经验，推荐大家也这么做。

但是，很多摄影师会把选片和编辑照片的工作混在一起完成，他们选片时还会做一些照片编辑方面的工作，需要在各种模块、工具、面板之间来回切换，这浪费了大量时间。他们经常把时间的浪费错误地归咎于选片。严格来说，选片其实并不算编辑照片的范畴，只有把选片与编辑照片两个过程分开，才能节省时间，提高工作效率。

有一家名叫 MONOGRAM（以前叫 Palette Gear）的公司推出了一套模拟控件，你可以把它们连接到计算机上，然后把应用程序中的某个命令指派给某个控件，如图 4-86 所示。当你想使用某个命令时，可以直接操作相应的控件，而不用再到应用程序中到处找了，这无疑会大大节省查找命令的时间。这套控件支持很多应用程序，我在 InDesign 中制作本书时就用到了它们。我最喜欢的一个套装只包括两个按钮和一个拨盘。

图 4-86

选片时，我用的就是这个简单套装。我会把一个按钮指派为【选取】，把另一个按钮指派为【排除】，而使用拨盘来切换照片。

如果你想了解如何把这套控件纳入自己的工作流程中，请观看官方制作的一个教学视频，如图 4-87 所示。我觉得这个视频非常有用，如果你确实需要学一学，建议你好好看看。

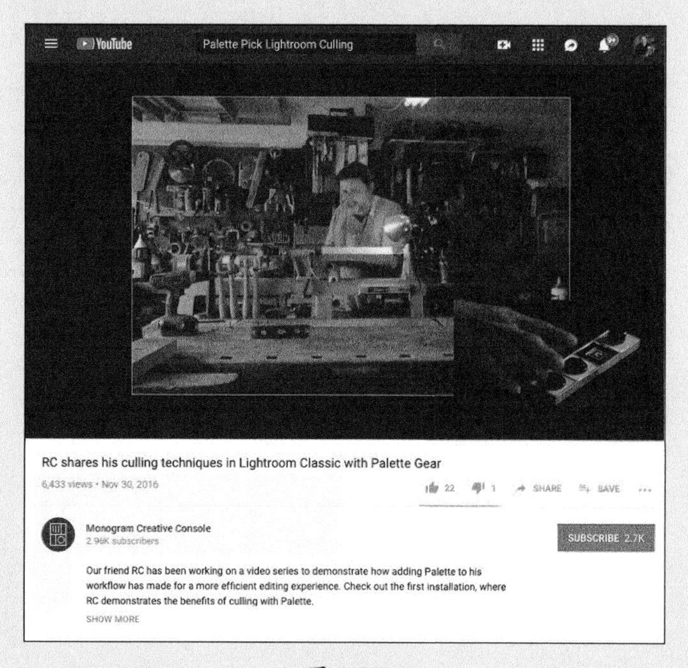

图 4-87

4.13 复习题

1. 何时使用收藏夹，何时使用收藏夹集？
2. 智能收藏夹有什么作用？
3. 什么是关键字？
4. 过滤器栏中有哪 3 种模式？
5. 如何根据位置搜索照片？

4.14 答案

1. 遇到下面几种情况，请考虑使用收藏夹：把一些位于不同文件夹中的照片集中在一起；把同一张照片放入不同的分组中；按照自己定义的顺序整理照片。借助收藏夹集，我们可以把多个收藏夹或收藏夹集放入同一个分组中，以此进一步组织照片。
2. 你可以对智能收藏夹进行配置，使其从图库中搜索并收录满足指定条件的照片。智能收藏夹会自动更新，当新导入的照片符合指定的条件时，Lightroom Classic 就会自动把它添加到智能收藏夹中。
3. 关键字是添加到照片元数据中的一些文本，用来描述照片内容，或者以某种方式对照片进行分类。我们可以使用共享关键字，依据主题、日期等关联关系把照片组织在一起。使用关键字有助于对目录中的照片进行查找、识别、分类等操作。类似于其他元数据，Lightroom Classic 会把关键字保存在照片文件或者 XMP 格式的附带文件（针对专用 RAW 格式的文件）中。
4. 过滤器栏中包含 3 种过滤器：【文本】【属性】【元数据】。组合使用这些过滤器，你可以在图库中搜索带有指定元数据或文本的照片，也可以根据旗标、星级、色标、复制状态过滤搜索结果，以及指定一些自定义的元数据搜索条件。
5. 一旦照片上有了地理位置标记，你就可以在【地图】模块下使用【位置过滤器】与【存储的位置】面板从图库中搜索在指定位置拍摄的照片了。在图库中，你可以使用【元数据】过滤器、元数据集来查看 GPS 数据或 GPS 位置。

摄影师
蒂托·埃雷拉（TITO HERRERA）

“让平凡变得不平凡。”

在阅读杂志的过程中，我爱上了摄影，从那些精彩的瞬间和普通人的故事中感受到了无尽的美感。这种美感从一开始就指引着我摄影，因为我清楚地知道想拍什么样的照片。工作中，我一直遵守着一个简单的规则：“让平凡变得不平凡。”

在我看来，评判照片好坏的主要标准不在于其表现的主题是否吸引人。事实上，一个地方人们很感兴趣的东西，到了另外一个地方，人们可能就会觉得稀松平常。一个主题之所以吸引人，往往不是因为主题本身有多么吸引人，而在于摄影师对它的呈现方式。如果拍摄不当，漂亮的人和景看上去就会很差劲；而一些常见的东西如果拍得好（可以从拍摄角度、光线条件来调整最终的呈现效果），就能紧紧抓住你的眼球，给你留下深刻的印象。

那么如何才能拍得好呢？我的窍门是保持开放的心态，保持好奇心和创造力，用心感受周围的一切，学会以不同的方式来看待一切。从寻找你后院的美景、好光线和有趣的主题开始。

摄影不是寻找令人惊艳的主题，而是让每个主题看起来都令人惊艳。

第5课

修改照片

课程概览

Lightroom Classic 提供了一套功能强大且易于使用的照片修改工具。借助这些工具，我们可以以较小代价让照片呈现较佳的效果。即使照片有各种各样的问题，例如曝光不对、拍摄角度有问题、构图不好、画面中有无关事物，使用 Lightroom Classic 进行修改、调整后，照片也能呈现出不俗的效果。

本课介绍【修改照片】模块下的各种基本编辑工具，包括用于自动调整、修片预设、裁剪、校正、修整等的工具。在本课学习过程中，我们还会介绍一些数字影像的背景知识。本课主要讲解以下内容。

- 裁剪照片，以获得最佳效果。
- 使用直方图、正确设置白平衡。
- 在【修改照片】模块中做基本调整。
- 向照片应用色彩配置文件。
- 使用锐化和去噪。
- 使用虚拟副本和快照。
- 制作吸引人的黑白照片。

学习本课需要 2~2.5 小时

在把照片导入 Lightroom Classic 并进行组织之后，接下来，就该使用 Lightroom Classic 中的各种工具（例如【自动调整】工具、【专门修饰】工具等）编辑照片了。学习过程中，大家可以放心地尝试这些工具，不用担心会造成什么恶果。在 Lightroom Classic 中，一切编辑都是非破坏性的，你做出的任何修改都不会破坏原始的照片文件。

5.1　学前准备

学习本课之前，请确保你已经为课程文件创建了 LRClassicCIB 文件夹，并创建了 LRClassicCIB 目录文件来管理它们，具体做法请阅读本书前言中的相关内容。

下载 lesson05 文件夹，将其放入 LRClassicCIB\Lessons 文件夹中。

❶ 启动 Lightroom Classic。

❷ 在【Adobe Photoshop Lightroom Classic- 选择目录】对话框中，在【选择打开一个最近使用的目录】列表中选择 LRClassicCIB Catalog.lrcat，单击【打开】按钮，如图 5-1 所示。

图 5-1

❸ Lightroom Classic 在正常屏幕模式中打开，当前打开的模块是上一次退出时的模块。在软件界面右上角的模块选取器中单击【图库】，如图 5-2 所示，进入【图库】模块。

图 5-2

5.2　把照片导入图库

首先，把本课用到的照片导入图库。

❶ 在【图库】模块下，单击左下角的【导入】按钮，如图 5-3 所示，打开【导入】对话框。

图 5-3

❷ 若【导入】对话框当前处在紧凑模式下，请单击对话框左下角的【显示更多选项】按钮（向下三角形），如图 5-4 所示，使【导入】对话框进入扩展模式，里面列出了所有可用选项。

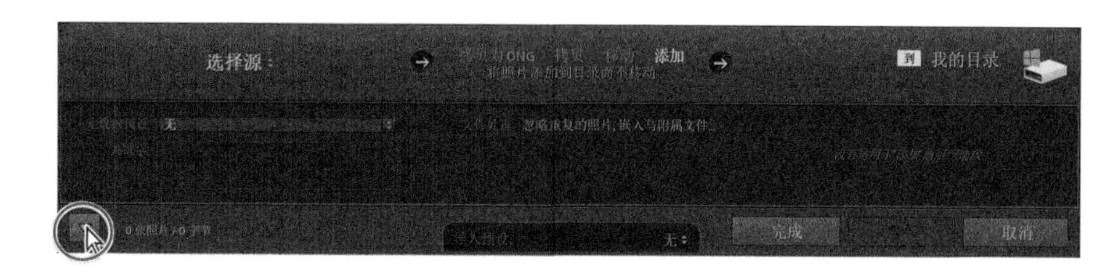

图 5-4

③ 在左侧【源】面板中，找到并选择 LRClassicCIB\Lessons\lesson05 文件夹，选择 lesson05 文件夹中的 10 张照片，准备导入它们。

④ 在预览区域上方的导入选项中选择【添加】，Lightroom Classic 会把导入的照片添加到目录中，但不会移动或复制原始照片。在右侧的【文件处理】面板中，从【构建预览】菜单中选择【最小】，取消勾选【不导入可能重复的照片】。在【在导入时应用】面板中，分别从【修改照片设置】和【元数据】菜单中选择【无】。在【关键字】文本框中输入“Lesson 05，Develop”，如图 5-5 所示，检查你的设置是否无误，然后单击【导入】按钮。

图 5-5

当 Lightroom Classic 从 lesson05 文件夹中把 10 张照片导入后，就可以在【图库】模块下的【网格视图】和工作区底部的胶片显示窗格中看到它们了。

5.3 【修改照片】模块

在【图库】模块的【快速修改照片】面板中，我们使用面板中各种基本的照片编辑选项只能对照片做基本调整。如果你希望对照片做更精细、更深入的调整与修改，还是得进入【修改照片】模块才行。【修改照片】模块是一个完整的编辑环境，里面提供了校正与增强照片画面所需要的各种工具。这些工具对初学者来说简单易用，对高级用户来说是功能强大的好帮手。

【修改照片】模块中有 3 种视图：【放大视图】（聚焦于单张照片）、【参考视图】（比较你的照片与参考照片）、【修改前后视图】（提供几种布局方式，方便比较编辑前后的照片）。工作区底部有一个工具栏，里面提供了切换视图的按钮，不同视图模式下显示的控件略有不同，如图 5-6 所示。

图 5-6

左侧面板组中有【导航器】面板（可折叠但无法隐藏）、【预设】面板、【快照】面板、【历史记录】面板、【收藏夹】面板。除【导航器】面板之外，其他面板都可以根据需要随便显示或隐藏。

【导航器】面板位于左侧面板组的最顶部，把照片放大后，可借助面板中的白色矩形框在画面中导航。应用修片预设之前，可在【导航器】面板中预览修片预设效果，还可显示照片修改历史中的某一阶段。【导航器】面板标题栏右端有一个缩放选取器，用来设置工作视图的缩放级别，如图 5-7 所示。

【直方图】面板位于右侧面板组顶部，紧接在下方的是一个工具栏，里面的工具用于裁剪照片、去除画面噪点、应用局部调整（渐变蒙版或径向蒙版），以及直接在画面上有选择地进行绘制调整等，如图 5-8 所示。单击其中任意一个工具，可展开工具选项面板，里面包含相应工具的控件和设置选项。

在【修改照片】模块右侧面板组中，工具和控件是按照常用顺序从上往下排列的，这种布局方式可以直观地引导你完成整个编辑流程。

工具条之下是【基本】面板，对照片进行颜色校正和色调调整就是从这个面板开始的。许多情况下，我们只使用这一个面板就能得到想要的结果。其他面板中包含的大都是针对照片某个方面专门进行调整的工具。

例如，你可以使用【色调曲线】面板微调色调范围的分布，增加中间调的对比度；使用【细节】面板中的控件对照片进行锐化，或者去除照片中的噪点。

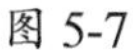

图 5-7

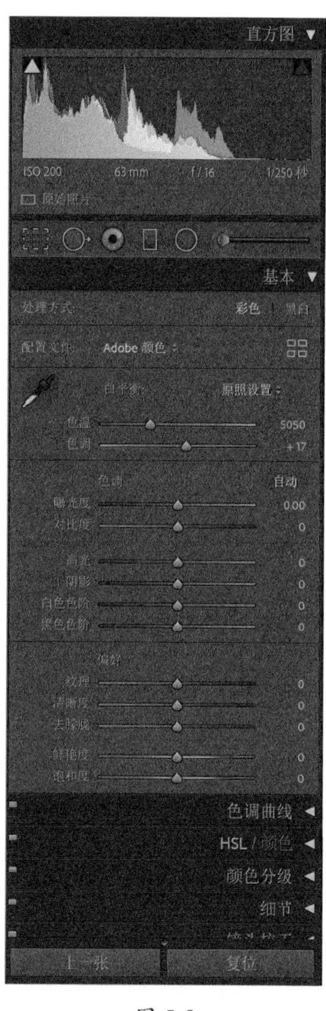

图 5-8

注意 调整照片时，这些工具并不是每个都会用到。许多情况下，我们只需要对照片做一些细微的调整。当你希望精细调整某张照片或者调整那些拍得有问题的照片（例如拍摄参数设置不理想）时，可以进入【修改照片】模块，里面有你需要的所有控件。

自定义【修改照片】模块

Lightroom Classic 在 2018 年 11 月发布的版本中，在【修改照片】模块中新增了一个功能。在右侧面板组中，使用鼠标右键单击任意一个面板的标题栏，从弹出菜单中选择【自定义“修改照片”面板】，弹出一个【自定义“修改照片”面板】对话框，里面包含右侧面板组中的所有面板名称，如图 5-9 所示。拖动面板名称，可改变面板排列顺序。勾选或取消勾选每个面板名称右侧的复选框，可以显示或隐藏相应面板。单击【Save】按钮，会提示你重启 Lightroom Classic。重启 Lightroom Classic 之后，右侧面板组中的面板就会按照你的设置进行组织，它只会按照你指定的顺序显示你需要的面板。

回到【自定义“修改照片”面板】对话框中，单击左下角的【默认顺序】按钮，再单击【save】按钮，重启 Lightroom Classic，右侧面板组中的面板就恢复了默认顺序。

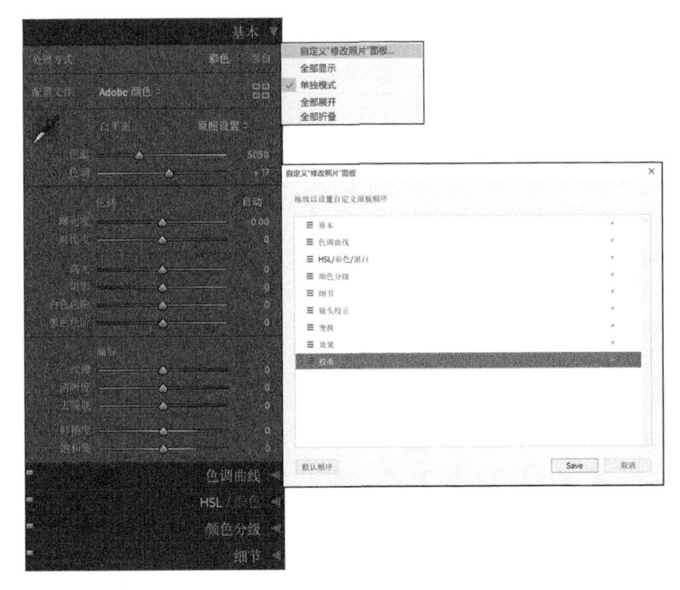

图 5-9

5.4 从上一次导入创建收藏夹

前面我们学习了如何在 Lightroom Classic 中创建收藏夹，接下来为待处理的照片创建收藏夹。这是一个好习惯，希望大家都能养成这样的习惯。

① 把照片导入图库之后，所有照片都存在于【目录】面板下的【上一次导入】中。按 Command+A（macOS）或 Ctrl+A（Windows）组合键，选择其中的所有照片。

② 单击【收藏夹】面板右上角的加号按钮（+），从弹出菜单中选择【创建收藏夹】。在【创建收藏夹】对话框中，把收藏夹名称命名为 Develop Module Practice，勾选【包括选定的照片】，单击【创建】按钮，如图 5-10 所示。

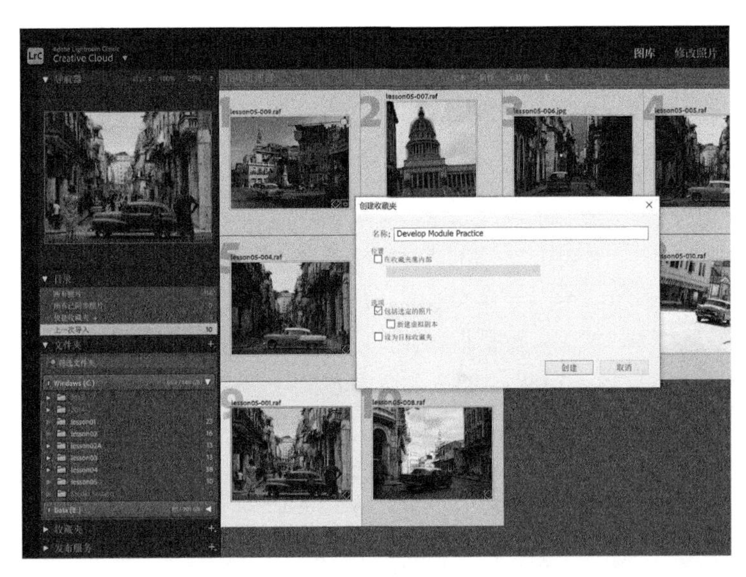

图 5-10

❸ Lightroom Classic 自动把选中的 10 张照片添加到 Develop Module Practice 收藏夹中，如图 5-11 所示。接下来就可以根据自己的喜好拖动照片，重新组织照片，或者在工作区底部的工具栏中，从【排序依据】菜单中选择【文件名】，按照文件名的顺序组织和显示照片，如图 5-12 所示。

图 5-11

图 5-12

注意 若工作区底部未显示工具栏，请按 T 键，将其显示出来。

组织好照片之后，接下来，我们一起从上到下认识一下【修改照片】模块中的一些最常用的工具。

5.5 裁剪与旋转照片

在 Lightroom Classic 中，我们可以使用【裁剪叠加】工具调整照片构图、裁掉多余的边缘、矫正照片等。

❶ 在【网格视图】或胶片显示窗格中选择一张照片（lesson05-010.raf），按 D 键，进入【修改照片】模块。

❷ 隐藏左侧面板组，扩大工作区。在【窗口】>【面板】菜单中，有隐藏或显示各个面板的键盘快捷键。若当前不在【放大视图】下，按 D 键，或者单击工具栏中的【放大视图】按钮。按 T 键，可显示出工具栏。

❸ 在【直方图】面板下的工具栏中单击【裁剪叠加】按钮或者按 R 键。此时，在【放大视图】下，照片上出现一个裁剪叠加矩形。同时，在【基本】面板上方打开【裁剪叠加】工具选项面板，如图 5-13 所示。

❹ 向内拖动裁剪框的 4 个角，裁剪框外部区域变暗，提示这些区域会被裁剪掉。拖动照片，可改变裁剪框中显示的照片内容。把鼠标指针移动到裁剪框之外，鼠标指针会变成一个弯曲的双向箭头，按住鼠标左键拖动，可沿顺时针或逆时针旋转照片，如图 5-14 所示。

图 5-13

图 5-14

❺【裁剪叠加】工具带有一套裁剪参考线，借助这些参考线，你可以把照片的构图调得更好一些。默认设置下，裁剪框中显示的是【三分法则】。按 O 键，可切换不同类型的参考线。图 5-15 中显示的裁剪参考线是【黄金螺线】。

提示 按 Shift+O 组合键，可改变裁剪参考线的叠加方向。

图 5-15

5.5.1 切换裁剪参考线

注意 Lightroom Classic 中的裁剪参考线有如下几种:【网格】【三分法则】【对角线】【三角形】【黄金分割】【黄金螺线】【长宽比】。

在校正与裁剪照片的过程中，我们可以把裁剪参考线用作参考辅助线。图 5-16 中使用的是【三分法则】，它是最常用的摄影构图方法之一。使用这种构图方法时，我们会把主体对象放在 4 条线的某个交叉点上，使其成为整个画面的兴趣中心。借助【三分法则】参考线裁剪照片时，应确保汽车的前格栅位于左下角的交叉点上，这会让照片画面显得更有趣。

图 5-16

实践中，我们并不需要使用所有参考线，你可以使用如下方法限制所看到的参考线数目。

从菜单栏中依次选择【工具】>【裁剪参考线叠加】>【选择要切换的叠加】，在【切换叠加】对话框中取消勾选不需要的参考线，单击【确定】按钮，如图 5-17 所示。这样，当你再次使用【裁剪参考线叠加】菜单时，只会看到那些已被选择的参考线。

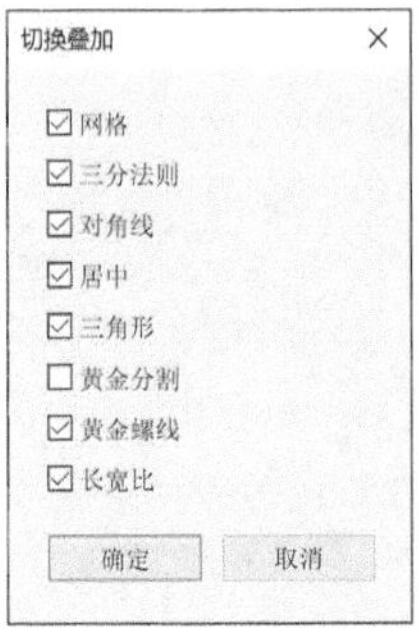

切换叠加

- ☑ 网格
- ☑ 三分法则
- ☑ 对角线
- ☑ 居中
- ☑ 三角形
- ☐ 黄金分割
- ☑ 黄金螺线
- ☑ 长宽比

确定　取消

图 5-17

5.5.2 使用【矫正】工具

【矫正】工具位于【裁剪叠加】工具的选项面板中，其工具按钮是一个水平仪。如果你的照片不正，你可以使用【矫正】工具把照片拉正。

注意 无论使用【矫正】工具还是手动旋转把照片扶正，当单击【裁剪叠加】工具或者双击【放大视图】中的照片应用裁剪时，Lightroom Classic 会自动把裁剪框之外的部分裁掉。裁剪时，Lightroom Classic 会根据指定的长宽比最大限度地保留照片内容。改变长宽比或者解锁长宽比可把照片修剪掉的部分减到最少。

1. 在【裁剪叠加】工具的选项面板中单击【矫正】工具。此时，鼠标指针变成一个十字星和水平仪。

2. 把鼠标指针移动到照片上，在画面中找一个应该保持水平或垂直的东西，沿着它拖动。这里，我们选择汽车的前保险杠。沿着汽车保险杠，从左到右拖动，形成一条参考线，Lightroom Classic 会根据参考线拉正照片，如图 5-18 所示。

图 5-18

5.5.3 按指定尺寸裁剪

裁剪照片时，我们常常希望裁剪框的长宽比与原始照片的长宽比一致（这里是 3：2，即 DSLR 传感器的长宽比）。但有时，我们又希望改变一下裁剪框的长宽比，以便把裁剪后的照片发布到某个社交平台上，例如 Instagram（长宽比为 1：1）、Facebook 等。

在【裁剪叠加】工具的选项面板中单击【长宽比】右侧的下拉按钮，弹出一个常用的照片尺寸列表，包括【1×1】(正方形)、【4×5】/【8×10】、【16×9】等，如图5-19所示。这里我们选择【16×9】裁剪照片，让照片画面有一种影片画面的感觉。选择比例后【裁剪叠加】工具自动调整裁剪框的长宽比，将其约束为16×9。

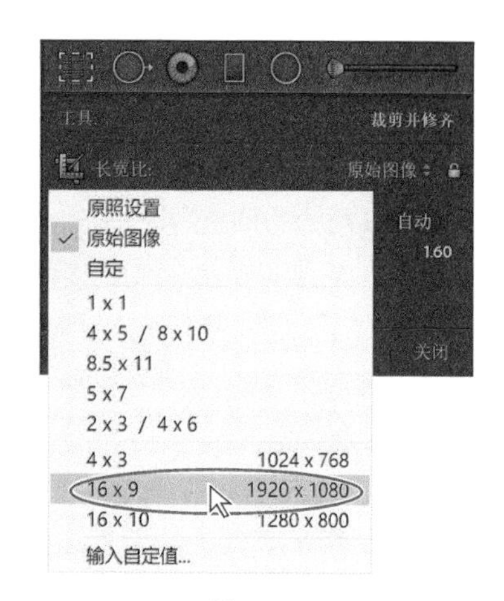

图 5-19

5.5.4 裁剪时隐藏无关面板

裁剪照片时，为了确保裁剪效果，最好把无关面板隐藏掉。按Shift+Tab组合键，可以隐藏软件界面中的所有面板、模块选取器，以及胶片显示窗格，把最大屏幕空间留给照片，以便我们观察画面，获得最佳裁剪效果。

隐藏面板之后，再按两次L键。第一次按L键，背景光变暗（变暗80%）；第二次按L键，关闭背景光。这样可以消除所有干扰我们视线的界面元素，让我们得以把精力全部集中到待裁剪的照片上。

按Return键（macOS）或Enter键（Windows），完成裁剪，如图5-20所示，然后按L键打开背景光，再按Shift+Tab组合键，重新显示各个面板。

图 5-20

提示 在Lightroom Classic中，所有编辑都是非破坏性的，包括裁剪照片。无论何时，你都可以返回去，重新激活【裁剪叠加】工具调整裁剪或照片角度。此时，照片中那些被剪掉的部分会再次显示出来，你可以根据需要旋转照片，或改变裁剪的区域和大小。

5.6 什么是相机配置文件

使用JPEG格式拍摄照片时，相机会自动向拍摄的照片应用颜色、对比度、锐化效果。当使用RAW格式拍摄时，相机会记录下所有原始数据，同时创建一个小尺寸的JPEG格式的预览图（包含所有颜色、对比度、锐度），你可以在相机的LCD屏上看见它。

当把一张照片导入Lightroom Classic时，最初，Lightroom Classic会把照片的JPEG格式的预览图作为缩览图显示出来。在后台，Lightroom Classic会渲染原始数据（这个过程叫“去马赛克”），以便我们在屏幕上查看和处理照片。在这个过程中，Lightroom Classic 会查看照片的元数据（白平衡以及相机颜色菜单中的一切），并尽其所能进行解释。

但是，有些相机专用设置的 Lightroom Classic 解释不了，导致预览图与你在相机 LCD 屏上看到的 JPEG 格式的预览图不一样。因此，在照片导入期间或导入之后，预览图的颜色就发生了变化。

这种颜色的变化让许多摄影师懊恼不已。为了解决这个问题，Lightroom Classic 开发者加入了相机配置文件（这些预设用来模拟相机 JPEG 照片中的设置）。虽然不是百分百一样，但是使用这些相机配置文件可以使预览图与你在相机 LCD 屏上看到的效果最接近。以前，这些相机配置文件都存在于相机校准面板中。

随着时间的推移，使用它们的摄影师越来越多，有些摄影师还为一些艺术效果专门创建了配置文件。为了色彩保真度和艺术表现的需要，摄影师们经常要添加配置文件，Adobe 公司意识到了这一点，于是把【配置文件】放到了【基本】面板中。

5.6.1 使用配置文件

2018 年 4 月发布的 Lightroom Classic 版本大大扩展了摄影师在工作流程中使用相机配置文件的方式，支持如下 3 种类型的配置文件。

- Adobe Raw 配置文件：这些配置文件不依赖于相机，其目标是为摄影师拍摄的照片提供一致的外观和感觉。
- Camera Matching 配置文件：这些配置文件模拟的是相机内置的配置文件，不同相机厂商不一样。
- 创意配置文件：这些配置文件是为艺术表现而创建的，它使 Lightroom Classic 拥有了使用 3D LUT 获得更多着色效果的能力。

注意 颜色查找表（Lookup Table，LUT）是重新映射或转换照片颜色的表格。LUT 最初用在视频领域中，用来使不同来源的素材外观看起来相似。随着 Photoshop 用户开始使用它们为图像着色（作为一种效果），LUT 逐渐普及流行起来。这些效果有时被称为电影色。

了解了各种配置文件的功能之后，接下来，我们学习一下如何使用它们来提升我们的作品。我们继续使用上面刚刚裁剪过的照片。若当前不在【修改照片】模块下，请按 D 键，进入【修改照片】模块。为了便于观看应用效果，请单击左侧和底部中间的灰色三角形按钮，关闭左侧面板组和胶片显示窗格。

【配置文件】区域位于【基本】面板顶部，紧接在【处理方式】区域之下，如图 5-21 所示。配置文件弹出菜单在左侧，里面列出了一些 Adobe Raw 配置文件（仅在处理 RAW 文件时显示），用于模拟相机设置，如图 5-22 所示。此外，你还可以使用【配置文件浏览器】把喜欢的配置文件添加到这个菜单中，以便访问。

【配置文件浏览器】（工具按钮是 4 个矩形）位于右侧，在其中你可以找到各种配置文件，包括 Adobe Raw 配置文件。

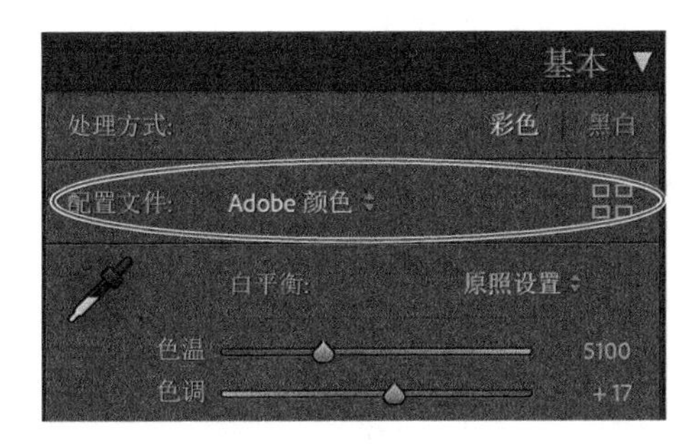

图 5-21

图 5-22

- Adobe 单色：经过精心调校，制作黑白照片时最好先应用它，然后再做进一步调整；相比于在【Adobe 标准】下把照片转换成黑白照片，应用【Adobe 单色】能够产生更好的色调分离和对比度。
- Adobe 人像：针对所有肤色进行了优化，它能更好地控制和还原肤色，而且可小幅度地调整肤色的对比度和饱和度，这样你可以更精确、更自由地控制关键人像。
- Adobe 风景：专为风景照片打造，能够把天空、树叶等表现得更鲜艳、更漂亮。
- Adobe 颜色：有非常小的对比度，当你希望最大限度地控制照片，或者处理色调范围很不理想的照片时，建议使用它。
- Adobe 鲜艳：能明显地提升饱和度，如果你希望照片画面鲜艳、色彩强烈，不妨试试它。

虽然 Adobe 公司把 Adobe Raw 配置文件做得很好，但是还是有许多摄影师更喜欢使用 Camera Matching 配置文件。这些配置文件是针对特定相机的，它们是根据相机中那些可选用的配置文件制作的。要查看 Camera Matching 配置文件，请单击【配置文件浏览器】按钮。

5.6.2 使用【配置文件浏览器】

在【配置文件浏览器】面板中，你可以找到 Adobe 公司制作的所有配置文件。【配置文件浏览器】面板顶部是 Adobe Raw 配置文件，前面我们已经介绍过了。Camera Matching 配置文件是针对特定相机的，不同相机类型有不同的配置文件数目。

【配置文件浏览器】面板底部是创意配置文件，其包含如下几类：【黑白】【老式】【现代】【艺术效果】。展开其中任意一类，你会看到一系列缩览图，用来展示每种配置文件应用到照片上的效果。

我强烈建议你亲自动手试一试每种配置文件，看看它们都能产生什么样的效果。使用 Camera Matching 配置文件，你可以一键获得类似于在相机 LCD 屏中看到的效果。而使用创意配置文件，你可以向照片添加某些创意，把自己的一些想法融入画面之中。当你选择一种创意配置文件时，Lightroom Classic 就会在【配置文件浏览器】面板顶部显示一个【数量】滑动条，拖动滑块，可以控制效果应用的强弱。单击【配置文件浏览器】面板右上角的【关闭】按钮，返回到【基本】面板中。

创意配置文件中还有黑白预设，使用这些预设能够明显地增强照片画面，有助于创建出吸引人的黑白照片，你可以在这些预设的基础上根据需要做进一步调整。后面课程中，我们会详细介绍如何创建黑白照片。

这里我们选择【老式 06】预设，单击【关闭】按钮，如图 5-23 所示。

应用【老式 06】预设之后，照片画面看上去比较粗糙，中间调压缩得也很厉害。

图 5-23

5.7 调整白平衡

白平衡指照片中光线的颜色。不同的光线（例如荧光灯、钨丝灯、阴天等）让照片画面有不同的颜色倾向。白平衡调整的是照片的色温和色调，通过调整两者，把照片颜色恢复成你希望的样子。单击 lesson05_005.raf 照片，再单击【白平衡】右侧菜单（【白平衡】位于【基本】面板顶部），从弹出菜单中选择【原照设置】，如图 5-24 所示。这里，建议你从【白平衡】菜单中选择其他预设试试。

图 5-24

如果照片是用 RAW 格式拍摄的，你可以在【白平衡】菜单中看到更多选项，这些选项通常在相机中也有，但是不适用于使用 JPEG 格式拍摄的照片。请根据照片拍摄时的光线，选择一种最符合的预设。当然，你也可以通过调整【色温】和【色调】来手动调整照片的白平衡。

注意 对于使用 RAW 格式拍摄的照片，设置照片的白平衡时，你可以在【白平衡】菜单中找到多个预设，设置照片白平衡较快的一种方法是使用【白平衡选择器】。当使用 JPEG 格式拍摄照片时，相机会把白平衡应用到照片上，所以【白平衡】菜单中可用的预设并不多。

在为照片设置白平衡时，如果你对【白平衡】菜单中的所有预设都不满意，你可以使用【白平衡选择器】手动设置白平衡。首先，单击【白平衡选择器】按钮（吸管），或者按 W 键，然后把鼠标指针移动到照片上，找一块中性色区域（例如浅灰或中性灰）单击，如图 5-25 所示。寻找中性色时，你可以使用放大镜把照片放大，这样有助于你寻找中性色。

图 5-25

示例照片中拍摄的是一辆疾驶在哈瓦那街道上的汽车，我希望去掉照片中的蓝色调。当把照片的白平衡调整得差不多之后，我会进一步调整照片的色温，以便获得想要的结果，如图 5-26 所示。虽然有时使用【白平衡选择器】无法直接得到令人满意的结果，但是至少能够得到差不多的结果，你可以在此基础上做进一步调整，这能大大节省调整白平衡的时间。

图 5-26

关于白平衡

要正确显示照片文件中记录的所有颜色信息，关键是要使照片中的颜色分布均衡，即纠正照片的白平衡。

纠正照片白平衡是通过移动照片的白点实现的。白点是一个中性点，其周围的颜色沿着两根轴分布，一根轴是色温（由蓝色到红色，图 5-27 中的曲线箭头），另一根轴是色调（由绿色到洋红色，图 5-27 中的直线箭头）。

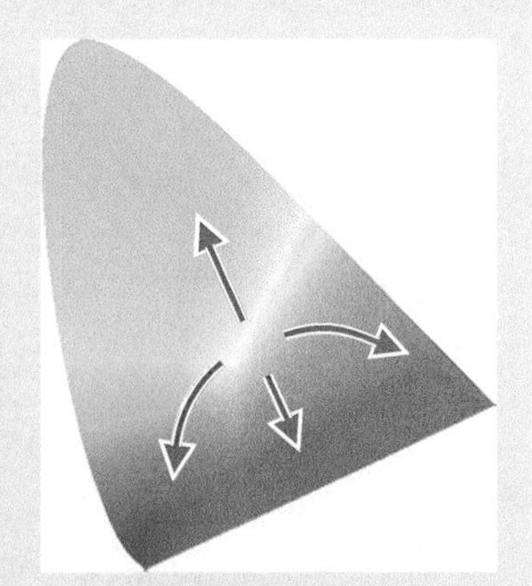

图 5-27

照片的白点反映的是照片拍摄时的照明条件。不同类型的人工照明有不同的白点，它们产生的光线往往以一种颜色为主，缺少另一种颜色。天气条件也会对白平衡产生影响。

光线中的红色越多，照片颜色就越偏暖；蓝色越多，照片颜色就越偏冷。照片颜色沿着这个轴变化，就形成了所谓的“色温”，而“色调”指的是照片颜色向着绿色或洋红色方向变化。

拍照时，数码相机传感器会记录被拍摄物体反射过来的红色、绿色、蓝色光的数量。在纯白光线下，中性灰物体、黑色物体或白色物体会等量反射光源中的所有颜色。

若光源不是纯白的，而是以绿色占主导（例如常见的荧光灯），则反射光线中绿光的含量就非常高。除非知道光源的组成，并对白平衡或白点进行了相应的修正，否则即便看起来是中性色的物体也会向绿色偏色。

使用自动白平衡模式拍摄时，相机会尝试根据传感器捕获的颜色信息来分析光源的组成。虽然现代相机在自动分析光线和设置白平衡方面做得不错，但也不是绝对可靠的。若相机支持，最好还是在拍摄之前先使用相机测量一下光源中的白点，这通常通过在与目标对象相同的光照条件下拍摄白色或中性浅灰色物体来实现。

除了相机传感器收集的颜色信息之外，原始图像中还包含拍摄时的白平衡信息，记录相机拍摄时所确定的白点。Lightroom Classic 能够使用这些信息正确地解释给定光源的颜色数据，它会把白点信息作为校准点，并参考这个校准点移动照片中的颜色，以校正照片的白平衡。

【基本】面板的左上角有一个【白平衡选择器】工具，你可以使用这个工具校正照片的白平衡。首先在照片上找一块浅中性灰区域，单击该区域进行采样，Lightroom Classic 会使用采样信息确定校准点，然后根据校准点设置白平衡。

在照片画面中移动【白平衡选择器】工具（吸管）时，吸管右下方会出现一个小窗口，里面显示的是要拾取的目标中性色的 RGB 值。为避免颜色偏移过度，请尽量单击红、绿、蓝这 3 色颜色值接近的像素。不要选择白色或非常浅的颜色（例如高光区域）作为目标中性色，在非常亮的颜色中，有一种或多种颜色可能已经被剪切掉了。

色温定义参考了黑体辐射理论。当对一个黑体加热时，黑体首先呈现红色，然后是橙色、黄色、白色，最后是蓝白色。色温是指加热黑体呈现某种颜色时的温度，单位是开尔文（K），0K 相当于 -273.15℃或 -459.67 ℉，单位为开尔文的增量与单位为摄氏度的增量是等价的。

我们常说的暖色含红色较多，冷色含蓝色较多，而且暖色色温（开尔文）比冷色色温低。烛光照亮的暖色场景的色温大约是 1500K，明亮日光的色温大约是 5500K，阴天的色温大约是 6000 ~ 7000K。

【色温】滑块用于调整指定白点的色温（K），左低右高，向左移动【色温】滑块会降低白点的色温，如图 5-28 所示。因此，Lightroom Classic 会认为照片中的颜色比白点的色温高，从而朝着蓝色偏移照片颜色。【色温】滑动条中显示的颜色表示把滑块向相应方向移动时照片会偏向哪种颜色。向左移动滑块时，照片中的蓝色增加，画面偏蓝；向右移动滑块时，照片画面看上去会更黄、更红。

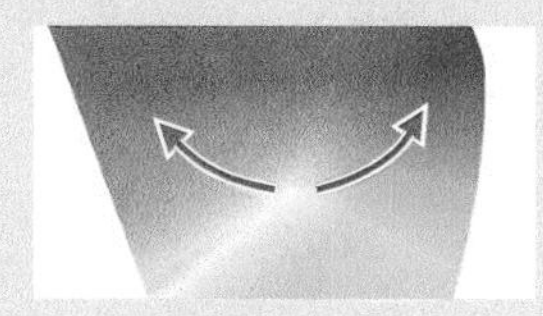

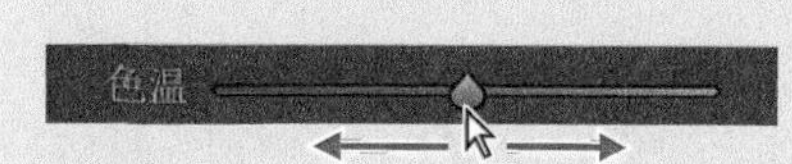

图 5-28

【色调】滑块的工作方式类似。向右移动【色调】滑块（即远离滑动条的绿色一端），照片中的绿色减少，如图 5-29 所示。这会增加白点中的绿色含量，因此 Lightroom Classic 会认为照片颜色比白点的绿色少。

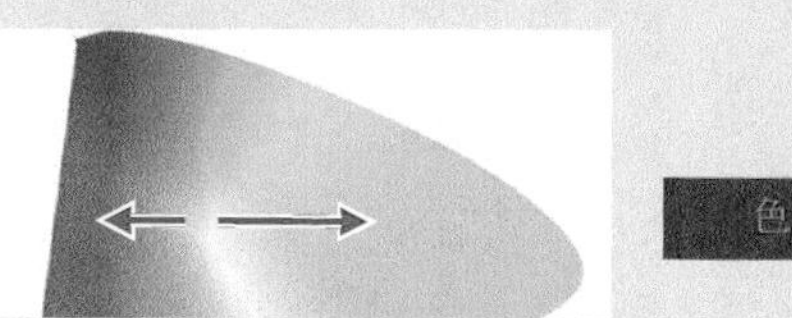

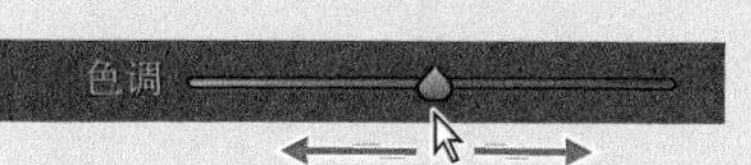

图 5-29

调整【色温】与【色调】滑块，色域中的白点就会发生相应移动。

5.8 调整曝光度与对比度

曝光由相机传感器捕捉的光线量决定，用 f 值（描述相机镜头的进光量）表示。事实上，【曝光度】滑块模拟的就是相机的光圈值：把曝光度设置为 +1.00，表示曝光比相机测定的曝光值多 1 挡。在 Lightroom Classic 中，【曝光度】滑块影响的是中间调的亮度（就人像来说，指的是皮肤色调）。向右拖动【曝光度】滑块，提高照片中间调的亮度；向左拖动【曝光度】滑块，降低照片中间调的亮度。这一点可以从画面的变化看出来，向右拖动【曝光度】滑块，照片画面变亮；向左拖动【曝光度】滑块，照片画面变暗。

❶ 选择照片 lesson05_005.raf，在【基本】面板中向右拖动【曝光度】滑块，使其数值变为 +1.00，如图 5-30 所示，此时照片画面变亮了。

图 5-30

❷ 在右上角的【直方图】面板中，把鼠标指针移动到直方图的中间区域，受曝光度影响的区域会呈现亮灰色，同时直方图的左下角出现【曝光度】几个字，如图 5-31 所示。

调整【曝光度】之前，照片像素大都堆积在直方图左侧（图 5-31 左图）；调整之后，所有像素向右移动（图 5-31 右图）。

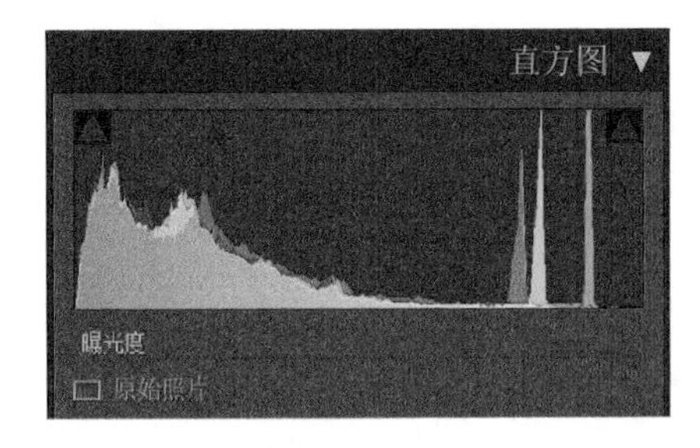

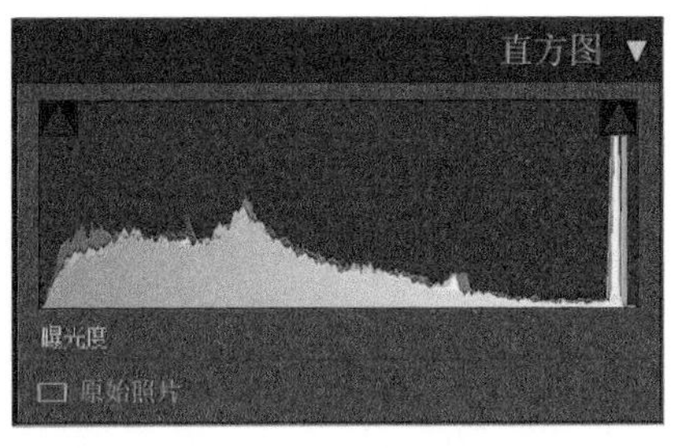

图 5-31

【对比度】用来调整照片中最暗区域与最亮区域之间的亮度差。向右拖动【对比度】滑块（提高对比度），直方图中的数据向两边拉伸，如图 5-32 所示，结果使画面中黑色区域更黑，白色区域更白。这看起来就像把直方图从中间分开（或接上）。

图 5-32

提示 不管滑块在调整面板的什么地方，如果你希望 Lightroom Classic 自动调整它，按住 Shift 键然后双击滑块即可。这在设置【对比度】时特别有用（例如你选择手动设置曝光度和对比度，而不使用【自动】按钮），因为对比度很难调好（你可能很容易把高光和阴影搞糟）。

向左拖动【对比度】滑块（降低对比度），直方图中的数据会向内压缩，最暗端（纯黑）与最亮端（纯白）之间的距离缩短，如图 5-33 所示，照片画面变得灰蒙蒙的，又平又脏。

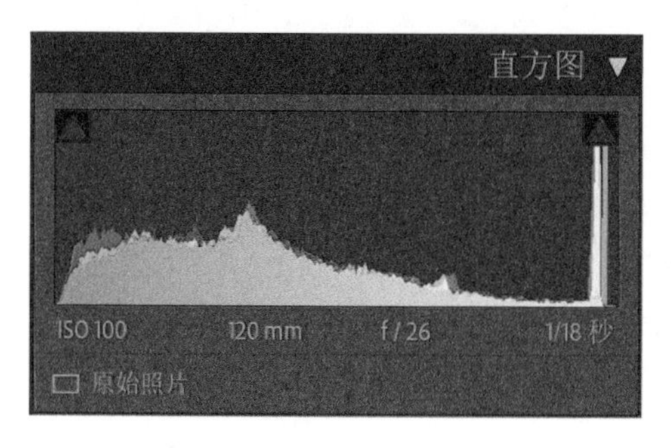

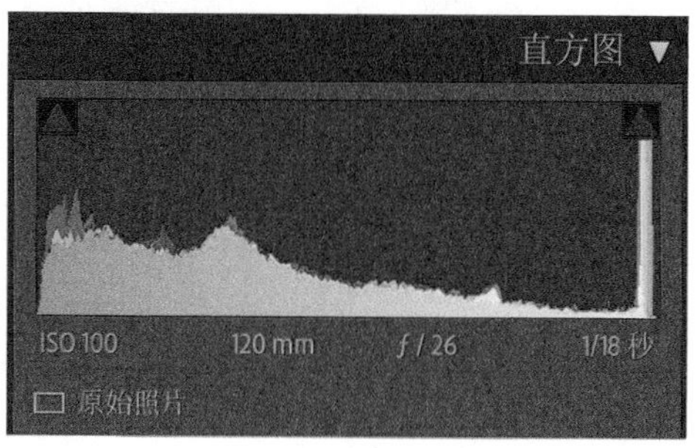

图 5-33

③ 不断尝试调整照片的对比度，并观察结果。这里，我们把【曝光度】设置为 +1.00，【对比度】设置为 +40，这会使照片画面显得很醒目。

④ 按 Y 键，进入修改前与修改后的【比较视图】，如图 5-34 所示。通过比较修改前后的画面，你可以大致了解当前照片修改成了什么样子。这也是使用 RAW 格式拍摄照片的好处之一。

图 5-34

5.9 调整阴影和高光

【高光】与【阴影】滑块分别用来从高光区域与暗部区域找回一些细节。在照片画面中，过暗或过亮区域中的细节会丢失。照片中的某个阴影区域过暗（有时叫“死黑”），该区域就会因缺少足够的数据而无法显示细节；若某个高光区域过亮（有时叫“死白”），该区域的细节也会丢失。

提示 按 J 键，可快速打开或关闭高光剪切或阴影剪切警告。

一般情况下，我们都希望照片的阴影和高光区域中有足够多的细节，同时又不会影响到照片的其他部分。请看图 5-35，拍摄时，我故意欠曝一些，防止高光溢出，但这样做导致照片底部的阴影区域丢失了一些细节。下面我们尝试使用【阴影】滑块找向暗部区域的一些细节。

图 5-35

❶ 在【修改照片】模块下，打开 lesson05_008.raf 照片，把【曝光度】设置为 -1.00，使照片欠曝一些。移动鼠标指针到阴影剪切警告（位于直方图的左上角）上，此时，照片画面中的某些区域出现蓝色，这些区域就是被剪切掉的阴影区域。与之类似，画面中高光过曝的区域呈现红色，单击直方图右上角的方框，可打开高光剪切警告，如图 5-36 所示。左右拖动【曝光度】滑块，在画面中查看阴影剪切警告和高光剪切警告。把【曝光度】恢复成 -1.00。

图 5-36

❷ 向右拖动【阴影】滑块，观察照片底部的“死黑”区域，看看能找回多少细节。当画面中的蓝色区域（阴影）或红色区域（高光）消失，或者直方图上的剪切警告变灰时，阴影剪切或高光剪切就没有了，如图 5-37 所示。

图 5-37

❸ 这里，尽管我把【曝光度】降到了 -1.00，但是在高光区域中仍然有些细节丢失了。此时，我们可以把【高光】降低到 -68，在高光区域中找回更多细节。这不仅帮助我们找回了一些高光细节，而且还给天空添加了一些戏剧性变化，如图 5-38 所示。

图 5-38

使用【阴影】和【高光】滑块时，重要的是知道它们不会做什么。调整【阴影】滑块时，不会影响到高光。同样，拖动【高光】滑块时，也不会干扰到阴影。这正是它们的强大之处。

在 Lightroom Classic 中修改照片时，虽然还有其他大量工具可以选用，但是根据我个人的修片经验，我觉得很多时候修改照片只使用【曝光度】【对比度】【阴影】【高光】这 4 个滑块就够了。

5.10 调整白色色阶和黑色色阶

直方图表现的是照片中整个色调范围内的像素数据，因此我们最好要确定这个范围的边界在哪里。

白色色阶和黑色色阶是照片中最亮的部分和最暗的部分，把它们确定下来，色调范围的边界也就有了。很多照片中（并非所有），只要确保所有像素都在白色色阶和黑色色阶之间，就能得到一张非常棒的照片，如图 5-39 所示。

打个比方，院子里有一群孩子在玩耍，但他们只占据了半个院子，另一半空着。最理想的状态是把孩子们分散到整个院子中。在照片中，我们不太容易找到白色色阶和黑色色阶的确切位置，如图 5-40 所示。

图 5-39

① 在【修改照片】模块下，打开 lesson05_009.raf 照片。按住 Opiton 键（macOS）或 Alt 键（Windows），单击【白色色阶】滑块。此时，照片画面全黑。向右拖动【白色色阶】滑块，你会看到一些颜色发生了变化。我们要找的是第一块变白的大块区域，这块区域是剪切的边界，也是在保证不损失细节的情况下整个照片中最亮（最白）的区域。在白色区域出现之前的所有颜色都处在高光剪切范围内，如图 5-41 所示。

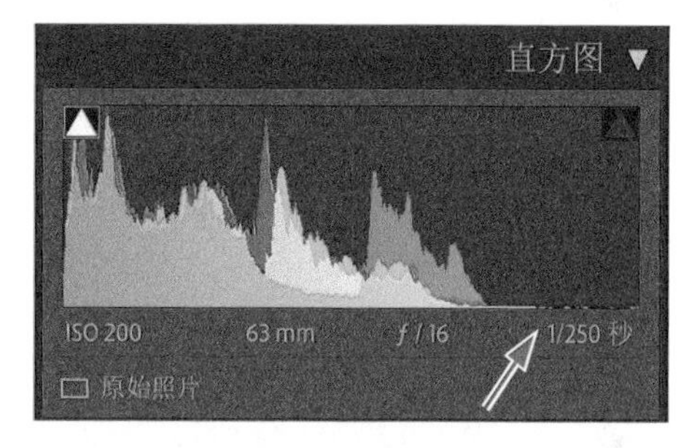

图 5-40

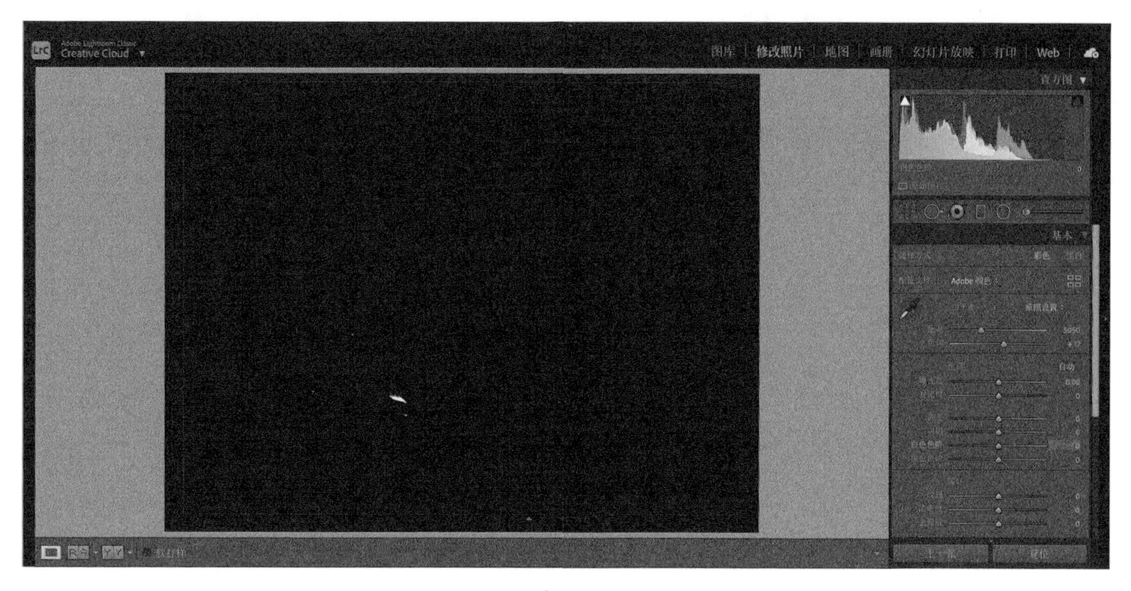

图 5-41

图 5-41（续）

调整白点时，若出现明亮的颜色，这就是所谓的偏色。在示例照片中，右上角出现了一点蓝色。拖动滑块的过程中，你会看到其他颜色，但是请记住，我们要寻找的是白色。

什么是直方图?

在 Lightroom Classic 中查看照片时，人们常常会说到直方图。有人说照片的直方图应该是一条曲线，还有人说直方图应该是图 5-42 这个样子。其实，这些都不重要，重要的是你要知道，当看一个直方图时看的是什么，还要知道直方图只是一个工具，从来就不是目标。

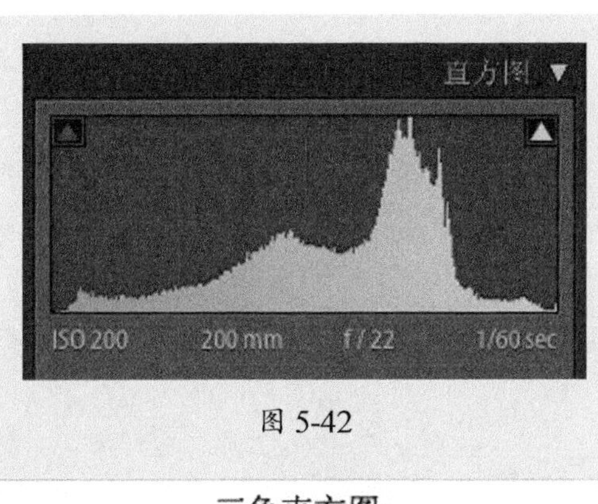

图 5-42

其实直方图很简单，只要把它看成一个图表就行了。在直方图左侧的像素的亮度是 0%，在直方图右侧的像素的亮度是 100%。白色区域显示的颜色值从 0 到 255，每一个都是从最暗到最亮。

假设照片中只有 3 个亮度值，把它们画在图表（柱状图）中，最终你的直方图（现在买的相机肯定不会有这样的直方图）如图 5-43 所示。

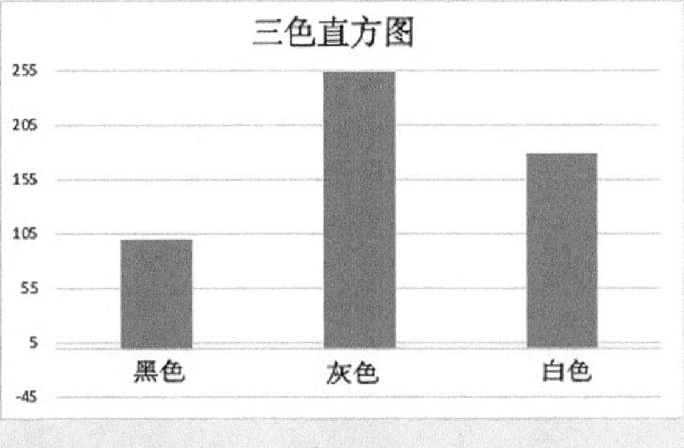

图 5-43

现在，你的直方图中有了 12 个亮度，把这 12 个亮度值画在图表（柱状图）中，如图 5-44 所示。此时，柱状图看起来有点拥挤了。

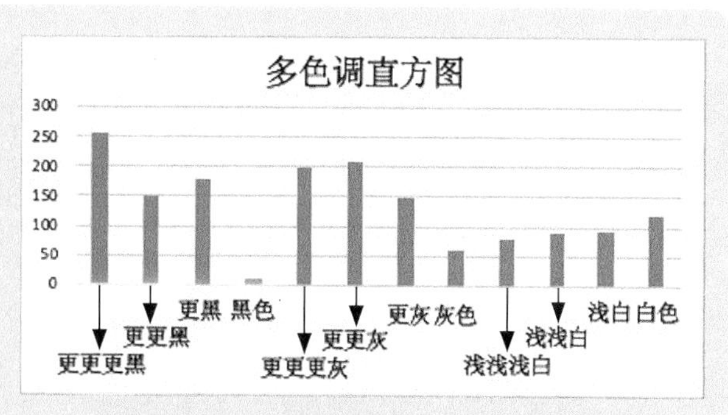

图 5-44

直方图就是柱状图，只不过包含了大量竖条，而且它们是互相紧挨在一起的，但其本质还是一个柱状图。直方图中，从左到右是亮度值（*x* 轴），从上到下是每个亮度值的亮度（*y* 轴），其值介于 0 到 255 之间，如图 5-45 所示。

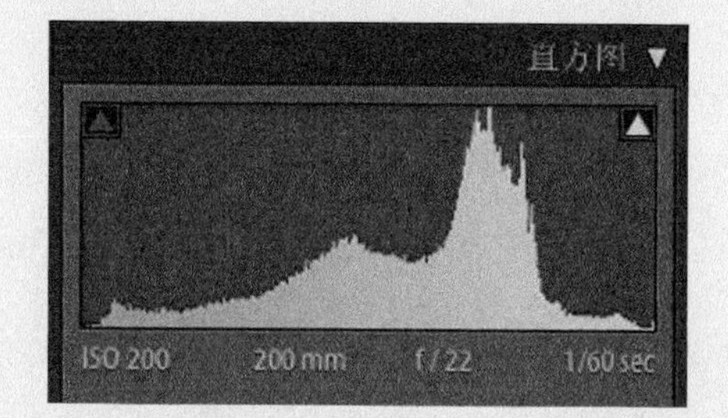

图 5-45

直方图中有些带颜色，它们也是柱状图，每种颜色对应一种柱状图，它们全部位于原始图表之后。每种颜色（例如蓝色）的柱状图表示的是相应颜色的像素数，左侧最暗，右侧最亮。

黄色、红色也是一样，它们全是柱状图，用于指示照片中有多少数据，如图 5-46 所示。更重要的问题是：你想得到什么？

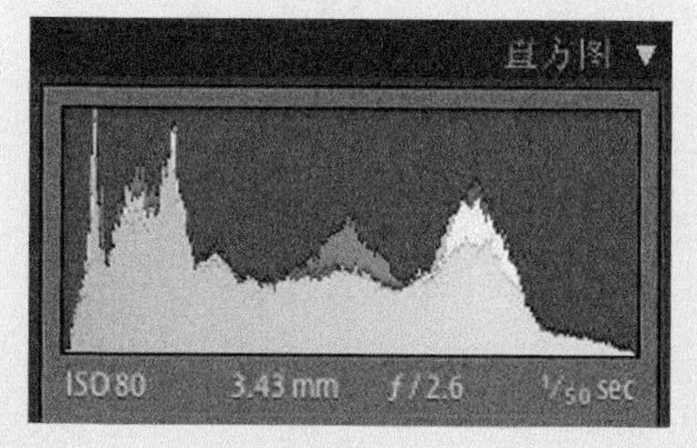

图 5-46

直方图名人堂

我曾经认为：我们一直追求的“完美”的直方图是一条钟形曲线，但是在雪城大学与著名人像摄影师 Gregory Heisler 一番交谈之后，我的看法变了。Heisler 教授认为，事实证明，意图绝对比直方图的形状更重要。

交谈中，他出示了一系列照片，这些照片的直方图都收录在他的“直方图名人堂”中。这些照片的直方图看上去都有问题，但其实都是摄影师有意为之，而且理由充分。

出于版权的原因，我不能在这里向你展示那些照片，但你可以找几张照片测试。这里，我准备了 5 张照片，比较一下它们的直方图，如图 5-47 所示。

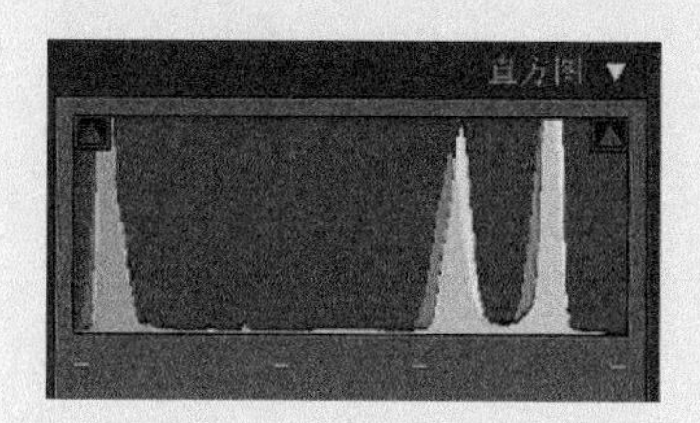

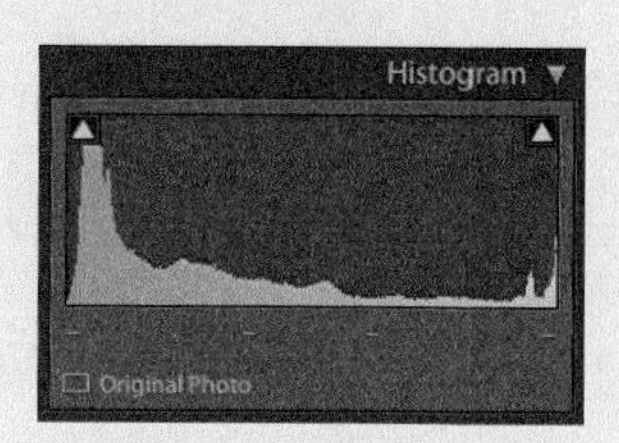

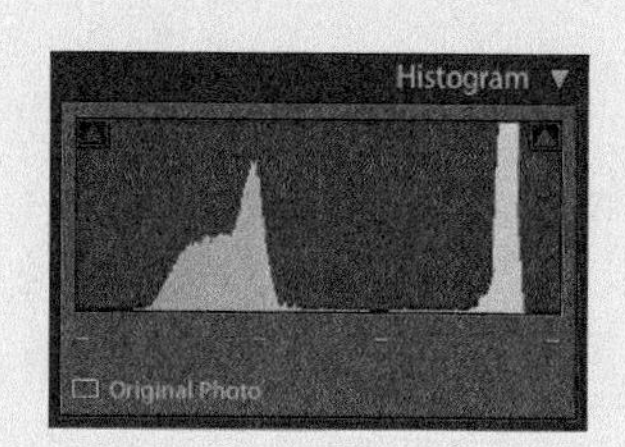

图 5-47

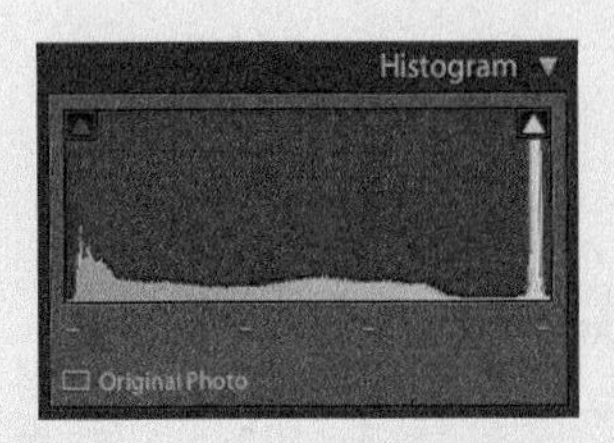

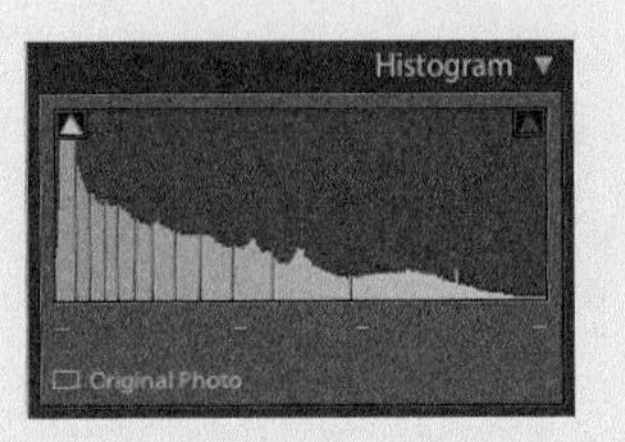

图 5-47（续）

使用直方图时，注意观察哪些部分被剪切掉了，以及如何做补救。本课我们会讲到相关内容。

❷ 设定好白色色阶之后，按住 Option 键（macOS）或 Alt 键（Windows），单击【黑色色阶】滑块，并向左拖动。此时，照片画面全白，我们要在画面中找到第一个黑点。当出现第一个黑点时，停止拖动【黑色色阶】滑块。与黑点同时出现的其他颜色在调整之后会变成全黑，如图 5-48 所示。

图 5-48

❸ 请注意直方图调整前后的变化。继续调整照片：设置【曝光度】为 +0.05、【对比度】为 +5、【高光】为 -24、【阴影】为 +19、【白色色阶】为 +60、【黑色色阶】为 -7。这样在增加画面亮度的同时，又在画面中保留了大量细节，如图 5-49 所示。

这就引发出了一个问题：调整照片时，是不是使用【白色色阶】和【黑色色阶】要比使用【曝光度】和【对比度】好？不一定。即便不使用【白色色阶】和【黑色色阶】，我们也可以结合使用【曝光度】【对比度】【阴影】【高光】这几个滑块调出类似的效果。学习修改照片的过程中，我们不仅要了解相关技术的工作原理，还要积极寻找最适合自己的操作方法。

图 5-49

5.11 调整清晰度、鲜艳度和饱和度

调整好照片的色调之后，接下来，我们使用【基本】面板中的其他一些设置项进一步调整照片。在照片的基本编辑中，调整照片的清晰度、鲜艳度、饱和度一般都是必不可少的。首先，打开前面处理过的 lesson05-005.raf 照片。

❶ 对照片做如下调整：设置【色温】为 6570、【色调】为 +8、【曝光度】为 +0.55、【对比度】为 +60、【高光】为 -100、【阴影】为 +85、【白色色阶】为 +36、【黑色色阶】为 -15，如图 5-50 所示。

调整照片的对比度时，照片的阴影、高光、白色色阶、黑色色阶都会受到影响。前面我们没怎么动照片的中间调，其实有时在中间调中加一点冲击力，对于提升整个画面的表现非常有帮助。

图 5-50

② 拖动【清晰度】滑块，将其设置为 +55，如图 5-51 所示。

【清晰度】滑块控制着照片中间调的对比度。【清晰度】滑块很适合用来为照片中的某些元素增强质感，例如照片中的金属、纹理、砖墙、头发等，增加一点清晰度，这些元素的质感都会得到明显的提升。

图 5-51

注意 使用【清晰度】滑块时，请不要将其应用至焦外区域，也不要应用到画面中柔和的元素上。请慎重使用【清晰度】滑块，最好通过调整画笔来应用清晰度，相关内容我们将在下一课讲解。

进一步增强细节:【纹理】滑块

2019 年 5 月，Lightroom Classic 新增加了一个工具——【纹理】滑块，如图 5-52 所示。我非常喜欢这个新工具，而且用得越来越多。

图 5-52

最初，【纹理】滑块用于在人像修饰过程中对皮肤做平滑处理，它能够以一种非常精细的方式向照片的特定区域添加细节。

照片由高频、中频、低频区域组成。在对照片做锐化等处理时，调整肯定会作用到画面中某些元素的边缘。这些元素的边缘就位于画面的高频区域中。当调整过大时，你会发现这些调整也会影响到照片的中间调和阴影区域。

使用【纹理】滑块，可向照片的中频区域添加细节，同时不会影响到低频区域。

调整【清晰度】滑块，能够明显加强中间调的对比度，但是往往也会影响到照片的其他区域。【纹理】滑块的作用与【清晰度】滑块有点类似，能够增加细节，但又不像【清晰度】滑块那样有负面影响。

在图 5-53 中，把【清晰度】滑块拉到最右边，你会发现汽车后面的墙体以及车顶部的暗晕受到了严重影响。

图 5-53

在图 5-54 中，把【纹理】滑块拉到最右边，照片中出现了更多细节，同时墙体也没怎么受影响。

根据我个人的经验，调整照片过程中，我一般会结合使用【清晰度】和【纹理】两个滑块来得到想要的细节。我建议大家多做尝试，探索一下如何使用这两个滑块才能得到你想要的细节。

图 5-54

除了使用高低频技术增加画面细节之外，很多人还使用这种技术把高频区域分离出来做柔化处理，效果如图 5-55 所示。在 Potoshop 修片中，这种技术叫“频率分离”（分频法）。

图 5-55

做频率分离时，我们会把高频（细节）与低频（颜色与色调）分离开，这样一方面可以减少皮肤上的一些瑕疵，另一方面又可以保留皮肤的纹理。以前，在做高频分离时，需要在 Photoshop 中创建独立的图层分别进行处理。现在，在 Lightroom Classic 中，只需要调整一个滑块就能得到一样的效果。

上面照片中的人物是我的妻子（Jenn）。图 5-55 中的左图是美化之前的原始照片，右图是美化之后的照片。美化时，我把【纹理】滑块向左拉，使其变为负值。此时，你可以看到她的皮肤变得更柔和了，同时肤色和纹理也得到了很好地保留。其实，你可以使用【调整画笔】工具在人物的某个局部应用这种效果，这样针对性更强，效果会更好。有关【调整画笔】工具的用法，我们在下一课中介绍。

【纹理】滑块是 Max Wendt 的杰作，他是 Adobe 公司 Texture 项目组的首席工程师。他在 Adobe Blog 网站上专门撰写了一篇精彩的文章详细介绍【纹理】滑块，告诉你如何最大限度地发挥其威力，如图 5-56 所示。

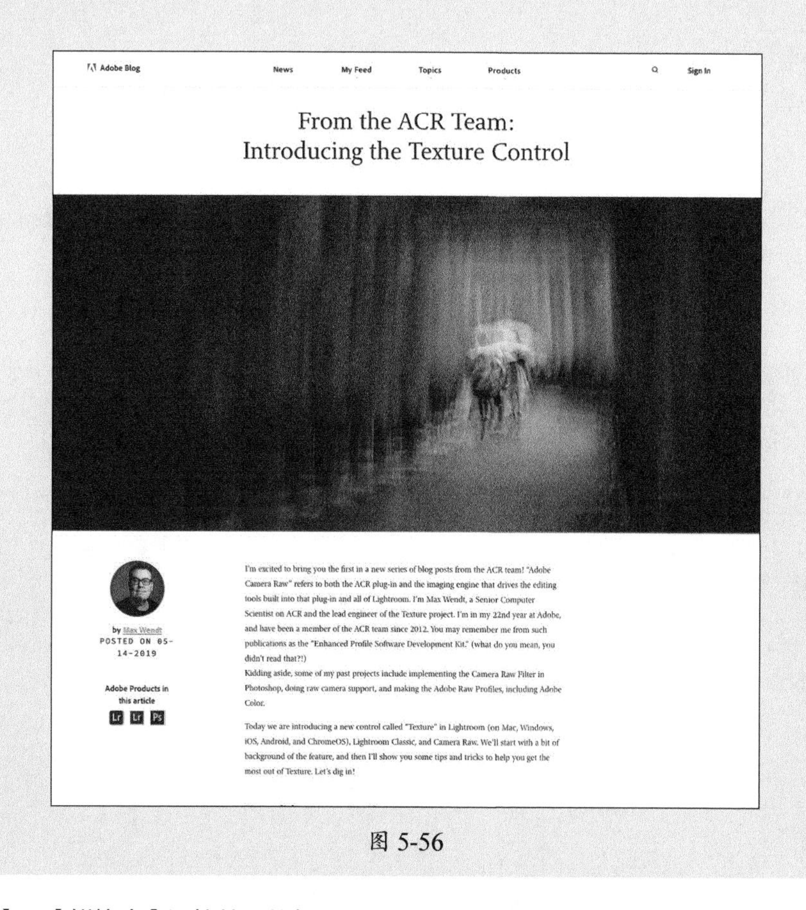

Adobe Blog News My Feed Topics Products Sign In

From the ACR Team:
Introducing the Texture Control

by Max Wendt
POSTED ON 05-14-2019

Adobe Products in this article

Lr Lr Ps

I'm excited to bring you the first in a new series of blog posts from the ACR team! "Adobe Camera Raw" refers to both the ACR plug-in and the imaging engine that drives the editing tools built into that plug-in and all of Lightroom. I'm Max Wendt, a Senior Computer Scientist on ACR and the lead engineer of the Texture project. I'm in my 22nd year at Adobe, and have been a member of the ACR team since 2012. You may remember me from such publications as the "Enhanced Profile Software Development Kit." (what do you mean, you didn't read that?!)
Kidding aside, some of my past projects include implementing the Camera Raw Filter in Photoshop, doing raw camera support, and making the Adobe Raw Profiles, including Adobe Color.

Today we are introducing a new control called "Texture" in Lightroom (on Mac, Windows, iOS, Android, and ChromeOS), Lightroom Classic, and Camera Raw. We'll start with a bit of background of the feature, and then I'll show you some tips and tricks to help you get the most out of Texture. Let's dig in!

图 5-56

【饱和度】和【鲜艳度】滑块处理的都是照片中的颜色，但是它们的工作方式有点不一样。

❸ 尝试一下，把【饱和度】滑块拉到最右边。此时，照片中的所有颜色都得到加强，如图 5-57 所示。

使用【饱和度】滑块提升照片颜色的饱和度时，它不会考虑颜色是否过度饱和。因此，使用不当很容易让照片看上去过于鲜艳，显得不真实。

【鲜艳度】其实应该叫“智能饱和度”才对。向右拖动【鲜艳度】滑块，所有饱和度不够的颜色都会被加强，但所有过饱和的颜色调整得并不多。当画面中有人物皮肤时，调整【鲜艳度】滑块对人物肤色的影响很小。例如，调整【鲜艳度】滑块时，建筑物受到的影响很大，但是小汽车几乎没怎么受影响，如图 5-57 所示。

图 5-57

④ 拖动【黑色色阶】滑块，将其设置为 +5，把画面略微提亮一些，如图 5-58 所示。

图 5-58

一般来说，在调整照片颜色时，我通常先调整一下【鲜艳度】滑块，使画面中的颜色合乎要求，然后视情况再调整【饱和度】滑块。

到这里，我们就调整好了照片的颜色和色调，最后我们还要给照片添加一些细节。

5.12 锐化照片

使用 JPEG 格式拍摄照片时，相机会自动向照片中添加颜色、对比度、锐化效果。修改照片时，许多摄影师一上来就去调整照片的色调，而把锐化照片这一步直接跳过了。默认设置下，Lightroom Classic 会自动向 RAW 格式的文件中添加少量锐化，但是对于改善照片画面来说，这一点点锐化是远远不够的。

在【细节】面板中，【锐化】下有 4 个滑块：【数量】【半径】【细节】【蒙版】。在这些滑块之上是一个 100% 显示的照片预览图（单击面板右上角的小三角形图标，可隐藏或显示照片预览图）。其实，这个照片预览图的用处并不大，因为它无法让你准确地知道应用了多少锐化。

❶ 在中央预览区域中单击照片，把照片放大到 100%。拖动照片画面，找一块区域，使你能够清晰地观察到应用的锐化效果，这样你才知道该锐化多少，如图 5-59 所示。

图 5-59

❷【数量】滑块很简单，它表示要向照片应用多少锐化。拖动【数量】滑块，使其数值变为 115。拖动滑块时，同时按住 Option 键（macOS）或 Alt 键（Windows），照片画面变成黑白的，这有助于你更好地观察锐化效果，如图 5-60 所示。

【半径】滑块控制着在多大半径范围（离像素中心点的距离）内应用锐化。请注意，仅拖动【半径】滑块很难看清应用范围的大小，这里介绍一个小技巧。拖动【半径】滑块时，同时按住 Option 键或 Alt 键。越向左拖动滑块，画面变得越灰；越向右拖动滑块，画面中显示的边缘越多。画面中显示的边缘就是被锐化的区域，灰色区域不会被锐化。

❸ 这里，我们把【半径】设置为 2.6，如图 5-61 所示。

图 5-60

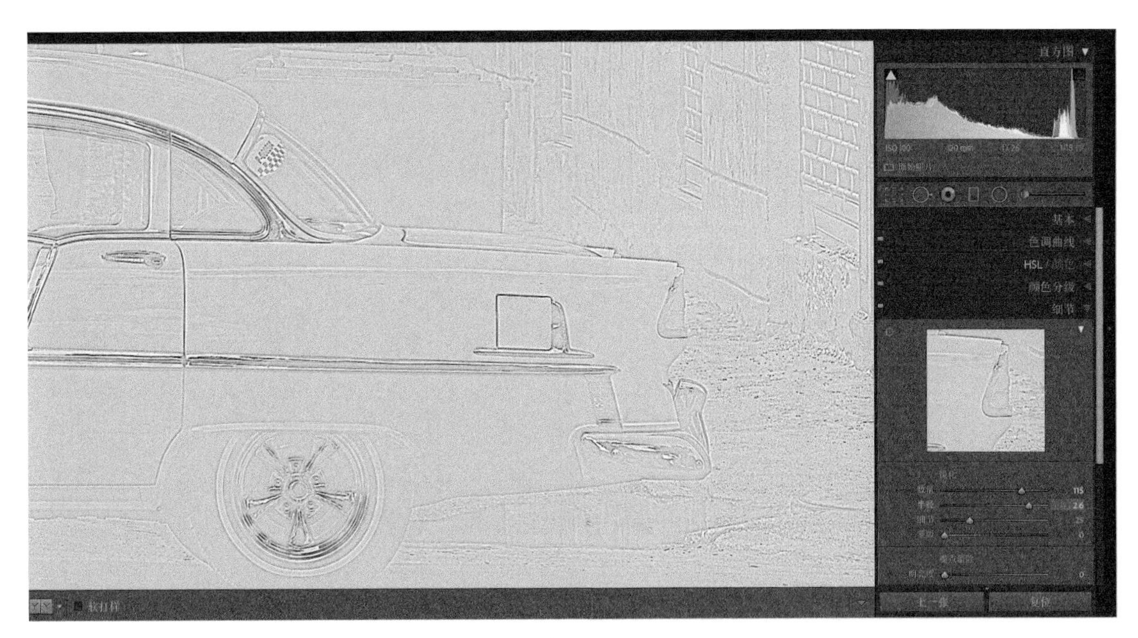

图 5-61

设置好【半径】之后，接着移动【细节】滑块。越向右拖动【细节】滑块，画面中的纹理或细节越多。但是，如果【细节】滑块向右拉得太多，甚至直接拉到了最右端，画面中的噪点就会增多，如图 5-62 所示。拖动【细节】滑块时，你要注意这一点。

④ 按住 Option 键或 Alt 键，向右拖动【细节】滑块，将其值设置为 17。

【蒙版】滑块可以用来控制锐化的应用区域。使用【蒙版】滑块时，你会看到一个黑白蒙版，黑色区域代表不应用锐化，白色区域代表应用锐化。调整蒙版，确保锐化仅应用到对象的边缘上。

图 5-62

❺ 按住 Option 键或 Alt 键，向右拖动【蒙版】滑块，指定你希望把锐化应用到什么地方。释放 Option 键或 Alt 键之后，你会看到照片中的锐化效果更好，而且没有全局锐化时产生的噪点。这里，我们把【蒙版】设置为 50，如图 5-63 所示。

图 5-63

为观察锐化前后的不同，单击【细节】面板标题栏最左侧的开关，关闭锐化。再次单击开关，打开锐化。反复单击开关，观察锐化前后的画面，判断一下锐化强度是否合适。

锐化过后，接下来该处理噪点了。照片中出现噪点的原因有两个：一是拍照时设置的 ISO 太高了（例如在低光照环境下拍摄）；二是锐化过头了。这里，我们选一张用 ISO 1100 拍摄的照片作为例子，照片里面的噪点确实有点多。

使用【噪点消除】区域下的工具，你可以处理照片中的两类噪点。第一类是亮度噪点，这类噪点会使照片画面看起来有颗粒感。向右拖动【明亮度】滑块，画面中的噪点减少。使用【明亮度】滑块可以消除画面中 90% 的噪点。

拖动【明亮度】滑块后，如果你觉得细节丢失太多，可以把【明亮度】滑块下方的【细节】滑块往右拖一些。经过调整之后，如果你想向画面中添加一些对比度，那可以把【对比度】滑块往右拖一些。请注意，增加细节和对比度会使画面中的亮度噪点再次增加，也就是说，【明亮度】滑块与【细节】【对比度】滑块的作用是相反的，使用这些滑块时，请务必小心。

⑥ 把【明亮度】设置为 15，【细节】设置为 50，【对比度】设置为 0，如图 5-64 所示。反复单击【细节】面板标题栏左侧的开关，打开或关闭调整，观察亮度噪点消除效果是否理想。

图 5-64

第二类噪点是颜色噪点，也就是画面中出现的红色、绿色、蓝色噪点。这类噪点在某些相机拍摄的照片中常见，往往出现在画面的阴影区域中。为了消除颜色噪点，Lightroom Classic 为我们提供了【颜色】【细节】【平滑度】3 个滑块。消除颜色噪点时，先向右拖动【颜色】滑块，当颜色噪点的颜色消失时，停止拖动；然后再添加一些细节和平滑度平衡一下整个画面。

在为使用高感光度（ISO）拍摄的照片去噪时，画面的平滑度会升高一些。但是，当照片锐化过度时，我们必须对照片做去噪处理。一张照片锐化得越厉害，噪点就越多，尤其是使用【细节】滑块时，噪点会更多。使用【细节】面板锐化照片时，每次加一点锐度，就要相应地去除一下噪点，确保照片锐度提升的同时噪点不会明显增加。

5.13 镜头校正与变换

每颗镜头或多或少都会有一些问题，例如畸变、暗边（暗角）、色差（物体边缘的彩色像素）。为了纠正这些问题，Lightroom Classic 为我们提供了【镜头校正】和【变换】两个面板。首先选择 lesson05-007.raf 照片，然后在【基本】面板中做如下调整：设置【色温】为 5571、【曝光度】为 +0.90、【对比度】为 +49、【高光】为 -100、【阴影】为 +50、【白色色阶】为 +40，如图 5-65 所示。

图 5-65

❶ 展开【镜头校正】面板。在【配置文件】选项卡中，勾选【启用配置文件校正】，Lightroom Classic 读取照片内嵌的 EXIF 元数据，判断拍摄照片所用的镜头的厂商和型号。然后选择一个内置的配置文件，自动调整照片，使照片变得更好，如图 5-66 所示。若 Lightroom Classic 识别不出镜头，它会从镜头制造商和型号列表中选择最类似的一个镜头配置文件。

图 5-66

然而有时候照片的问题不是由镜头本身造成的，而是由照片拍摄者的位置引起的。例如，在照片 lesson05-007.raf 中，建筑物非常高，我站在地面上从下往上拍摄，使得建筑物看起来向左倾斜。此时，【变换】面板就派上大用场了。此外，建筑物还有点弯曲，把鼠标指针移动到【变换】面板中的任意一个滑块上，画面中会出现网格，借助网格就能看出建筑物的边线是有点弯的。

【变换】面板的【Upright】区域下有一些按钮，这些按钮会倾斜和歪曲照片，尝试把照片修复过来，如图 5-67 所示。其中，常用的有如下 4 个按钮。

- 自动：自动校正水平、垂直、平行透视关系，并尽量保持照片长宽比不变。
- 水平：启用横向透视校正。
- 垂直：启用纵向透视校正。
- 完全：同时启用水平、垂直、自动透视校正。

图 5-67

❷ 尝试单击上面每一个按钮，看一看哪种校正结果符合你的需要。

如果对所有校正结果都不满意，那你可以尝试使用【引导式】进行校正。在【引导式】校正方式下，你需要在照片画面中找到一些应该保持水平或垂直的区域，然后沿着区域边缘绘制两条或多条参考线（最多 4 条）以自定义透视校正。当绘制参考线时，照片会根据参考线自动调整到水平或垂直状态。

人工智能：【增强】功能

过去几年里，Adobe 公司在机器学习领域取得了一些令人瞩目的成果，并且积极地把这些研究成果应用到他们的产品之中。具体到 Lightroom Classic 中，我认为最值得一提的是【增强】功能。

拍摄照片时，相机会捕获不同数量的红色、绿色、蓝色值，并根据它们创建 RAW 格式文件。在把RAW 格式文件导入Lightroom Classic时，Lightroom Classic会重新解释它们，这个过程叫“去马赛克”。

在处理包含大量细节的照片时，把红色、绿色、蓝色解析成所见照片的过程可能会出现问题。如果你希望最大限度地使用照片中的每个像素，那你一定要试试【增强】功能，如图 5-68 所示。

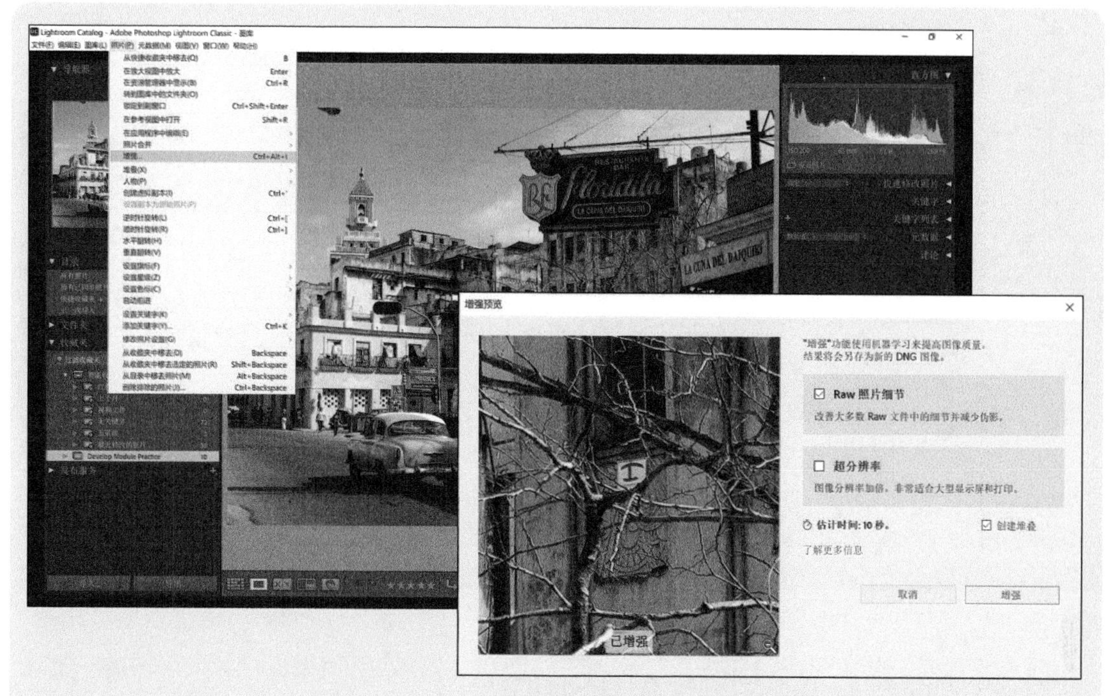

图 5-68

选择一张 RAW 格式的照片，从菜单栏中依次选择【照片】>【增强】。此时，Lightroom Classic 会把照片信息发送给 Adobe 公司，他们的卷积神经网络（Convolutional Neural Network,CNN）开始工作，使用人工智能技术重新渲染照片，把照片【使用拜耳传感器（佳能、尼康）或 X-Trans 传感器（富士）拍摄】的细节数量大幅提升，最多可达 30%。

现在中画幅相机的价格与全画幅相机差不多，许多摄影师都入手了，我也一直在尝试使用中画幅相机拍摄作品。本课中用到的照片是用富士 GFX 50S 拍摄的，每张照片的像素数大约是 5140 万，包含大量细节和色调，如图 5-69 所示。这类照片最适合使用【增强】功能。请注意，增强照片会耗费大量时间和内存，但是从最终得到的结果来看是非常值得的。

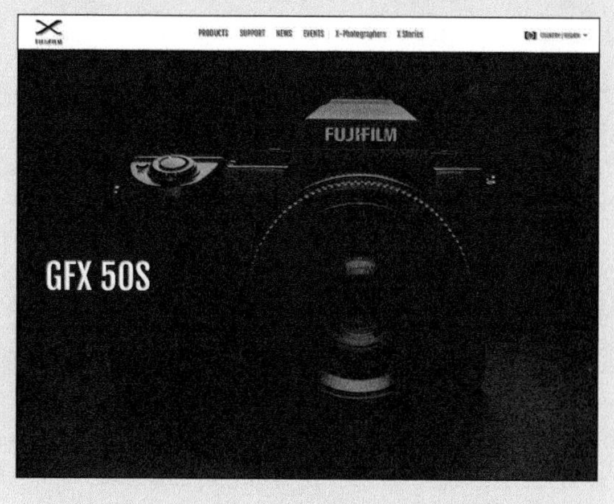

图 5-69

③ 单击【引导式】按钮，在单词 Capitolio 之下绘制一条水平线，沿着建筑物右侧的柱子绘制一条垂直线。绘制时，请参考图 5-70 中的红色箭头。

校正完成后，再拖动各个变换滑块做微调。若照片画面底部边角存在大量白色背景，你可以使用【裁剪叠加】工具（快捷键为 R）进行裁剪。当然，你可以在校正时勾选【锁定裁剪】，这样 Lightroom Classic 会自动裁掉白色区域。单击工具栏最右端的【完成】按钮，退出照片校正模式。最终得到的照片会比原始照片小一些，但是里面的建筑物已经变得横平竖直了。

图 5-70

④ 根据需要，使用【基本】面板再对照片做一些调整。从最终照片来看，照片画面的变化是相当明显的，如图 5-71 所示。

图 5-71

5.14 创建虚拟副本

在组织图库中的照片方面，Lightroom Classic 做得非常好，它把图库中重复照片的数量降为 0。在 Lightroom Classic 中，一张照片可以被多个收藏夹引用，在一个收藏夹中修改某张照片，其他收藏夹中的同张照片会自动同步修改。

在 Lightroom Classic 中，如果想复制一张照片，并在副本上尝试做不同的调整，同时又要保证调整不影响原照片，那该怎么办呢？此时，就需要用到另一个强大的功能了——虚拟副本。

❶ 按 G 键，进入【网格视图】，再次选择 lesson05_008.raf 照片。

❷ 单击【收藏夹】面板标题栏右端的加号按钮，从弹出菜单中选择【创建收藏夹】。打开【创建收藏夹】对话框，在【名称】文本框中输入“Virtual Copies”，勾选【包括选定的照片】，单击【创建】按钮，如图 5-72 所示。

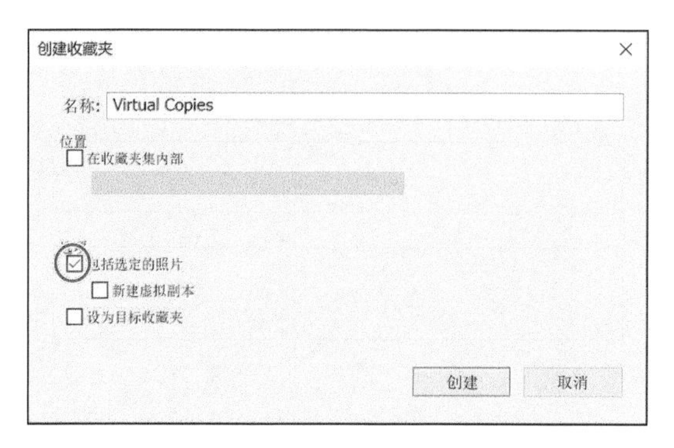

图 5-72

❸ 使用鼠标右键单击照片，从弹出菜单中选择【创建虚拟副本】，如图 5-73 所示。

图 5-73

💡 **注意** 【创建虚拟副本】命令对应的快捷键是 Command+'（macOS）或 Ctrl+'（Windows）组合键。

❹ 使用同样的方法，再创建一个虚拟副本。此时，收藏夹中共有 3 个文件。

这些新照片都是原始照片的虚拟副本。你可以在【修改照片】模块下分别修改每个副本，Lightroom Classic 会把每一个副本当成独立的照片，分别应用修改，如图 5-74 所示。

虽然虚拟副本看上去是独立的照片，但它们实际引用的是照片的同一个物理副本（虚拟副本并非直接与原始照片绑定在一起），这也正是虚拟的意义所在。

你可以为一张照片创建多个虚拟副本，分别在这些副本上尝试不同的编辑风格，同时不用担心这些副本会占用额外的硬盘空间。然后把不同编辑风格的副本并排放在一起，做一下比较，从中选出满意的编辑风格。

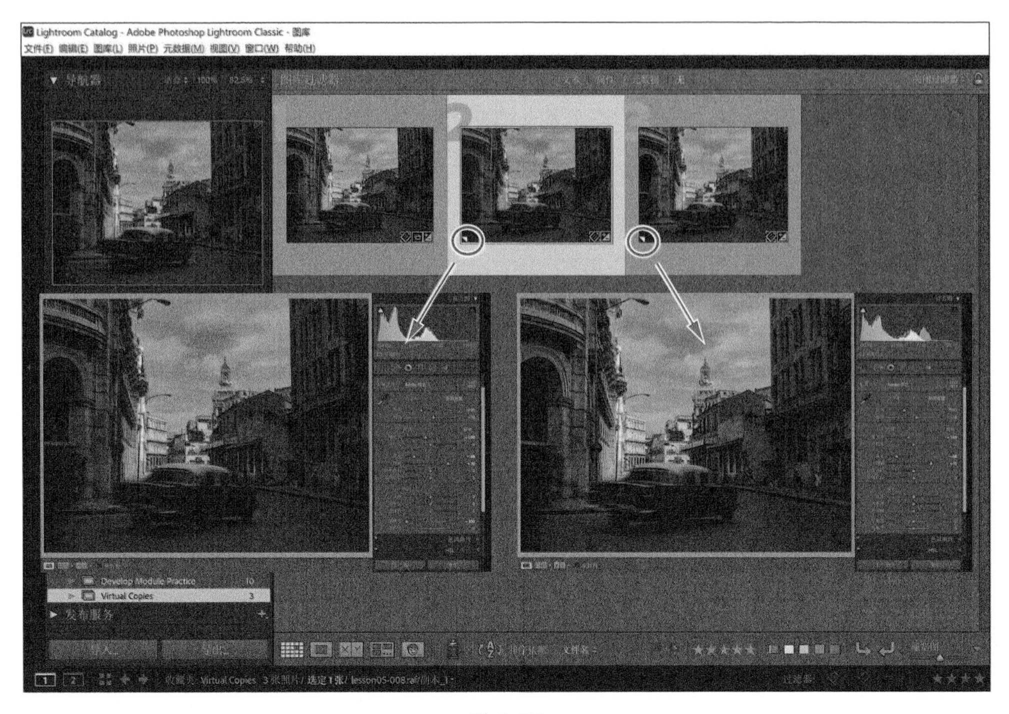

图 5-74

⑤ 同时选中 3 张照片，按 N 键，进入【筛选视图】模式，做一下比较，如图 5-75 所示。最后按 G 键，返回到【网格视图】模式。

图 5-75

5.15 创建快照

当在一张照片上尝试不同的编辑风格时，除了创建虚拟副本之外，你还可以创建快照，如图 5-76 所示。通过创建不同的快照来保存不同的编辑风格，再借助快照比较这些编辑风格，然后从中选出满意的一种。

图 5-76

在【修改照片】模块下，修改照片的过程中，当你想把当前画面保存下来时，可以单击【快照】面板（位于左侧面板组中）标题栏右端的加号按钮，弹出【新建快照】对话框，默认快照名称是创建快照时的日期和时间，如图 5-77 所示。如果你不想使用默认的快照名称，可以在【快照名称】文本框中输入一个新名称（例如对照片当前状态的一个简短描述），然后单击【创建】按钮，创建一个快照。

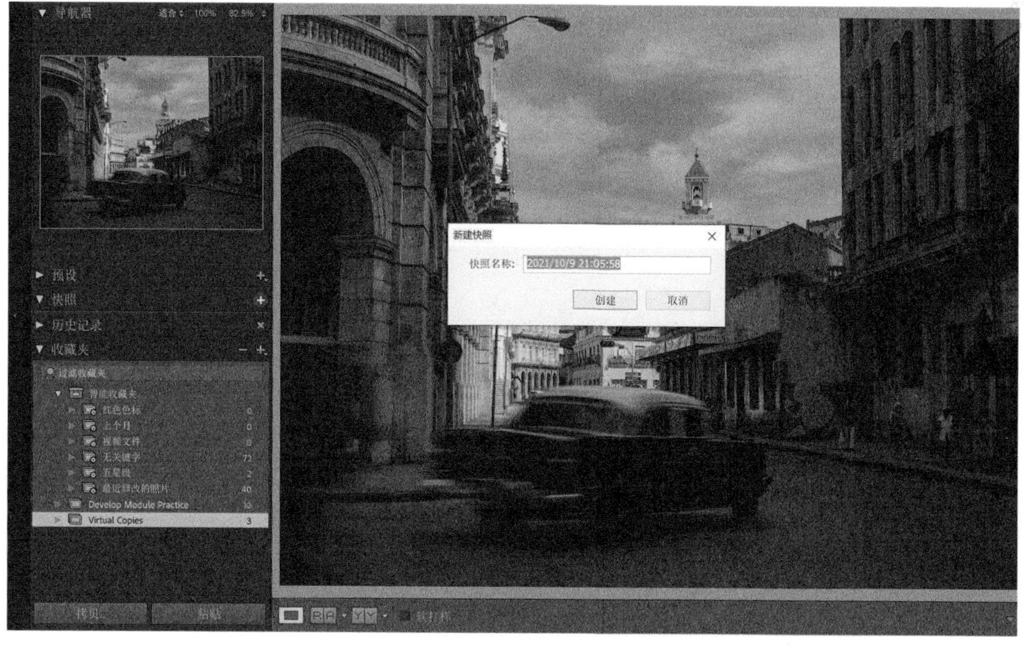

图 5-77

继续编辑照片，当你需要保存当前画面时，再次单击【快照】面板标题栏右端的加号按钮，新保存一个快照即可，如图 5-78 所示。快照是一种保存修片阶段性结果和标记修片进度的好工具，但比较而言，我还是喜欢使用虚拟副本，因为虚拟副本可以并排放在一起进行查看。

图 5-78

5.16 复习题

1. 【导航器】面板有什么用？
2. 什么是白平衡？
3. 如何拉直歪斜的照片？
4. 如何让 Lightroom Classic 自动调整【基本】面板中的各个设置？
5. 如何让 Lightroom Classic 做自动镜头校正？

5.17 答案

1. 当把一张照片放大到很大时，可以借助【导航器】面板查看照片不同的部分。在向照片应用某个预设之前，你也可以先在【导航器】面板中预览其效果。你还可以在【导航器】面板中回看照片修改过程中的某个阶段。
2. 照片的白平衡反映的是照片拍摄时的光照条件。在不同类型的人造光源、天气条件下拍摄时，现场的光线会偏向某一种颜色，这会导致拍出的照片画面也带有某种颜色偏向。
3. 通过旋转裁剪框，或者使用【矫正】工具，可以把一张歪斜的照片拉直。在这个过程中，Lightroom Classic 会在照片画面中寻找水平或垂直的元素作为参考来拉直照片。
4. 在【基本】面板中，按住 Shift 键双击某个滑块，即可让 Lightroom Classic 自动调整该设置项。
5. 在【镜头校正】面板的【配置文件】选项卡中勾选【启用配置文件校正】，Lightroom Classic 会自动做镜头校正。若 Lightroom Classic 识别不出镜头厂商和型号，它会从镜头校正菜单中选择最接近的一个配置文件进行镜头校正。

摄影师
莎拉·兰多（SARA LANDO）

“你必须花些时间寻找自己的声音。”

我的个人作品主要表现的是身份认同、真实与虚幻间的边界，以及记忆随时间消退与重塑的方式。当我们与周围世界的传统关系破裂并被“我们是什么”或“我们可能是什么”的新定义替代时，就会出现一些很精彩的瞬间，我对这些瞬间很感兴趣。

我使用摄影、插画、拼贴画和数字手段进行创作。我使用的方法来自玩乐时的新奇感，以及与对象直接互动的过程。我着迷于图像的碎片化和毁损的过程，喜欢通过破坏照片的物理与数字结构来表现某个观念。

对我来说，摄影就是一种表现手段，与写作无异，它能够让我坦诚地表达自己，又允许我有所保留。摄影是一种语言，对我们大多数人来说，它就像一门我们正在学习的外语。即使你很熟悉快门速度、光圈，知道如何使用闪光灯，拥有市面上最好的相机，如果你没有什么可表达的，那也没什么用。

我从事摄影行业 20 多年了。根据这些年的经验，我可以给你一个建议，那就是：某个时候，你要投入一些时间来寻找自己的声音，不要把时间浪费在叙述别人的故事上。我觉得这一点是最重要的。

这些年，我一直在用 Photoshop。起初，我只是使用它纠正照片中的问题，随着时间的推移，它逐渐成为我进行艺术创作的好帮手。

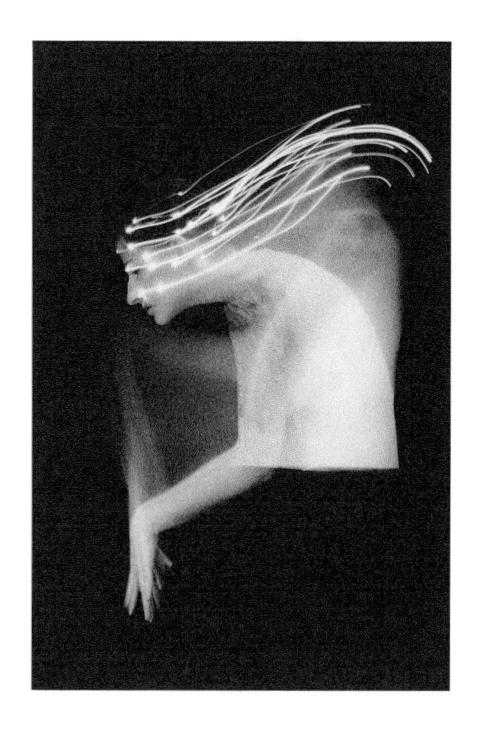

第 6 课

高级编辑技术

课程概览

【修改照片】模块下有一系列控制滑块。借助这些滑块，你可以快速调整照片，得到非常棒的画面效果。但是，并不是所有问题都可以用全局滑块来解决，有些照片仅在局部存在一些需要纠正的问题。通常，一件普通作品与一件好作品之间的区别就在于对这些细节的注重程度。在前面所学内容的基础上，本课我们将进一步学习各种强大的照片修改工具，主要包括以下内容。

- 使用渐变滤镜和径向滤镜调整照片局部区域。
- 使用【污点去除】工具清除照片中的脏点。
- 使用【HSL/ 颜色】与【色调曲线】面板调整照片。
- 创建黑白照片。
- 使用范围蒙版调整光线与色彩。
- 处理全景照片与 HDR 照片。
- 使用预设同时修改多张照片。

学习本课需要 2~2.5 小时

Lightroom Classic 提供了大量精确、易用的工具。借助这些工具，我们不仅可以轻松地纠正照片中的基本问题，还可以进一步调整和修饰照片。在【修改照片】模块下，我们可以创造性地使用各种工具和控件定制个人特效，然后将其保存为自定义预设，方便日后使用。

6.1 学前准备

学习本课之前，请确保你已经为课程文件创建了 LRClassicCIB 文件夹，并创建了 LRClassicCIB 目录文件来管理它们，具体做法请阅读本书前言中的相关内容。

下载 lesson06 文件夹，将其放入 LRClassicCIB\Lessons 文件夹中。

❶ 启动 Lightroom Classic。

❷ 在【Adobe Photoshop Lightroom Classic- 选择目录】对话框中，在【选择打开一个最近使用的目录】列表中选择 LRClassicCIB Catalog.lrcat，单击【打开】按钮，如图 6-1 所示。

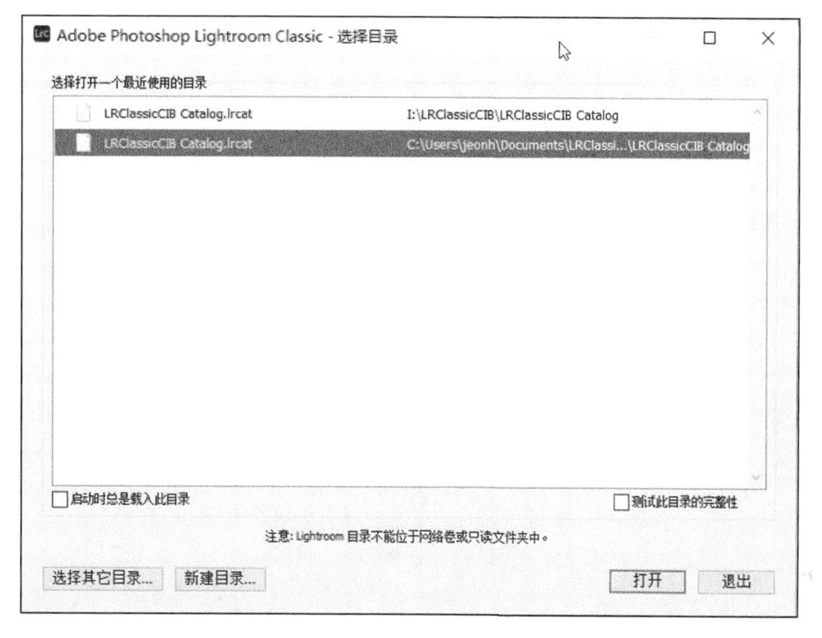

图 6-1

❸ Lightroom Classic 在正常屏幕模式中打开，当前打开的模块是上一次退出时的模块。在软件界面右上角的模块选取器中单击【图库】，如图 6-2 所示，进入【图库】模块。

图 6-2

6.2 把照片导入图库

首先，把本课用到的照片导入图库。

❶ 在【图库】模块下，单击左下角的【导入】按钮，如图 6-3 所示，打开【导入】对话框。

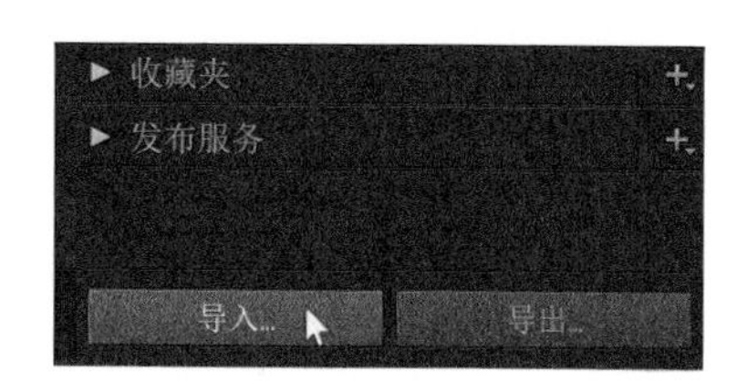

图 6-3

❷ 若【导入】对话框当前处在紧凑模式下，请单击对话框左下角的【显示更多选项】按钮（向下三角形），如图 6-4 所示，

使【导入】对话框进入扩展模式，里面列出了所有可用选项。

图 6-4

③ 在左侧【源】面板中，找到并选择 LRClassicCIB\Lessons\lesson06 文件夹，选择 lesson06 文件夹中的 32 张照片，准备导入它们。

④ 在预览区域上方的导入选项中选择【添加】，Lightroom Classic 会把导入的照片添加到目录中，但不会移动或复制原始照片。在右侧的【文件处理】面板中，从【构建预览】菜单中选择【最小】，勾选【不导入可能重复的照片】。在【在导入时应用】面板中，分别从【修改照片设置】和【元数据】菜单中选择【无】。在【关键字】文本框中输入“Lesson 06”，如图 6-5 所示，检查你的设置是否无误，然后单击【导入】按钮。

图 6-5

当 Lightroom Classic 从 lesson06 文件夹中把 32 张照片导入后，就可以在【图库】模块下的【网格视图】和工作区底部的胶片显示窗格中看到它们了。

6.3 为照片创建收藏夹

接下来，我们创建两个收藏夹。

① 在【目录】面板中选择【上一次导入】，然后按 Command+A（macOS）或 Ctrl+A（Windows）

组合键，选择所有照片。单击【收藏夹】面板右上角的加号按钮（+），从弹出菜单中选择【创建收藏夹】，在打开的【创建收藏夹】对话框中创建一个名为 Selective Edits 的收藏夹，并确保勾选【包括选定的照片】，如图 6-6 所示。

图 6-6

❷ 按 Command+D（macOS）或 Ctrl+D（Windows）组合键，取消选择所有照片。按住 Command 键（macOS）或 Ctrl 键（Windows），单击 lesson06-027 到 lesson06-032 之间的所有照片，新建一个名为 Synchronize Edits 的收藏夹，同时勾选【包括选定的照片】，如图 6-7 所示。

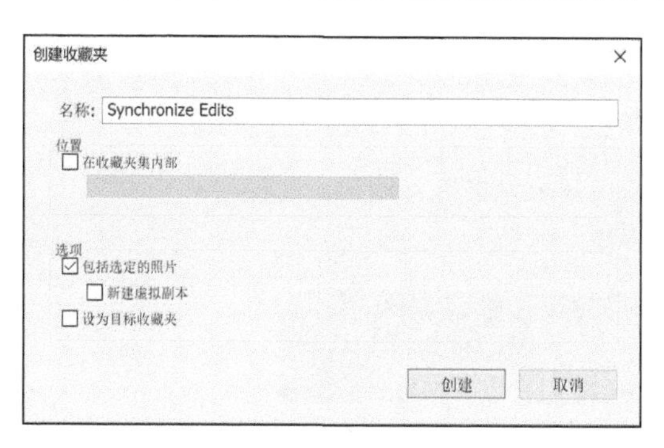

图 6-7

6.4 使用【渐变滤镜】工具

借助【渐变滤镜】工具，我们可以沿线性方向把调整应用到照片的某个局部。【渐变滤镜】下的滑块与【基本】面板中的滑块差不多，但是【渐变滤镜】效果会沿着拖动的方向淡出。下面尝试应用两个渐变滤镜来调整照片。

❶ 在【收藏夹】面板中选择 Selective Edits 收藏夹，按文件名对照片排序。选择照片 lesson06-001.raf，按 D 键，进入【修改照片】模块，如图 6-8 所示。照片中的天空有点平淡，我们给它加点对比度，并且让对比度效果逐渐减淡至地平线。这样会把观众的注意力吸引到照片中间。同时，照片底部有点暗，我想把照片底部的前景提亮一些，但不希望照片顶部一起变亮。

图 6-8

为此，我们先向照片添加两个渐变滤镜，一个加强天空，另一个提亮和增强阴影纹理。然后使用调整笔刷擦掉一些渐变，缩小渐变滤镜的影响范围。

❷ 在【基本】面板上方的工具条中单击【渐变滤镜】工具（从左数第四个工具），或者直接按 M 键，如图 6-9 所示。此时，工具条下方显示出【渐变滤镜】选项面板。

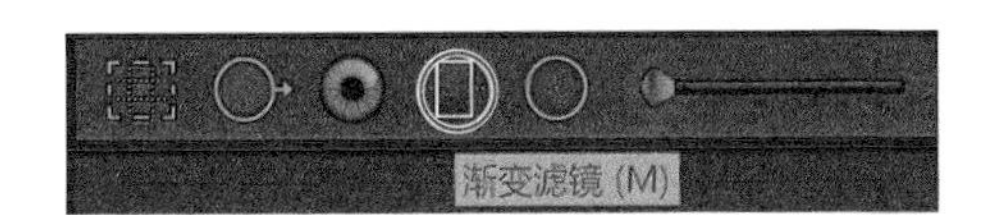

图 6-9

所有局部调整工具的滑块都会停留在上一次使用时的位置，所以使用之前一定要重置它们。双击某个滑块的标签或滑块本身，即可将其重置为默认值。双击面板左上角的【效果】标签，或者按住 Option 键（macOS）或 Alt 键（Windows），当【效果】标签变成【复位】标签时单击它，即可把所有滑块重置为 0，如图 6-10 所示。

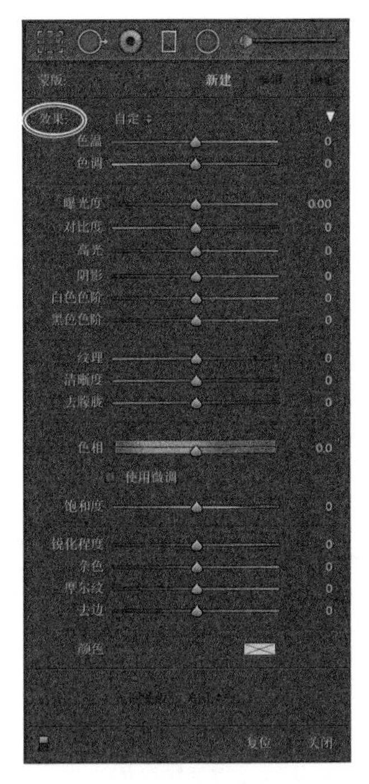

图 6-10

❸ 在【渐变滤镜】选项面板中复位所有滑块，然后向左拖动【曝光度】滑块，将其设置为 -1.06，把【对比度】设置为 54,【白色色阶】

设置为 100。使用某个工具之前，我们一般会先设置好各个选项，在照片中拖动这个工具时，这些设置会应用到照片上。

④ 应用渐变滤镜时，按住 Shift 键从照片中间往下拖，拖至蓝色汽车之上，使渐变滤镜盖住天空和一部分建筑物，如图 6-11 所示。按住 Shift 键，可保证拖动沿着垂直方向进行。

图 6-11

提示 按 O 键，可打开渐变蒙版叠加（淡红色）。再按一次 O 键，可关闭渐变蒙版叠加。工具栏左侧有一个【显示选定的蒙版叠加】按钮，单击这个按钮，也可以打开或关闭渐变蒙版叠加。按 Shift+O 组合键，可更改蒙版颜色。当蒙版颜色也在照片中出现时，为防止混淆，更改蒙版颜色就变得非常有用了。

此时，Lightroom Classic 会在拖动的区域上添加一个线性渐变蒙版。这个渐变蒙版控制着调整的作用区域。拖动渐变滤镜中间的控制点，可改变滤镜的位置。当控制点处在选中状态时，它是黑色的，此时可以调整滤镜的各个滑块；而当控制点处在非选中状态时，它是浅灰色的，此时调整各个滑块不会对滤镜产生影响。单击控制点，按 Delete 键或 Backspace 键，即可把滤镜删除。

滤镜有 3 条白线，代表沿着拖动方向调整的强度逐渐减弱，即从 100% 减弱到 50%，再减弱到 0%。向着中间白线拖动顶部白线或底部白线，渐变区域会变小；反向拖动顶部白线或底部白线，渐变区域会变大。把鼠标指针移到中间白线附近，鼠标指针会变成一个弯曲的双向箭头，沿着顺时针或逆时针方向拖动，即可旋转滤镜。

提示 当把鼠标指针移动到预览区域之外时，Lightroom Classic 会自动隐藏控制点。你可以使用工具栏中的【显示编辑标记】菜单来改变编辑标记的显示行为。若该菜单未在工具栏中显示出来，可按 T 键将其显示出来。

前面我们使用渐变滤镜把天空压暗了一些，同时画面左侧与右侧的建筑物也一起变暗了，稍后再来解决这个问题。

⑤ 单击面板右上角的【新建】按钮，从车顶开始，往上拖动到建筑物的阳台底部，再添加一个渐变滤镜，如图 6-12 所示。此时，第一个滤镜的控制点会取消选择，变成浅灰色。

图 6-12

提示 创建渐变滤镜时，多个渐变滤镜是可以叠加在一起的。

⑥ 双击面板左上角的【效果】标签，复位所有滑块。然后向右拖动【色温】滑块，使其值为 12，这样可以去掉阴影中的蓝色调。把【对比度】设置为 41，【阴影】设置为 85，【白色色阶】设置为 45，提亮前景，如图 6-13 所示。

⑦ 单击面板左下角的开关按钮，关闭两个渐变滤镜，然后再次单击它，打开两个渐变滤镜，比较照片画面在滤镜应用前后的变化。

⑧ 使用第一个渐变滤镜压暗天空时，我们希望压暗效果只到中间白色建筑顶部。为此，单击第一个渐变滤镜的控制点，再次调整渐变区域，使中间白线位于画面中间建筑的屋顶上，确保整个天空都被压暗，如图 6-14 所示。

⑨ 为了把压暗效果从左右两侧的建筑上去除，我们可以使用【画笔】工具擦除覆盖在左右两侧建筑上的渐变蒙版。单击面板右上角的【画笔】按钮，在面板底部出现的【画笔】选项面板中单击【擦除】。按左中括号（[）或右中括号（]）键，可以增大或减小画笔大小。使用【画笔】工具在左右两侧建筑上涂抹，擦掉覆盖在上面的渐变蒙版，如图 6-15 所示。

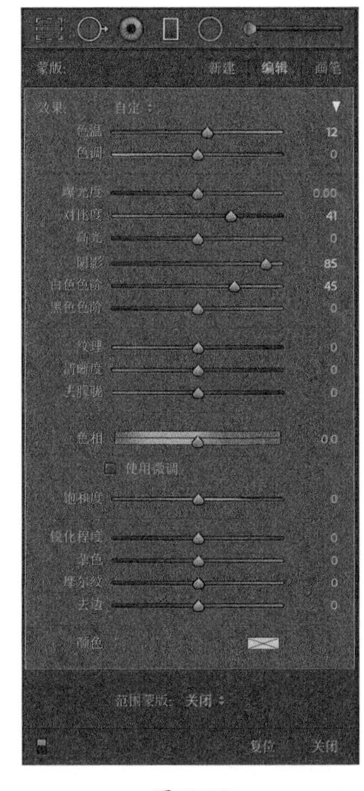

图 6-13

图 6-14

图 6-15

⑩ 使用【画笔】工具擦除蒙版时，不用担心擦过头。单击【擦除】左侧的字母 A，切换成 A 画笔，把画笔调小一些，然后把【羽化】【密度】【流畅度】全部设置成 100，勾选【自动蒙版】，让 Lightroom Classic 自己判断建筑物边缘的位置。把画笔移动到不希望擦除的区域涂抹，确保十字形状（画笔中心）远离建筑物，如图 6-16 所示。

借助【渐变滤镜】工具，我们可以很好地强调画面的某些部分，使它们从画面中凸显出来。下面列出了一些使用【渐变滤镜】工具的注意事项（这些事项同样适用于【径向滤镜】和【调整画笔】工具）:

图 6-16

- 可以使用【画笔】工具调整渐变滤镜的蒙版，控制渐变滤镜的作用范围。当渐变滤镜影响到不希望它影响的区域时，首先单击滤镜的控制点，将其选中，然后单击滤镜面板右上角的【画笔】按钮，在【画笔】面板中单击【擦除】按钮，如图 6-17 所示，切换到擦除模式，再在希望移除滤镜的区域中涂抹即可（此时，画笔的鼠标指针内是一个负号）。

- 单击某个渐变滤镜的控制点，将其选中，然后单击滤镜面板右上角的三角形按钮（位于【效果】标签右侧，控制滑块之上），把面板折叠起来后，你会看到一个【数量】滑块。向左拖动滑块，可降低滤镜强度，如图 6-18 所示。

- 可以把滤镜的当前设置存储为预设。在滤镜面板顶部，单击【效果】按钮，从弹出菜单中选择【将当前设置存储为新预设】，如图 6-19 所示，在【新建预设】对话框中输入一个预设名称，然后单击【创建】按钮。当创建好一个预设之后，它就会出现在【效果】菜单中。调整照片过程中，当你希望多次重复使用同一个滤镜时，使用预设会非常方便。

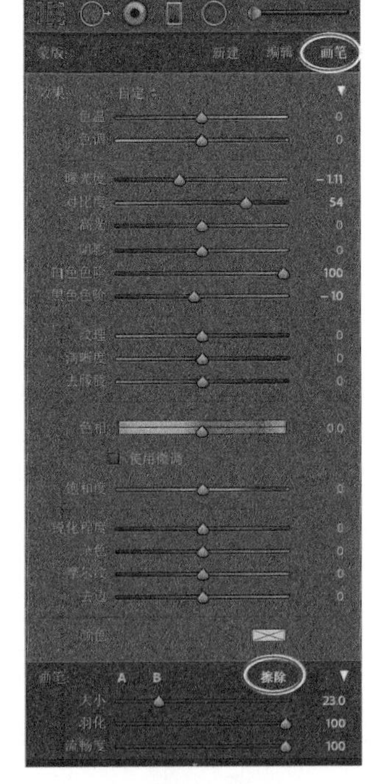

图 6-17

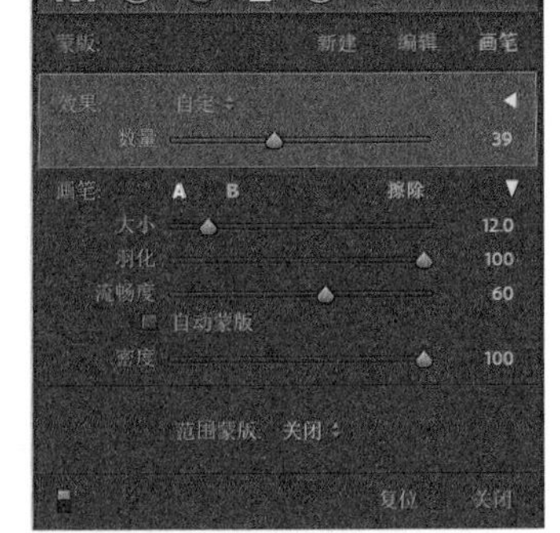

图 6-18

图 6-19

示例照片中还有许多地方有待调整，但目前调整到这个程度就已经很不错了。接下来，我们学习如何使用【径向滤镜】工具。【径向滤镜】工具也在工具条中，就在【渐变滤镜】工具的右侧，两种滤镜的工作方式类似。

6.5 使用【径向滤镜】工具

调整照片时，【渐变滤镜】工具能做的，【径向滤镜】工具也能做，前者是线性渐变，后者是径向渐变。借助【径向滤镜】工具，我们可以精确地对照片中的某个局部区域做提亮、压暗、模糊、变色、暗角等处理，以便把这个区域凸显出来（例如把观众的注意力吸引到某个偏离中心的对象上），如图 6-20 所示。

图 6-20

下面，我们学习如何在照片中添加一个径向滤镜，把观众的注意力吸引到一个非圆形且偏离画面中心的区域上。

❶ 在 Selective Edits 收藏夹中，在胶片显示窗格中单击照片 lesson06-002.raf。照片中有一个芭蕾舞者站在阳台上，我们希望观众的视线能集中到这个舞者身上。由于这个舞者不在画面中心，所以我们不能使用【裁剪后暗角】(位于【效果】面板中)围绕画面中心压暗画面四周。为了突出芭蕾舞者，我们应该围绕着芭蕾舞者，压暗她周围的建筑物，如图 6-21 所示。

图 6-21

❷ 在【基本】面板上方的工具栏中单击【径向滤镜】工具（从左数第 5 个工具），如图 6-22 所示，或者直接按 Shift+M 组合键，激活【径向滤镜】工具。此时，工具栏下方显示出【径向滤镜】选项面板。

图 6-22

❸ 双击面板左上角的【效果】标签，把所有滑块全部重置为 0。

❹ 在面板底部，把【羽化】设置为 50，确保径向滤镜的外边缘有柔和、平滑的过渡效果。

提示 在选项面板中，单击某个选项的数值输入框，按 Tab 键，可以自上而下在各个输入框之间跳转，方便输入数值。按 Shift+Tab 组合键，可以自下而上在各个输入框之间跳转。

❺ 单击【曝光度】滑块右侧的数值输入框，输入“-0.91”。

❻ 把鼠标指针（加号）放到芭蕾舞者腰部中间，按住鼠标左键向右下方拖动，创建一个椭圆形径向滤镜（椭圆中心就在舞者腰部中间），如图 6-23 所示。

此时，椭圆周围的区域立即暗了下来。接下来，我们把椭圆的角度调整一下，以便更好地表现光线方向。

❼ 根据需要，按照如下方法，重新调整滤镜的位置和大小，如图 6-24 所示。

- 拖动滤镜中心的圆形控制点，把滤镜放到不同区域中。

图 6-23

- 拖动一个方形控制点（椭圆上有 4 个方形控制点），调整滤镜大小。把鼠标指针移动到一个方形控制点上时，鼠标指针会变成一个双向箭头，按住鼠标左键向内或向外拖动，可调整滤镜大小。使用同样的方法，拖动其他方形控制点，可改变滤镜形状。
- 把鼠标指针向着椭圆线移动，当鼠标指针变成一个弯曲的双向箭头时，按住鼠标左键拖动，可旋转滤镜。

图 6-24

8 在【径向滤镜】选项面板左下角单击开关按钮，把滤镜关闭，再次单击开关按钮，把滤镜打开。

在 Lightroom Classic 中，我们可以在一张照片中轻松添加多个径向滤镜。具体做法是：调整好第一个径向滤镜后，单击滤镜面板右上角的【新建】按钮，双击【效果】标签，把所有滑块重置为 0，根据需要调整各个滑块（或者先创建好径向滤镜再调整滑块），然后在照片画面中拖动，即可新建一个径向滤镜。

接下来，我们强调一下画面左侧的 COMPOSTELA 标牌，让观众能够更多地注意到它。

❶ 在【径向滤镜】选项面板的右上角单击【新建】按钮。在画面左侧的 COMPOSTELA 标牌上按住鼠标左键拖动，新建一个径向滤镜，如图 6-25 所示。此时，新添加的径向滤镜会立即压暗上一个径向滤镜的效果。请注意，滤镜效果是可以叠加的，新滤镜不会破坏以前的滤镜，而是应用在其基础之上。

图 6-25

❷ 把【曝光度】设置为 0.51，【对比度】设置为 18，然后勾选面板底部的【反相】，把滤镜效果反相，提亮 COMPOSTELA 标牌，如图 6-26 所示。在【工具栏】中单击【完成】按钮，返回到【基本】面板中。

图 6-26

❸ 整体看一下画面，再使用【基本】面板对画面做一些调整，如图 6-27 所示。你可以根据自己的需要进行调整，这里做如下调整。

- 曝光度：+0.25。
- 对比度：+19。
- 高光：-19。
- 白色色阶：+28。

图 6-27

借助【渐变滤镜】和【径向滤镜】工具，我们可以对照片画面做非常细致的调整。但是，相比之下，【调整画笔】工具用起来更灵活、更强大。下面我们一起学习一下。

6.6 使用【调整画笔】工具

借助【渐变滤镜】和【径向滤镜】工具，我们可以对照片局部区域做特定调整，但有时它们的精细度还不够。我们希望有一种工具能够把【基本】面板和【细节】面板中的每个调整精确地应用到指定区域中，这个工具就是【调整画笔】工具。

使用【调整画笔】工具，我们可以把调整【提亮、压暗（减淡与加深）、模糊、锐化、去噪、增强颜色等】精确地应用到某个区域中。下面学习如何使用【调整画笔】工具对照片做一些精修。

❶ 选择照片 lesson06_001.raf，如图 6-28 所示。接下来，我们对画面中的汽车、建筑物做一些更精细的调整。

图 6-28

❷ 选择【调整画笔】工具（快捷键为 K 键），双击【调整画笔】选项面板左上角的【效果】标签，重置所有滑块。在【调整画笔】选项面板中，把【曝光度】设置为 1.00，【对比度】设置为 38，【高光】设置为 -81。在【画笔】区域下，把【大小】设置为 33.0，【羽化】和【流畅度】设置为 100，沿着画面右侧的建筑物涂抹，如图 6-29 所示。

此时，画笔涂抹的区域中出现一个控制点，代表画笔涂抹的调整区域。把鼠标指针移动到控制点上时，Lightroom Classic 会用红颜色显示出涂抹的区域（蒙版），也就是调整效果应用的范围。当鼠标指针在控制点上时，按 Shift+O 组合键，可循环改变蒙版颜色。

图 6-29

❸ 继续使用【调整画笔】工具，沿着画面的顶部与右侧涂抹，提亮涂抹的区域。把【纹理】设置为 53，在建筑物前面（图 6-30 中的圆圈内）涂抹，可增加更多细节。纹理设置会影响到画笔绘制纹理的数量。

图 6-30

- 选择【调整画笔】工具后，鼠标指针变成两个同心圆，其中内部粗线圆代表画笔大小。
- 调整画笔的【羽化】属性，用来在调整的区域与周围像素之间产生柔和的过渡。内外圆之间的距离代表羽化量的多少，如图 6-31 所示。

图 6-31

- 【流畅度】控制着效果绘制的速度。
- 【密度】控制着效果的透明度。
- 【自动蒙版】用来把画笔笔触限制应用到有类似颜色的区域中，如图 6-32 所示。

图 6-32

按住 Option 键（macOS）或 Alt 键（Windows），可把【调整画笔】工具临时切换成【擦除】工具。按住 Option 键或 Alt 键，减小画笔大小，从汽车上擦除调整效果。

> **注意** 按键盘上的左中括号键或右中括号键，可改变画笔大小。

❹ 在【调整画笔】选项面板右上角，单击【新建】按钮，再向画面中添加一个调整画笔，用来调整图 6-33 所示的区域。在【画笔】选项面板中，把【曝光度】设置为 0.94,【对比度】设置为 48,【高光】设置为 -100，为建筑物和汽车找回一些细节，如图 6-33 所示。

图 6-33

使用【调整画笔】工具涂抹画面左侧的建筑物与汽车，看看能找回多少细节，然后按反斜杠键（\），观察画面调整前后的区别。示例照片中还有其他许多地方需要调整，这些地方就留给你自己去调整吧！

硬件推荐：数位板

在调整照片时，使用鼠标操作会比较费力。为了解决这个问题，我建议大家购买一块数位板。

使用数位板能够模拟钢笔或铅笔在纸张上自然写画的感觉，在用画笔调整画面细节时特别有效率。

图 6-34

这些年来，我的办公桌上一直放着一块 Wacom 数位板（有时我也会把它放包里随身携带），它结实耐用，真的是一款非常棒的产品，如图 6-34 所示。

Wacom 公司的影拓系列数位板有两个版本，3 种尺寸，如图 6-35 所示。我一般给学生推荐尺寸最小的一款，方便随身携带。入门级的数位板功能也很强大，几乎包含所有你需要的功能，而且价格也更便宜一些。当然，专业级的数位板支持的压感级别更高，但价格相对会贵一些。至于买入门级的还是专业级的，主要看你的个人需要。

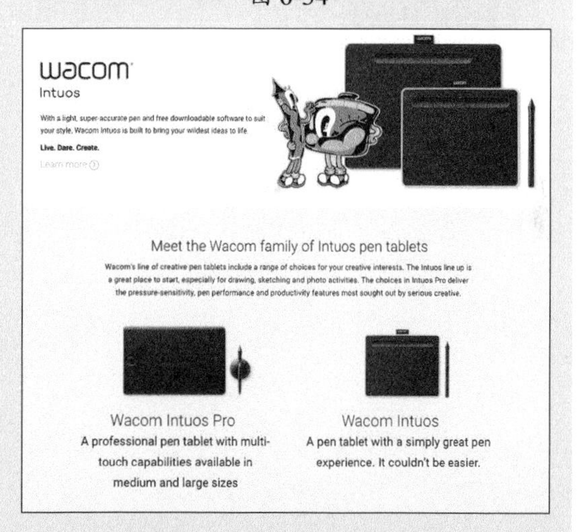

图 6-35

在我看来，不论你选择买哪款数位板都行，但有一点是肯定的，那就是使用数位板一定会大大提高你的工作效率。

调整控制点的提示与技巧

使用【渐变滤镜】【径向滤镜】【调整画笔】工具时，都会有一个控制点。关于如何调整控制点，下面给出了一些提示和技巧，供大家参考。

- 在照片画面中，把鼠标指针移动到某个控制点上，然后按住鼠标左键，将其拖动到目标位置即可。
- 使用鼠标右键单击控制点，在弹出菜单中选择【复制】，复制出一个新的控制点之后，将其拖动到目标位置即可。
- 把鼠标指针移动到控制点上，按住 Option 键（macOS）或 Alt 键（Windows），此时鼠标指针变成一个双向箭头，按住鼠标左键向左拖动，各个滑块值逐渐向默认值（0）靠拢，滤镜效果强度随之减弱。
- 把鼠标指针移动到控制点上，按住 Option 键或 Alt 键，此时鼠标指针变成一个双向箭头，按住鼠标左键向右拖动，各个滑块值逐渐向最大值靠拢，滤镜效果强度随之增强。

6.7 使用【污点去除】工具

在 Lightroom Classic 中，使用【污点去除】工具可以很好地去掉照片画面中的一些干扰物，例如由传感器上的灰尘造成的污点、周围有大片空间的物体（像电线）等。【污点去除】工具也可以用来对照片中的对象做一些快速修饰。

【污点去除】工具有【仿制】和【修复】两种模式，这两种模式去除污点的方式不一样。在【仿制】模式下，【污点去除】工具会直接把取样点的像素复制到当前污点位置；而在【修复】模式下，【污点去除】工具会自动把污点与周围像素进行混合。

6.7.1 去除照片中的污点

下面我们使用【污点去除】工具，去除由传感器上的灰尘而造成的照片中的污点。

❶ 在【修改照片】模块下，在【收藏夹】面板中单击 Selective Edits 收藏夹，从胶片显示窗格中选择照片 lesson06-023.raf。

注意 有时，使用富士相机选择 RAW 格式拍摄时，RAF 文件会应用相机设置的裁剪比例。如果你希望复位裁剪比例，查看完整照片，请先按 R 键，切换成【裁剪叠加】工具，然后使用鼠标右键单击照片画面，从弹出菜单中选择【复位裁剪】，按 Enter 键确认操作。

❷ 去除污点之前，先单击【修改照片】模块右下角的【复位】按钮，撤销之前对照片做的所有修改。再复位裁剪，把【白平衡】设置为【阴天】，如图 6-36 所示。

图 6-36

【污点去除】工具在【基本】面板上方的工具栏（从左数第二个工具）中。单击【污点去除】工具按钮，或者按 Q 键，选择【污点去除】工具，如图 6-37 所示。此时，在工具栏之下出现【污点去除】选项面板。

❸ 在【污点去除】选项面板中，单击【修复】按钮。在该模式下，Lightroom Classic 会把污点周围的像素与污点混合。把画笔【大小】设置为 75，【羽化】设置为 12，【不透明度】设置为 100%，如图 6-38 所示。

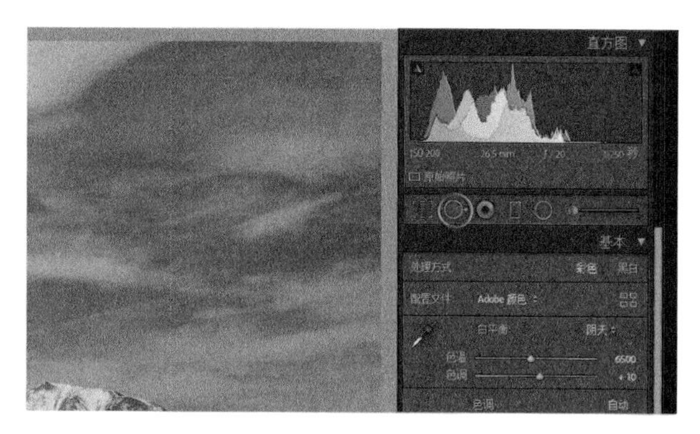

图 6-37

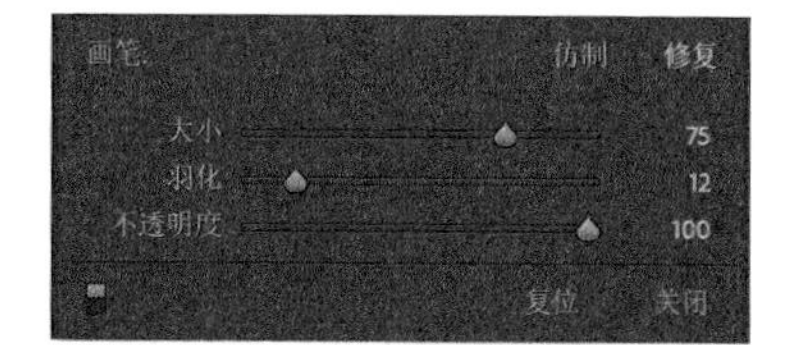

图 6-38

❹ 在工具栏（位于照片预览区域之下）中勾选【显现污点】，如图6-39所示。此时，Lightroom Classic 会把照片转换成黑白的，就像负片效果一样，照片中的轮廓线能够明显地显露出来。相机传感器上的灰尘在照片画面中一般表现为白色圆形或浅灰色的点。向右拖动【显现污点】右侧的滑块，会增加感知的灵敏度，显示出更多污点。若显现的污点太多，可以向左拖动一下滑块，减少显示的污点数量。

提示 若照片预览区域下方未显示出工具栏，请按 T 键将其显示出来。

图 6-39

【显现污点】能够把镜头、传感器、扫描仪上的灰尘所产生的污点清晰地显现出来。我们在显示器中观看这样的照片时，这些小的污点几乎是看不出来的，但是当打印时，上面的污点就会明显地暴露出来。在图 6-39 中，可以很明显地看到照片画面的左侧有污点。

❺ 在左上角的【导航器】面板中，单击 100%，把照片放大。按住 Space 键，此时暂时切换成【抓手】工具，拖动画面，可查看照片的不同区域，找出画面中的污点。

提示 在某个局部调整工具处于激活的状态下，当照片显示在【适合】级别下时，按住 Space 键，暂时变成【放大】工具，单击照片可以把照片放大。此时，继续按住 Space 键，变成【抓手】工具，拖动画面，可以查看照片的不同区域。当局部调整工具处于未激活状态时，只需单击照片画面，即可缩放照片。

注意 在工具栏中的【工具叠加】设置成【自动】的状态下，当鼠标指针从预览区域中移走时，【污点去除】工具的圆圈就会消失，这与【渐变滤镜】【径向滤镜】【调整画笔】工具的控制点一样。在【工具叠加】菜单中选择【总是】【从不】【选定】（只看选定的修复），可以改变这个行为。

❻ 把鼠标指针移动到一个污点上，滚动鼠标滚轮，调整圆圈大小，使其恰好包住污点（略微比

污点大一些），然后单击污点，将其去除，如图 6-40 所示。

Lightroom Classic 会复制污点附近区域中的像素，用以去除污点。你会看到两个圆圈，一个圆圈是单击的区域（目标区域），另一个圆圈是 Lightroom Classic 取样的区域（源区域），它们中间有一个箭头连接着。

7 若对修复结果不满意，可以尝试改变取样区域或者画笔大小。单击目标区域，选择污点，然后做如下操作。

- 按斜杠键（/），让 Lightroom Classic 重新选择一块源区域。不断按斜杠键，Lightroom Classic 不断更换源区域。
- 把鼠标指针移动到源区域上，当鼠标指针变成一个手形时，拖动圆圈到另外一个位置，即可改变源区域，如图 6-41 所示。

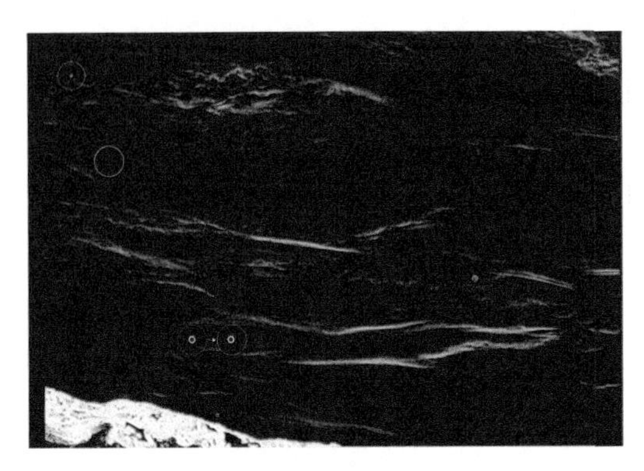

图 6-40

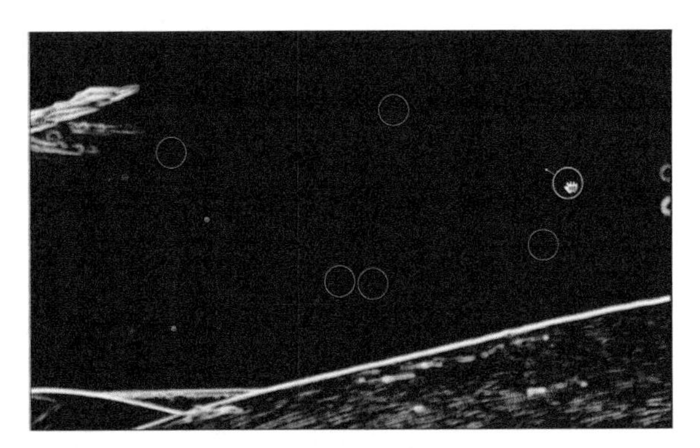

图 6-41

- 把鼠标指针移动到任意一个圆圈上，当鼠标指针变成一个双向箭头时，按住鼠标左键向外或向内拖动，放大或缩小圆圈，可修改目标区域或源区域的大小，如图 6-42 所示。当然，你还可以拖动【污点去除】选项面板中的【大小】滑块来改变目标区域或源区域的大小。

无论何时，只要你对修复结果不满意，你都可以把修复结果删除，然后重新进行修复，具体做法是：先选择目标区域，然后按 Delete 键或 Backspace 键，即可将其删除。

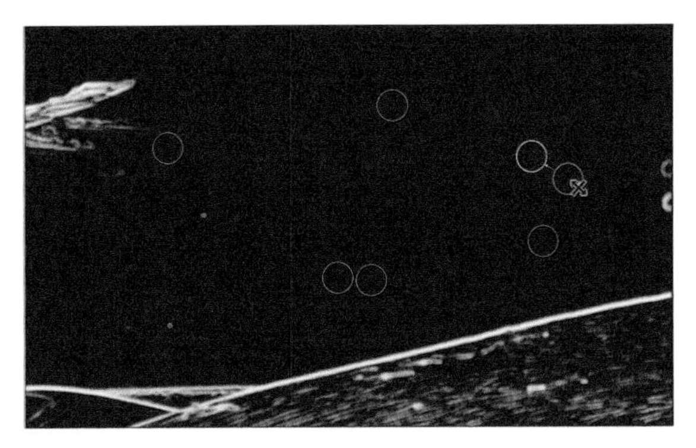

图 6-42

提示 当我们打算把照片打印出来或者上传到商业图库时，在打印或上传之前，一定要彻底检查照片中是否存在污点。具体做法如下：在【导航器】面板中按 Home 键，把矩形方框移动到画面的左上角，然后不断按 Page Down 键，把矩形方框从照片左上角一步步移动到照片右下角（自上而下，从左到右），一边按 Page Down 键，一边认真检查画面中是否有污点。

8 按住 Space 键，不断拖动照片画面，认真检查画面的每个部分是否存在污点，并去除画面中的所有污点。

9 在【工具栏】中取消勾选【显现污点】，把照片画面恢复正常，检查画面中的所有污点是否去除干净，如图 6-43 所示。

不管在什么视图下，你都可以去除污点。在处理污点过程中，你可以打开或关闭【显现污点】功能，在不同视图之间来回切换。

去除污点时，可以选择同一时间同一地点拍摄的多张照片，为它们同时去除污点。去除污点之后，请一定要逐张检查一下对污点去除效果是否满意。如果照片中污点的位置不同，请拖动目标区域，重新进行去除。

请保持【污点去除】工具处于激活状态，继续学习下一小节内容。

图 6-43

6.7.2 从照片中移除无关对象

下面我们学习如何使用【污点去除】工具移除照片中的无关对象。

❶ 在胶片显示窗格中，选择照片 lesson06-025.raf。这张照片中有很多杂乱的电线，把画面放大到 50%，会看得更清楚一些，如图 6-44 所示。

图 6-44

❷ 在【污点去除】选项面板中单击【仿制】按钮，然后把画笔【大小】设置为 28，【羽化】设置为 34，沿着一条电线拖动绘制，如图 6-45 所示。此时，Lightroom Classic 会找一块取样区域，然后用取样区域中的像素覆盖掉电力线。如果对最终结果不满意，可以拖动源区域更换取样区域。

提示 通过拖绘方式从画面中移除一个对象之后，可以继续调整【羽化】值，以增加或减少过渡区域的平滑性。

❸ 使用【污点去除】工具消除画面中的无关对象时，被去除对象的周围区域中会变得模糊。这个问题一般在【修复】模式下出现，在【修复】模式下，Lightroom Classic 会把周围环境的像素混合进来，如图 6-46 所示。

图 6-45

图 6-46

提示 如果对结果不满意，可以按斜杠键（/），让 Lightroom Classic 重新选择一个源区域进行取样。

❹ 当继续使用【污点去除】工具从已经刷过的区域之外取样时，你可以进一步混合污点修复区域，从而得到更真实的外观。为了得到更好的修复效果，我一般都会交替使用【仿制】与【修复】两种模式，如图 6-47 所示。

Lightroom Classic 提供的【污点去除】工具本身功能非常强大。也就是说，是否能够成功地把一个对象从照片中去除主要取决于 3 个因素：被去除对象本身的复杂程度、花费的时间，以及你的耐心。就示例照片来说，使用 Photoshop 去除照片中的杂物效果会更好。事实上，你可以在 Lightroom Classic 里面对照片做很多这样的修正，而且不需要在像素层面操作，这一点是相当令人震惊的，如图 6-48 所示。

图 6-47

图 6-48

6.8 使用范围蒙版

2017 年以前，尽管我们能在 Lightroom Classic 中轻松地使用【画笔】工具、【渐变】工具调整局部颜色，但是 Lightroom Classic 却没有提供基于颜色与明度的局部调整方法。从 2017 年底开始，在 Lightroom Classic 中，我们可以在各种局部调整工具中使用基于颜色和明度的控制，这把照片编辑推向一个更高的高度。

① 选择照片 lesson06-001.raf，使用【渐变滤镜】工具在画面中添加一个渐变调整，如图 6-49 所示。把【曝光度】设置得低一些，例如 -1.00。

图 6-49

此时，照片上半部分（第一条直线以上的部分）中的所有元素都变暗了，包括建筑物的上半部分、云彩、天空。这并不是我们想要的结果，我们只想压暗蓝色的天空。

为此，Lightroom Classic 提供了【范围蒙版】。借助【范围蒙版】，我们可以根据特定的颜色或亮度把滤镜效果应用到画面指定的区域中。下面我们使用【范围蒙版】把压暗效果仅应用到蓝色的天空上。

② 从面板底部的【范围蒙版】菜单中选择【颜色】。

③ 在【范围蒙版】区域的左上角，单击【吸管】工具，然后移动到蓝色天空中，单击天空中的蓝色区域，如图 6-50 所示。

> **提示** 按住 Option 键（macOS）或 Alt 键（Windows），鼠标指针会从一个吸管变成一把剪刀，单击某个采样点，该采样点的颜色会从列表中删除。

④ 此时，整个画面中，只有天空中的蓝色区域是被压暗的。这块蓝色区域是由吸管吸取的蓝颜色确定的，你可以在单击的位置看到一个吸管形状。借助【范围蒙版】，我们就可以对天空区域做更精细的控制，例如压暗天空中的蓝色区域时，天空中的白云丝毫不会受到影响。从最终结果来看，天空中的蓝色区域压得有点儿太暗了，回到【渐变滤镜】选项面板中，把【曝光度】修改为 -0.76，如图 6-51 所示。

图 6-50

图 6-51

使用【色相】滑块

在 Lightroom Classic 2021 中，【修改照片】模块下新增了一个【色相】滑块，每个调整工具的选项面板中都会有这个【色相】滑块，它就在【饱和度】滑块上方。【色相】滑块用来改变照片的整体色相（与【HSL/颜色】面板很像），配合【范围蒙版】，可以轻松地更改指定区域的色相。例如，使用颜色范围选择器选择蓝色区域之后，拖动【色相】滑块，把选择的蓝色区域变成其他颜色，如图 6-52 所示。

图 6-52

提示 （1）双击【色相】滑块，可将其重置为 0。

（2）勾选【使用微调】，可降低【色相】的敏感度，有助于准确地找到需要的颜色。

在 Lightroom Classic 中，【范围蒙版】还有如下功能。

- 在【范围蒙版】菜单中选择【明亮度】，Lightroom Classic 会根据选择的明亮度范围选择画面中的相应区域。
- 在【范围蒙版】菜单中选择【颜色】，Lightroom Classic 会根据在蒙版区域中的取样颜色创建一个选择蒙版。
- 在【范围蒙版】菜单中选择【深度】，Lightroom Classic 会根据深度图信息（要求照片包含该信息）选择一个区域。

❶ 我们把天空压得更暗了一些，蓝色天空看起来变得更蓝了。接下来，我们看看如何让云彩变得更漂亮一些。选择【调整画笔】工具，双击【效果】标签，把所有滑块置为 0，勾选【自动蒙版】，如图 6-53 所示。

图 6-53

❷ 使用大一点的笔刷在天空区域中涂抹，从天空中的蓝色区域开始，一直涂抹到云彩上。当前【自动蒙版】处于打开状态，使得涂抹能够有效地避开建筑物，如图 6-54 所示。

图 6-54

❸ 在【范围蒙版】菜单中选择【明亮度】，单击【吸管】工具，在照片画面中单击白色云彩。把【曝光度】设置为 0.82,【对比度】设置为 35,【高光】设置为 -16,【阴影】设置为 77，如图 6-55 所示。

图 6-55

注意 上面这些调整只适用于这里的示例照片。数值是多少并不重要，重要的是你要知道自己在做什么。我们根据指定的亮度在照片中选择了一块区域（云彩），然后尝试找回一些细节（调整【对比度】【高光】），同时把它们略微提亮一些（调整【曝光度】）。从画面来看，压暗天空会使天空往后退，提亮云彩会使云彩往前靠，这样可以使整个照片更有空间感。

4 在【调整画笔】选项面板中，单击右上角的【新建】按钮，然后重置所有滑块。使用大一点的笔刷在画面左侧的建筑上涂抹，如图 6-56 所示。

图 6-56

5 从【范围蒙版】菜单中选择【颜色】，使用【吸管】工具，吸取红墙上的颜色。把【曝光度】设置为 -0.35,【对比度】设置为 30,【白色色阶】设置为 48,【黑色色阶】设置为 -14，压暗所选区域，如图 6-57 所示。

图 6-57

6 从【范围蒙版】菜单中选择【明亮度】，使用【调整画笔】工具把天空左侧的灰色云彩提亮一些（把【曝光度】设置为 0.17,【阴影】设置为 100），如图 6-58（a）所示。照片修改前后的对比效果如图 6-58（b）所示。

（a）

（b）

图 6-58

若想掌握【明亮度】和【范围蒙版】的用法，以及它们各自的应用场景，一定要多尝试、多摸索才行。【范围蒙版】是一个非常强大的工具，它能够让你对照片画面中某些特定的区域做有针对性的调整，从而获得理想的画面效果。

6.9 使用【HSL/ 颜色】与【色调曲线】面板

【HSL/ 颜色】【色调曲线】【黑白】面板中有一套类似的工具，只要学会用其中的一个，其他的也就会了。下面我们先从【HSL/ 颜色】面板学起。

6.9.1　使用【HSL/ 颜色】面板

【HSL/ 颜色】面板中有大量滑块，向左或向右拖动这些滑块，可以调整照片画面颜色。虽然这些滑块为我们提供了调整颜色的精细方式，但相比之下，使用【目标调整】工具的效果更棒一些，因为它让我们能够对颜色做更细致的调整与控制。

❶【目标调整】工具（靶心形状）位于【HSL/ 颜色】面板的左上角，单击它，然后在【HSL/ 颜色】面板顶部，选择【色相】，如图 6-59 所示。

图 6-59

❷ 在天空区域中按住鼠标左键，然后向上或向下拖动，Lightroom Classic 会自动判断鼠标指针位置的颜色，并随着拖动调整这些颜色的色相滑块。随着拖动，【色相】区域中的滑块会自动变化，以调整颜色，如图 6-60 所示。

图 6-60

❸ 在【HSL/ 颜色】面板顶部选择【饱和度】，在特定区域中的某些颜色上使用【目标调整】工

具向上或向下拖动，可提高饱和度（向上拖动）或降低饱和度（向下拖动），如图 6-61 所示。请注意，此时【目标调整】工具改变的不只是拖动区域，它针对的是拖动位置的颜色，若同样颜色出现在照片的其他区域中，则这些区域也会受到影响。

图 6-61

❹ 在【HSL/ 颜色】面板顶部选择【明亮度】，在特定区域中的某些颜色上使用【目标调整】工具向上或向下拖动，可提亮（向上拖动）或压暗（向下拖动）这些颜色，如图 6-62 所示。

图 6-62

6.9.2 使用【色调曲线】面板

使用【基本】面板为照片加强了对比度之后，我们还可以使用【色调曲线】面板进一步为照片加强对比度。展开【色调曲线】面板，里面有一根色调曲线和一些滑块，如图 6-63 所示，可以通过调整这些滑块来调整色调曲线。若【色调曲线】面板中未显示出各种滑块，请单击【目标调整】工具右侧的【参数曲线】按钮，把各种滑块显示出来。

提示 在 Lightroom Classic 2021 中，参数曲线（该曲线对调整的程度有限制）与点曲线（可随心所欲地调整）的切换方式发生了变化。先前位于面板右下角的按钮不见了，在【目标调整】工具右侧出现了多个调整按钮，从左到右依次是【参数曲线】【点曲线】【红色通道】【绿色通道】【蓝色通道】的按钮。

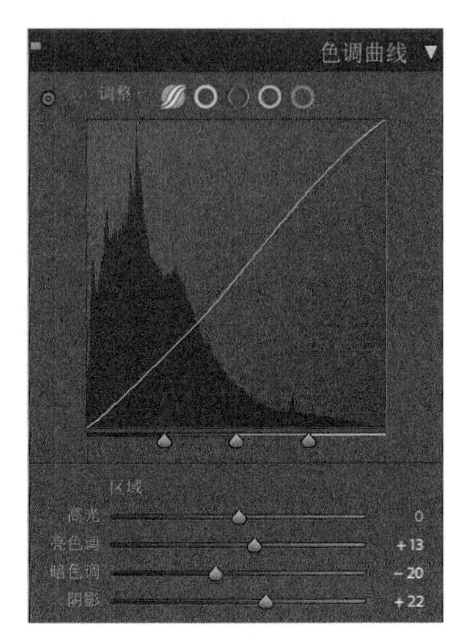

图 6-63

色调曲线代表的是整张照片色调等级的变化。水平轴代表原始色调（输入），左侧全黑，越往右越亮。

垂直轴代表的是改变后的色调（输出），底部全黑，越往上越白。

向上移动曲线上的某个点，色调会变亮；向下移动曲线上的某个点，色调会变暗。45° 角的斜线代表色调等级没有变化。

虽然可以通过拖动各个滑块轻松调整照片中的各个色调区域，但是使用【目标调整】工具（与【HSL/ 颜色】面板中的目标调整工具一样）调整照片色调会更加直观。

❶ 在【色调曲线】面板中单击【目标调整】工具，把鼠标指针移动到画面中。当在画面某个区域中移动鼠标指针时，色调曲线上的相应区域就会高亮显示出来，如图 6-64 所示。

图 6-64

❷ 在某个区域中按住鼠标左键向下拖动，压暗该区域；向上拖动，提亮该区域，如图 6-65 所示。拖动时，请注意观察向上拖动或向下拖动对色调曲线的影响。

图 6-65

你可以使用【色调曲线】面板对照片色调做许多创意性的调整尝试，但是你也要学会使用【目标调整】工具为照片增加对比度和细节，这种能力怎么强调都不为过。

6.10 制作创意颜色与黑白效果

关于黑白照片，著名的环境人像摄影师 Gregory Heisler 曾说过这样的话："唯有在黑白照片中，我们才能发现一些色彩无法表现的结构。"我们时常看见一些黑白怀旧照片，欣赏这些照片时，我们一般都会把注意力集中到照片的构图、画面结构和被拍摄对象的姿态上。

大多数数码相机中都有拍摄黑白照片的设置，但是这些设置只对使用 JPEG 格式拍摄的照片有效。而且对于相机直出的黑白照片，我们是没办法控制照片中特定颜色的呈现方式的。

在 Lightroom Classic 中，我们可以向照片单独添加某些颜色，制作手工着色照片，这将帮助我们探索各种可能性。这些着色技术从单一颜色开始，然后增加到几种颜色，能够快速生成复古效果。

示例照片是在哈瓦那拍摄的，我希望照片画面有一点儿安塞尔·亚当斯（Ansel Adams）的味道，在亚当斯拍摄的照片中，黑白对比很强烈，画面有种空灵的感觉。前面我们一直在增加照片的对比度，接下来我们把照片转成黑白效果。

6.10.1 把彩色照片转成黑白照片

注意 通常，为了更清楚地看到照片中的色彩表现，我一般都会提高照片的饱和度。此外，我还会调整照片的高光、阴影、黑色色阶、白色色阶、去朦胧，保证照片中的每个细节都显现出来。所有颜色都会很快消失，但是最好还是提前看一下。

❶ 经过前面一系列调整，当前照片画面中的对比度已经很高了。在【基本】面板中，把【曝光度】设置为 +0.10，【对比度】设置为 +5，【白色色阶】设置为 +19，如图 6-66 所示。

图 6-66

② 在【基本】面板的右上角，单击【黑白】按钮。此时，Lightroom Classic 会把彩色照片转换成一张黑白照片，同时原来的【HSL/ 颜色】面板也变成了【黑白】面板。

③ 展开【黑白】面板，里面一系列滑块代表照片中的不同颜色。把某个颜色滑块往右拖，画面中该颜色所在的区域会变亮；往左拖，该颜色所在的区域会变暗，如图 6-67 所示。

图 6-67

注意 在 Lightroom Classic 早期版本中，把彩色照片转换成黑白照片需要进入【HSL/ 颜色】面板中。从 Lightroom Classic 2019 开始，黑白照片转换功能放到了【基本】面板中。单击【基本】面板右上角的【黑白】按钮，原来的【HSL/ 颜色】面板会变成【黑白】面板，以便调整黑白混合。

④ 当前的最大问题是照片是黑白的，但【黑白】面板中是各种颜色滑块（却没有黑白滑块），我们该如何调整这些滑块呢？这个时候，【目标调整】工具就派上大用场了。单击【目标调整】工具，把鼠标指针移动到希望调整的部分上，按住鼠标左键向上拖动，可提亮鼠标指针所指位置的颜色，向下拖动可压暗颜色，如图 6-68 所示。

图 6-68

6.10.2 使用【颜色分级】面板

在 Lightroom Classic 2021 中，【颜色分级】面板取代了【分离色调】面板，引入了色轮来控制阴影、高光、中间色调，如图 6-69 所示。这正是大多数用户一直期待的。

图 6-69

【颜色分级】面板简单易用。每种色调都有一个色轮。拖动色轮的中心点，或者圆周外的圆点，可以改变整体色相；向内或向外拖动中心点，可以改变饱和度；拖动色轮下方的滑块，可以改变亮度。下面我们实际动手操作一下。

❶ 选择照片 lesson06-028.raf，展开【颜色分级】面板。在面板顶部单击【中间色调】按钮，在色轮上略微向右下方拖动中心点。此时，照片的色相和饱和度同时发生变化。向左拖动【明亮度】滑块，压暗中间色调，如图 6-70 所示。

❷ 在面板顶部单击【阴影】按钮。向左拖动【明亮度】滑块，使其值变为 -31，把阴影压暗一点。

图 6-70

❸【混合】滑块用来设定每个范围如何相互混合。这里把它设置成 62，让照片暗一些。

❹【平衡】滑块控制着 Lightroom Classic 把照片中的哪些像素看作阴影、高光、中间色调。这里把它设置成 +2，如图 6-71 所示。建议大家使用这些色轮多做一些尝试，以便找出最让你满意的调整效果。

图 6-71

6.10.3 使用【效果】面板

在 Lightroom Classic 中，我们可以使用【效果】面板往照片中添加颗粒或者裁剪后暗角。当希望把观众的视线引导至照片的中心区域时，可以使用【裁剪后暗角】这个非常棒的工具。但是，应用【裁剪后暗角】工具时要格外小心，以免照片落入俗套。

这里，我们继续使用上一小节调整过的照片。【颜色分级】面板保持不动，展开【效果】面板，如图 6-72 所示。首先，我们试一下面板顶部的【裁剪后暗角】工具。

使用某些镜头拍摄时，镜头本身的缺陷导致照片边角很暗，慢慢地，人们开始喜欢使用这种效果。【裁剪后暗角】工具模拟的就是这种效果，在照片中应用【裁剪后暗角】效果能够有效地把观众的注意力吸引到照片的中心区域。

图 6-72

早期的 Lightroom Classic 中，有一个【暗角】滑块，它本来是用来消除暗角，而不是添加暗角的。不过，实际情况是摄影师们经常使用它来添加暗角，但是暗角效果会在裁剪照片之后消失。

后来，Lightroom Classic 把【暗角】滑块放入【镜头校正】面板中，而在【效果】面板中新增了【裁剪后暗角】（裁剪照片之后暗角大小不变，且中心位于画面中心）工具。

【裁剪后暗角】工具，有如下3种样式可供选用，如图6-73所示。

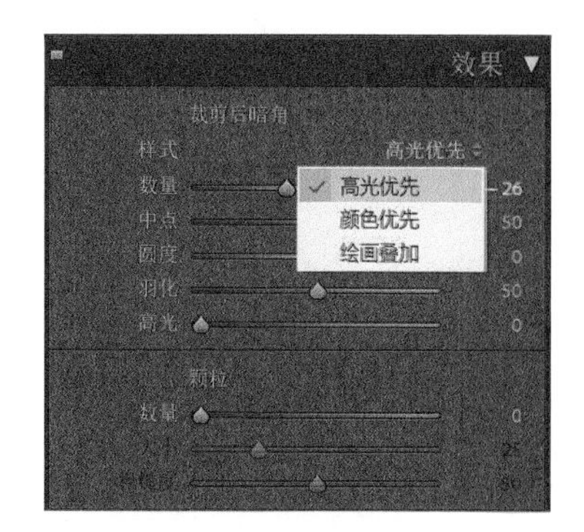

图 6-73

- 高光优先：该样式可以恢复照片中一些曝光过度的高光细节，但会导致照片暗部颜色变化，适合于包含明亮区域的照片，例如剪切的反射高光。
- 颜色优先：该样式可以最大限度地减少照片暗部的颜色变化，但不能恢复高光细节。
- 绘画叠加：该样式把裁剪后的图像值与黑色或白色像素混合，可能会导致照片画面平淡。

【裁剪后暗角】下有如下 5 个滑块可调整。

- 数量：向左拖动【数量】滑块，可压暗照片边缘；向右拖动滑块，可提亮照片边缘，如图6-74所示。

图 6-74

- 中点：调整暗角离中心点的远近。值越小，离中心点越近；值越大，离边角越近，如图 6-75 所示。

图 6-75

- 圆度：调整暗角形状，越向左拖动，越接近圆角矩形；越向右拖动，圆角矩形逐渐变成椭圆形、圆形，如图 6-76 所示。

图 6-76

- 羽化：调整暗角内边缘的柔和程度。越向右拖动，暗角内边缘越柔和；越向左拖动，暗角内边缘越生硬，如图 6-77 所示。
- 高光：只有【样式】菜单中选择的是【高光优先】或【颜色优先】样式时，该滑块才可用，它控制保留高光的对比强弱，如图 6-78 所示。

图 6-77

图 6-78

【颗粒】的作用简单而直观，在【颗粒】区域中可以控制添加到照片中的颗粒数量、大小和粗糙度，如图 6-79 所示。向照片中添加颗粒，能够提升画面的真实感、增强画面质感，尤其是在处理黑白照片时，添加颗粒能够使画面有强烈的冲击力。

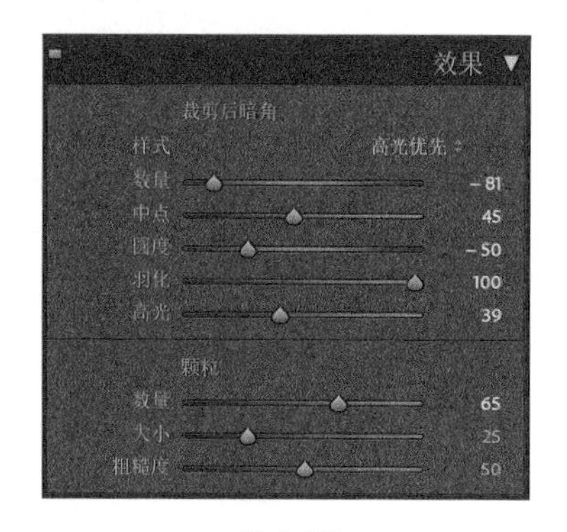

图 6-79

我不太喜欢用【裁剪后暗角】这个工具，相比之下，我还是喜欢使用【调整画笔】和【径向滤镜】工具，它们能够给我很大的自由度。双击各个滑块，可重置各个滑块；双击【裁剪后暗角】工具，可重置所有滑块。如果你觉得向照片中添加这些效果有助于增强照片的表现力，那你大可自由地使用它们。

6.11 全景接片

全景照片给人一种完全沉浸其中的感觉。过去拍摄全景照片要用特制的镜头，确保有足够的宽度，可以容纳想拍摄的场景。现在我们可以在 Lightroom Classic 中轻松地把若干张特意拍摄的照片合成一张全景照片。你只需要拍摄一系列照片，Lightroom Classic 会自动完成全景接片工作。

全景接片过程中，Lightroom Classic 做了如下一些重要的事情。

首先，Lightroom Classic 中有一个【边界变形】滑块，用来变换合并结果的形状以填充矩形图像边界，从而保留更多的图像内容。以前，我们必须使用 Photoshop 中的【内容识别填充】工具来防止误裁，现在这些在 Lightroom Classic 中都能轻松完成了。

其次，Lightroom Classic 生成的合并结果也是一个 RAW 文件（DNG 格式），这种文件为我们的后期处理提供了很大的发挥空间，你可以在【修改照片】模块中使用各种工具自由地调整它。

再次，全景接片时，Lightroom Classic 支持“无显模式”（Headless Mode）。

在 2018 年 10 月发布的 Lightroom Classic 中新增了【HDR 全景图】命令，该命令把创建 HDR 图像与合成全景图两个步骤融合在一起。

最后，Lightroom Classic 允许填充照片边缘，在保证照片不变形的前提下能够得到尽量完整的照片。

6.11.1 使用【全景图】命令接片

提示 拍摄全景接片照片时，要保证前后两张照片之间有 30% 左右的重叠量。拍摄前，请手动设置对焦点和曝光值，这样可以防止拍摄照片时这些参数发生变化。拍摄时，最好用上三脚架。

下面我们使用【全景图】命令把两张照片拼接在一起。拼接时，照片的顺序不重要，Lightroom Classic 会自动分析照片，确定如何把它们拼接在一起。拼接好照片之后，还可以继续调整照片的色调与颜色。

❶ 在【图库】模块下，先单击照片 lesson06-009.raf，按住 Command 键（macOS）或 Ctrl 键（Windows），再单击照片 lesson06-010.raf，同时选中两张照片。

❷ 使用鼠标右键单击所选照片，从弹出菜单中选择【照片合并】>【全景图】，或者直接按 Control+M（macOS）或 Ctrl+M（Windows）组合键，如图 6-80 所示。

图 6-80

合并全景图需要花一些时间，但是合成速度明显比老版本更快一些，它使用内嵌 JPEG 照片生成预览。如果前期照片拍得没问题，合成过程会非常顺利。但是，如果前期照片拍得有问题，那不仅会增加 Lightroom Classic 的分析时间，而且还有可能产生不理想的结果。等了一段时间却没有获得满意的结果，再没有比这更令人沮丧的事了。

③ 在【全景合并预览】对话框中，Lightroom Classic 提供了 3 种投影模式，每种模式都值得试一试。如果你的全景照片非常宽，建议选用【圆柱】投影模式。在合成 360° 全景照片，或者多排全景照片时，请选择【球面】投影模式。若照片中包含大量线条（例如建筑物照片），合成全景照片时，请选择【透视】投影模式。

本示例中，选择【球面】投影模式比较好。可以看到照片周围有许多白色区域，这些区域需要被裁掉或进行填充，如图 6-81 所示。

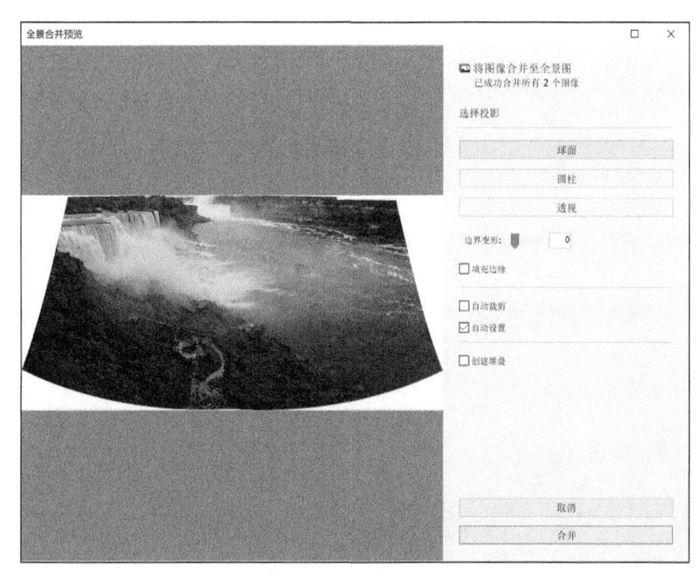

图 6-81

④ 向右拖动【边界变形】滑块，直到照片周围的白色区域完全消失。这个滑块在矫正照片变形方面做得很棒，有了它，我们就不必手动裁剪或填充画面边缘的白色区域了。现在，请把该滑块重置为 0。如果你希望裁掉照片周围的空白区域，请勾选【自动裁剪】。

⑤ 勾选【填充边缘】，Lightroom Classic 会自动填充照片周围的白色区域，而且填充得非常自然、真实。设置完成后，单击【合并】按钮，关闭对话框，如图 6-82 所示。Lightroom Classic 把两张照片合并在一起，生成一张无缝融合的全景照片。若在【全景合并预览】对话框中勾选了【自动设置】，Lightroom Classic 会尝试自动修改照片。在胶片显示窗格中，选择合并后的全景照片（照片扩展名为 .pano），了解一下接片效果。

警告 若全景照片没有立即在【图库】模块的【网格视图】或胶片显示窗格中显示出来，请耐心等待一会儿。合并 HDR 时，也会出现这种情况。

⑥ 在【修改照片】模块下，使用各种面板和前面介绍的修片技术调整照片的色调与颜色。合并后的全景照片是 DNG 格式的，它也是一种 RAW 文件，能够为我们留出足够的后期空间，如图 6-83 所示。

图 6-82

图 6-83

6.11.2 合成全景图时使用无显模式

合并全景图时往往需要花一些时间，为了节省合成时间，加快合成速度，我一般会使用无显模式。具体做法是：按住 Shift 键，使用鼠标右键单击所选照片，然后从弹出菜单中选择【照片合并】>【全景图】。此时，Lightroom Classic 不会打开【全景合并预览】对话框，而是直接在后台合成全景图。

6.12 制作 HDR 照片

使用相机拍摄的照片中，几乎没有照片在阴影、中间色调、高光部分全是完美的。在一张照片的直方图中，你会经常看到某一端的信息要比另一端的信息更多，也就是说，这张照片要么高光区域曝光良好，要么阴影区域曝光良好，而不是两个区域曝光都好。这是由数码相机有限的动态范围决定的，它们在一次拍摄行为中只能收集这么多的数据。如果拍摄场景中有高光区域也有阴影区域，那么拍摄时，拍摄者就必须决定要让哪个区域曝光准确。换句话说，不可能在同一张照片中让高光区域和阴影区域的曝光同时准确。

为了制作出高光区域和阴影区域曝光都准确、细节都丰富的照片，你可以从下面两种方法中任选一种使用。

- 拍摄照片时，使用 RAW 格式拍摄，然后在 Lightroom Classic 中做色调映射。拍摄时，只要保证照片高光区域保留了丰富的细节（检查相机的直方图），就可以在Lightroom Classic中使用【基本】面板把高光细节找回来。

注意 色调映射是指改变照片中的现有色调，扩大其动态范围。

- 同一个场景选用不同的曝光值（Exposure Value，EV）拍摄多张照片，然后在 Lightroom Classic 中合成高动态范围（High Dynamic Range，HDR）照片。拍摄照片时可以手动设置不同的曝光值，为同一个场景拍摄三到四张照片；也可以使用相机的包围曝光自动拍摄多张照片。

借助包围曝光，你可以设置相机拍摄几张照片（至少拍 3 张，多多益善），以及每张照片之间的曝光度相差多少（建议设置成 1EV 或 2EV）。例如，拍摄 3 张照片，一张照片正常曝光，一张照片过曝一挡或二挡，一张照片欠曝一挡或二挡。

注意 即便选用 RAW 格式拍摄，拍摄时最好还是打开相机的包围曝光。例如，拍摄光线不足的场景时，最好使用不同的曝光值来拍摄多张照片，而不是只拍摄一张照片。有时只拍摄一张照片，即便使用色调映射技术也得不到令人满意的效果。多拍几张照片是很有必要的，而且也不会有什么损失，就是多占点存储空间而已。把拍摄的多张照片导入 Lightroom Classic 后，从中选出满意的，删除其他照片。

在最近的几个版本中，Lightroom Classic 创建 HDR 图像的能力有了很大的提升。虽说 Lightroom Classic 和 Photoshop 都能用来合成 HDR 图像，但相比之下使用 Lightroom Classic 合成 HDR 图像会更容易一些，因为在 Lightroom Classic 中我们可以快速切换到【基本】面板对合并结果做色调映射。

下面学习如何在 Lightroom Classic 中合成 HDR 图像，以及处理多组照片时如何加速整个流程。在 Lightroom Classic 中合成 HDR 图像非常简单，学完之后你肯定会大吃一惊。

6.12.1 在 Lightroom Classic 中合成 HDR

下面选择 5 张有不同曝光度的照片（拍摄于新墨西哥州班德利尔国家公园），把它们合成一张 HDR 图像，然后再对合成后的 HDR 图像做色调映射。

❶ 在【图库】模块下，先单击第一张照片（lesson06-004.raf），再按住 Shift 键单击最后一张照片（lesson06-008.raf），把 5 张照片同时选中。

❷ 使用鼠标右键单击任意一张选中的照片，从弹出菜单中选择【照片合并】>【HDR】，或者按 Control+H（macOS）或 Ctrl+H（Windows）组合键，如图 6-84 所示。

与合成全景图一样，Lightroom Classic 生成 HDR 预览的速度还是很快的。我曾经在 Lightroom Classic 中合成过尺寸非常大的 HDR 图像，其生成预览图的速度真是快得超乎想象。

图 6-84

❸【HDR 合并预览】对话框中有多个选项，用于控制合成过程，如图 6-85 所示。

图 6-85

• 自动对齐：拍摄照片时，相机三脚架可能会发生轻微移动，导致最终拍摄到的多张照片之间的像素发生位移，勾选【自动对齐】后，Lightroom Classic 会尝试对齐各张照片，纠正像素位移。

• 自动设置：勾选该选项后，Lightroom Classic 会把【修改模块】下【基本】面板中的设置应用到合成后的图像上，通常都能得到一个不错的结果；建议勾选该选项，如果觉得不合适，还可以在合成完成后随意修改它。

• 伪影消除量：消除画面中出现的伪影；拍摄照片时，有时会突遇强风，树枝晃动，或画面中有人经过，此时可以在【伪影消除量】中选择消除运动的强度；请根据具体情况，选择是否开启该选项。

• 当在【伪影消除量】下选择某种消除强度之后，可以勾选【显示伪影消除叠加】，显示应用伪影消除校正的位置。

- 创建堆叠：勾选该选项后，Lightroom Classic 将把生成的 HDR 图像与原始照片堆叠起来；有关照片堆叠的内容不在本书讨论范围之内，这里请不要勾选该选项。

注意 一张 HDR 图像经过色调映射处理之后，有可能是真实风格的，也有可能是超现实风格的。真实风格的图像中保留着大量细节，画面看上去也很自然；超现实风格的图像更多强调画面的局部对比度和细节，要么饱和度很高，要么饱和度很低。调成什么样的风格没有对错之分，全是个人的主观想法。

单击【合并】按钮后，Lightroom Classic 就开始在后台合并 HDR 图像，这期间你可以继续在 Lightroom Classic 中处理其他照片。在老版本的 Lightroom Classic 中，合并 HDR 图像期间，你是不能继续处理其他照片的，必须等到 HDR 图像合并完毕之后才可以。现在，你可以返回到 Lightroom Classic 中继续处理其他照片，等待 HDR 图像合并完成。

在 Lightroom Classic 中，合并之后的 HDR 图像仍然是 RSW 格式的（DNG）。相比于转换成像素数据的图像，RAW 格式的图像后期空间更大，你可以随意调整其色温、色调，以及做其他各种调整。在【修改照片】模块下，把【曝光度】滑块从一端拖动到另一端，在生成的图像中可以看到图像的影调范围有多大，如图 6-86 所示。

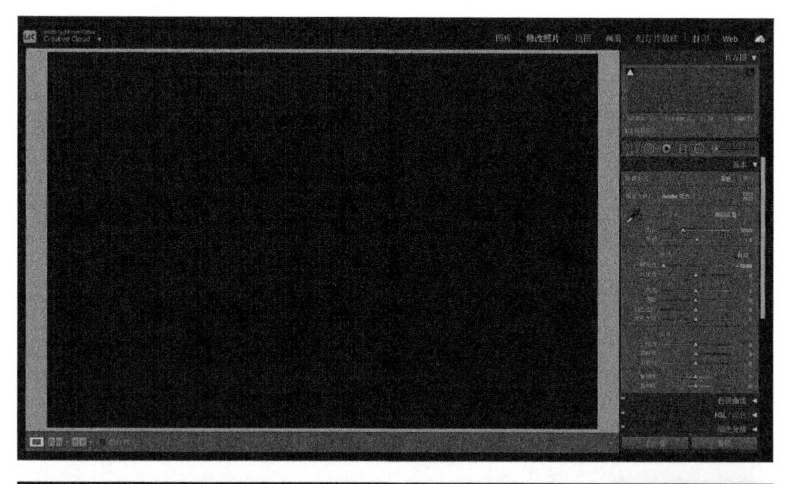

图 6-86

当 HDR 图像合并完成之后，你就可以在原始照片旁边找到合成好的 HDR 图像了。在胶片显示窗格中，单击合成好的 HDR 图像（名称中包含 HDR 这几个字母），按 D 键，进入【修改照片】模块。展开【基本】面板，你可以看到 Lightroom Classic 自动应用到 HDR 图像上的设置，当然，你可以根据实际需要再次调整这些设置。这里，我还在照片中添加了一个渐变滤镜，最终调整效果如图 6-87 所示。

图 6-87

6.12.2 合并 HDR 的无显模式

在 Lightroom Classic 中合成 HDR 图像时，可以使用无显模式。有时合并 HDR 图像时，我们并不希望 Lightroom Classic 弹出【HDR 合并预览】对话框，因为我们不想做任何设置，只想让 Lightroom Classic 马上开始合并。按住 Shift 键，使用鼠标右键单击任意一张选中的照片，从弹出菜单中依次选择【照片合并】>【HDR】，Lightroom Classic 不会弹出【HDR 合并预览】对话框，它会马上开始合并 HDR 图像。

6.13 制作 HDR 全景图

在 2018 年 10 月以前发布的 Lightroom Classic 中，合成 HDR 全景图分为两步：首先把多张曝光不同的照片合成单张 HDR 图像；然后再把多张 HDR 图像合成一张全景图。在 2018 年 10 月以后发布的 Lightroom Classic 中，只需要一个命令就可以把一系列用于合成 HDR 图像的照片合成一张 HDR 全景图。Lightroom Classic 会把整个过程自动化，并且以 DNG 格式保存合并后的图像，以便为后期留出更多空间。

2019 年，我测试富士 X-T3 相机期间为俄勒冈州的哥伦比亚河拍摄了一组照片，这组照片一共有 12 张（曝光范围从 -2 1/3EV 到 2/3EV），我想在 Lightroom Classic 中把每 4 张照片合成一张 HDR 照片，3 张 HDR 照片合成一张全景图，并希望在这张全景图中把捕捉到的所有色调都表现出来。下面我们一起看一下 Lightroom Classic 是怎么帮我实现这个想法的。

❶ 在【图库】模块下单击第一张照片（lesson06-011.raf），按住 Shift 键单击最后一张照片（lesson06-022.raf），同时选中 12 张照片。

❷ 使用鼠标右键单击任意一张选中的照片，从弹出菜单中依次选择【照片合并】>【HDR 全景图】，如图 6-88 所示。执行该命令时，Lightroom Classic 会先把 12 张照片合并成 HDR 图像，然后再把 HDR 图像合成全景图。你或许觉得这个过程要花不少时间，但其实比你想的要快得多。

图 6-88

❸ 合并后的 HDR 全景图和我预想的差不多，四周有白色区域。在【HDR 全景合并预览】对话框中，Lightroom Classic 提供了多个投影选项，你可以挨个尝试一下，看看效果如何。这里选择【球面】效果最好，如图 6-89 所示。

图 6-89

❹ 勾选【自动裁剪】，Lightroom Classic 会裁剪掉大部分前景，如图 6-90 所示。相比之下，这里选用【边界变形】或【填充边缘】效果会更好一些。

图 6-90

❺ 取消勾选【自动裁剪】，勾选【填充边缘】，Lightroom Classic 会把周围白色区域填充好，同时校正透视关系，如图 6-91 所示。

图 6-91

单击【合并】按钮，Lightroom Classic 开始合并 HDR 全景图。

❻ 合成完毕后，你会得到一张非常棒的 HDR 全景图，整个过程都是 Lightroom Classic 自动完成的。进入【修改照片】模块，进一步调整照片色调，增加画面细节，如图 6-92 所示。

图 6-92

6.14 Lightroom Classic 中的高效操作

大多数情况下，使用 Lightroom Classic 处理照片很容易。Lightroom Classic 中集成了大量的工具，灵活运用这些工具可以帮助我们轻松实现自己的想法，创作出更多精彩的作品。那么，如何提高效率呢？把修改同步到多张照片就是一个提高效率的好方法。

6.14.1 使用【上一张】按钮把调整同步到下一张照片

下面使用一种高效的方法快速调整 Synchronize Edits 收藏夹中的多张照片。首先选择一张照片，做一些调整，然后使用【上一张】按钮把调整快速应用到下一张照片上。

❶ 打开 Synchronize Edits 收藏夹，选择第一张照片 lesson06-027.raf，如图 6-93 所示。

图 6-93

② 在【修改照片】模块下的【基本】面板中，把【色温】设置为 5200,【色调】设置为 +21,【曝光度】设置为 +0.15,【对比度】设置为 +11，如图 6-94 所示。

图 6-94

③ 按向右箭头键，移动到下一张照片。当前照片存在与上一张照片一样的白平衡和曝光问题。在右侧面板下方单击【上一张】按钮，Lightroom Classic 会复制上一张照片的所有设置，并把它们应用到当前照片上，如图 6-95 所示。

图 6-95

6.14.2 使用【同步】按钮把调整应用到多张照片上

如果只有一张或两张照片，你可以使用【上一张】按钮把调整轻松应用到另一张照片上。但是，如果有 50 张照片，再使用【上一张】按钮一张张地调整就会比较费事。这时，我们可以使用【同步】按钮，把调整一次性同步到多张照片上。

❶ 按 Command+Z（macOS）Ctrl+Z（Windows）组合键，撤销刚刚对第二张照片做的调整。

❷ 在胶片显示窗格中单击第一张照片，按住 Shift 键，单击最后一张照片（lesson06-032.raf），同时选中 6 张照片。第一张选中的照片用作源照片，我们会把它的调整设置同步到其他照片上。

❸ 单击右侧面板下方的【同步】按钮，如图 6-96 所示。

图 6-96

❹ 在【同步设置】对话框中单击左下角的【全部不选】按钮，然后勾选第一张照片中修改过的设置选项，或者单击【全选】按钮，勾选所有设置选项。设置好同步选项之后，单击【同步】按钮，如图 6-97 所示。

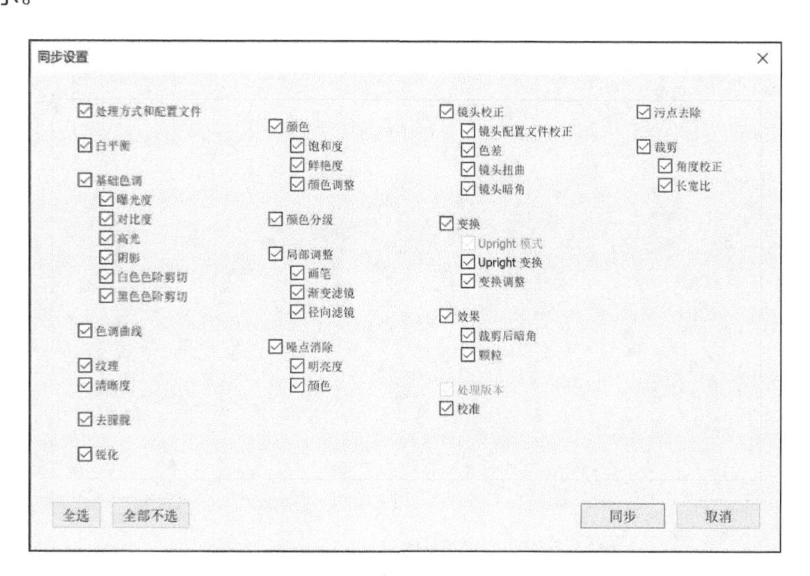

图 6-97

此时，Lightroom Classic 会把第一张照片（源照片）上的调整同步到其他所选照片上，如图 6-98 所示，这大大加快了照片的处理速度。你可以利用省下来的时间做一些更具创意的编辑工作，或者根据需要多处理一些细节。

图 6-98

在最后一张照片中，我给画面中的人物头发、手捧花、背景中的绿色添加了多个【范围蒙版】，并做了如下调整，如图 6-99 所示。

- 曝光度：+0.20。
- 高光：-17。
- 阴影：+28。
- 纹理：+7。
- 鲜艳度：+38。

图 6-99

关于处理版本

处理版本（Processing Version，PV）指的是 Lightroom Classic 的基础图像处理技术。本书讲解的内容（特别是有关【基本】面板的内容）针对的是当前 Lightroom Classic 处理版本，即版本 5，它于 2018 年推出。在【修改照片】模块下的【校准】面板中，你可以找到当前使用的是哪个处理版本。

在 2018 年之前使用 Lightroom Classic 调整照片时，使用的是另外一个处理版本。事实上，如果你用的是 Lightroom Classic 2012 年推出的版本，进入【修改照片】模块，你会发现【基本】面板中某些滑块的外观和作用与当前版本的 Lightroom Classic 有很大的不同。有些滑块名称变了，默认值也不同，尤其是【清晰度】滑块，早期版本与当前版本中使用的算法完全不一样。

如果喜欢旧的处理方式，可以不用管它，但是如果你想使用版本 5 的改进功能，你可以修改一下照片的处理版本。请注意，当你修改了处理版本之后，Lightroom Classic 的软件界面会发生一些变化。

6.14.3 创建修片预设

另一种快速修片的方法是使用预设。打开 Develop Module Practice 收藏夹，选择第一张照片。与同步过程一样，单击【预设】面板标题栏右端的加号按钮（+），从弹出菜单中选择【创建预设】，在打开的【新建修改照片预设】对话框中，你可以把指定的设置保存成预设。在【预设名称】文本框中输入“Un Dia”，单击【全选】按钮，再单击【创建】按钮，如图 6-100 所示。

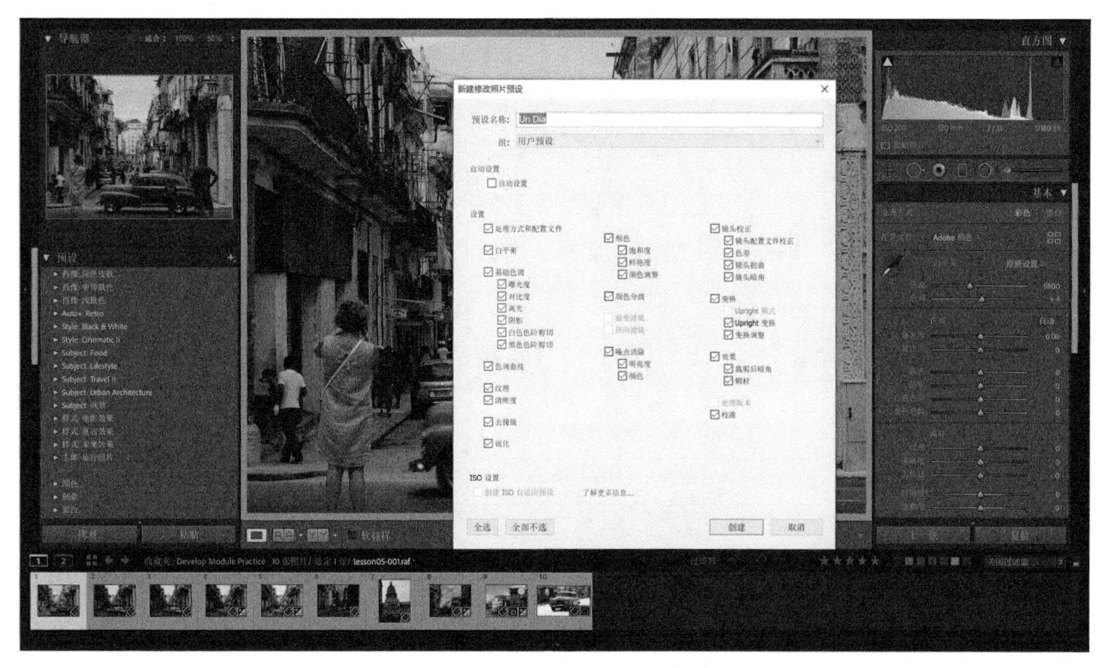

图 6-100

预设保存完成之后，你可以在【预设】面板的【用户预设】下找到它。在【修改照片】模块下，从胶片显示窗格中任选一张照片（例如进入 Selective Edits 收藏夹，选择前面创建的全景图），在【预设】面板的【用户预设】下单击刚刚创建的预设，将其应用到所选的照片上，如图 6-101 所示。

图 6-101

按 G 键，返回到【图库】模块的【网格视图】下。你可以在【网格视图】下选择一系列照片（先单击第一张照片，然后按住 Shift 键再单击最后一张照片），在【快速修改照片】面板下，从【存储的预设】中选择刚才创建的预设，将其应用到所选照片上，如图 6-102 所示。毫无疑问，使用预设会大大节省照片处理时间，极大提高工作效率。

图 6-102

6.15 复习题

1. 在局部调整工具的选项面板中，如何重置所有滑块？
2. 如何移除渐变滤镜或径向滤镜的一部分效果？
3. 如何为一个不在画面中心的对象创建暗角？
4. 【污点去除】工具的【仿制】与【修复】模式有何不同？
5. 【范围蒙版】工具有哪 3 个选项，各自有什么作用？
6. 如何把一张照片上的修改同步到多张照片上？

6.16 答案

1. 使用局部调整工具（如【渐变滤镜】【径向滤镜】【调整画笔】工具）时，在选项面板中双击【效果】标签，可重置所有滑块。
2. 创建好渐变滤镜或径向滤镜后，如果想移除一部分滤镜效果，可单击选项面板右上角的【画笔】按钮，然后在画笔设置区域中单击【擦除】按钮。根据需要调整画笔设置，在希望移除滤镜效果的区域中涂抹，即可移除涂抹区域中的滤镜效果。
3. 如果想强调的对象不在画面中心，可以围着它创建一个径向滤镜，然后压暗对象周围的区域。
4. 使用【污点去除】工具时，如果选择【修复】模式，Lightroom Classic 会自动混合周围像素；如果选择【仿制】模式，Lightroom Classic 会直接执行复制、粘贴操作。
5. 【范围蒙版】工具有【明亮度】【颜色】【深度】这 3 个选项。通过这 3 个选项，我们可以指定局部调整影响的画面区域。选择【明亮度】，Lightroom Classic 会基于选择的亮度范围应用局部调整；选择【颜色】，Lightroom Classic 会基于选择的颜色应用局部调整；选择【深度】，Lightroom Classic 会基于深度图信息应用局部调整。
6. 调整同一光照环境下拍摄的多张照片时，先选择一张照片做调整，然后选择所有照片，再单击右侧面板组下方的【同步】按钮，在【同步设置】对话框中，勾选希望同步的设置选项，单击【同步】按钮即可将修改同步到所有照片上。

摄影师
桑乔·斯莫尔斯（SANCHO SMALLS）

Sancho Smalls 出生于美国南卡罗莱纳州博福特县，在圣海伦娜岛长大，从小受到浓厚的古勒语文化和近海岛屿艺术的熏陶。在这种成长环境下，他逐渐对视觉艺术（亲密性和原始美）产生了浓厚的兴趣。他喜欢天马行空的想象，其创作手法自由、洒脱、不拘一格，包括喷涂、绘画、混合画法等。

2014 年，他在南卡罗来纳州的温斯洛普大学获得了美术学士学位，专攻珠宝与金属设计。上大学期间，他喜欢上了计算机辅助设计，后来又学习了雕塑、纺织品、陶瓷艺术，这些为他日后创作奠定了基础。在这些不同的艺术形式中，他最喜欢珠宝设计，因为他认为珠宝本身能够体现整个家族的价值，能够记录一些人和事，能够被一代代传承下去。

目前，他生活在北卡罗来纳州夏洛特市，主要进行摄影艺术创作。通过对色彩、构图、各种元素的运用，他可以将以前学习过的所有艺术手段很好地融合并表现出来。他的摄影作品经常从时尚、文化中汲取灵感，为表现的主题赋能。

他希望从创作的每一件作品中认清自己，他把艺术看作一个过程。2019 年，他开始使用 Sancho Smalls 这个绰号，这是他第四代曾祖父的名字。对他来说，这个名字体现了他对祖先的重视程度，是对生命旅程的认可，也是他作为艺术家不断寻求发展的承诺。

第7课

制作画册

课程概览

无论是为客户还是为自己制作作品集，抑或作为礼物或保存珍贵记忆的手段，画册都是分享和展示照片最常见的方式之一。在【画册】模块下，我们可以轻松地设计漂亮、复杂的画册布局，然后直接在 Lightroom Classic 中进行发布。本课我们将学习制作专业画册的技术，主要讲解以下内容。

- 使用文本与照片单元格，调整页面布局模板。
- 设置页面背景。
- 在布局中放置与安排照片。
- 在画册设计中添加文本。
- 使用文本调整工具。
- 保存画册、自定义页面布局。
- 导出画册。

学习本课需要 1~2 小时

在【画册】模块中，你可以找到制作画册需要的一切工具，还可以把制作好的画册直接从 Lightroom Classic 上传到按需打印服务商（例如 Blurb）进行打印，当然你还可以把画册输出成 PDF，或者发送到自己的打印机上进行打印。基于模板的页面布局、直观的编辑环境和先进的文本工具，使你能够以需要的方式呈现你的照片。

7.1 学前准备

图 7-1

学习本课之前，请确保你已经为课程文件创建了 LRClassicCIB 文件夹，并创建了 LRClassicCIB 目录文件来管理它们，具体做法请阅读本书前言中的相关内容。

下载 lesson07 文件夹，将其放入 LRClassicCIB\Lessons 文件夹中。

❶ 启动 Lightroom Classic。

❷ 在【Adobe Photoshop Lightroom Classic- 选择目录】对话框中，在【选择打开一个最近使用的目录】列表中选择 LRClassicCIB Catalog.lrcat，单击【打开】按钮，如图 7-1 所示。

❸ Lightroom Classic 在正常屏幕模式中打开，当前打开的模块是上一次退出时的模块。在软件界面右上角的模块选取器中单击【图库】，如图 7-2 所示，进入【图库】模块。

图 7-2

7.2 把照片导入图库

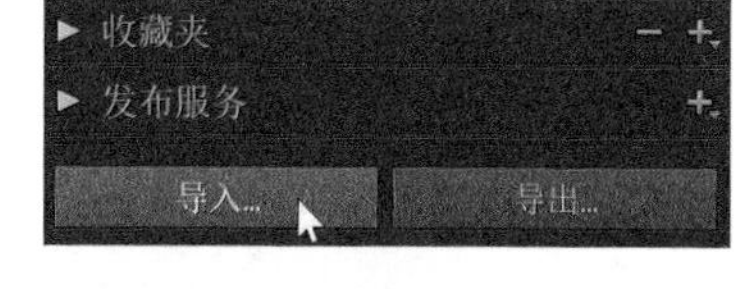

图 7-3

首先，把本课用到的照片导入 Lightroom Classic 图库。

❶ 在【图库】模块下，单击左下角的【导入】按钮，如图 7-3 所示，打开【导入】对话框。

❷ 若【导入】对话框当前处在紧凑模式下，请单击对话框左下角的【显示更多选项】按钮（向下三角形），如图 7-4 所示，使【导入】对话框进入扩展模式，里面列出了所有可用选项。

图 7-4

❸ 在左侧【源】面板中，找到并选择 LRClassicCIB\Lessons\lesson07 文件夹，选择 lesson07 文件夹中的 22 张照片，准备导入它们。

❹ 在预览区域上方的导入选项中选择【添加】，Lightroom Classic 会把导入的照片添加到目录中，但不会移动或复制原始照片。在右侧的【文件处理】面板中，从【构建预览】菜单中选择【最小】，取消勾选【不导入可能重复的照片】。在【在导入时应用】面板中，分别从【修改照片设置】和【元数据】菜单中选择【无】。在【关键字】文本框中输入“Lesson 07，SE Asia”，如图 7-5 所示，检查你的设置是否无误，然后单击【导入】按钮。

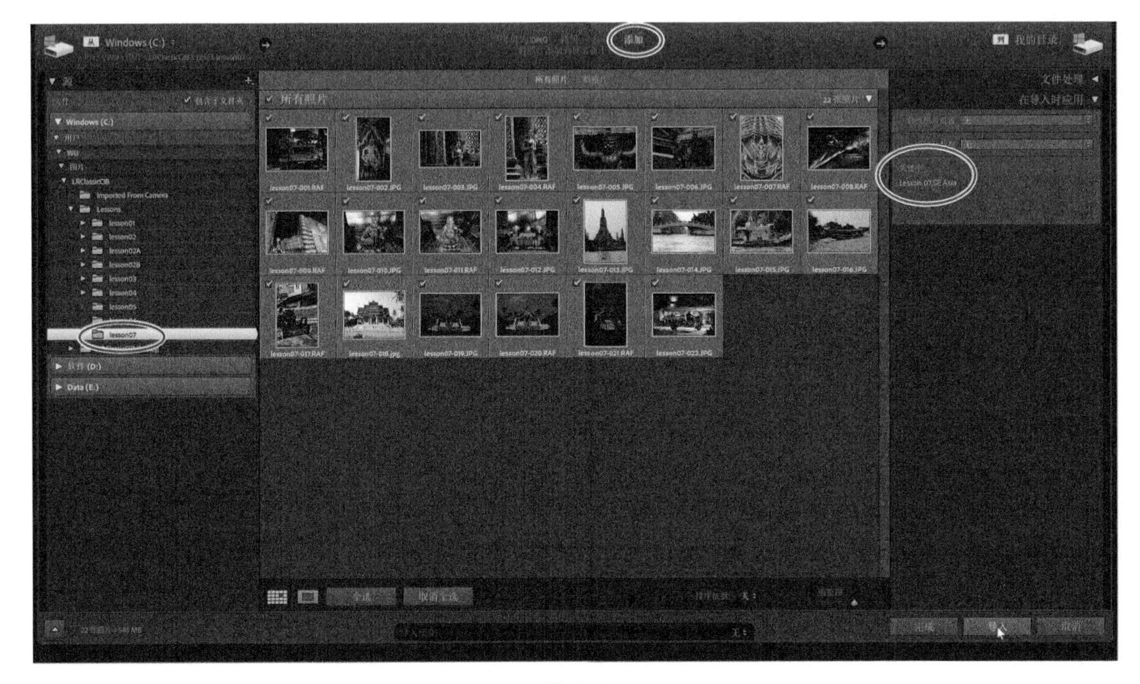

图 7-5

当 Lightroom Classic 从 lesson07 文件夹中把 22 张照片导入后，就可以在【图库】模块下的【网格视图】和工作区底部的胶片显示窗格中看到它们了。

7.3 收集照片

图 7-6

制作画册的第一步是收集照片，刚刚导入的照片在【上一次导入】文件夹中，我们就使用这些照片来制作画册，如图 7-6 所示。

【上一次导入】文件夹只是一个临时分组，我们无法重排里面的照片，也无法从项目中排除某张照片且保证不从目录中删除它。我们可以把某个收藏夹或文件夹（不包含子文件夹）用作画册照片的来源，它们都允许在【网格视图】或胶片显示窗格中重新排列照片。这里，我们新建一个收藏夹，把用来制作画册的照片放入其中。使用收藏夹时，我们可以轻松地把一张照片从收藏夹中剔除，而不用把它从目录中删除。

❶ 在【目录】面板中选择【上一次导入】，或者从【文件夹】面板中选择 lesson07 文件夹，将其作为画册的照片源，然后按 Command+A（macOS）或 Ctrl+A（Windows）组合键，或者从菜单栏

中依次选择【编辑】>【全选】，选中所有照片。

❷ 在【收藏夹】面板标题栏右端单击加号按钮（+），从弹出菜单中选择【创建收藏夹】。在【创建收藏夹】对话框的【名称】文本框中输入“SE Asia”，勾选【包括选定的照片】，其他选项全部取消勾选，然后单击【创建】按钮。此时，SE Asia 收藏夹出现在【收藏夹】面板中，且处于选中状态，如图 7-7 所示。

❸ 从菜单栏中依次选择【编辑】>【全部不选】。在【工具栏】中，把【排序依据】设置为【文件名】，然后在工作区右上角的模块选取器中单击【画册】，如图 7-8 所示。

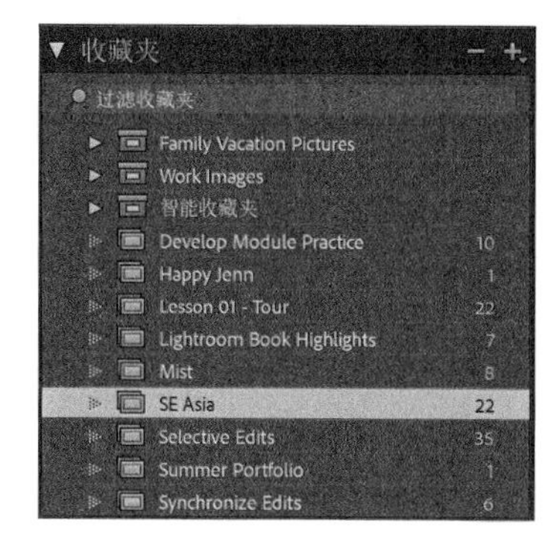

图 7-7

图 7-8

7.4 使用【画册】模块

无论你是想纪念家庭生活中某个重要的时刻，整理某次难忘的旅行，还是展示你的个人作品，制作画册都是一个非常吸引人且常用的手段。

7.4.1 创建画册

在工作区中，是否能够看到那些已经放在页面布局中的照片，取决于是否已经使用过【画册】模块下的工具和控件。这里先清除一下布局，设置工作区，以便我们从同一个起点开始。

❶ 在工作区顶部的标题栏中，单击【清除画册】按钮，如图 7-9 所示。若标题栏未显示，请从菜单栏中依次选择【视图】>【显示标题栏】。

图 7-9

❷ 在右侧面板组顶部的【画册设置】面板中，从【画册】菜单中选择【Blurb 图册】，确保【大小】【封面】【纸张类型】【徽标页面】分别设置为【标准横向 \s\t10 × 8 英寸（25 × 20 厘米）】【精装版图片封面】【高级光泽纸】【开启】。当前设置的打印评估价格显示在面板底部，如图 7-10 所示。

❸ 在【工具栏】（位于工作区底部）最左端，单击【多页视图】按钮，如图 7-11 所示。在【视图】菜单中，取消勾选【显示叠加信息】。

❹ 从菜单栏中依次选择【画册】>【画册首选项】，在打开的【画册首选项】对话框中检查各个选项。在【默认照片缩放】菜单中，可以选择【缩放以填充】或者【缩放到合适大小】；在【自动填充选项】区域中，勾选【开始新画册时自动填充】；在【文本选项】区域中设置文本框行为，如图 7-12 所示。这里保持默认设置，关闭【画册首选项】对话框。

图 7-10

图 7-11

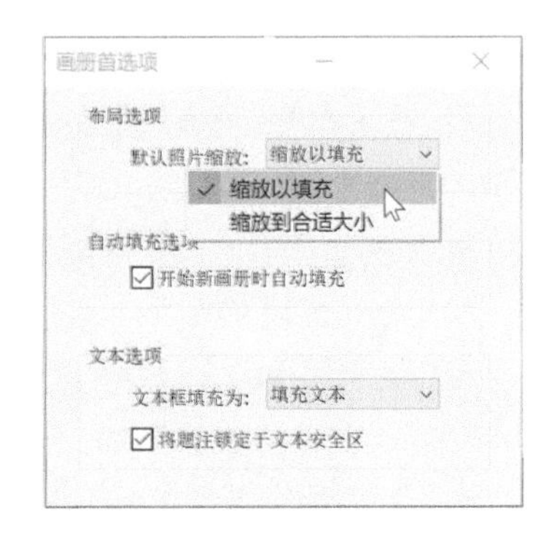

图 7-12

默认设置下，自动填充处于开启状态。第一次进入【画册】模块时，可以看到收藏夹中的照片已经出现在默认布局中。设计一个新画册时，最好从自动生成的布局开始做起，尤其是还不确定需要什么样的布局时。

注意 如果你的作品最后要发送给 Blurb，自动布局允许的最多页数是 240 页。但是若发布成 PDF，则自动布局的页数没有限制。

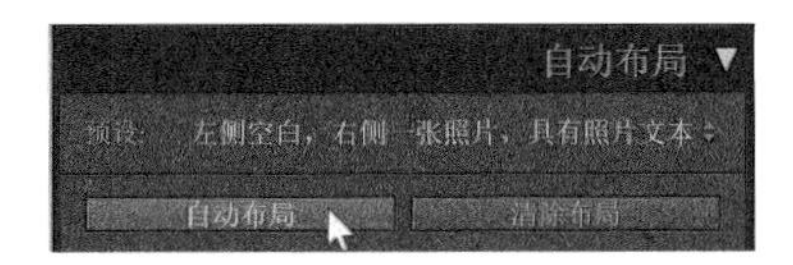

图 7-13

❺ 展开【自动布局】面板，从自动布局【预设】菜单中选择【左侧空白，右侧一张照片，具有照片文本】，然后单击【自动布局】按钮，如图 7-13 所示。把鼠标指针移动到工作区中，滚动鼠标滚轮，查看所有页面缩览图。在【自动布局】面板中单击【清除布局】按钮，再从【预设】菜单中选择【每页一张照片】，单击【自动布局】按钮。

❻ 在工作区中，滚动鼠标滚轮，查看所有页面缩览图，在【多页视图】下是双页排列的。按 F5 与 F7 键，或者单击工作区顶部边缘或左侧边缘的三角形按钮，隐藏模块选取器和左侧面板组，扩大页面缩览图区域。在【工具栏】中拖动缩览图滑块，可放大或缩小缩览图。

现在 Lightroom Classic 生成一个带封面的画册，收藏夹中的每张照片都在单独的一页上（按照胶片显示窗格中的顺序排列），第 24 页上出现 Blurb 徽标，如图 7-14 所示。我们无法把照片放到 Blurb 徽标页面中，但是可以在【画册】设置面板中禁用它。

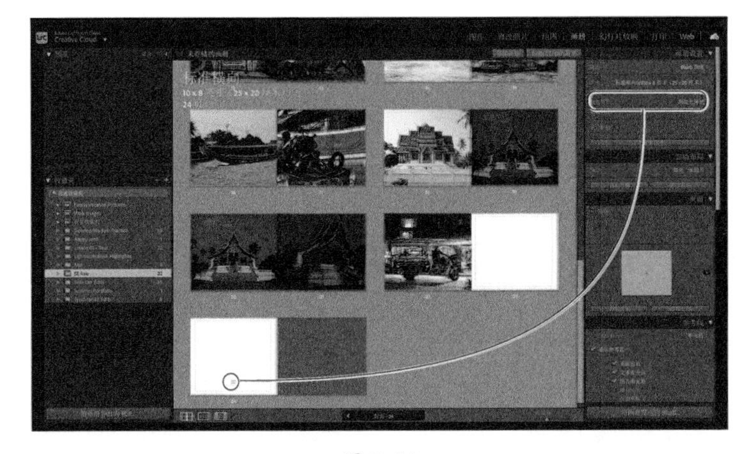

图 7-14

Lightroom Classic 会把胶片显示窗格中的第一张照片放在封面上，最后一张照片放在封底上。胶片显示窗格中每张照片上方都有一个数字，它代表一张照片在画册中出现的次数。第一张照片和最后一张照片在画册中出现了两次，分别在封面、封底和第 1 页、第 23 页上。

提示 如果你希望在单击【自动布局】按钮之前，重新调整胶片显示窗格中照片的顺序，那需要先保存一下画册。

7.4.2 修改页面布局

使用自动布局预设有助于我们快速开始制作画册。应用预设之后，我们只需要把精力集中到个别版面与页面上，在现有设计中添加一些变化和改动即可。但是这里我们不应用预设，而是从零开始创建画册布局。

① 在【自动布局】面板中，单击【清除布局】按钮。

② 使用鼠标右键单击【页面】面板标题栏，从弹出菜单中选择【单独模式】。

③ 在【多页视图】下，双击封面，将其在【单页视图】中打开，如图 7-15 所示。

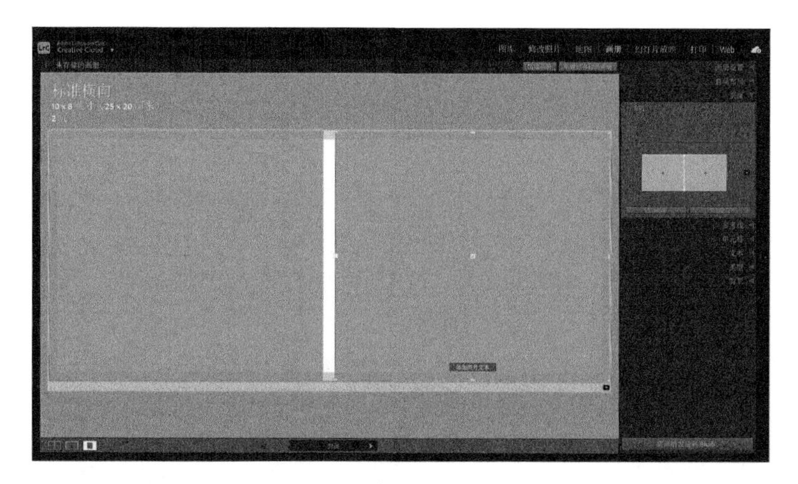

图 7-15

双击封面后，Lightroom Classic 会在【单页视图】下显示画册的封面和封底，并且选中封面的照片单元格。此时，【页面】面板中显示的是默认封面模板的预览图，包括两个照片单元格（中央有十字线）和一个沿着书脊放置的狭长的文本单元格。

④ 在【页面】面板中，单击布局预览图右侧的【更改页面布局】按钮（向下箭头）。当然，你也可以在工作区中单击封面对页右下角的【更改页面布局】按钮（向下箭头）。

⑤ 在页面模板选择器中向下滚动，查看所有可用的封面布局模板。中间带有十字线的灰色区域代表的是照片单元格，有水平线填充的矩形是文本单元格。在布局模板列表中选择第三个模板，模板中央的十字线代表这个模板只有一个照片单元格（跨封面和封底），模板中还有 3 个文本单元格，一个在封底、一个在封面、一个在书脊，如图 7-16 所示。

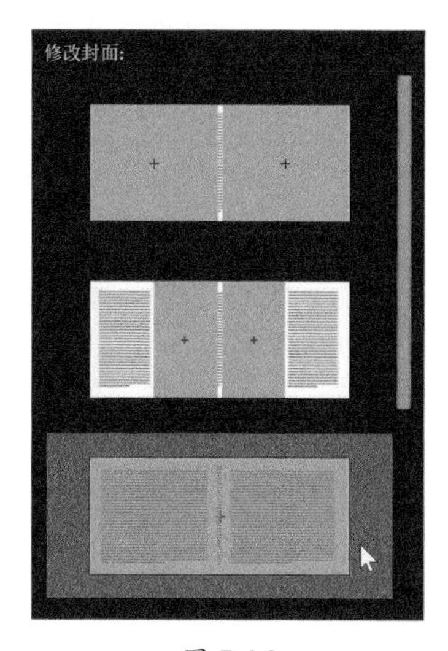

图 7-16

⑥ 展开【参考线】面板，勾选【显示参考线】，然后依次勾选其下的各个复选框，观察工作区中的布局有何变化。把鼠标指针放到布局上，左右移动，可以看到文本单元格的边框，如图 7-17 所示。

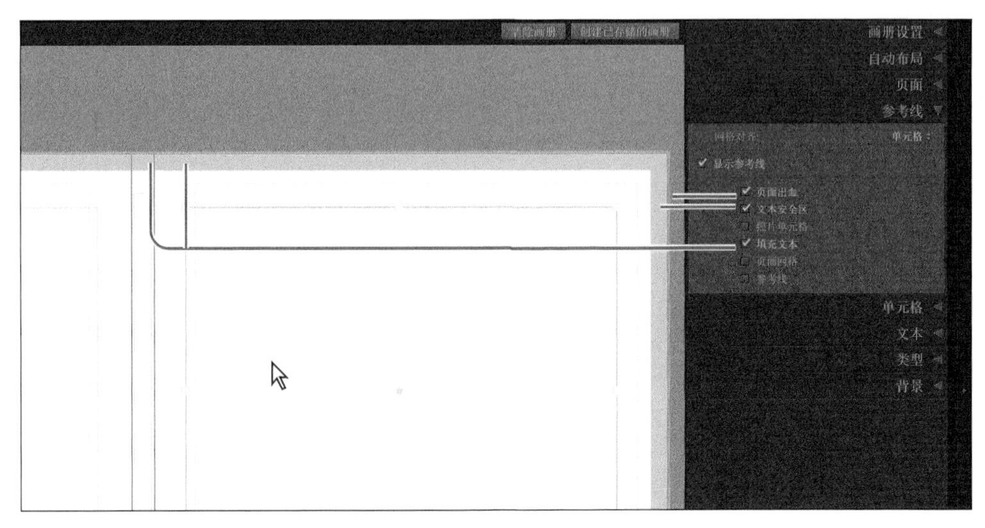

图 7-17

【页面出血】是一个灰色边框，这个边框在打印之后会被裁剪掉。【文本安全区】是一个灰色的细线框，这个区域中的文本会被保留下来，不会被裁剪掉。勾选【填充文本】，可显示填充文本，这些填充文本标出了文本单元格的位置。单击文本单元格时，填充文本会自动消失。

⑦ 取消勾选【照片单元格】，其他 3 个复选框（【页面出血】【文本安全区】【填充文本】）保持勾选状态，然后在【工具栏】中单击【多页视图】按钮。

画册的第 1 页总是在第 1 个对页的右侧，灰色左侧代表的是封面内部，它不会被打印。画册（委托 Blurb 印刷的画册）的最后一页一定位于最后一个对页的左侧。目前，我们的画册中包含一个封面、封底和一个双面页（背面有 Blurb 徽标）。

⑧ 使用鼠标右键单击第 1 页，从弹出菜单中选择【添加页面】。此时，第 2 个对页出现在【多页视图】中。再使用鼠标右键单击第 2 页，从弹出菜单中选择【添加页面】，把同样的页面布局复制到第 3 页。

⑨ 单击第 2 页，然后单击页面右下角的【更改页面布局】按钮，打开模板选择器。

内页与封面不一样，其布局模板是按照风格、项目类型、每页照片数目分类的。

⑩ 选择【2 张照片】，系统会列出所有包含两个照片单元格的模板。选择第 4 个模板，该布局无文本单元格，页面中包含两张竖排照片。在【参考线】面板中勾选【照片单元格】，可以看到变化之后的页面布局，如图 7-18 所示。

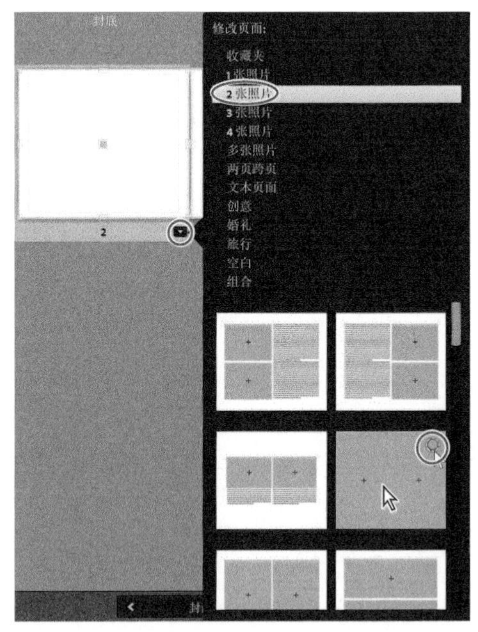

图 7-18

提示 在模块选择器中，把鼠标指针移动到某个布局模板缩览图上，单击右上角的小圆圈，即可把相应布局模板添加到【收藏夹】中。

7.4.3 在画册中添加页码

❶ 双击第 1 页，进入【单页视图】下，然后在【页面】面板顶部勾选【页码】。从【位置】菜单中选择【底角】，从【显示】菜单中选择【左右】。使用鼠标右键单击第一页，从弹出菜单中选择【全局应用页码样式】。

❷ 在页面预览中单击新页码单元格，然后展开【类型】面板，设置字体、样式、大小、不透明度。开启【全局应用页码样式】后，任何对页码样式的修改都会应用到整个画册中。目前，请保持默认设置不变。

注意 页码单元格上下文菜单中还有【隐藏页码】【起始页码】两个命令。使用【隐藏页码】命令可隐藏所选页面上的页码；使用【起始页码】命令可以把起始页码设置成一个非 1 的数字。

7.4.4 在页面布局中添加照片

不论在哪种视图下，你都可以轻松地把一张照片添加到一个页面布局中。

❶ 在【工具栏】左端单击【多页视图】按钮，然后把照片 lesson07-006.jpg 拖动至封底和封面上。释放鼠标左键后，照片会自动缩放，保证同时填满封底与封面，如图 7-19 所示。

❷ 把照片 lesson07-011.jpg 从胶片显示窗格拖动到第 1 页（多页视图）中，把照片 lesson07-013.jpg 和 lesson07-017.jpg 分别拖动到第 2 页的左侧照片单元格和右侧照片单元格中，把照片 lesson07-022.jpg 拖动到第 3 页中，如图 7-20 所示。

注意 照片单元格右上角的感叹号代表照片的分辨率不够高，在当前尺寸下的打印效果不好。此时，你可以缩小布局中照片的尺寸，如果你觉得打印效果可以接受，也可以忽略这个警告信息。

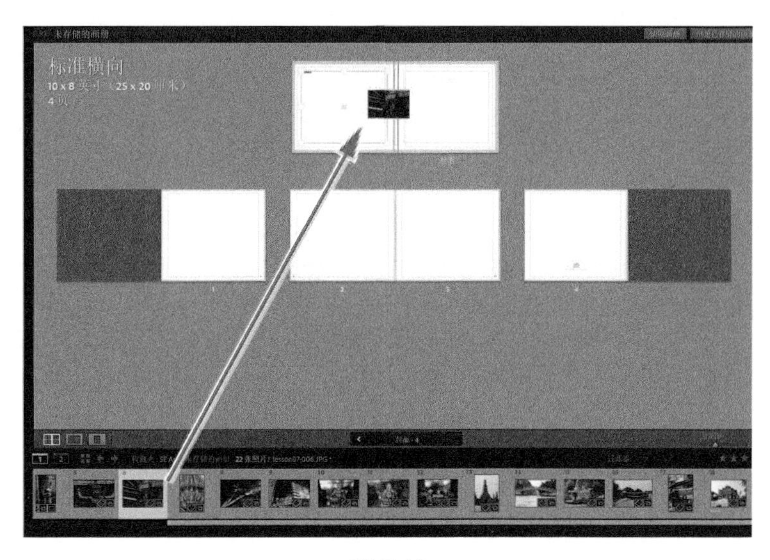

图 7-19

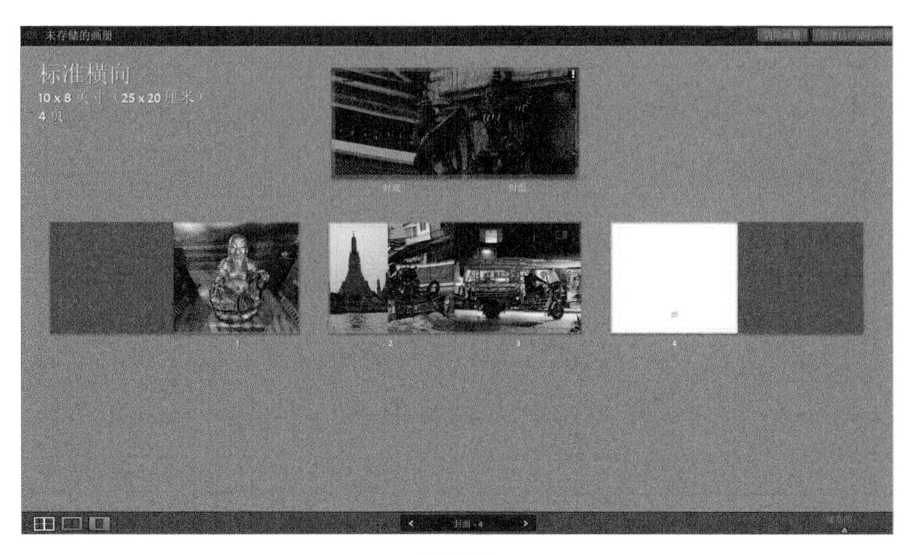

图 7-20

7.4.5　修改画册中的照片

在页面布局中，使用鼠标右键单击某张照片，从弹出菜单中选择【删除照片】，可以把照片从页面布局中删除。如果你想替换页面布局中的现有照片，这时就不必删除它。

❶ 把照片 lesson07-018.jpg 拖动到第 1 页中，它会替换掉原有照片 lesson07-011.jpg。

❷ 在【多页视图】下，把第 1 页中的照片 lesson07-018.jpg 拖动到第 3 页中的照片 lesson07-022.jpg 上。此时，这两页中的照片会相互交换位置，如图 7-21 所示。

提示（1）拖动照片时，照片缩览图会随着鼠标指针移动，请确保不是页面随着鼠标指针移动。如果你移动了页面，请把它拖回原处，然后再试一次，请一定要从照片单元格内部开始拖动照片。

（2）你可以轻松地调整画册中页面的顺序，只需在【多页视图】下把它们拖动到新位置即可。

图 7-21

7.4.6　使用照片单元格

页面布局模板中的照片单元格的位置是固定的，我们无法删除它们，也无法调整它们的大小，更无法移动它们。但是，我们可以使用单元格边距（照片边缘到单元格边框的距离）调整照片在页面布局中的位置，使其位于我们指定的位置。

图 7-22

❶ 双击第 3 页，画册编辑器从【多页视图】切换成【单页视图】，如图 7-22 所示。

❷ 单击照片，将其选中，然后拖动【缩放】滑块。向右拖动滑块，放大照片，当照片放大到一定程度（超过 18%）时，右上角就会出现一个感叹号，警告在此放大倍率下照片的打印效果不佳。使用鼠标右键单击照片，从弹出菜单中选择【缩放照片以填满单元格】，Lightroom Classic 会缩放照片，使其最短边填满单元格（这里的缩放比例为 11%）。沿水平方向拖动照片，调整照片在单元格中显示的区域。把【缩放】滑块拖到最左端，此时照片上方出现白色空白区域，单击照片，按住鼠标左键向上拖动，使照片靠顶部对齐，如图 7-23 所示。

图 7-23

❸ 当前照片的缩放比例为 0%，请保持不变。展开【单元格】面板，向右拖动【边距】滑块，或者输入数值“75”磅，增加边距，如图 7-24 所示。

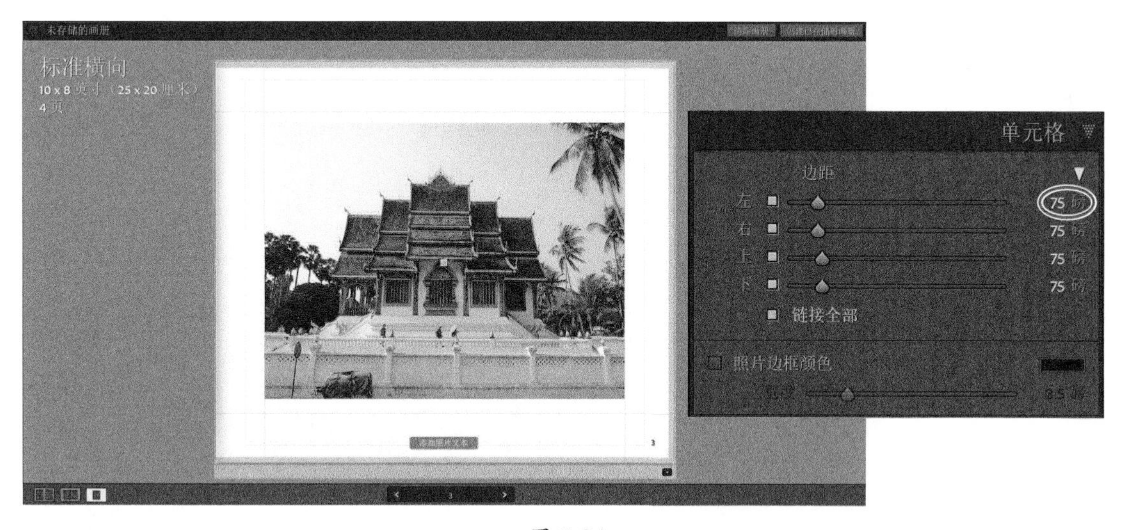

图 7-24

提示 若看不到【边距】滑块，请单击【边距】值上方的三角形按钮。

❹ 单击【边距】值上方的白色三角形按钮，展开边距控件。默认设置下，4 个控件链接在一起，调整其中任意一个控件，其他几个控件会跟着一起变化。取消勾选【链接全部】，就可以分别调整各个控件滑块了。这里把【上】设置为 95 磅，把【下】设置为 162 磅，如图 7-25 所示。

图 7-25

先选择一个合适的模板，然后设置照片的单元格边距。接下来就可以把照片放到页面的任意一个地方，而且可以随意进行剪裁。

❺ 在【单元格】面板中勾选【链接全部】，然后向左拖动任意一个滑块，把 4 个方向上的【边距】全部设置为 0 磅。在【单页视图】下，使用鼠标右键单击照片，从弹出菜单中选择【缩放照片以填满单元格】。沿水平方向拖动照片，选择一个满意的画面区域。

❻ 在【工具栏】中单击【跨页视图】按钮，同时观看第 2 页和第 3 页，如图 7-26 所示。

图 7-26

❼ 选择第 2 页中左侧的照片。在【单元格】面板中，在【链接全部】处于勾选的状态下，把 4 个【边距】全部设置为 50 磅，然后取消勾选【链接全部】，把【右】边距设置为 15 磅。对第 2 页中的右侧照片做同样的设置，这次是把【左】边距设置为 15 磅。

❽ 双击第 2 页下方的黄色区域，在【单页视图】下显示第 2 页。图 7-27 中，左侧照片缩放比例大约是 4%，右侧照片缩放比例大约是 10%。在单元格边距内拖动照片，调整要显示的区域。为了看得更清楚，单击页面外部的灰色区域，取消选择页面。

❾ 在【单页视图】下方的【工具栏】中单击左箭头，跳到第 1 页，然后向右移动照片，去掉画面右下角的植物枝丫，如图 7-28 所示。

图 7-27

图 7-28

⑩ 在页面之外单击，取消选择页面。在【工具栏】中单击【多页视图】按钮，浏览所做的修改。

7.4.7 设置页面背景

默认设置下，新画册中的所有页面共用一个纯白背景。我们也可以轻松改变背景颜色、设置部分透明的背景照片，或者从照片库中选择一张充当背景，当然也可以应用设计到整个画册或其中某个页面。

下面向画册布局中添加两个跨页。

❶ 使用鼠标右键单击第 4 页，从弹出菜单中选择【添加页面】。使用鼠标右键单击第 5 页，从弹出菜单中选择【添加页面】，应用默认布局。使用鼠标右键单击第 6 页，从弹出菜单中选择【添加空白页】。

❷ 在【多页视图】中选择第 6 页，然后在【工具栏】中单击【跨页视图】按钮。

❸ 展开【背景】面板，取消勾选【全局应用背景】，然后把照片 lesson07-005.jpg 拖动至【背景】面板中的预览区域中。拖动【不透明度】滑块，把照片的【不透明度】设置为 50%，如图 7-29 所示。

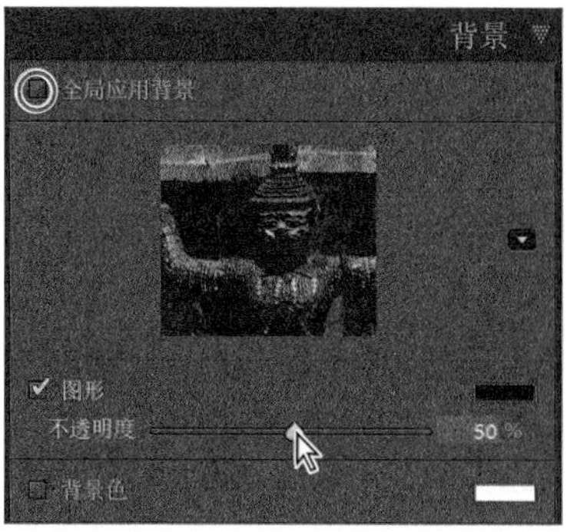

图 7-29

❹ 勾选【背景色】，然后单击右侧的颜色框，打开拾色器。把拾色器右侧的【饱和度】滑块拖至其范围的三分之二处，然后使用吸管在拾色区域中选择一种柔和的颜色。这里选择的颜色值是（R：77、G：70、B：60）。按 Return 键（macOS）或 Enter 键（Windows），关闭拾色器，如图 7-30 所示。

❺ 在【背景】面板中勾选【全局应用背景】，然后在【工具栏】中单击【多页视图】按钮。

此时，背景应用到每个页面中（不包括含 Blurb 徽标的页面，其仅应用颜色），你可以在第 4、5、6、7 页，以及第 2 页的照片之后看到背景。在其他页面中，背景隐藏在照片单元格之后。

❻ 取消勾选【背景色】，然后使用鼠标右键单击背景预览区域中的照片，从弹出菜单中选择【删除照片】。取消勾选【全局应用背景】。

图 7-30

7 在【多页视图】下选择第 2 页，然后在【背景】面板中勾选【背景色】。单击颜色框，打开拾色器，然后单击拾色器顶部的黑色。按 Return 键（macOS）或 Enter 键（Windows），关闭拾色器。

7.5 向画册添加文本

在【画册】模块下，向页面中添加文本的方法有好几种，每种方法都有其适用的情况。

- 页面布局模板中的文本单元格：其位置固定，不能删除、移动它们，也不能调整它们的大小，但是可以通过调整单元格边距把文本放到页面的任意位置上。
- 照片标题：它是一个文本单元格，且与布局中的一张照片链接在一起，可以把它放到照片上方或下方，或者叠加到照片上，也可以沿着页面垂直移动。
- 页面标题：它是一个文本单元格，且与整个页面（非某张照片）链接在一起，页面标题会占据整个页面宽度，可以沿垂直方向移动它们，然后调整单元格边距，水平设置文本位置，把自定义文本放到布局中的任意位置。

在一个页面上，即便这个页面是建立在一个没有固定文本单元格的布局模板上的，也可以向其中添加一个页面标题，或者为每张照片分别添加一个照片标题。固定文本单元格和照片标题可以是自定义的文本，也可以是从照片元数据中提取的标题或说明文本。

【画册】模块中集成了多个先进的文本工具，借助这些文本工具，你可以控制文本样式的方方面面。调整文字属性时，既可以使用滑块，也可以直接输入数值，当然还可以使用文字调整工具做可视化调整。

7.5.1 使用文本单元格

前面提到，页面布局模板中的文本单元格是固定的，其实可以通过调整单元格边距（单元格中文本周围的空间）把文字放到页面布局指定的地方。

1 单击【多页视图】按钮，查看整个画册布局，然后双击“封面”二字，在【单页视图】中显示封面和封底。单击封面中心，选择固定的文本单元格。

提示 如果希望选择某个页面或跨页，而非布局中的文本与照片单元格，请在缩览图边缘附近或者紧贴其下单击。

2 展开【类型】面板，把【文本样式预设】设置为【自定】，以适应手动输入的文本，而不是照片中的元数据。

3 从预设菜单中选择字体与字体样式。这里选择 Arial 与 Regular。单击文字颜色框，打开拾色器。在拾色器顶部单击白色，然后按 Return 键（macOS）或 Enter 键（Windows），关闭拾色器。把字体【大小】设置为 43.0 磅，【不透明度】设置为 100%。在面板左下角单击【居中对齐】按钮，如图 7-31 所示。

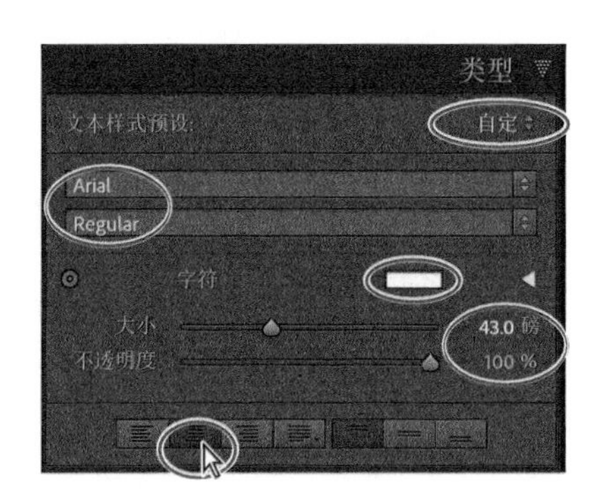

图 7-31

4 在文本单元格中输入“Exploring”，按 Return 键（macOS）或 Enter 键（Windows），再输入“Thailand”。双

击文字 Thailand，将其选中，然后把字体大小修改为 120 磅，增大字体。

⑤ 在文本处于选中的状态下，单击字体颜色右侧的白色三角形按钮，展开更多文字控件。把【行距】（选定的文本与上面一行之间的间距）设置为 100.0 磅。为了使文字远离雕像，选择两行文字，然后在【类型】面板底部单击【右对齐】按钮，如图 7-32 所示。

图 7-32

提示 一旦修改【行距】值，文字调整控件下方的【自动行距】按钮就可用了。单击它，可快速恢复默认设置。【自动字距】按钮的工作方式也一样。

⑥ 在文本单元格中单击，不要碰到文本，保持单元格处于选中状态，同时取消选择文本，然后展开【单元格】面板，取消勾选【链接全部】，再把【上】边距设置为 220 磅，如图 7-33 所示。

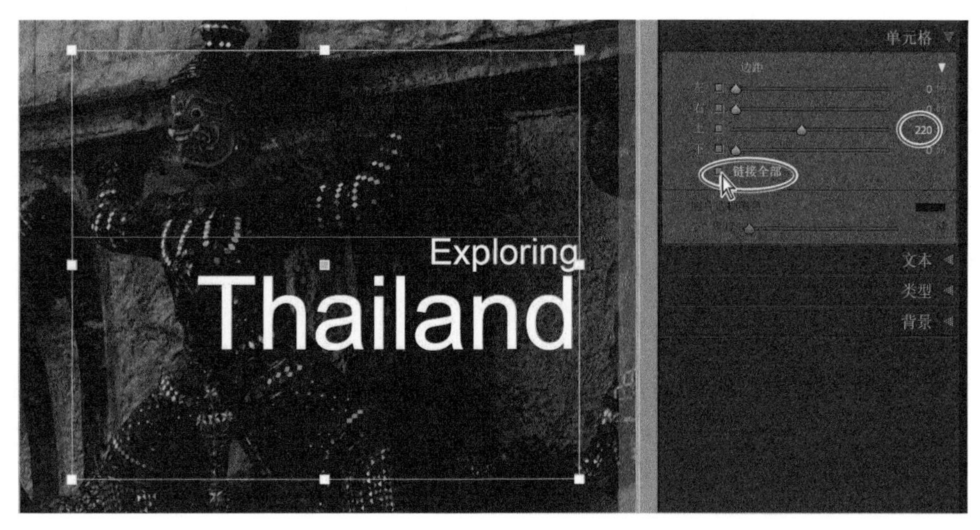

图 7-33

7.5.2 细调文字

在【类型】面板中，Lightroom Classic 提供了一系列强大、易用的【文本】工具。借助这些【文本】工具，你可以精细调整文本样式。在【类型】面板中，你可以拖动调整滑块或者输入数值来设置文字属性，也可以使用【文本调整】工具直观地调整文本。

❶ 展开【类型】面板，【大小】与【不透明度】滑块下有如下 4 个滑块。

- 【字距调整】滑块：调整所选文本中字母之间的距离。通过【字距调整】滑块，你可以改变文本的整体外观和可读性，使文本字母彼此拉开或者靠得更紧密。
- 【基线】滑块：调整所选文本相对于基线（整体文本所在的假想线）的垂直位置。
- 【行距】滑块：调整所选文本与其上一行之间的距离。
- 【字距】滑块：调整光标前后两个字母之间的距离。调整某些字母对之间的距离时会导致字母间隔看上去不均匀；调整两个字母之间的间隔时，先把光标放到这两个字母之间，然后调整【字距】即可。

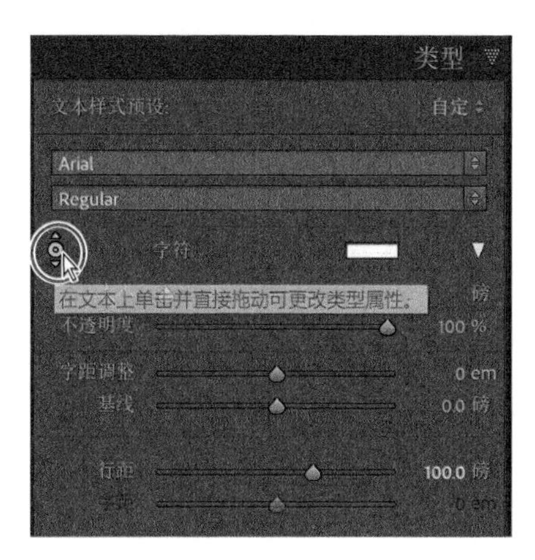

图 7-34

❷ 选择封面上的所有文本，在【类型】面板下文本颜色的左侧单击【文本调整】工具，将其激活，如图 7-34 所示。

❸ 左右拖动所选文本，可以调整文本大小。调整是相对的，字体大小改变的是相对量。从菜单栏中依次选择【编辑】>【还原字体大小】，或者按 Command+Z（macOS）或 Ctrl+Z（Windows）组合键，撤销更改。

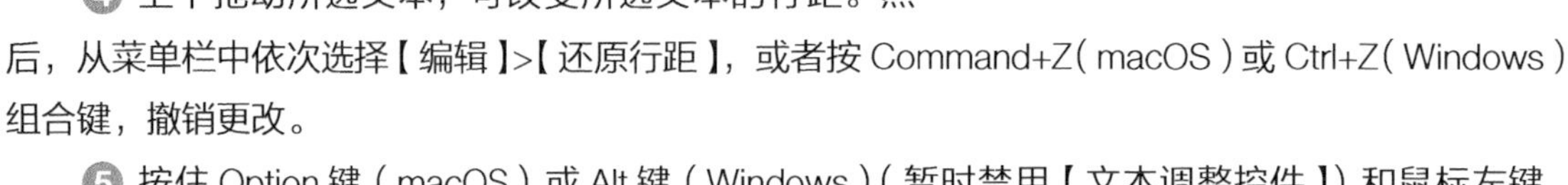

❹ 上下拖动所选文本，可改变所选文本的行距。然后，从菜单栏中依次选择【编辑】>【还原行距】，或者按 Command+Z（macOS）或 Ctrl+Z（Windows）组合键，撤销更改。

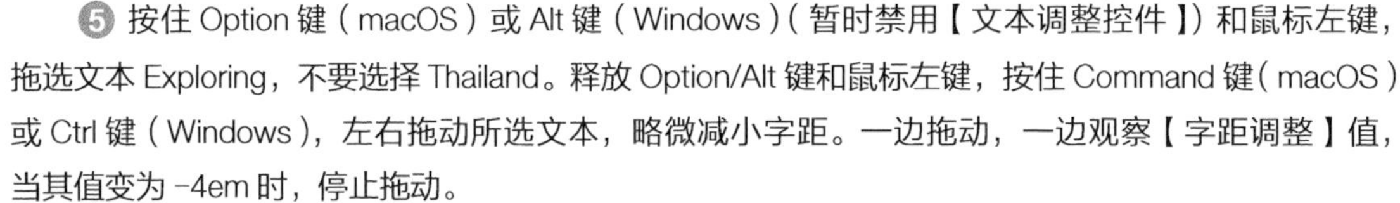

❺ 按住 Option 键（macOS）或 Alt 键（Windows）（暂时禁用【文本调整控件】）和鼠标左键，拖选文本 Exploring，不要选择 Thailand。释放 Option/Alt 键和鼠标左键，按住 Command 键（macOS）或 Ctrl 键（Windows），左右拖动所选文本，略微减小字距。一边拖动，一边观察【字距调整】值，当其值变为 -4em 时，停止拖动。

❻ 释放鼠标左键。按住 Command 键（macOS）或 Ctrl 键（Windows），上下拖动所选文本，相对于基线移动所选文本。当【基线】值变为 13.0 磅时，在文本之外单击，取消选择文本。

❼ 按 F7 键，或者从菜单栏的【窗口】>【面板】中取消选择【显示左侧模块面板】，把左侧模块面板隐藏起来，这样封面上的文字会显得更大一些。在【文本调整】工具处于激活的状态下，按向左箭头键，把光标移动到 I 与 O 之间，然后向左拖动，当【字距】值变为 -90 em 时，停止拖动，如图 7-35 所示。

❽ 选择文本，拖动【行距】滑块，重新为文本设置行距，直到满意为止。在【类型】面板中单击【文本调整】工具，禁用它，然后在【工具栏】中单击【多页视图】按钮，查看整个画册布局。双击第 1 页，进入【单页视图】。

图 7-35

7.5.3 添加【照片文本】与【页面文本】

不同于布局模板中的固定文本单元格，照片文本和页面文本单元格可以上下自由移动，但左右移动只能依靠调整边距来实现。即便页面模板中无内置的文本单元格，每个页面也可以包含一个页面文本和一个照片文本（针对页面中的照片）。

❶ 使用鼠标右键单击【类型】面板标题栏，从弹出菜单中取消勾选【单独模式】，然后同时展开【类型】面板和【文本】面板。

❷ 把鼠标指针移动到第 1 页上。该页模板中无固定文本单元格（也就无高亮显示）。先单击照片，再单击【添加照片文本】按钮。在【文本】面板中将【照片文本】控件激活。按 Command+Z（macOS）或 Ctrl+Z（Windows）组合键，还原照片文本。单击照片下方的黄色区域，把【添加照片文本】按钮切换成【添加页面文本】按钮。单击【添加页面文本】按钮，此时【文本】面板中的【页面文本】控件处于激活状态。

提示 添加照片文本或页面文本时，除了使用浮动按钮之外，还可以通过在【文本】面板中勾选相应选项进行添加。

注意 与模板中的固定文本单元格和照片文本不同，页面文本不能显示照片元数据中的信息，只能用来添加自定义文本。

❸ 若想把页面文本移动到页面顶部，请在【页面文本】控件下单击【上】按钮，然后拖动【位移】滑块，使其值变为 96 磅。

❹ 在页面文本处于激活的状态下，参照“7.5.1 使用文本单元格”小节中的第②步和第③步，在【类型】面板中进行设置，注意这里要把【大小】设置为 30.6 磅，把【字距调整】设置为 3em，单击【自动行距】按钮。在页面文本中输入需要的文本，按 Return 键（macOS）或 Enter 键（Windows）换行，使文字与图像相适应，如图 7-36 所示。

❺ 在【工具栏】中，单击【多页视图】按钮。

图 7-36

7.5.4 创建自定义文本预设

在【类型】面板中，从【文本样式预设】菜单中选择【将当前设置存储为新预设】，可以把当前文本设置存储成一个文本预设，这样我们就可以在画册的任意一个地方应用它，也可以把它应用到不同的项目中。

7.5.5 保存与重用自定义页面布局

当在页面中设置好单元格边距、添加好标题文本、调整好页面布局之后，你可以把它保存成一个自定义模板，这个模板会显示在【页面布局】菜单中。

❶ 展开【页面】面板，然后在工作区中使用鼠标右键单击第 1 页，从弹出菜单中选择【存储为自定页面】，观察【页面】面板中的布局缩览图，如图 7-37 所示。

此时，原来的单照片布局被一个文本单元格覆盖，其页面文本的大小比例和位置正是我们刚刚创建的。

❷ 页面预览图的右下角下方有一个【更改页面布局】按钮，单击它，或者单击【页面】面板下布局缩览图右侧的【更改页面布局】按钮，可以在【自定页面】类别下看到已经保存好的布局。

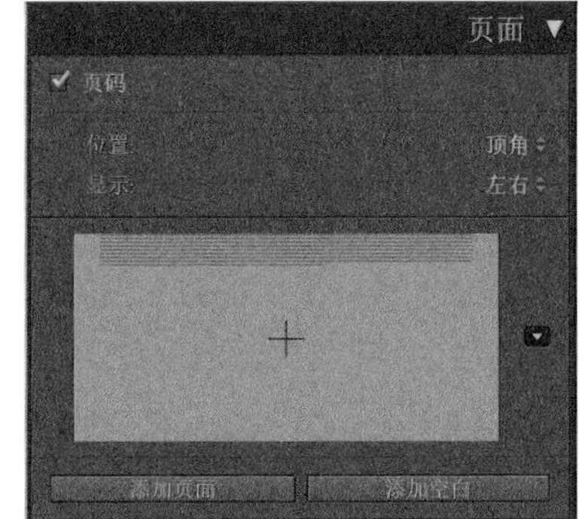

图 7-37

另一种重用布局的方法是直接把布局复制粘贴到另一个页面中，然后原样使用，或者做进一步修改。要使用这种方法，可以在工作区中使用鼠标右键单击第 1 页，从弹出菜单中可以看到【拷贝布局】与【粘贴布局】两个命令。

7.6 存储画册

在【画册】模块下，到目前为止我们一直处理的是未存储的画册，工作区的左上角显示了【未存储的画册】标签，如图 7-38 所示。

未存储的画册 清除画册 创建已存储的画册

图 7-38

保存画册布局之前，【画册】模块看起来就像是一个便笺簿。你可以进入其他模块，甚至关掉 Lightroom Classic，当再次返回时，你会发现你做的设置都还保留着。但是，如果你清除了布局，启动了另一个项目，你做的所有设置都会随之消失。

把你的项目转换成已存储的画册，不仅可以保留你的设置，还可以把画册布局与设计中用到的照片链接在一起。

Lightroom Classic 会把画册保存成一种特殊的收藏夹（输出收藏夹），你可以在【收藏夹】面板下找到它。不管画册布局清除多少次，单击相应的画册收藏夹，可以立即找到所有用到的照片，并恢复所有设置。

❶ 单击工作区右上角的【创建已存储的画册】按钮，或者在【收藏夹】面板标题栏右端单击加号按钮（+），从弹出菜单中选择【创建画册】。

❷ 在【创建画册】对话框中，在【名称】文本框中输入画册名称“SE Asia Book”；在【位置】选项下勾选【内部】，从菜单中选择 SE Asia 收藏夹，然后单击【创建】按钮。

Lightroom Classic 会在 SE Asia 收藏夹下创建 SE Asia Book 画册，其左侧显示已存储的画册。画册右侧的数字表示画册中只使用了源收藏夹（SE Asia）中的 5 张照片，如图 7-39 所示。工作区左上角显示的是画册名称。

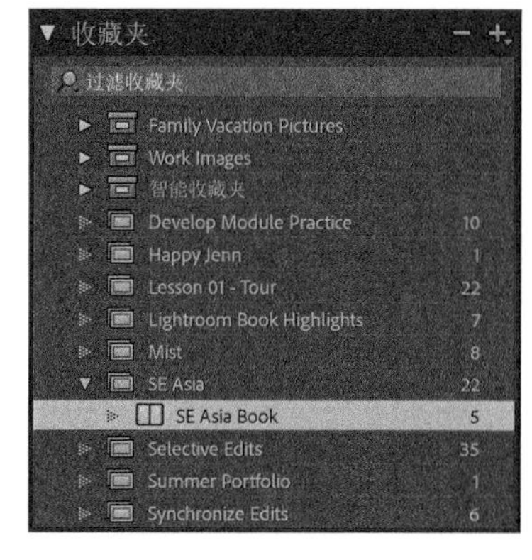

图 7-39

提示 你可以向已存储的画册中添加更多照片，这个操作也很简单，只需在【收藏夹】面板中把照片拖入画册收藏夹中即可。在【收藏夹】面板中，把鼠标指针移动到已存储的画册上，单击数字右侧的白色箭头，可直接从【图库】模块进入【画册】模块，并打开画册。

根据个人习惯，你可以在设计过程中随时保存画册，也可以在进入【画册】模块后立即创建已存储的画册（包含一系列照片），或者等到设计完成后再创建画册。

当保存了画册之后，Lightroom Classic 会自动把你对画册做的所有修改保存下来。

复制已保存的画册

设计画册要付出大量精力，我们都希望能够再次重用这些设计成果。如果你希望做一些不同的尝试，同时又不想失去已有的设计成果，或者想在现有设计中尝试添加一些页面与照片，去探索更多可能，那你可以把已保存的画册复制一份，然后针对副本做一些具有探索意义的修改，在这个过程中你完全不必担心会丢掉现有的工作成果。

❶ 在【收藏夹】面板中，使用鼠标右键单击 SE Asia Book 画册，从弹出菜单中选择【复制画册】。

在画册副本中对设计做了一些调整之后，如果你对调整后的画册满意，就可以删掉原始画册，然后重命名画册副本。

❷ 在【收藏夹】面板中，使用鼠标右键单击原始画册（SE Asia Book），然后从弹出菜单中选择

【删除】。在确定删除对话框中单击【删除】按钮，即可删除原始画册。

❸ 在【收藏夹】面板中，使用鼠标右键单击画册副本（SE Asia Book 副本），从弹出菜单中选择【重命名】。然后在【重命名画册】对话框中把画册名称修改为 SE Asia Book，单击【重命名】按钮，完成重命名操作。

7.7 导出画册

画册制作好之后，你可以把画册上传到 Blurb 进行委托打印，也可以把画册导出为 PDF 文件，或者发送至家用打印机进行打印。

❶ 在右侧面板组底部单击【将相册发送到 Blurb】按钮，可把你的画册上传到 Blurb 网站。

❷ 在【购买画册】对话框中，使用你的电子邮件地址和密码登录 Blurb 网站，或者单击对话框左下角的【不是成员？】按钮，进入注册流程。

❸ 输入画册标题、副标题、作者名。此时，你会看到一个警告，告知画册总页数不得少于 20 页,【上载画册】按钮也处于不可用状态。单击【取消】按钮，或者先退出 Blurb 网站，再单击【取消】按钮。

Blurb 网站要求画册总页数在 20 页到 240 页之间，封面和封底不计算在内。Blurb 网站会以 300dpi 的分辨率打印你的画册，如果你的画册分辨率低于 300dpi，你就会在工作区中照片单元格的右上角看到一个感叹号（！）。单击感叹号，了解照片的打印分辨率是多少。为获得较高的打印质量，Blurb 网站建议分辨率不要低于 200dpi。

如果你想咨询打印相关问题，请访问 Blurb 网站的客户支持页面。

❹ 在 Lightroom Classic 中，你还可以把画册导出为 PDF 文件。首先，在【画册设置】面板顶部，从【画册】菜单中选择【PDF】，然后在【画册设置】面板下半部分做相应设置，如图 7-40 所示。这里，我们保持【JPEG 品质】【颜色配置文件】【文件分辨率】【锐化】【媒体类型】默认值不变（使用的打印机和纸张类型不同，这些设置也不相同）。在右侧面板组之下，单击【将画册导出为 PDF】按钮。

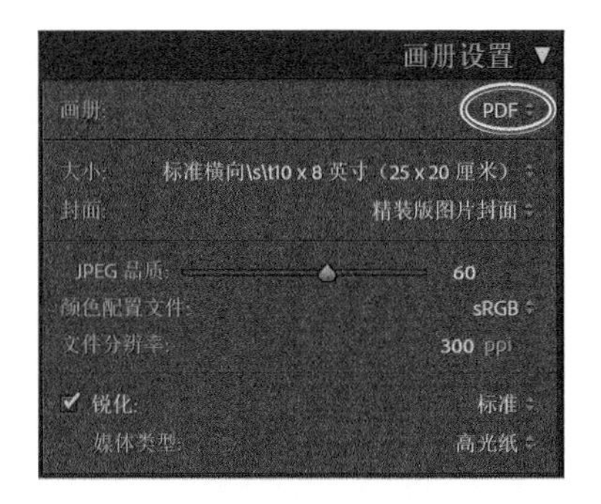

图 7-40

❺ 在【存储】对话框中，输入画册名称“SE Asia”，转到 LRClassicCIB\Lessons\lesson07 文件夹下，单击【存储】按钮。

❻ 如果你希望以 PDF 格式导出 Blurb 画册作为打印校样使用，请在【画册】菜单中选择任意一个包含 Blurb 的选项，然后单击右侧面板组下方的【将画册导出为 PDF】按钮。

恭喜你！到这里，我们又学完了一课。本课中，我们学习了如何制作一个漂亮的画册来展示你的照片。

在本课的学习过程中，我们一起了解了【画册】模块，学习了如何使用各种控件和面板来定制页面模板，改善页面布局，设置画册背景，以及添加文本等内容。

下一课，我们学习如何制作动态幻灯片来展示你的照片。学习下一课之前，我们还是先花一点时间回答一些问题来回顾一下本课的内容。

7.8 复习题

1. 如何调整画册页面布局?
2. 有哪些页面编号选项可用?
3. 什么是单元格边距，如何使用?
4. 【类型】面板中的【字距调整】【基线】【行距】【字距】分别用来控制文本的什么属性?
5. 如何使用【文本调整】工具细调文本?

7.9 答案

1. 在【页面】面板中单击布局预览图右侧的【更改页面布局】按钮，或者在工作区中单击所选页面或跨页右下角的【更改页面布局】按钮，选择布局类型，单击布局缩览图，应用模板，然后使用单元格边距调整布局。
2. 可以在【页面】面板中找到页码选项，还可以为编号设置全局位置，以及是否显示在左右页面中。在【类型】面板中，可以设置文本样式属性。使用鼠标右键单击页码，可以应用全局样式，隐藏指定页面的页码，或者从一个非 1 的数字开始编号。
3. 单元格边距是指一个单元格中照片或文本周围的可调整空间。可以使用单元格边距调整文本或照片在页面中的位置。可以把单元格边距和【缩放】滑块结合起来使用，还可以按照实际要求裁剪照片。
4. 【字距调整】用来调整所选文本中字母之间的间距，让字母之间的间距拉得更开一些，或者更紧密一些。【基线】用来调整所选文本相对于基线的垂直距离。【行距】用来调整所选文本与其上方文本行之间的距离。【字距】用来调整光标左右两个字母之间的距离。
5. 沿水平方向拖动所选文本，可调整文本大小；沿垂直方向拖动所选文本，可增大或减小行距。按住 Command 键（macOS）或 Ctrl 键（Windows），同时沿水平方向拖动所选文本，可调整字距。按住 Command 键或 Ctrl 键，同时沿垂直方向拖动所选文本，可调整其相对于基线的距离。当希望修改所选文本时，可按住 Option 键（macOS）或 Alt 键（Windows），临时禁用【文本调整】工具。在两个字母之间单击，设置文本插入点，然后沿水平方向拖动文本插入点，可调整字母间距。

摄影师
格雷戈里·海斯勒（GREGORY HEISLER）

感谢父母给了我一双眼睛，让光线把外界的人、事带入我的大脑，送入我的内心。

光线是如何做到这一点的？它是如何让我们对外界的人、事产生情感的？我总是对此痴迷不已。光线不是中性的，它带有明显的个人色彩。捕捉现有光线，根据记忆重现光线，或者从零创建光线，引发观众的即时情感，这是我乐于接受的挑战，也是我制作影像的方法。一旦我设想好光线，然后落到实处，我就知道照片会是什么样子的。

相机能够如实地捕获光线，但是它不知道我是如何理解光线的。我必须充当一个翻译的角色，把光线的语言翻译成相机能够理解的语言，否则，最终得到的影像就会与我的所见、所想产生巨大差异。

以前，相机设置是解释光线的主要工具。我们还可以使用传统暗房技术在后期对光线做进一步调整。后来，在拍摄中用到了闪光灯、连续照明，这使得我们能够重新解释、塑造、创建光线。现在，Lightroom Classic 和 Photoshop 为我们提供了许多用来处理光线的强大工具，我们可以使用这些工具在拍摄完成后根据创作意图继续处理照片中的光线。

在 Lightroom Classic 和 Photoshop 中，我们可以使用它们提供的各种工具轻松地创建虚无缥缈的幻境，也可以忠实地还原自己看到或经历过的景象（纪实）。因此，我一直主张摄影师应该学习和掌握这些软件。在影像的后期处理过程中，摄影师最主要的任务是做处理决策，这不是一个纯粹的美学决策，这些决策会直接、强烈地影响影像的叙事方式。只有摄影师知道他们看到了什么、感受到了什么，以及经历了什么，也只有摄影师知道影像的拍摄动机。

只有摄影师才是影像的真正创作者，当然，在整个创作过程中，光线是关键！

第 8 课

制作幻灯片

课程概览

照片处理好了，现在需要把照片分享给朋友、家人，或者展示给客户，一种简单又高效的方法就是把照片制作成幻灯片进行展示。制作幻灯片时，可以先从一个模板做起，然后根据需要调整布局、配色、时间等，再添加背景、边框、文本、音乐、视频等元素来丰富页面，吸引观众。本课主要讲解以下内容。

- 把制作幻灯片需要用到的所有照片放入一个收藏夹中。
- 选择幻灯片模板、调整布局、选择背景照片，添加文本、声音、动画。
- 保存幻灯片与修改后的模板。
- 导出幻灯片。
- 观看即席幻灯片。

学习本课需要 1~2 小时

在【幻灯片放映】模块下，我们可以轻松地添加各种图片效果、过渡效果、文本、音乐、视频等，快速制作出令人印象深刻的幻灯片。在 Lightroom Classic 中，我们可以轻松地把制作好的幻灯片导出为 PDF 或视频，这样就可以方便地把照片分享给家人、朋友、客户，以及其他人。

8.1 学前准备

学习本课之前，请确保你已经为课程文件创建了 LRClassicCIB 文件夹，并创建了 LRClassicCIB 目录文件来管理它们，具体做法请阅读本书前言中的相关内容。

下载 lesson08 文件夹，将其放入 LRClassicCIB\Lessons 文件夹中。

❶ 启动 Lightroom Classic。

❷ 在【Adobe Photoshop Lightroom Classic- 选择目录】对话框中，在【选择打开一个最近使用的目录】列表中选择 LRClassicCIB Catalog.lrcat，单击【打开】按钮，如图 8-1 所示。

图 8-1

❸ Lightroom Classic 在正常屏幕模式中打开，当前打开的模块是上一次退出时的模块。在软件界面右上角的模块选取器中单击【图库】，如图 8-2 所示，进入【图库】模块。

图 8-2

8.2 把照片导入图库

首先，把本课用到的照片导入 Lightroom Classic 图库。

❶ 在【图库】模块下，单击左下角的【导入】按钮，如图 8-3 所示，打开【导入】对话框。

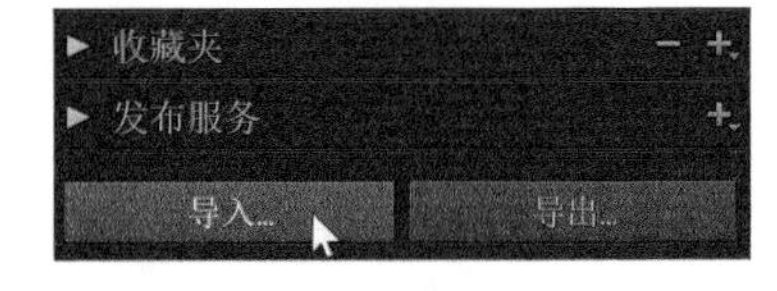

图 8-3

❷ 若【导入】对话框当前处在紧凑模式下，请单击对话框左下角的【显示更多选项】按钮（向下三角形），如图 8-4 所示，使【导入】对话框进入扩展模式，里面列出了所有可用选项。

图 8-4

③ 在左侧【源】面板中，找到并选择 LRClassicCIB\Lessons\lesson08 文件夹，选择 lesson08 文件夹中的 39 张照片，准备导入它们。

④ 在预览区域上方的导入选项中选择【添加】，Lightroom Classic 会把导入的照片添加到目录中，但不会移动或复制原始照片。在右侧的【文件处理】面板中，从【构建预览】菜单中选择【最小】，勾选【不导入可能重复的照片】。在【在导入时应用】面板中，分别从【修改照片设置】和【元数据】菜单中选择【无】。在【关键字】文本框中输入“Lesson 08，Thailand”，如图 8-5 所示，检查你的设置是否无误，然后单击【导入】按钮。

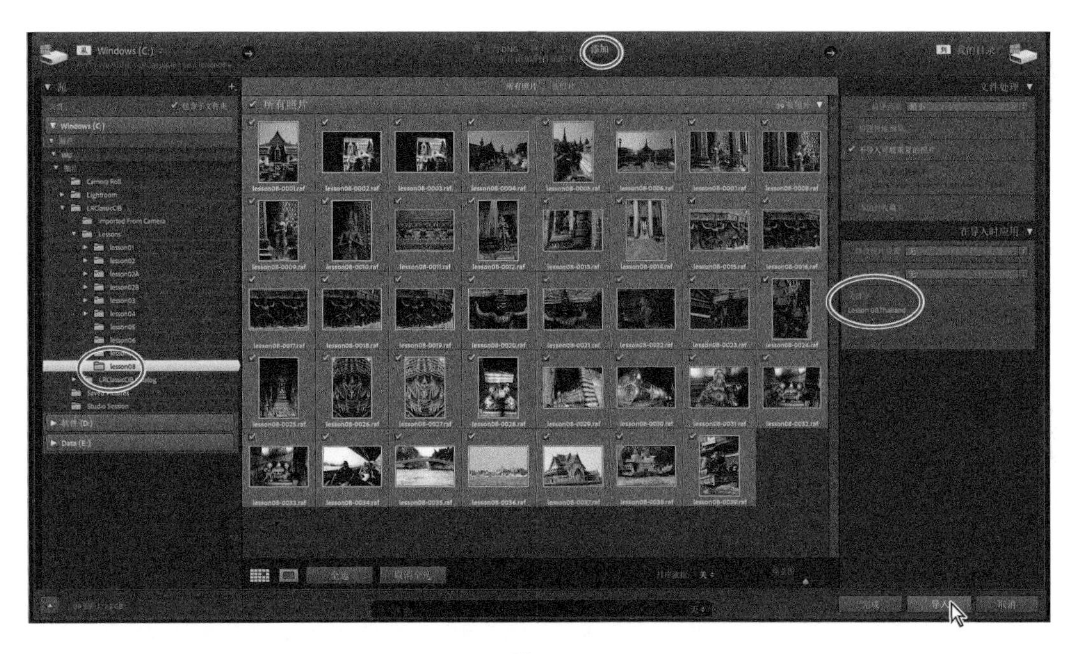

图 8-5

当 Lightroom Classic 从 lesson08 文件夹中把 39 张照片导入后，就可以在【图库】模块下的【网格视图】和工作区底部的胶片显示窗格中看到它们了。

8.3 收集照片

提示 幻灯片中可以包含视频，也可以包含静态照片。

制作幻灯片的第一步是收集照片，刚刚导入的照片在【上一次导入】文件夹中，如图 8-6 所示。接下来，我们就使用这些照片来制作幻灯片。

【上一次导入】文件夹只是一个临时分组，当导入新照片时，Lightroom Classic 仍然会把新照片放入【上一次导入】文件夹中，而且新照片会覆盖掉原来的照片。此外，【上一次导入】文件夹中的照片是无法重新组织的。

图 8-6

❶ 在【上一次导入】文件夹被选中的状态下，在【网格视图】下把第一张照片拖动到第四张照片上。Lightroom Classic 会弹出一个警告对话框，提示当前选定的源不支持自定排序，如图 8-7 所示。

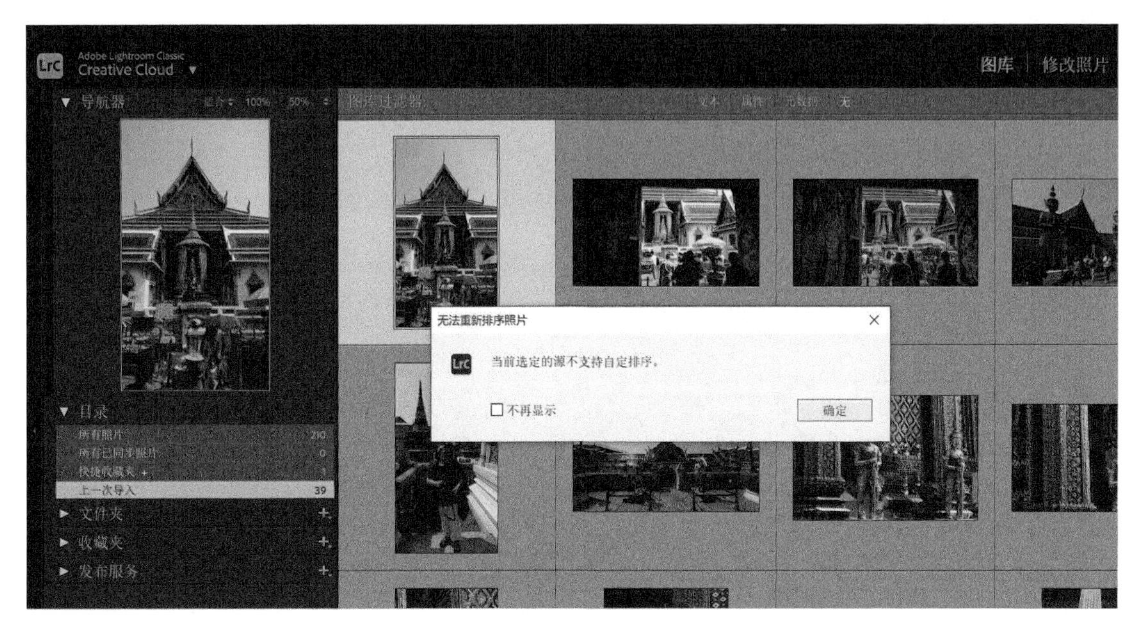

图 8-7

制作幻灯片时，需要用到的照片往往来自不同的文件夹，很多时候我们需要重新组织这些照片。例如，一年之中我们拍摄了很多照片，并且把这些照片放入不同的文件夹中。制作幻灯片之前，我们需要从这些照片中挑选出需要的并把它们放在一起，实际上这些照片来自不同的文件夹。

这时该怎么办呢？其实，我们可以创建一个收藏夹，然后把制作幻灯片需要的所有照片放入其中。有了收藏夹之后，我们就可以对收藏夹中的照片重新排序，也可以把来自其他文件夹中的照片添加进去。所有收藏夹都可以在【收藏夹】面板中找到，不论在哪个模块下，你都可以轻松访问收藏夹，随时获取其中的照片。

提示 在【网格视图】或胶片显示窗格下，只需要简单地拖动照片缩览图，即可对收藏夹中的照片重新排序。Lightroom Classic 会把照片的新顺序随收藏夹一起保存下来。

❷ 在【上一次导入】文件夹仍被选中的状态下，按 Command+A（macOS）或 Ctrl+A（Windows）组合键，或者从菜单栏中依次选择【编辑】>【全选】，选择所有照片。在【收藏夹】面板标题栏右端单击加号按钮（+），从弹出菜单中选择【创建收藏夹】，在【创建收藏夹】对话框中输入新收藏夹的名称“Thailand”，勾选【包括选定的照片】，其他选项不勾选，然后单击【创建】按钮，如图 8-8 所示。

图 8-8

此时，新创建的收藏夹（Thailand）出现在【收藏夹】面板中，而且自动处于选中状态。右侧数字指示 Thailand 收藏夹中包含 39 张照片，如图 8-9 所示。

图 8-9

随着收藏夹数量越来越多，要查找某个收藏夹也变得越来越困难。此时，我们可以直接使用【收藏夹】面板标题栏下方的搜索框，输入想搜索的收藏夹名称，Lightroom Classic 会搜索面板下的所有收藏夹，找到目标收藏夹。

❸ 在 Thailand 收藏夹被选中的状态下，在【网格视图】下的【工具栏】中，把【排序依据】设置为【文件名】（稍后制作幻灯片时可重新组织它们），如图 8-10 所示。

图 8-10

❹ 按 Option+Command+5（macOS）或 Alt+Ctrl+5（Windows）组合键，或者在模块选取器中单击【幻灯片放映】，进入【幻灯片放映】模块。

8.4 使用【幻灯片放映】模块

【幻灯片编辑器视图】主要用于设计幻灯片布局、预览幻灯片。

注意 你看到的软件界面可能与这里的截图不太一样，这主要是由显示器的大小和比例决定的。

左侧面板组中有【预览】【模板浏览器】【收藏夹】3 个面板，其中【预览】面板中显示的是【模板浏览器】面板下当前选中或鼠标指针所指的布局模板的缩览图，【收藏夹】面板提供了快速访问某个收藏夹的方式，如图 8-11 所示。

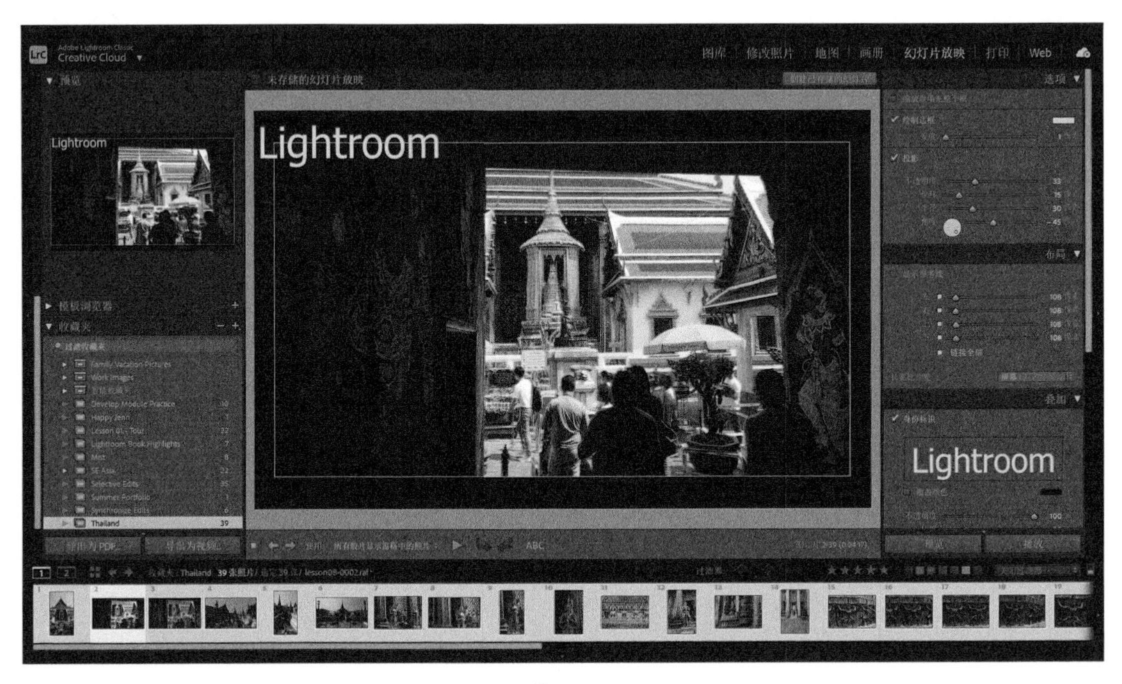

图 8-11

在【幻灯片编辑器视图】下的【工具栏】中，有一些控件分别用来浏览收藏夹中的照片、预览幻灯片，以及向幻灯片中添加文本。

选择幻灯片模板

每个幻灯片模板中包含了不同的布局设置，例如照片尺寸、边框、背景、阴影、文本叠加等，你可以自定义这些设置，以创建出自己的幻灯片。

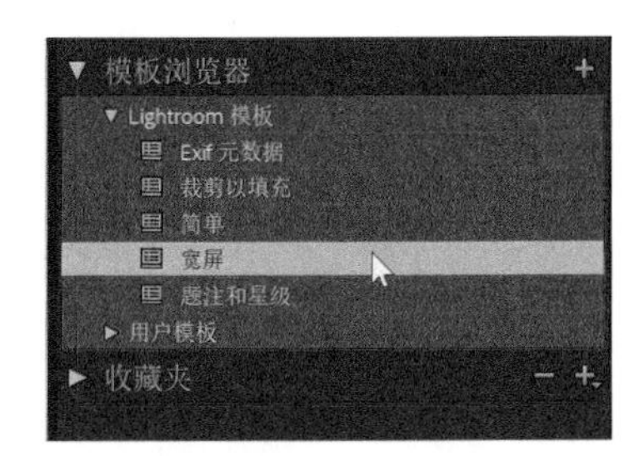

图 8-12

① 在【模板浏览器】面板中，展开【Lightroom 模板】文件夹，然后把鼠标指针移动到各个模板上，如图 8-12 所示，你可以在【预览】面板中看到所选照片在每个模板布局中的样子。在胶片显示窗格中另外选择一张照片，预览其在模板中的样子。

提示 从某个模块启动幻灯片放映时，Lightroom Classic 会启用默认模板。若希望指定其他模板，请使用鼠标右键在【模板浏览器】面板中单击模板名称，从弹出菜单中选择【用于即席幻灯片放映】。此时，新的默认模板名称后面出现一个加号按钮（+）。

❷ 预览完【模板浏览器】面板中的各个模板之后，单击【宽屏】模板，将其选中。

❸ 在【工具栏】中，从【使用】菜单中选择【所有胶片显示窗格中的照片】。在胶片显示窗格中选择第二张照片 lesson08-0002.raf。

❹ 单击右侧面板组下方的【预览】按钮，在【幻灯片编辑器视图】下预览幻灯片。预览完成后，按 Esc 键或者单击【幻灯片编辑器视图】中的任意位置，停止预览。

幻灯片模板

Lightroom Classic 为我们提供了多个幻灯片模板，而且这些模板都是可定制的。制作幻灯片时，我们可以选择一种模板，然后根据需要修改模板，创建出符合自己需要的幻灯片布局。

【题注和星级】模板：该模板会把照片居中放置在灰色背景中，而且在每一面显示照片星级和题注元数据。

【裁剪以填充】模板：该模板会用照片填充屏幕，并根据屏幕长宽比裁剪照片，不太适合用于展示垂直拍摄的照片。

【Exif 元数据】模板：该模板会把照片居中放置在黑色背景上，并显示星级、可交换图像文件（Exchangeable Image File,EXIF）格式信息和身份标识。

【简单】模板：该模板会把照片居中放置在黑色背景上，并显示自定义的身份标识。

【宽屏】模板：该模板会把照片居中放置，并根据屏幕大小调整照片尺寸，但不会裁剪照片，照片周围的空白区域将被填充成黑色。

8.5 定制幻灯片模板

这里，我们不会在幻灯片中添加身份标识和元数据信息，而是选择【宽屏】模板，在其基础之上创建自定义布局。

8.5.1 调整幻灯片布局

选择了某个幻灯片模板之后，我们可以使用右侧面板组中的各个控件自定义幻灯片布局。这里，先修改幻灯片布局，然后修改背景，确定设计整体外观，再决定边框、文本的风格、颜色等。在【布局】面板中，我们可以设置照片单元格边距，调整照片在幻灯片中的大小和位置。

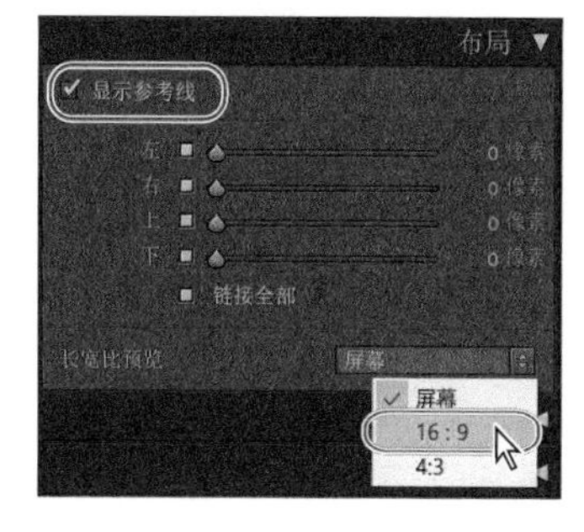

图 8-13

❶ 在右侧面板组中，若【布局】面板当前处于折叠状态，单击【布局】面板标题栏右侧的三角形按钮，将其展开，勾选【显示参考线】开启【链接全部】。若你的屏幕长宽比不是 16∶9，请从【长宽比预览】菜单中选择【16∶9】，如图 8-13 所示。

提示 在幻灯片布局中放置视频剪辑的方式和放置静态照片一样，而且配有边框和阴影。

② 在【幻灯片编辑器视图】中，把鼠标指针移动到照片底边之上，当鼠标指针变成双向箭头形状时，按住鼠标左键向上拖动照片下边缘。当拖动时，缩小的照片周围的背景上会出现白色的布局参考线。在【布局】面板中勾选了【链接全部】后，4 条参考线会同时移动。一边向上拖动，一边观察【布局】面板中的滑块、数值，当数值变成 55 像素时，停止拖动，释放鼠标左键，如图 8-14 所示。

图 8-14

提示 调整幻灯片布局中的照片尺寸时，在【布局】面板中既可以直接拖动滑块，也可以单击数值后输入新数值。勾选【链接全部】后，只需拖动一个滑块或者修改一个值，其他几个值会随之变化。因为不同显示器的长宽比不一样，所以你看到的幻灯片比例可能与本课截图不一样。

接下来，我们增加幻灯片顶部边距尺寸，扩大空间，以便后面添加文本。

③ 在【布局】面板中取消勾选【链接全部】，然后向右拖动【上】滑块，或者在【幻灯片编辑器视图】中拖动顶部参考线，或者直接输入像素值“300”。取消勾选【显示参考线】，然后把【布局】面板折叠起来。

8.5.2 设置幻灯片背景

在【背景】面板中，我们可以为幻灯片设置背景颜色、应用渐变色，以及添加一张背景照片。综合运用这 3 种方式，可以制作出非常精彩的幻灯片。

注意 在【背景】面板中，禁用 3 个背景选项后，幻灯片背景就是黑色的。

① 在胶片显示窗格中，选择除第 15 张照片之外的任意一张照片。

② 在右侧面板组中展开【背景】面板。取消勾选【背景色】，勾选【背景图像】，把照片 lesson08-0015.raf 从胶片显示窗格拖入背景图像方框中，如图 8-15 所示。向左拖动【不透明度】滑块，把【不透明度】降低为 50%，或者单击不透明度值，输入“50”。

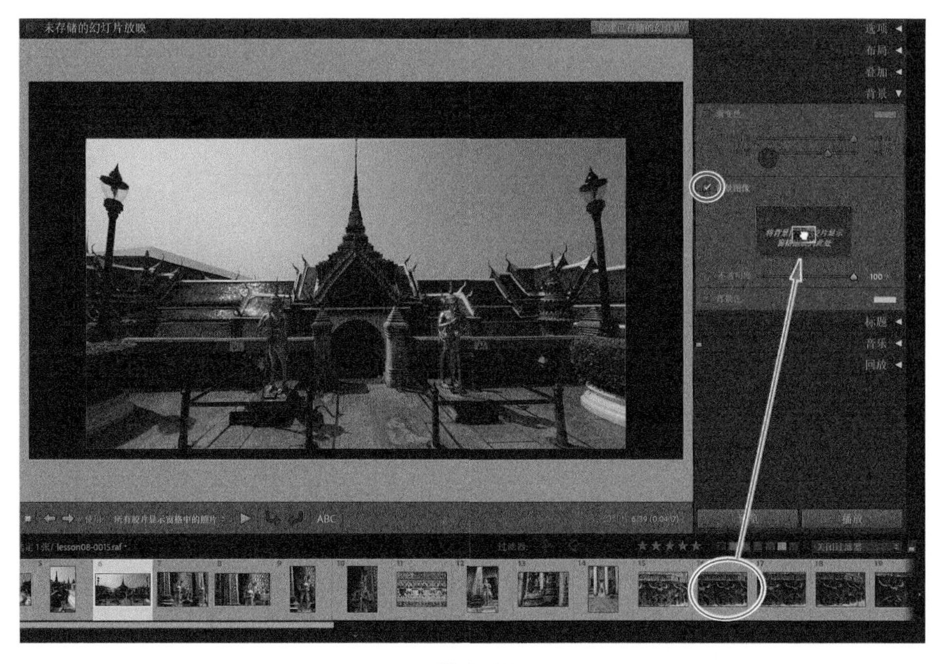

图 8-15

💡 **提示** 此外，你还可以直接把某张照片从胶片显示窗格拖入[幻灯片编辑器视图]下的某个幻灯片背景上。

在【背景色】处于禁用的状态下，默认的黑色背景会透过半透明的背景照片显露出来，起到压暗背景的作用。不过，此时背景还是太显眼了。我们可以继续使用【渐变色】把背景再压暗一些。勾选【渐变色】之后，会产生一个从所选颜色到背景颜色的渐变效果。

③ 勾选【渐变色】，单击右侧颜色框，然后在拾色器顶部单击黑色。

④ 在拾色器左上角单击【关闭】按钮，然后在【渐变色】下方把【不透明度】设置为 50%，【角度】设置为 45 度，如图 8-16 所示。设置完毕后，把【背景】面板折叠起来。

把背景照片设置成半透明之后，现在幻灯片背景上应用了 3 个选项，分别是渐变色、背景照片、默认背景颜色。

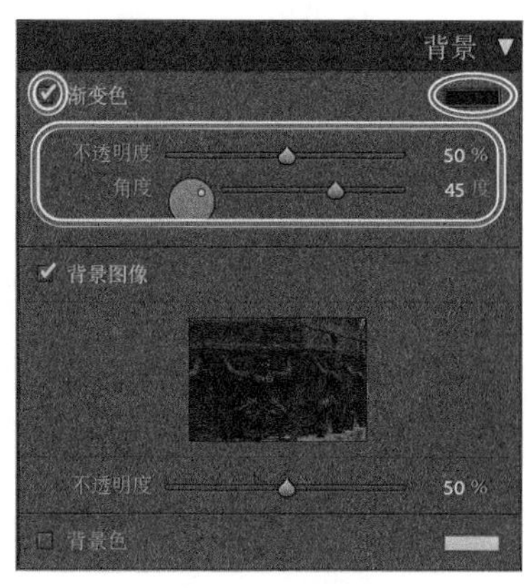

图 8-16

8.5.3 添加边框与投影

到这里，我们已经为幻灯片创建好了整体布局和氛围。接下来为照片添加一个细边框和投影，使照片从背景上进一步凸显出来。选择边框颜色时，我们会选择一种与背景反差较大的颜色，这样能够形成强烈的对比效果。

① 在右侧面板组中展开【选项】面板，勾选【绘制边框】，然后单击右侧的颜色框，打开拾色器。

② 依次单击拾色器右下角的 R、G、B，分别输入“70”“85”“90”，为边框设置一种淡蓝色，然后在拾色器之外单击以关闭它，如图 8-17 所示。

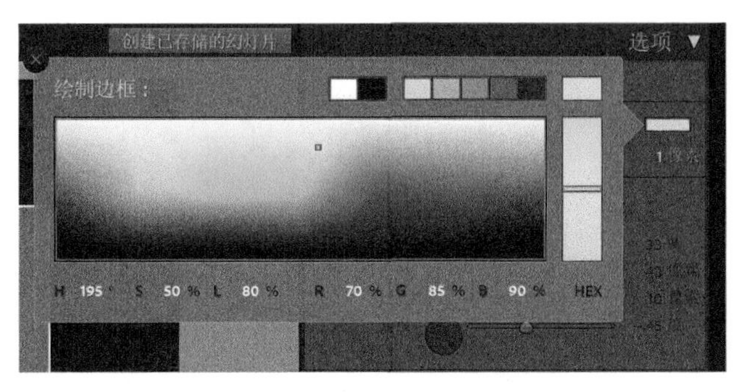

图 8-17

③ 拖动【宽度】滑块，把边框宽度设置为 1 像素。当然，你也可以直接单击数字，然后在文本框中输入"1"。

④ 在【选项】面板中勾选【投影】，尝试调整其下不同的控件的值，包括【不透明度】(阴影的透明程度)、【位移】(阴影与照片之间的偏移量)、【角度】(阴影投射角度)、【半径】(阴影边缘柔和度)，如图 8-18 所示。调整各个控件，得到合适的效果，然后把【选项】面板折叠起来。

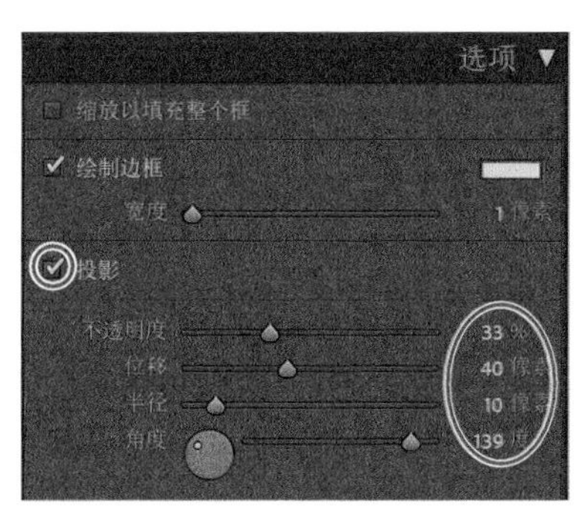

图 8-18

8.5.4 添加文本

在【叠加】面板中，我们可以向幻灯片中添加文本、身份标识、水印，以及让 Lightroom Classic 显示指派给照片的星级或者添加到元数据中的题注。下面我们添加一个简单的标题，使其出现在每张幻灯片的背景上。

注意 这里，我们不会向幻灯片添加身份标识和水印。有关添加身份标识的内容，请阅读 Lightroom Classic 帮助的"用户指南"中的"向幻灯片添加身份标识"部分。

① 展开【叠加】面板，勾选【叠加文本】。若当前【工具栏】未在【幻灯片编辑器视图】下显示出来，请按 T 键，将其显示出来。在【工具栏】中，单击【向幻灯片添加文本】按钮(ABC)，如图 8-19 所示。

图 8-19

❷ 在【自定文本】文本框中输入“BANGKOK THAILAND”，按Return键(macOS)或Enter键(Windows)，如图8-20所示。Lightroom Classic会把输入的文本显示在幻灯片的左下角，周围是一个虚线控制框。

图 8-20

❸ 在【叠加】面板的【叠加文本】区域中有一些关于文本的设置，例如【字体】【样式】【不透明度】等。单击字体名称右侧的双向箭头，选择一种字体，然后再选择一种样式。这里，选择【Helvetica Neue Condensed】粗体。文本颜色保持默认值(白色)不变(单击【叠加文本】右侧的颜色框，可设置文本颜色)。若文本太亮，请把【不透明度】设置为80%，降低亮度。

❹ 向上拖动文本，使其位于幻灯片上边缘的中心位置。向上拖动文本控制框底部中间的控制点，把文本缩小一些，然后使用向上和向下箭头键，把文本放到图8-21所示的位置上。

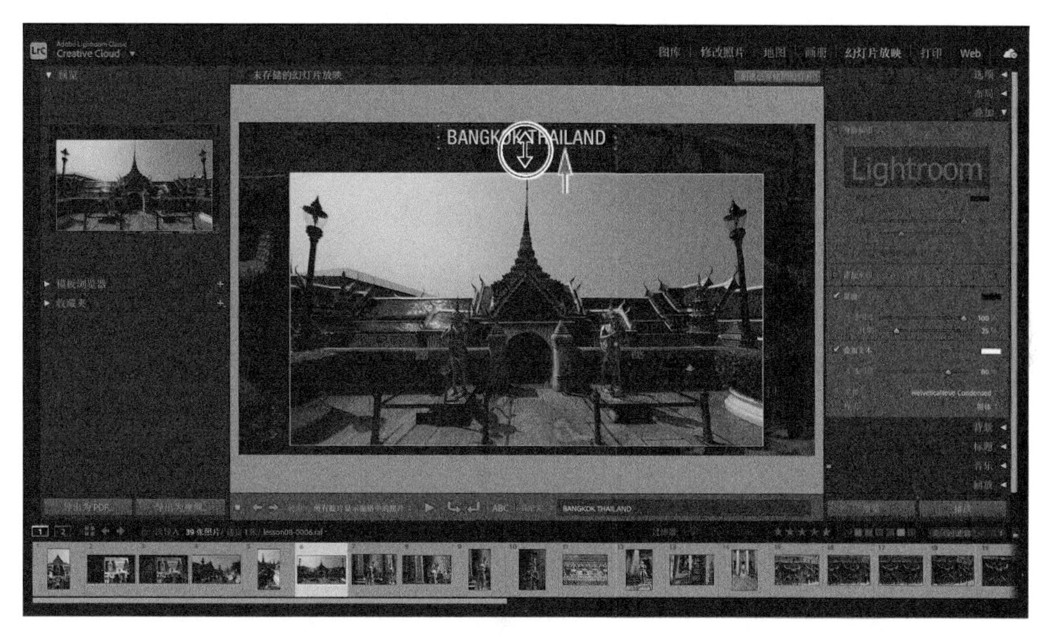

图 8-21

在幻灯片中拖动文本时，Lightroom Classic会把文本控制框与幻灯片边缘(或照片边缘)上最近的参考点连接起来，方便确定文本位置。

❺ 在幻灯片页面中到处拖动一下文本，可以看到有一条白线把文本框与周围最近的参考点连接了起来。把文本放到原来的位置上。

整个幻灯片中，文本都会保持在相同的位置上。也就是说，无论形状如何，其相对于整个幻灯片(或者照片)边框的位置都是一样的。

借助这个功能，我们可以把照片的标题文本固定在某个位置上。例如，把文本固定在照片左下角之下，无论文本大小和方向如何，它都会出现在照片左下角之下。同时，应用到整个幻灯片的标题在屏幕上的位置也始终保持不变。后一种情况下，文本与幻灯片边缘上的某个参考点连接在一起；前一种情况下，文本与照片边框上的某个参考点连接在一起。

【叠加文本】区域中的【颜色】与【不透明度】控件和【渐变色】【边框】区域中的控件功能一样。在 macOS 下，你还可以向文本添加投影。

⑥ 把【叠加】面板折叠起来，在【幻灯片编辑器视图】中取消选择文本。

⑦ 在胶片显示窗格中选择第一张幻灯片，单击右侧面板组底部的【预览】按钮，在【幻灯片编辑器视图】下预览制作好的幻灯片，如图 8-22 所示。预览完毕后，按 Esc 键，停止播放。

图 8-22

使用【文本模板编辑器】对话框

在【幻灯片放映】模块下，我们可以使用【文本模板编辑器】对话框访问和编辑照片中的元数据，创建显示在每张幻灯片上的文本等。我们可以自定义文本，也可以从众多预设中选择，例如【标题】【题注】【文件名】【日期】等，然后把选择的项目保存成一个文本模板预设，以便日后应用在类似的项目中。

在【工具栏】中单击【向幻灯片添加文本】按钮（ABC），然后单击【自定文本】右侧的双向箭头，从弹出菜单中选择【编辑】，如图 8-23 所示，即可打开【文本模板编辑器】对话框。

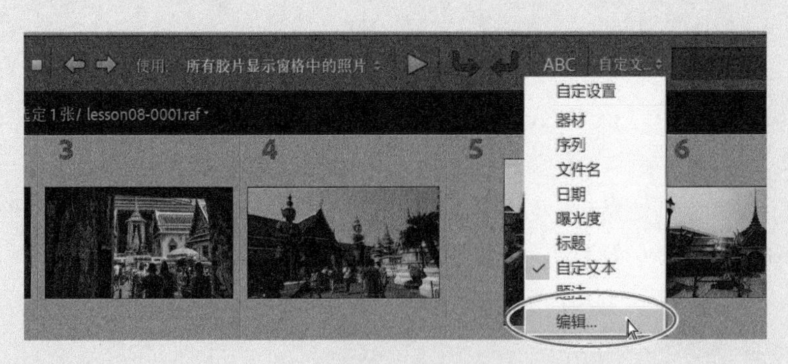

图 8-23

在【文本模板编辑器】对话框中，你可以创建一个包含一个或多个文本标记、占位符的字符串，如图 8-24 所示，它们代表要从照片元数据中抽取的信息项，这些信息项会显示在幻灯片中。

在对话框顶部的【预设】菜单中，你可以应用、保存、管理叠加文本预设，以及根据不同用途定制的一系列信息标记。

在【图像名称】区域中，可创建一个包含【文件名】【原始文件名】【副本文件名】【文件夹名称】的字符串。

在【编号】区域中，可以设置幻灯片中的【图像编号】，以及以多种格式显示照片拍摄【日期】等。

在【EXIF 数据】区域中，可选择要插入的元数据，包括照片的【尺寸】【曝光度】【闪光灯】等多个属性。

在【IPTC 数据】区域中，可选择插入【版权】【拍摄者详细信息】等大量 IPTC 相关数据。

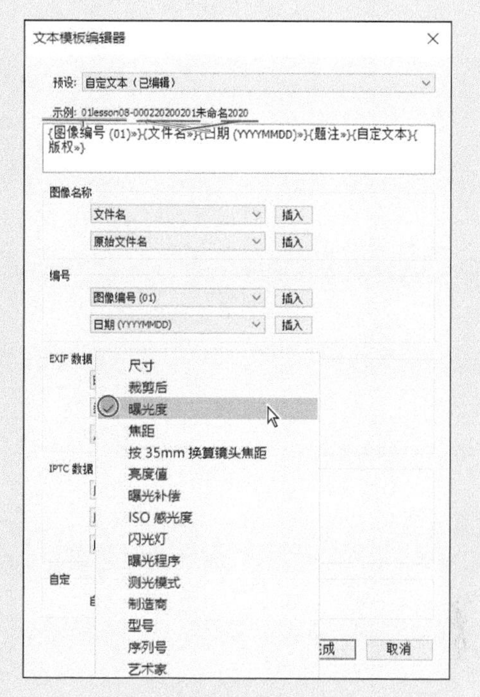

图 8-24

8.6 创建已存储的幻灯片

在【幻灯片放映】模块下，我们一直处理的是未存储的幻灯片，【幻灯片编辑器视图】左上角显示着【未存储的幻灯片放映】标签，如图 8-25 所示。

未存储的幻灯片放映　创建已存储的幻灯片

图 8-25

保存幻灯片之前，【幻灯片放映】模块看起来就像是一个便笺簿。你可以进入其他模块，甚至关掉 Lightroom Classic，当再次返回时，你会发现所做的设置都还保留着。但是，如果在【模板浏览器】面板中选择了一个新的幻灯片模板（包括你当前选用的模板），你做的所有设置都会随之消失。

把项目转换成已存储的幻灯片，不仅可以保留布局和播放设置，还可以把布局与设计中用到的照片链接在一起。Lightroom Classic 会把幻灯片保存成一种特殊的收藏夹（输出收藏夹），你可以在【收藏夹】面板下找到它。不管幻灯片“便笺簿”清除多少次，单击幻灯片收藏夹，都可以立即找到所有用到的照片，并恢复所有设置。

❶ 在【幻灯片编辑器视图】右上角单击【创建已存储的幻灯片】按钮，或者在【收藏夹】面板标题栏右端单击加号按钮（+），从弹出菜单中选择【创建幻灯片放映】。

❷ 在【创建幻灯片放映】对话框中，在【名称】文本框中输入“幻灯片放映”；在【位置】选项下勾选【内部】，从菜单中选择 Thailand 收藏夹，然后单击【创建】按钮，如图 8-26 所示。

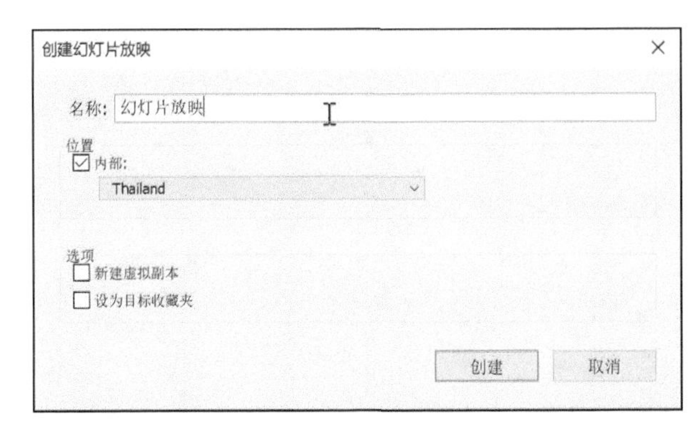

图 8-26

此时,【幻灯片编辑器视图】上方的标题栏中显示的是已存储的幻灯片的名称,同时【创建已存储的幻灯片】按钮也不见了。

提示 当你希望向幻灯片中的所有照片应用某种处理(例如修改照片预设)时,在【选项】区域中勾选【新建虚拟副本】后,你所应用的处理不会影响到原始收藏夹中的照片。

Lightroom Classic 会在 Thailand 收藏夹下创建【幻灯片放映】幻灯片,并在左侧显示已存储的幻灯片,右侧数字表示幻灯片中用到了源收藏夹中的 39 张照片,如图 8-27 所示。

图 8-27

设计过程中,你可以随时保存幻灯片,可以在进入【幻灯片放映】模块后立即创建已存储的幻灯片(包含一系列照片),或者等到设计完成后再保存幻灯片。当保存了幻灯片之后,Lightroom Classic 会自动把对幻灯片布局和播放设置做的所有修改保存下来。

保存幻灯片之后,在精调幻灯片时就可以随意删除与重排幻灯片了,这些操作不会影响到源收藏夹。Lightroom Classic 会把在幻灯片中删除的照片从【幻灯片放映】收藏夹中移除,但是它们仍然保留在 Thailand 收藏夹中。

如果你还打算使用 Thailand 收藏夹中的照片进行打印或做在线相册,上面这个功能会非常有用。原始收藏夹中的照片始终保持不变,但每个项目的输出收藏夹中包含了照片的不同子集,而且排列顺序也各不相同。

8.7 精调幻灯片的内容

提示 你可以向已存储的幻灯片中添加更多照片,这一操作非常简单,只需要在【收藏夹】面板中把照片拖入幻灯片收藏夹中即可。在【收藏夹】面板中,把鼠标指针移动到已存储的幻灯片上,单击数字右侧的白色箭头,如图 8-28 所示,可直接从【图库】模块进入【幻灯片放映】模块,并打开幻灯片。

图 8-28

指定播放设置之前,最好先把幻灯片中用到的照片最终确定下来,不然会很麻烦。如果你以后再从幻灯片中删除某张照片,可能就得重新调整每张幻灯片的时长和过渡效果,尤其是当有同步音频时，还必须重新匹配幻灯片与音频，这会非常麻烦。

❶ 在胶片显示窗格中，使用鼠标右键单击照片 lesson08-0015.raf（该照片是幻灯片的背景图片），从弹出菜单中选择【从收藏夹中移去】。

注意 在把照片 lesson08–0015.raf 移除之后，它不会再出现在任何幻灯片上，但是仍然出现在幻灯片的背景中。背景照片是幻灯片布局的一部分，而不仅是一张要显示在幻灯片中的照片。

即使选择一组完全不同的照片放在幻灯片中，背景照片也仍然保持原样。保存幻灯片之后，Lightroom Classic 会保留一个指向背景照片的链接，而且这个链接与输出收藏夹及其父收藏夹无关。

在【收藏夹】面板中，【幻灯片放映】收藏夹中当前显示的照片数目是 38 张，而它的父收藏夹（Thailand）中仍然是 39 张照片。

❷ 在胶片显示窗格中，把照片 lesson08-0007.raf 拖动到照片 lesson08-0005.raf 与 lesson08-0006.raf 之间，当出现黑色插入线时释放鼠标左键，如图 8-29 所示。

图 8-29

8.8 在幻灯片中添加声音与动画

如果你希望幻灯片更有动感，可以向幻灯片中添加视频剪辑，这些视频剪辑放在幻灯片中还可以带有边框、阴影、叠加等效果，和照片差不多。

即便是完全由静态照片组成的幻灯片，也可以通过添加音乐来烘托气氛，并可以通过电影般的平移和缩放效果使照片变得生动、活泼。

lesson08 文件夹中有一个名为 thailand-rc.mp3 的音频文件。这段音乐有助于突显幻灯片充满活力、生机勃勃的主题。不过，你也可以从你的音乐库中选择其他喜欢的音乐。在这里，幻灯片中只包含 38 张照片，选择时长短一点的音乐会更好。

❶ 在右侧面板组中，展开【音乐】与【回放】两个面板。单击【音乐】面板标题栏左侧的开关按钮，开启声道。单击加号添加音乐按钮，如图 8-30 所示。转到 LRClassicCIB\Lessons\lesson08 文件夹下，选择 thailand-rc.mp3 文件，单击【打开】或【选择】按钮。

此时，音乐文件的名称和持续时间就在【音乐】面板中显示出来。

❷ 展开【标题】面板，勾选【介绍屏幕】和【结束屏幕】，取消勾选【添加身份标识】。

接下来，根据音乐文件的长度设置幻灯片的持续时间和过渡，调整幻灯片的时间点。

图 8-30

③ 在【回放】面板中单击【按音乐调整】按钮，观察【幻灯片长度】和【交叉淡化】值的变化情况，如图 8-31 所示。若弹出“幻灯片不适合音乐”的提示信息，请尝试减少【交叉淡化】的时长。

在时间上做调整是为了确保 38 张照片、两个标题屏幕与音乐文件的持续时间相适应。

④ 向右拖动【交叉淡化】滑块，把淡化过渡的时长增加一点，然后再次单击【按音乐调整】按钮，同时观察【幻灯片长度】值的变化。这个过程中，Lightroom Classic 会重新计算幻灯片的时长，在淡化时长增加的情况下，确保幻灯片与音乐文件相匹配。

⑤ 在【回放】面板下，取消勾选【重播幻灯片放映】与【随机顺序】。在胶片显示窗格中选择第一张照片，然后在右侧面板组底部单击【预览】按钮，在【幻灯片编辑器视图】下预览幻灯片。预览完成后，单击 Esc 键，停止播放。

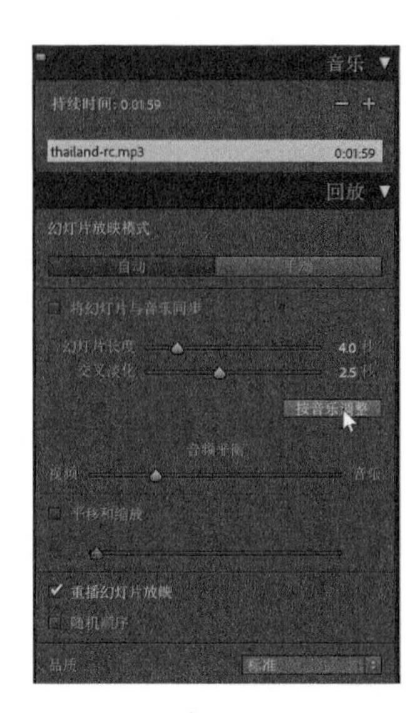

图 8-31

在幻灯片中添加音乐能够增强幻灯片的叙事效果。接下来，我们再向幻灯片中添加一些动态效果。

⑥ 在【回放】面板中勾选【平移和缩放】，拖动滑块，设置效果级别，把滑块放到滑动条大约三分之一处。

【平移和缩放】滑块越往右拉，动态效果速度越快，力度越大；越往左拉，动态效果速度越慢，力度越小。

⑦ 在胶片显示窗格中选择第一张照片，然后单击右侧面板组下方的【播放】按钮，在全屏模式下观看幻灯片。播放过程中，可按 Space 键暂停播放或继续播放。播放完毕后，按 Esc 键，结束幻灯片放映。

提示 我们最多可向幻灯片中添加 10 段音乐，在【音乐】面板中拖动音乐文件，可改变音乐文件的播放顺序。

如果你的幻灯片中用到的照片非常多，可以使用【添加音乐】按钮添加多个音乐文件。当幻灯片中有多个音乐文件时，单击【按音乐调整】按钮，把幻灯片、过渡与音乐持续时间匹配起来。

勾选【将幻灯片与音乐同步】，【幻灯片长度】【交叉淡化】【按音乐调整】都会被禁用，如图 8-32 所示。Lightroom Classic 会分析音乐文件，根据音乐节奏设置幻灯片的时间，并对音乐中突出的声音做出响应。

在【回放】面板中拖动【音频平衡】滑块，可以把音乐和幻灯片中视频剪辑的声音进行混合。

如果你的计算机上接了另外一台显示器，那你会在【回放】面板底部看到一个【回放屏幕】区域。在这个区域中，你可以选择全屏播放幻灯片时使用哪个屏幕，以及播放过程中另一个屏幕是否是空白的。

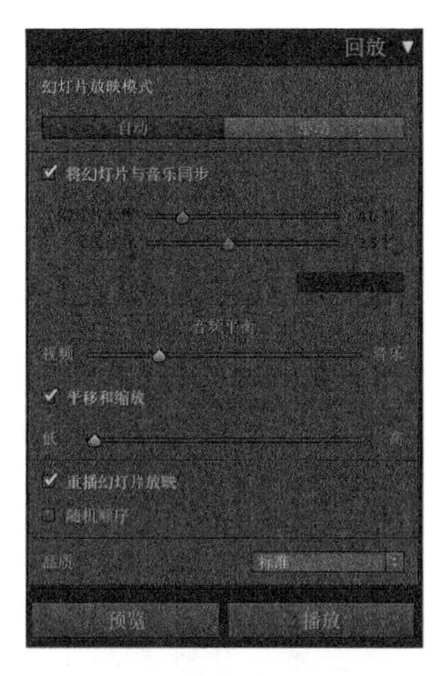

图 8-32

8.9 保存自定义的幻灯片模板

花很多时间定制好了幻灯片模板之后，我们应该把它保存下来，使其出现在【模板浏览器】面板中，供日后使用。这与之前的保存幻灯片不一样。前面说过，已存储的幻灯片本质上是一个输出收藏夹，里面存放着一组有特定顺序的照片，以及幻灯片设置。与此不同，一个已保存的自定义模板只记录幻灯片的布局和播放设置，而不会链接任何照片。

调整与组织用户模板

【模板浏览器】面板中提供了许多用来组织模板和模板文件夹的选项。

重命名模板或模板文件夹

在【模块浏览器】面板中无法重命名【Lightroom 模板】文件夹、模板，以及默认的【用户模板】文件夹。但可以对自己创建的模板或模板文件夹进行重命名操作，只需要在【模板浏览器】面板中使用鼠标右键单击某个模板或模板文件夹，然后从弹出菜单中选择【重命名】即可。

移动模板

在【模板浏览器】面板中，如果你希望把一个模板移动到另外一个文件夹中，只需要直接把模板拖入其中即可。如果你希望把一个模板移动到一个新文件夹中，请使用鼠标右键单击模板，然后从弹出菜单中选择【新建文件夹】，Lightroom Classic 会新建一个文件夹，并把你选择的模板放入其中。当试图移动一个模板时，Lightroom Classic 会把选择的模板复制到新文件夹中，但是原始模板仍然保留在【Lightroom 模板】文件夹下。

更新自定义模板设置

如果你希望修改某个自定义模板，请在【模板浏览器】面板中选择它，然后使用右侧面板组中的各种控件做修改，再在【模板浏览器】面板中使用鼠标右键单击模板，从弹出菜单中选择【使用当前设置更新】。

创建模板副本

有时我们希望为模板创建一个副本，这样当修改副本时，就不用担心会影响到原来的模板。如果你希望在现有模板文件夹中为当前选择的模板创建一个副本，请单击【模板浏览器】面板标题栏右侧的加号按钮（新建预设），在【新建模板】对话框中输入副本模板名称，从【文件夹】菜单中选择一个目标文件夹，单击【创建】按钮。如果你希望在一个新文件夹中为当前所选模板创建副本，请单击【模板浏览器】面板标题栏右侧的加号按钮（新建预设），在【新建模板】对话框中输入副本模板名称，从【文件夹】菜单中选择【新建文件夹】，在【新建文件夹】对话框中输入文件夹名，单击【创建】按钮，新文件夹出现在【模板浏览器】面板中，在【新建模板】对话框中单击【创建】按钮，Lightroom Classic 就会在新文件夹中创建所选模板的副本。

导出自定义模板

在【模板浏览器】面板中，使用鼠标右键单击某个模板，然后从弹出菜单中选择【导出】，可以把自定义的幻灯片模板导出去，以便在另一台计算机的 Lightroom Classic 中使用它。

导入自定义模板

如果你希望导入在另一台计算机的 Lightroom Classic 中创建的自定义模板，请使用鼠标右键单击【用户模板】标题栏或者【用户模板】文件夹下的任意一个模板，然后从弹出菜单中选择【导入】，再在【导入模板】对话框中找到要导入的模板文件，单击【导入】按钮。

删除模板

在【模板浏览器】面板中，使用鼠标右键单击某个自定义模板，从弹出菜单中选择【删除】，即可删除选定的自定义模板。此外，你还可以选择待删除的自定义模板，然后在【模板浏览器】面板标题栏中单击减号按钮（删除选定预设），这样也可以删除选择的自定义模板。请注意，无法删除【Lightroom 模板】文件夹中的模板。

新建模板文件夹

在【模板浏览器】面板中，使用鼠标右键单击某个模板文件夹或模板，然后从弹出菜单中选择【新建文件夹】，即可新建一个空文件夹，接下来就可以把模板拖入其中了。

删除模板文件夹

要删除一个模板文件夹，首先需要删除文件夹中的所有模板（或者把模板全部拖入另外一个文件夹中），然后使用鼠标右键单击空白文件夹，从弹出菜单中选择【删除文件夹】。

如果你希望把相关幻灯片放在一起，或者想把模板用作新设计的起点，那可以把自定义的幻灯片保存成模板，这样会为你节省大量时间。

默认设置下，Lightroom Classic 会把用户自定义的模板显示在【模板浏览器】面板的【用户模板】文件夹下。

❶ 在幻灯片处于打开的状态下，在【模板浏览器】面板的标题栏中单击加号按钮（新建预设），或者从菜单栏中依次选择【幻灯片放映】>【新建模板】。

❷ 在【新建模板】对话框中，输入新模板名称“Centered Title”，在【文件夹】菜单中选择【用户模板】作为目标文件夹，单击【创建】按钮，如图 8-33 所示。

此时，你可以在【模板浏览器】面板下的【用户模板】文件夹中看到新创建的自定义模板，如图 8-34 所示。

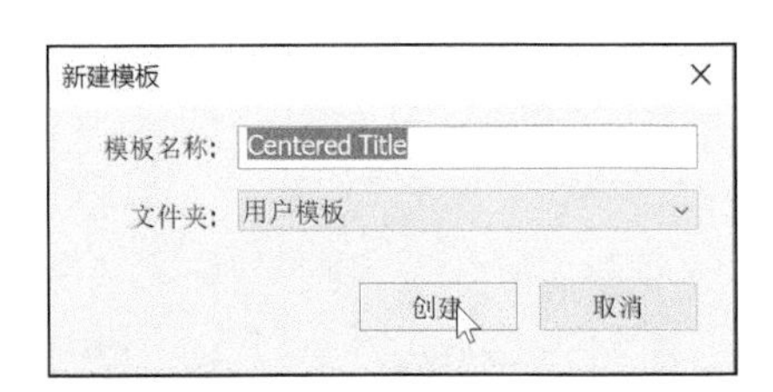

图 8-33

图 8-34

提示 保存自定义模板时，最好起一个描述性名称。当【模板浏览器】面板下存在多个新模板时，一个好的名称有助于快速找到需要的模板。

8.10 导出幻灯片

为了把制作好的幻灯片发送给朋友、客户，或者在另一台计算机中播放，或者在网络上分享，我们可以把幻灯片导出为 PDF 文件或高品质视频。

❶ 在【幻灯片放映】模块下，单击左侧面板组底部的【导出为 PDF】按钮。

❷ 在【将幻灯片放映导出为 PDF 格式】对话框中浏览各个选项，要特别留意幻灯片尺寸与品质的设置，然后单击【取消】按钮，如图 8-35 所示。

注意 使用 Adobe Reader 或 Adobe Acrobat 浏览导出的 PDF 文件时，幻灯片的过渡效果会正常发挥作用。但是在把幻灯片导出为 PDF 文件之后，原来幻灯片中的音乐、随机播放、自定义的幻灯片持续时间等效果都会丢失。

❸ 在左侧面板组之下单击【导出为视频】按钮，在【将幻灯片放映导出为视频】对话框中浏览各个选项，了解【视频预设】菜单中有哪些选项，依次选择各个选项，阅读下方简短的说明，如图 8-36 所示。

图 8-35

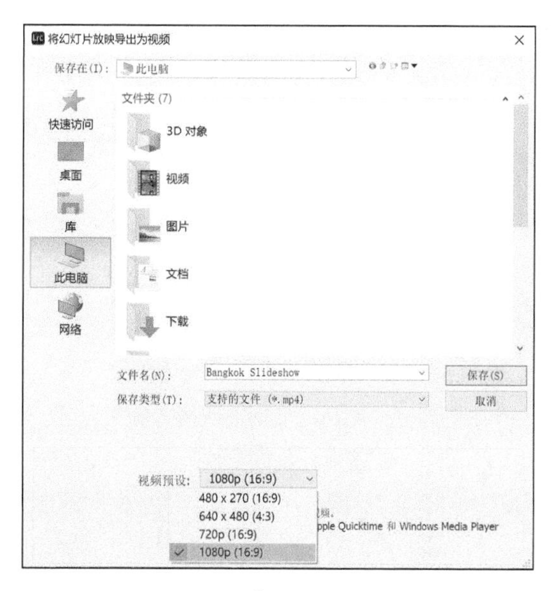

图 8-36

Lightroom Classic 支持以 MP4 格式导出幻灯片，然后就可以把视频上传到视频分享网站，或者对视频做进一步优化，以便在移动设备中播放。视频的尺寸和质量有多种选择，例如 480×270（适用于私人媒体播放器和电子邮件）、1080p（高质量 HD 视频）等。

❹ 在【将幻灯片放映导出为视频】对话框中，为导出视频输入一个名称，指定一个目标文件夹，从【视频预设】菜单中选择一个视频预设，然后单击【保存】按钮。

此时，工作区的左上角出现一个进度条，显示导出过程的进度，如图 8-37 所示。

图 8-37

8.11 播放即席幻灯片

在 Lightroom Classic 中，即便在【幻灯片放映】模块之外，我们也可以轻松地播放即席幻灯片。例如，在【图库】模块下，启动即席幻灯片放映，可以以全屏方式浏览刚刚导入的照片。

在 Lightroom Classic 中，不论在哪个模块下，都可以启动即席幻灯片放映。即席幻灯片的布局、时间安排、过渡由当前在【幻灯片放映】模块下设置的用于即席幻灯片的模板确定。若未设置，则 Lightroom Classic 会使用【幻灯片放映】模块中的当前设置。

提示 在【幻灯片放映】模块下，在左侧【模板浏览器】面板中使用鼠标右键单击某个模板，从弹出菜单中选择【用于即席幻灯片放映】，可以更改用于即席幻灯片的模板。

1 切换到【图库】模块下。在【目录】面板中，选择【上一次导入】。在【工具栏】中，单击【网格视图】，把【排序依据】设置为【拍摄时间】或【文件名】。从菜单栏中依次选择【视图】>【排序】>【升序】，或者单击【排序依据】左侧的【排序方向】按钮，使其变为升序（即从 A 到 Z）。

2 在【网格视图】下选择第一张照片，然后按 Command+A（mac OS）或 Ctrl+A（Windows）组合键，或者从菜单栏中依次选择【编辑】>【全选】，选择上一次导入的所有照片。

3 从菜单栏中依次选择【窗口】>【即席幻灯片放映】，或者按 Command+Return（mac OS）或 Ctrl+Enter（Windows）组合键，启动即席幻灯片放映。

提示 在【图库】与【修改照片】模块下，你还可以单击【工具栏】中的【即席幻灯片放映】按钮来放映幻灯片，如图 8-38 所示。若【工具栏】中未显示【即席幻灯片放映】按钮，请单击【工具栏】右端的向下箭头，从弹出菜单中选择【幻灯片放映】，将其显示出来。

图 8-38

4 在幻灯片播放过程中按一下 Space 键会暂停播放，再次按 Space 键则继续播放。Lightroom Classic 会重复、循环播放所选照片。按 Esc 键，或者单击屏幕，将停止播放。

恭喜你！到这里，我们又学完了一课。这一课中，我们学习了如何创建具有个人特色的幻灯片，了解了【幻灯片放映】模块，以及如何使用各个面板中的控件来定制幻灯片模板。

下一课，我们学习有关打印照片的内容。进入下一课之前，大家还是先花点时间读一读我个人关于制作幻灯片的一些建议，然后再做一做复习题回顾一下本课内容吧！

8.12 一些个人建议

注意 本节内容只是我个人的一些建议，并不是非得遵守。特别是当你变成 Lightroom Classic 高级用户之后，本节内容你可以忽略，当然也可以当作参考，以进一步完善你的工作流程。

本课的主要目标是带领大家了解【幻灯片放映】模块下的所有功能。请注意：虽然【幻灯片放映】模块下有各种各样的功能，但这些功能在制作幻灯片的过程中并非都会用到。我个人十分推崇简约，制作幻灯片时，我只使用那些必要的功能，绝不会滥用各种功能。在制作了大量幻灯片之后，我有了一些心得、体会，下面我把这些心得、体会分享给大家，希望能给大家带来一点帮助。

我希望自己的照片成为人们议论的焦点，所以我一般都是在【模板浏览器】面板中选择【简单】模板。在【布局】面板中，把边距设置成 72 像素；在【选项】面板中，把边框颜色设置成深灰色（R：20、G：20、B：20），把【宽度】设置成 1 像素，并在【背景】面板中确保选择的是黑色背景颜色，如图 8-39 所示。【叠加】面板中的所有选项取消勾选。

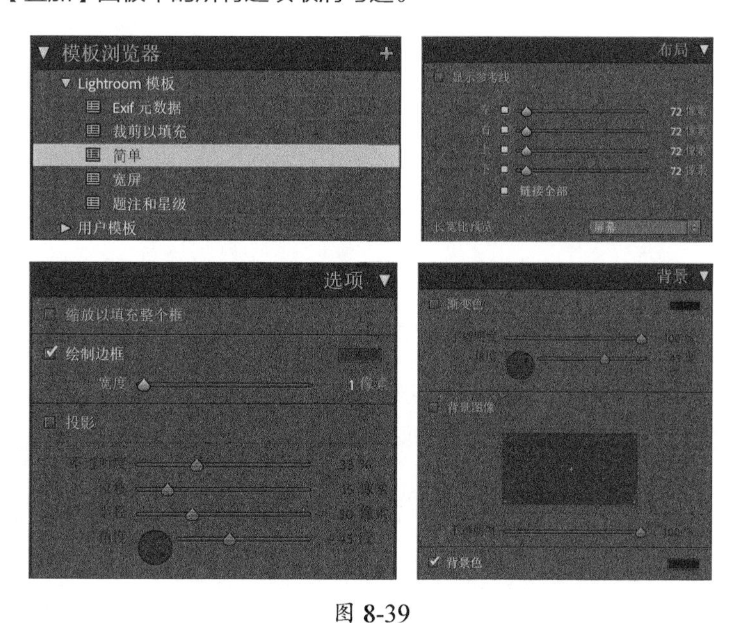

图 8-39

在【标题】面板中添加【介绍屏幕】和【结束屏幕】，如图 8-40 所示。

图 8-40

在向一群人或一个客户播放幻灯片时，我们总是希望一开始就能产生很好的效果。在做好准备之前，我不希望幻灯片一开始就显示出第一张照片，我可能想先介绍一下项目或者先讲一些开场白。

在【介绍屏幕】区域下，我们可以添加一个带有个人信息的身份标识。制作身份标识时，最简单的方法是在【身份标识编辑器】对话框中选择【使用样式文本身份标识】。这里，我把字体设置为 Helvetica Neue

Condensed、粗体，输入公司名称，如图 8-41 所示。

设置好身份标识后，在【标题】面板中拖动【比例】滑块可调整身份标识大小，使其更加符合幻灯片，如图 8-42 所示。除了使用纯文本身份标识之外，我们还可以使用图形身份标识，使身份标识更有个性。

制作图形身份标识，需要用到 Photoshop。在 Photoshop 中，我把自己的个性签名（使用平板电脑和触控笔）添加到公司名称之上，然后保存成一个透明的 PNG 文件（背景透明、黑色填充只是为了更好地显示白色文字），如图 8-43 所示。

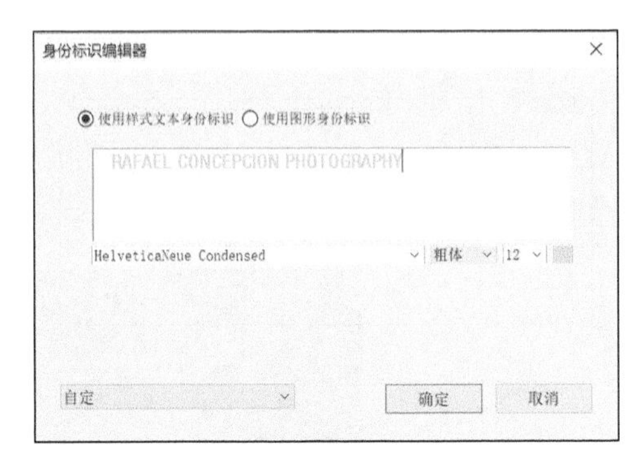

图 8-41

图 8-42

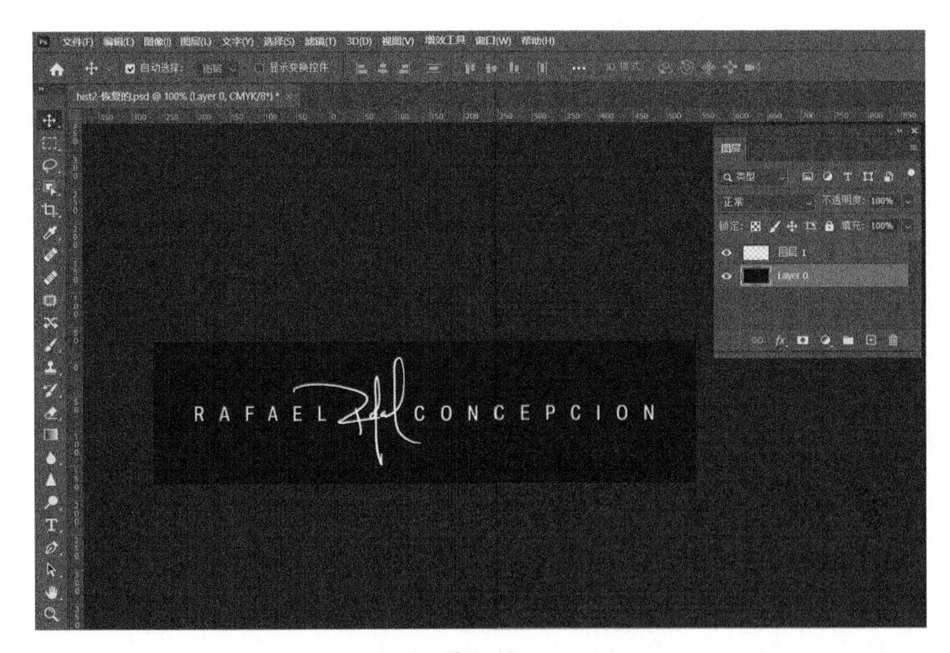

图 8-43

回到 Lightroom Classic 中，打开【身份标识编辑器】对话框，选择【使用图形身份标识】，然后单击【查找文件】按钮，选择你的图形身份标识（PNG 文件），如图 8-44 所示。

图 8-44

此时，【介绍屏幕】中显示出你制作的图形身份标识。勾选【结束屏幕】，将其设置成黑色，取消勾选【添加身份标识】，如图 8-45 所示。当幻灯片刚开始播放时，立即按 Space 键，暂停播放，此时出现的是介绍屏幕，上面是你的名字和公司名称，这时你可以对自己或工作做些简单的介绍，然后再继续往下播放幻灯片。

图 8-45

8.13 复习题

1. 如何改变即席幻灯片套用的模板？
2. 如果希望显示照片的元数据，应该选择哪个模板？
3. 定制幻灯片模板时，有哪些选项可用？
4. 为何带连线的文本有助于设计幻灯片页面布局？
5. 保存自定义幻灯片模板与保存创建的幻灯片有何不同？

8.14 答案

1. 在【幻灯片放映】模块下，在【模板浏览器】面板中使用鼠标右键单击某个幻灯片模板的名称，从弹出菜单中选择【用于即席幻灯片放映】。
2. 如果希望显示照片的元数据，请在【Lightroom 模板】中选择【Exif 元数据】模板。该模板会把照片居中放置在黑色背景上，并显示照片的星级、EXIF 信息，以及身份标识。
3. 在右侧面板组中可以修改幻灯片的布局，添加边框和文本，为照片或文本添加阴影，更改背景颜色或添加背景照片，调整幻灯片的时长和过渡，以及添加音乐。
4. 带连线的文本会与幻灯片边缘上的参考点连接在一起，确保文本在每页幻灯片上的位置相同。带连线的文本也可以与照片边缘上的参考点连接在一起，确保各张照片上的文本出现在相同的位置上。
5. 已存储的自定义模板只记录幻灯片的布局和播放设置，它就像是一个空容器，不与任何照片关联。已存储的幻灯片本质上是一个输出收藏夹，里面包含一组有特定顺序的照片，还有幻灯片布局、叠加的文本，以及播放设置。

摄影师
埃米·滕辛（AMY TOENSING）

“当我透过相机观察生活时，生活于我便多了些意义。”

最初，我把摄影作为记录自己童年与青春期的手段，例如在墙上舞动的影子、从盒子里偷看的猫、我家后面美丽的树林，以及与朋友们一起的冒险。随着我越来越成熟，我与摄影的关系也在不断变化。最终，透过相机观察生活成为我理解这个世界，以及与之建立联系的一种方式。

我的工作主要是一些长期拍摄项目。我喜欢拍摄照片的过程，它是一个揭示、连接、惊喜、觉悟、感动的过程。我希望尽可能多地研究、了解一个人、一个社区、一个问题，我会实地考察，深入了解，努力寻找最能表达故事中某些情感的画面。

我的拍摄是新闻性质的，主要是见证和记录生活（而不是导演），我拍摄的每张照片都与表现的主题息息相关。我的拍摄是围绕着联系展开的，拍摄时，我会花一些时间向拍摄对象敞开自己的心扉，让这些联系塑造我拍摄的照片和我讲述的故事。在这个过程中，我要等待、建立联系、表达尊敬，还要对复杂的生活持开放态度，这样才能见证生活的美丽、残酷、欢乐、奇迹。

第9课

打印照片

课程概览

Lightroom Classic 的【打印】模块提供了各种与打印照片相关的工具。使用这些工具，我们可以快速地把要打印的照片准备好。我们可以打印单张照片，也可以在同一张相纸上以不同尺寸打印同一张照片，还可以为多张照片创建吸引人的版面布局。在 Lightroom Classic 中，我们可以轻松地向照片添加边框、文本、图形，以及调整打印分辨率，设置锐化，修改纸张或做颜色管理。本课主要讲解以下内容。

- 选择与自定义打印模板，创建自定图片包打印布局。
- 添加身份标识、边框、背景颜色，根据照片元数据创建题注。
- 保存自定义打印模板，把打印设置保存为输出收藏夹。
- 指定打印设置、打印机驱动程序，选择合适的颜色管理。

学习本课需要 1~2 小时

在 Lightroom Classic 中，借助【打印】模块，我们可以轻松地获得专业级的打印效果。Lightroom Classic 还支持特定设备的软打样，可确保最终打印效果与屏幕上的颜色一样。而且，Lightroom Classic 还支持自定义布局模板，方便我们打印制作照片小样，以及艺术边框等。

9.1 学前准备

学习本课之前，请确保你已经为课程文件创建了 LRClassicCIB 文件夹，并创建了 LRClassicCIB 目录文件来管理它们，具体做法请阅读本书前言中的相关内容。

❶ 启动 Lightroom Classic。

❷ 在【Adobe Photoshop Lightroom Classic - 选择目录】对话框中，在【选择打开一个最近使用的目录】列表中选择 LRClassicCIB Catalog.lrcat，单击【打开】按钮，如图 9-1 所示。

图 9-1

❸ Lightroom Classic 在正常屏幕模式中打开，当前打开的模块是上一次退出时的模块。在软件界面右上角的模块选取器中单击【图库】，如图 9-2 所示，进入【图库】模块。

图 9-2

9.2 从现有照片创建收藏夹

在前面的课程中，我们已经导入和处理过大量照片了。下面我们从这些照片中选择十多张，然后把它们放入一个收藏夹中，供本课学习使用。

❶ 在【目录】面板（位于【图库】模块的左上角）中选择【所有照片】，如图 9-3 所示。

图 9-3

❷ 在【收藏夹】面板标题栏右端单击加号按钮，从弹出菜单中选择【创建收藏夹】。在【创建收藏夹】对话框中输入名称“Im-

“Images to Print”，取消勾选【包括选定的照片】，勾选【设为目标收藏夹】，单击【创建】按钮，如图 9-4 所示。

图 9-4

注意 如果你希望把某个收藏夹设置为目标收藏夹，请使用鼠标右键单击该收藏夹，然后从弹出菜单中选择【设为目标收藏夹】。

③ 在【工具栏】中，把【排序依据】设置为【文件名】。在【网格视图】下浏览各张照片，发现想打印的照片时按 B 键，即可将其添加到刚刚指定的目标收藏夹（Images to Print）中，如图 9-5 所示。相比把照片拖入目标收藏夹，使用快捷键 B 键要方便得多。

图 9-5

4 你可以根据自己的个人喜好，把喜欢的照片放入目标收藏夹中。这里，我们选择的是 lesson01-0009、lesson01-0022、lesson01-0023、lesson06-004-HDR、20180209_0018、lesson02-0007、lesson06-032、lesson08-007、lesson08-0015、lesson08-0020、lesson07-022、lesson04_gps007 这 12 张照片。在【收藏夹】面板中单击 Images to Print 收藏夹，把【排序依据】设置为【拍摄时间】，然后在软件界面右上角的模块选取器中单击【打印】，进入【打印】模块下，如图 9-6 所示。

图 9-6

9.3 关于【打印】模块

【打印】模块下，你会发现许多应用在打印流程中的工具和控件。借助这些工具和控件，我们可以轻松地更改照片顺序，选择打印模板，调整版面布局，添加边框、文本、图形，调整输出设置。输出专业级打印作品所需要的一切在这里都触手可及。

左侧面板组中包含【预览】【模板浏览器】【收藏夹】面板。在【模板浏览器】面板中，移动鼠标指针到某个模板上，可以在【预览】面板中看到相应模板的布局情况。当在模板列表中选择一个新模板时，【打印编辑器视图】(位于工作区中央）就会更新，显示所选照片在新布局中的样子。

在胶片显示窗格中，你可以快速为打印作业选择和重排照片；在源菜单中，你可以轻松访问图库中的照片，以及最近使用的源文件夹和收藏夹。

你还可以使用右侧面板组中的各种控件自定义布局模板，以及指定输出设置，如图 9-7 所示。

图 9-7

【模板浏览器】面板中包含 3 种不同类型的模板:【单个图像 / 照片小样】布局、【图片包】布局、【自定图片包】布局。

【Lightroom 模板】列表下第一组模板(以圆括号打头)是【图片包】布局，可以用来在同一个页面上以不同尺寸重复打印单张照片。第二组模板是【单个图像 / 照片小样】布局，可用来在同一个页面上以相同尺寸打印多张照片，包括带有单个单元格或多个单元格的照片小样，例如艺术边框、最大尺寸模板。列表中还包括一类【自定图片包】布局模板，使用这些模板，你可以在同一页面上以任意尺寸打印多张照片。所有模板都是可以调整的，你可以把调整后的模板保存为用户自定义模板，它们同样会显示在【模板浏览器】面板中，如图 9-8 所示。

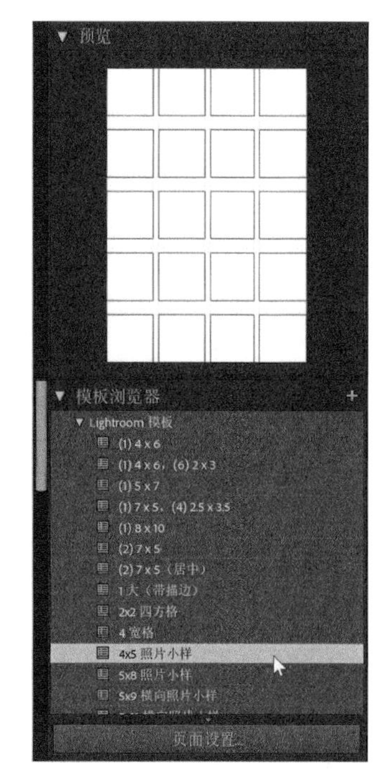

图 9-8

在【模板浏览器】面板下选择一个模板之后，右侧面板组顶部的【布局样式】面板中就会显示当前使用的是哪类模板。选择的模板类型不一样，【布局样式】面板下显示的面板也略微不同，如图 9-9 所示。

在【图像设置】面板下，你可以使用里面的各种控件添加照片边框，指定照片适应照片单元格的方式。

选择【单个图像 / 照片小样】类型的模板后，可以在【布局】面板中调整边距、单元格大小、间隔，修改页面网格的行数和列数。在【参考线】面板中，可选择显示或隐藏一系列布局参考线。选择【图片包】或【自定图片包】类型的模板后，可以在【标尺、网格和参考线】面板和【单元格】面板中调整布局，以及显示或隐藏各种参考线。在【页面】面板中，可以轻松地在打印布局中添加水印、文本、图形、背景颜色。在【打印作业】面板中，可以设置打印分辨率、打印锐化、纸张类型、色彩管理等。

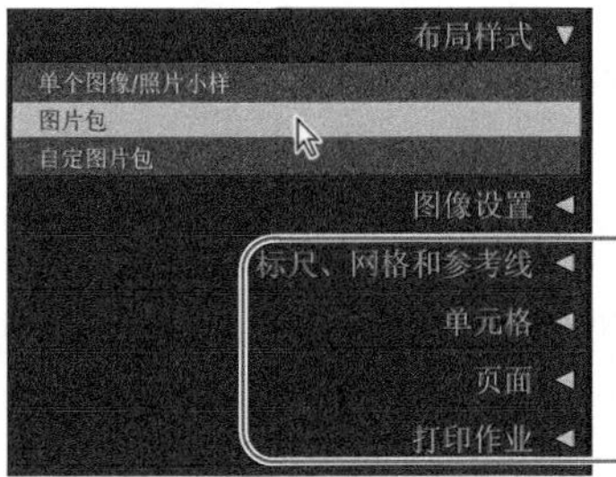

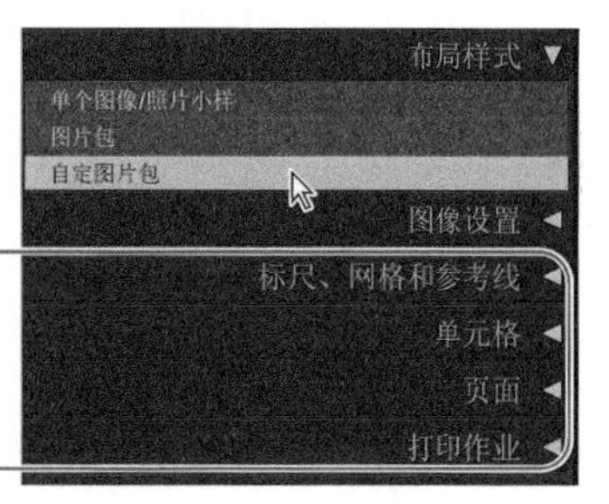

图 9-9

9.4 关于布局样式与打印模板

【模板浏览器】面板中有大量 Lightroom Classic 打印模板，这些模板在基本布局上有差异，有些还包括各种设计特征，例如边框、叠加的文本或图形等。

不同模板在输出设置上也不一样，例如，照片小样的打印分辨率就比那些用于生成最终印刷品的模板所设置的分辨率要低。

有些模板与你的打印要求很接近，设置打印作业时，选择这些模板，可以为你节省大量时间与精力。下面介绍不同类型的模板，并通过右侧面板组中的各个面板来介绍每个布局的特点。

❶ 在左侧面板组中，展开【预览】与【模板浏览器】面板。必要时，可以把胶片显示窗格的上

边框往下拖一些，这样能在【模板浏览器】面板中看到更多模板。在右侧面板组中展开【布局样式】面板，把其他面板折叠起来。

❷ 从菜单栏中依次选择【编辑】>【全部不选】，然后在胶片显示窗格中任选一张照片。Lightroom Classic 会立即更新【打印编辑器视图】，把选择的照片显示在当前布局中。

❸ 在【模板浏览器】面板中，展开【Lightroom 模板】文件夹。把鼠标指针依次移动到各个模板上，在【预览】面板中观察每个模板的布局。

❹ 在【模板浏览器】面板中选择第二个模板——（1）4×6，（6）2×3。此时，在【打印编辑器视图】下，Lightroom Classic 会立即把所选模板应用到照片上。在右侧面板组的【布局样式】面板中，可以看到当前所选模板是一个【图片包】布局。在【模板浏览器】面板中选择【（2）7×5】，【布局样式】面板显示它也是一个【图片包】布局。

❺ 在【模板浏览器】面板中选择【双联贺卡】模板，【布局样式】面板显示它是一个【单个图像/照片小样】布局，同时在工作区中央的【打印编辑器视图】下显示出新模板。

❻ 在【布局样式】面板中选择【图片包】，【打印编辑器视图】立即更新，显示最近选择的【图片包】布局——【（2）7×5】。在【布局样式】面板中选择【单个图像/照片小样】，【打印编辑器视图】立即返回到最近选择的一个【单个图像/照片小样】布局（双联贺卡）下。

当在【单个图像/照片小样】与【图片包】两个布局样式之间切换时，右侧面板组中显示的面板略有不同。即便是两个布局样式中都有的面板，其显示的内容也不太一样。

❼ 在右侧面板组中展开【图像设置】面板。在【布局样式】面板中选择【图片包】，再次展开【图像设置】面板。在【图片包】和【单个图像/照片小样】两个布局样式之间切换，观察【图像设置】面板中的选项有何变化。

可以看到，在这些模板中，所选照片与照片单元格的适应方式不一样。在【图片包】布局【（2）7×5】中，【图像设置】面板中勾选的是【缩放以填充】，Lightroom Classic 会缩放照片并进行裁剪，使之填满单元格，如图 9-10 所示。在【单个图像/照片小样】布局（双联贺卡）中，【缩放以填充】处于禁用状态，照片不会被裁剪。请花些时间了解一下在不同类型模板下【图像设置】面板有哪些不同。

【（2）7×5】模板

图 9-10

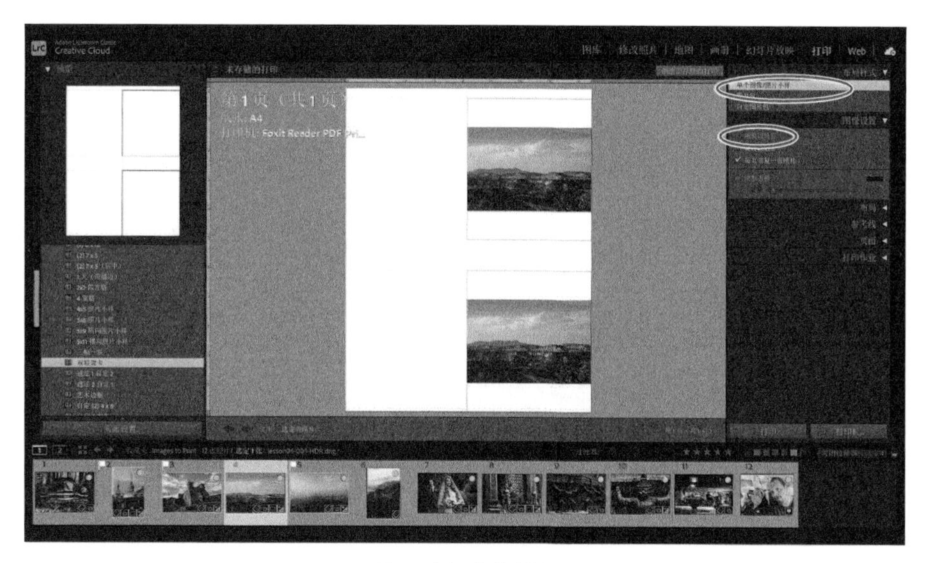

【双联贺卡】模板

图 9-10（续）

❽ 选择【单个图像 / 照片小样】布局样式。在【工具栏】右端显示页数：第 1 页（共 1 页）。按 Command+A（macOS）或 Ctrl+A（Windows）组合键，或者从菜单栏中依次选择【编辑】>【全选】，选中胶片显示窗格中的 12 张照片。此时，【工具栏】右端显示的页数是：第 4 页（共 12 页）。【双联贺卡】模板应用到 12 张照片上，产生 12 页打印作业。使用【工具栏】左端的导航按钮（左右箭头）在不同页面之间移动，依次查看应用到每张照片上的布局，当在不同页面之间移动时，【工具栏】右端显示的页数也会发生相应变化，如图 9-11 所示。

图 9-11

提示 在多个页面之间移动时，除了使用【工具栏】中的导航按钮外，还可以使用 Home、End、Page Up、Page Down 键，以及向左和向右箭头键，还可以从菜单栏中的【打印】菜单中选择相应的导航命令。

❾ 把【图像设置】面板折叠起来，展开【打印作业】面板。在【打印作业】面板中，【双联贺卡】模板的【打印分辨率】是 240ppi。在【模板浏览器】面板中选择【4×5 照片小样】模板，此时【打印作业】面板中的【打印分辨率】处于禁用状态，【草稿模式打印】处于启用状态。

9.5 选择打印模板

提示 默认设置下，每张照片都居于预览窗格中央。在预览窗格内拖动照片，可显示照片的不同部分。

了解了【模板浏览器】面板之后，接下来选择一个模板，然后根据需要修改一下。

❶ 在【模板浏览器】面板中选择【4 宽格】模板。在【页面】面板中取消勾选【身份标识】，隐

藏默认设置。在本课中，稍后我们会自定义身份标识。

❷ 从菜单栏中依次选择【编辑】>【全部不选】，取消选择所有照片。在胶片显示窗格中，选择 lesson08-0007、lesson08-0015、lesson08-0020 这 3张照片。照片在模板中的排列顺序与它们在胶片显示窗格中出现的顺序一样。在网格中拖动照片，调整要显示的画面区域，如图 9-12 所示。

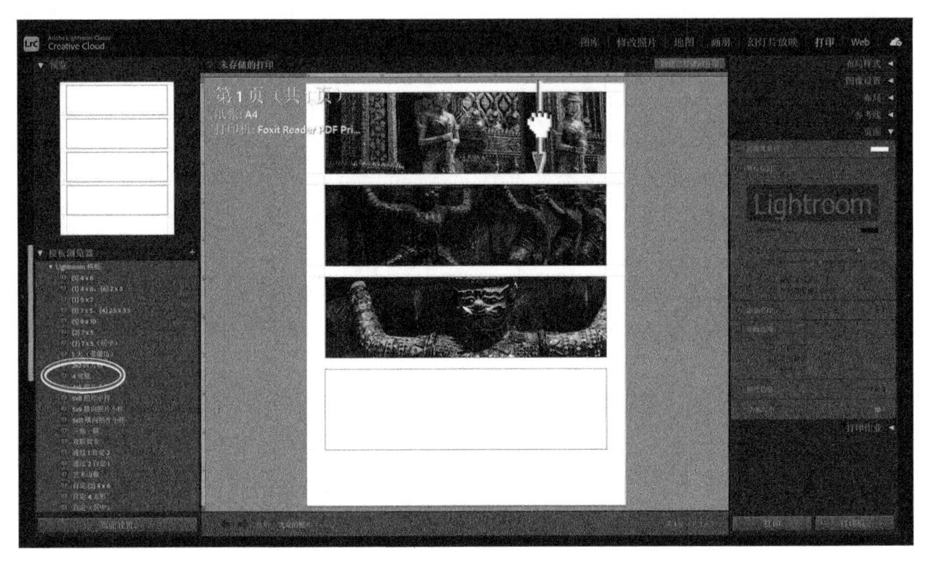

图 9-12

提示 如果你使用 macOS，在 Lightroom Classic 2021 中，【4 宽格】模板的页面底部会显示你的用户名。如果你不希望这样，请在【页面】面板中取消勾选【身份标识】。稍后我们会讲到这个内容。

指定打印机和纸张尺寸

提示 根据指定的纸张尺寸，Lightroom Classic 会自动缩放打印模板中的照片。在【页面设置 / 打印设置】对话框中，保持缩放设置为 100%（默认值），使 Lightroom Classic 根据页面调整模板。此时，【打印编辑器视图】中显示的就是最终打印结果。

自定义模板之前，我们需要先为打印作业指定纸张尺寸和纸张方向。现在指定好就不用再次调整布局了，这会节省很多时间和精力。

❶ 从菜单栏中依次选择【文件】>【页面设置】，或者单击左侧面板组底部的【页面设置】按钮。

❷ 在【页面设置 / 打印设置】对话框中选择一台打印机，从【纸张大小】菜单中选择【US Letter】>【US Letter】（macOS）或【US Letter】【Letter】（Windows）。在【方向】下选择【纵向】，然后单击【确定】按钮。

9.6 自定义打印模板

为打印作业创建好整体布局之后，就可以继续使用【布局】面板中的各种控件来微调模板，以使照片更好地适应页面。

9.6.1 修改单元格个数

默认模板布局下，页面中有 4 个单元格，下面把页面中的单元格数目改成 3 个。

❶ 在右侧面板组中，展开【布局】面板。在【页面网格】下，向左拖动【行数】滑块，或者在滑块右侧的文本框中输入数字“3”，把页面中的单元格数改成 3 个，如图 9-13 所示。

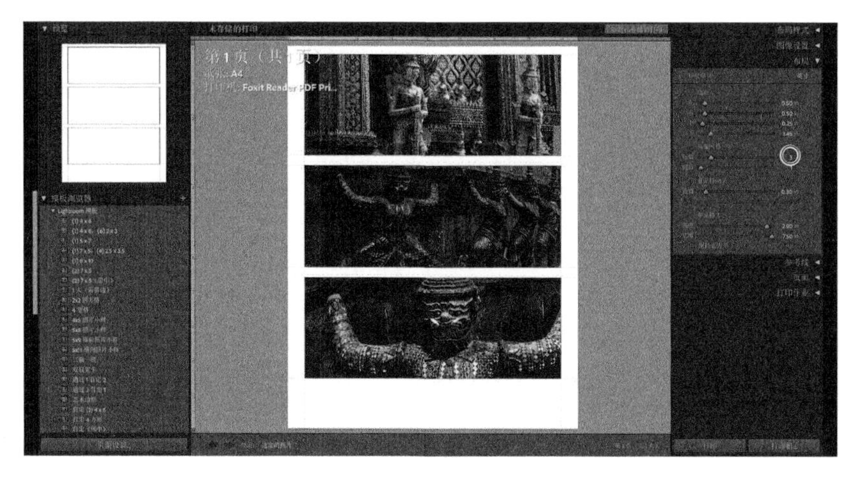

图 9-13

❷ 尝试调整【边距】【单元格间隔】【单元格大小】，每次调整之后，按 Command+Z（macOS）或 Ctrl+Z（Windows）组合键，撤销操作。在【单元格大小】下勾选【保持正方形】，可使单元格宽度和高度值保持一致。取消勾选【保持正方形】。

❸ 每张照片周围都有一条黑色线条，代表照片单元格边框，它们只是一些辅助性的线条，不会出现在最终打印结果中。调整照片单元格的尺寸和间隔时，这些辅助线很有用，但是在向页面中添加可打印的边框时，这些辅助线又很碍眼。此时，可以展开【参考线】面板（位于【布局】面板之下），取消勾选【图像单元格】，如图 9-14 所示，然后把【布局】和【参考线】面板折叠起来。

图 9-14

提示 若看不见参考线，请在【参考线】面板顶部勾选【显示参考线】，把参考线显示出来。你可以启用和关闭各种参考线选项，了解它们都有什么用。

调整打印模板的页面布局

【单个图像 / 照片小样】和【图片包】模板的布局控件

选择不同类型的打印模板，右侧面板组中显示的面板也不一样。其中，【图像设置】【页面】【打印作业】这 3 个面板是所有模板都有的，但在不同类型的模板下，它们所包含的用于调整页面布局的控件不一样。当选择【单个图像 / 照片小样】类型的模板时，要使用【布局】和【参考线】面板来自定义布局；当选择【图片包】类型的模板时，要使用【标尺、网格和参考线】和【单元格】面板来调整布局；当选择【自定图片包】类型的模板时，也要使用【标尺、网格和参考线】和【单元格】面板来调整布局，但此时这两个面板中的选项与选择【图片包】模板时显示的选项有些不一样。

【图片包】和【自定图片包】这两种类型的模板布局都不是基于网格的，因此用起来非常灵活。例如，在页面中移动照片单元格的位置时，既可以直接在【打印编辑器视图】中拖动，也可以使用【单元格】面板中的控件；调整单元格大小时，既可以拖动【宽度】和【高度】滑块，也可以拖动控制框手柄；向布局中添加照片时，既可以使用【单元格】面板中的控件，也可以按住 Option 键（macOS）或 Alt 键（Windows）拖动单元格进行复制或按需要调整大小。

Lightroom Classic 提供了多种参考线来帮助我们调整布局。最终打印照片时，这些参考线不会被打印出来，它们只出现在【打印编辑器视图】中。借助【参考线】或【标尺、网格和参考线】面板中的【显示参考线】，或者菜单栏中的【视图】>【显示参考线】命令【Command+Shift+G（macOS）或 Ctrl+Shift+G（Windows）】，可以显示或隐藏参考线。在【参考线】面板中，你可以指定在【打印编辑器视图】中显示什么样的参考线。

注意 【边距与装订线】与【图像单元格】参考线（仅支持【单个图像 / 照片小样】类型的模板）都是交互式的。也就是说，你可以直接在【打印编辑器视图】中拖动这两种参考线来调整布局，而且在移动这些参考线时，【布局】面板中的【边距】【单元格间隔】【单元格大小】下的滑块也会相应移动。

使用【布局】面板调整照片小样和网格布局

标尺单位：该选项用来为【布局】面板中的大多数控件以及【参考线】面板中的标尺设置度量单位。单击【标尺单位】，从弹出菜单中可以选择【英寸】【厘米】【毫米】【磅】【派卡】，默认单位是【英寸】。

边距：该选项用来指定布局中照片单元格到页面四周的距离。许多打印机不支持无边距打印，边距最小值取决于你的打印机。即便打印机支持无边距打印，也必须先在打印机设置中打开这个功能，才能把边距设置为 0。

页面网格：该选项用来指定布局中照片单元格的行数与列数。一个页面中至少有一个照片单元格（行数 1、列数 1），最多可有 225 个照片单元格（行数 15、列数 15）。

单元格间隔 / 单元格大小：这两个选项是相互关联的，改变其中任意一个，另一个也会随之发生变化。【单元格间隔】用来设置照片单元格之间的水平间距与垂直间距；【单元格大小】用来设置单元格的宽度和高度。【保持正方形】把照片单元格的高度与宽度链接在一起，保证照片单元格是正方形。

使用【参考线】面板调整照片小样和网格布局

标尺：显示在【打印编辑器视图】的顶部与左侧，在【显示参考线】处于勾选的状态下，使用菜单栏中的【视图】>【显示标尺】命令【Command+R（macOS）或 Ctrl+R（Windows）】，也可以把标尺显示出来。在【布局】面板中，使用【标尺单位】菜单，可以修改标尺单位。

页面出血：这个灰色区域指页面中不可打印的边缘区域，由打印机设置指定。

边距与装订线：该参考线指示的是【布局】面板中的【边距】设置。在【打印编辑器视图】中，拖动【边距与装订线】参考线时，【布局】面板中【边距】区域下的相应边距值会跟着发生变化。

图像单元格：勾选该选项后，每个照片单元格周围会出现一个黑色边框。当【边距与装订线】参考线未显示时，在【打印编辑器视图】下拖动照片单元格参考线,【布局】面板中的【边距】【单元格间隔】【单元格大小】会发生变化。

尺寸：勾选该选项后，Lightroom Classic 会把照片的尺寸显示在左上角，照片尺寸的单位由【布局】面板中的【标尺单位】指定。

使用【标尺、网格和参考线】面板调整图片包布局

标尺单位：用来设置度量单位，它与选择【单个图像 / 照片小样】布局中的网格模板时【布局】面板中的【标尺单位】一样。

网格对齐：该选项帮助我们在【打印编辑器视图】中准确对齐页面中的照片单元格。从【网格对齐】菜单中选择【单元格】、【网格】或【关闭】，拖动照片单元格时，单元格会彼此对齐，或者根据网格对齐，或者关闭对齐功能。网格划分会受所选择的标尺单位的影响。

注意 当照片单元格发生重叠时，Lightroom Classic 会在页面右上角显示一个警告信息（！）。

页面出血 / 尺寸：这两个选项的功能与选择【单个图像 / 照片小样】布局时【参考线】面板中两个选项的功能一样。

使用【单元格】面板调整图片包布局

添加到包：以按钮形式提供布局所允许的 6 种照片单元格尺寸预设。单击某个按钮右侧的三角形按钮，从弹出菜单中选择一种预设尺寸指派给当前按钮。默认预设值是标准的照片尺寸，你也可以根据需要做调整。

新建页面：向布局中添加一个页面，但在使用【添加到包】按钮添加多张照片超出一个页面时，Lightroom Classic 会自动添加页面。在【打印编辑器视图】中，单击某个页面左上角的【关闭】按钮，可删除相应页面。

自动布局：该功能用于优化排列页面中的照片，以使裁剪量最小。

清除布局：从版面布局中移除所有照片单元格。

调整选定单元格：通过拖动滑块或输入数字，调整选定单元格的宽度与高度。

9.6.2 在打印页面中重排照片

在向一个打印页面中放置多张照片时，Lightroom Classic 会根据照片在胶片显示窗格（或【图库】模块下的【网格视图】）中出现的顺序排列照片。

当照片源是一个收藏夹，或者是一个不包含子文件夹的文件夹时，在胶片显示窗格中拖动每张照片缩览图，改变它们的位置，这些照片在打印作业中的排列顺序也会随之发生变化。但是，如果照片源是【所有照片】或【上一次导入】，那么我们就无法通过拖动方式来重排照片了。

在胶片显示窗格中单击空白处，取消选择所有照片，然后调整照片顺序，如图 9-15 所示。重新调整好照片顺序之后，按住 Command 键（macOS）或 Ctrl 键（Windows），单击前 3 张照片，把它们选中。

图 9-15

选择【上一次导入】文件夹作为照片源，进入【打印】模块，拖动照片重新调整顺序时，Lightroom Classic 会弹出一个消息框，告知当前选定的源不支持自定义排序。

9.6.3 创建描边和照片边框

当选择某个【单个图像 / 照片小样】布局的模板时，在【图像设置】面板中，有些选项会影响照片在照片单元格中的放置方式，还有一个选项用来为照片添加边框。下面我们为选中的前面 3 张照片添加边框，并且调整边框宽度。

❶ 展开【图像设置】面板。由于用的是【4 宽格】模板，所以【缩放以填充】处于勾选状态，如图 9-16 所示。也就是说，Lightroom Classic 会在高度上剪裁照片，以使其适应照片单元格的比例。

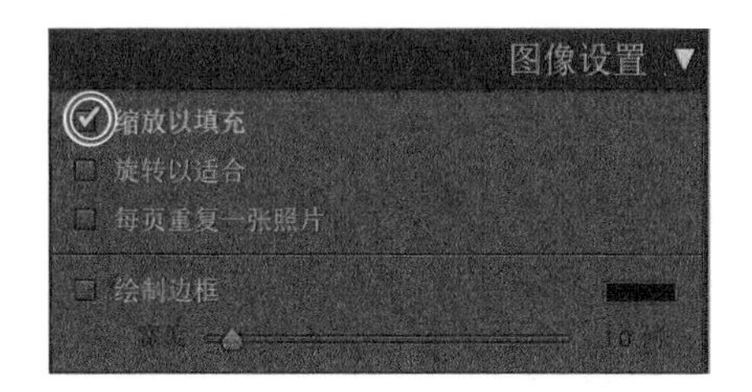

图 9-16

❷ 勾选【绘制边框】，然后向右拖动【宽度】滑块，或者直接在滑块右侧的文本框中输入数字“2”，设置边框粗细，如图 9-17 所示。

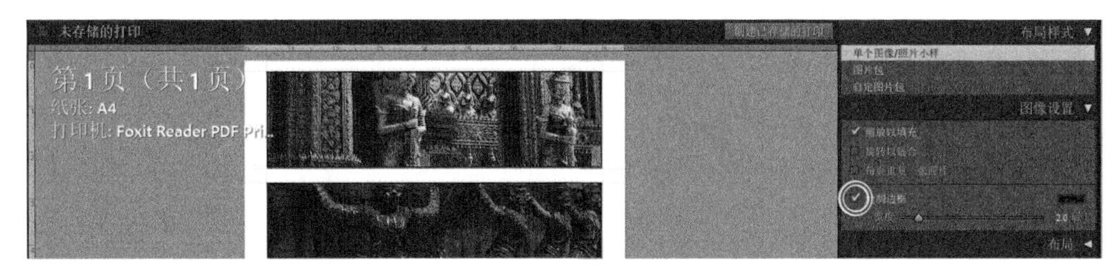

图 9-17

提示 单击【绘制边框】右侧的颜色框，从弹出的拾色器中选择一种颜色，可以修改边框的颜色。

❸ 在【布局样式】面板中选择【图片包】。在【标尺、网格和参考线】面板中勾选【图像单元格】，显示出单元格边框。选择【图片包】模板时，【图像设置】面板中有两个与边框相关的控件，其中【内侧描边】用来设置照片周围边框的粗细，【照片边框】用来设置照片边缘与照片单元格边框之间空白框的宽度，如图 9-18 所示。

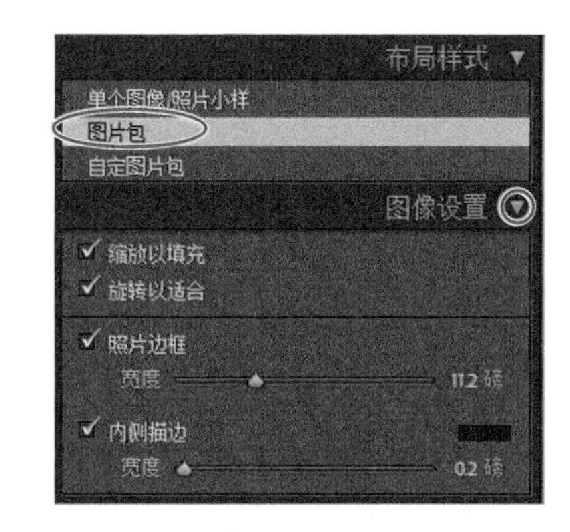

图 9-18

❹ 尝试调整【内侧描边】和【照片边框】，如图 9-19 所示。

❺ 取消选择【图像单元格】参考线。在【布局样式】面板中选择【单个图像 / 照片小样】，返回到调整后的【4 宽格】模板中。

图 9-19

使用【旋转以适合】选项

默认设置下，Lightroom Classic 放置照片时会让它们在照片单元格中保持垂直。在【图像设置】面板中勾选【旋转以适合】可以改变这个默认行为，使照片随着照片单元格的朝向进行旋转。在展示页面时，我们不希望同一个页面中的照片有不同的朝向。但在有些情况下，这个选项非常有用，而且还有助于节省昂贵的照片打印纸张。当你希望在同一个页面中以横向与纵向打印不同照片，而且希望最大限度地利用照片打印纸把每张照片打印得最大时，勾选【旋转以适合】会特别有用，效果如图 9-20 所示。

图 9-20

此外，打印照片小样时，我们也可能会用到【旋转以适合】。勾选【旋转以适合】后，不管照片朝向如何，所有照片都以同样尺寸显示，效果如图 9-21 所示。

图 9-21

9.6.4 自定义身份标识

在【页面】面板中，我们可以使用各种控件在打印页面中添加身份标识、裁剪标记、页码，以及照片元数据中的文本信息等。首先，我们根据页面布局编辑身份标识。

❶ 展开【页面】面板，勾选【身份标识】。在 macOS 下，身份标识预览区域中默认显示的是你的 macOS 用户名；在 Windows 下，默认显示的是单词 Lightroom。单击身份标识预览区右下角的三角形按钮，从弹出菜单中选择【编辑】，如图 9-22 所示。

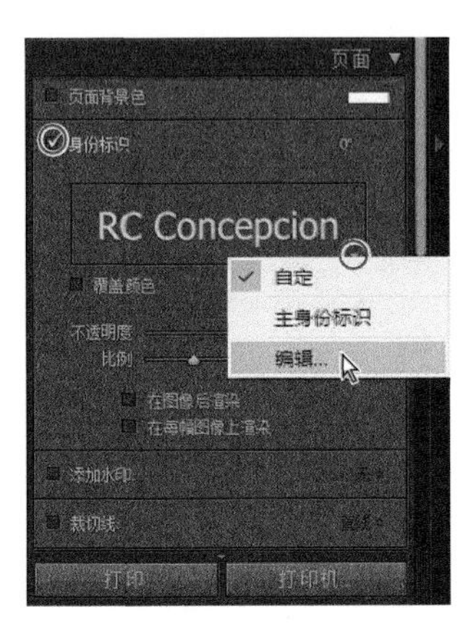

图 9-22

❷ 在【身份标识编辑器】对话框中选择【使用样式文本身份标识】，然后选择字体和字号，这里选择 HelveticaNeue Condensed、粗体、36 磅。在文本框中拖选文本，单击字号菜单右侧的颜色框，从【颜色】对话框中选择一种颜色，更改文本颜色。再次选择文本，输入“RC Concepcion Photography”（或你自己选择的名字），然后单击【确定】按钮，如图 9-23 所示。

图 9-23

提示 若文本太长，无法在文本框中完全显示出来，可以调整对话框的大小或减小字号，等编辑完成后再改回来。

❸ 向右拖动【比例】滑块，使文本身份标识差不多与照片一样宽，如图 9-24 所示。在【打印编辑器视图】中，单击文本身份标识，其周围出现控制框，拖动控制框上的各个控制点，也可以调整身份标识的大小。

图 9-24

提示 默认设置下，身份标识是水平方向的。此时，在【页面】面板中，身份标识预览区域的右上角显示 0°。单击 0°，在弹出菜单中分别选择【在屏幕上旋转 90°】【在屏幕上旋转 180°】【在屏幕上旋转 –90°】，可改变身份标识在页面中的朝向。在【打印编辑器视图】中直接拖动身份标识，可改变其在页面中的位置。

❹ 勾选【覆盖颜色】，为身份标识设置一种颜色。该颜色设置只影响当前布局，它不会对已经设置好的身份标识颜色产生影响。

❺ 单击【覆盖颜色】右侧的颜色框，打开拾色器，分别输入 R(55%)、G(15%)、B(5%)值，然后关闭拾色器，如图 9-25 所示。此时，文本身份标识变成一种铁锈红色。

图 9-25

提示 若拾色器右下角显示的是 HEX 值，不是 RGB 值，请单击颜色滑块下方的【RGB】值区域，切换成 RGB 值的形式。

❻ 在【身份标识】区域下拖动【不透明度】滑块，把身份标识的【不透明度】设置为 75%。设置【不透明度】值时，还可以直接在【不透明度】滑块右侧的文本框中输入“75”，如图 9-26 所示。当你希望把身份标识放在某张照片上时，这个功能会特别有用。

图 9-26

9.6.5 添加照片信息

接下来，我们使用【页面】面板和【文本模板编辑器】对话框向页面中添加题注和元数据信息（这里指照片标题）。

❶ 在【页面】面板底部勾选【照片信息】，然后从右侧菜单中选择【编辑】，如图 9-27 所示。【照片信息】菜单中，大多数选项的值都是从照片现有元数据中获取的。

在【文本模板编辑器】对话框中，你可以把自定义文本和照片中内嵌的元数据组合在一起，然后把编辑后的模板存储成一个新预设，方便日后向其他打印页面中添加同样的文本信息。

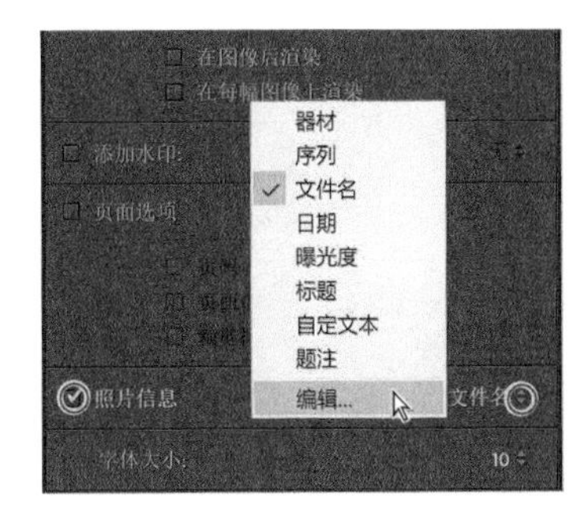

图 9-27

提示 若想了解更多有关【文本模板编辑器】对话框的信息，请阅读第 8 课中的“使用【文本模板编辑器】对话框”的内容。

本课照片的描述信息已经存在于照片元数据的【题注】中，我们将以这个元数据为基础制作文本题注。

❷ 在【文本模板编辑器】对话框顶部，从【预设】菜单中选择【题注（已编辑）】。

❸ 在【示例】文本框中，在【题注】标记（左花括号）左侧单击，设置插入点，输入“Print Portfolio:”（含冒号），然后在文本和标记之间添加一个空格。

❹ 在【示例】文本框中，在【题注】标记（右花括号）右侧单击，设置插入点，输入一个逗号，接着添加一个空格，然后在【编号】区域的第二个菜单中选择【日期（Month）】。若【日期（Month）】未显示在【示例】文本框中，单击菜单右侧的【插入】按钮添加它，如图 9-28 所示。

❺ 在【日期（Month）】标记之后添加一个空格，然后从【编号】区域的第二个菜单中选择【日期（YYYY）】。若【日期（YYYY）】未显示在【示例】文本框中，单击菜单右侧的【插入】按钮，添加它。单击【完成】按钮，关闭【文本模板编辑器】对话框。此时，【打印编辑器视图】中的照片下就有了题注和日期，如图 9-29 所示。

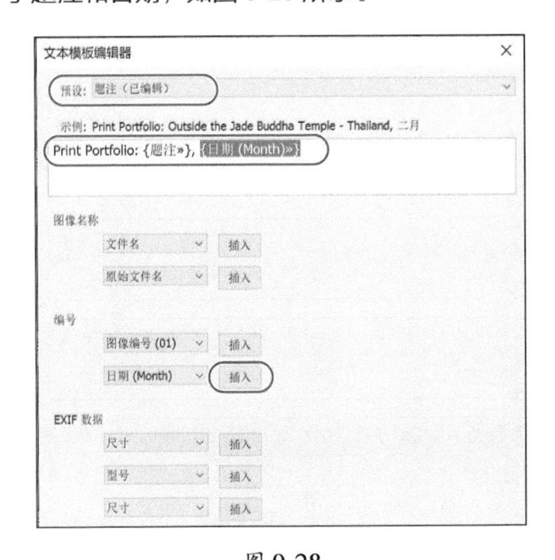

图 9-28

Print Portfolio: Kinnara - Wat Phra Kaew - Thailand, 二月 2020

图 9-29

❻ 在【页面】面板底部单击【字体大小】右侧的三角形按钮，从弹出菜单中选择 12 磅，然后把【页面】面板折叠起来，如图 9-30 所示。

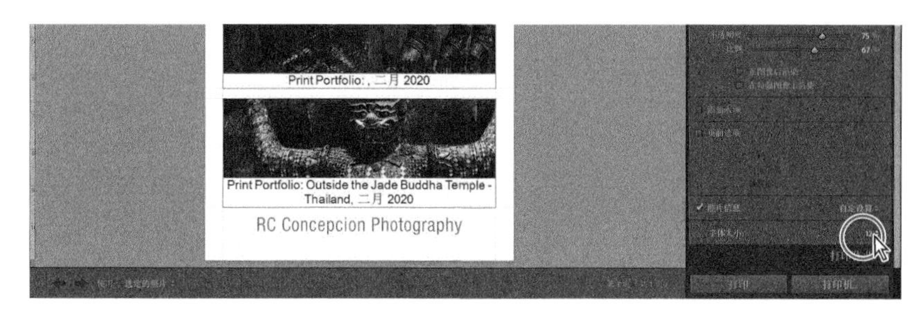

图 9-30

9.7 保存自定义打印模板

选择了某个打印模板后，调整页面布局，向照片中添加边框、身份标识、题注文本，创建出自定义页面布局。接下来，我们可以把自定义页面布局保存起来，供日后使用。

❶ 在【模板浏览器】面板的标题栏中，单击右侧的加号按钮（新建预设），如图 9-31 所示，或者从菜单栏中依次选择【打印】>【新建模板】。

图 9-31

❷ 在【新建模板】对话框中，在【模板名称】文本框中输入“RC Wide Triptych”。默认设置下，Lightroom Classic 会把新模板保存到【用户模板】文件夹中。这里，在【文件夹】菜单中保持默认的【用户模板】（目标文件夹）不变，单击【创建】按钮，如图 9-32 所示。

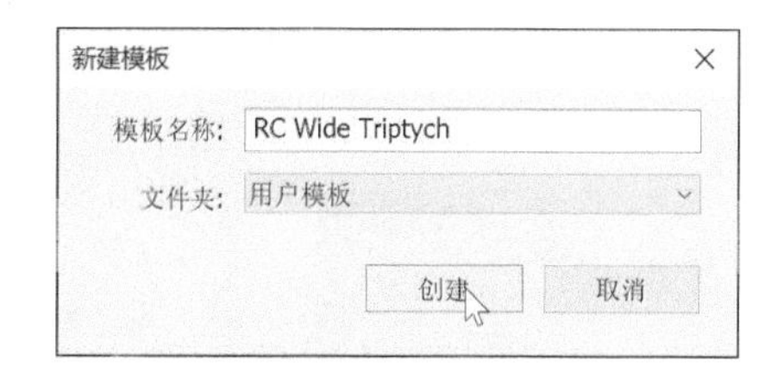

图 9-32

❸ 此时，刚刚创建的模板（RC Wide Triptych）出现在【模板浏览器】面板下的【用户模板】文件夹中，你可以轻松地把它应用到一组新照片中。在【模板浏览器】面板中，选择 RC Wide Triptych 模板，在胶片显示窗格中，选择照片 lesson01-0022、lesson06-004-hdr、lesson06-032，如图 9-33 所示。

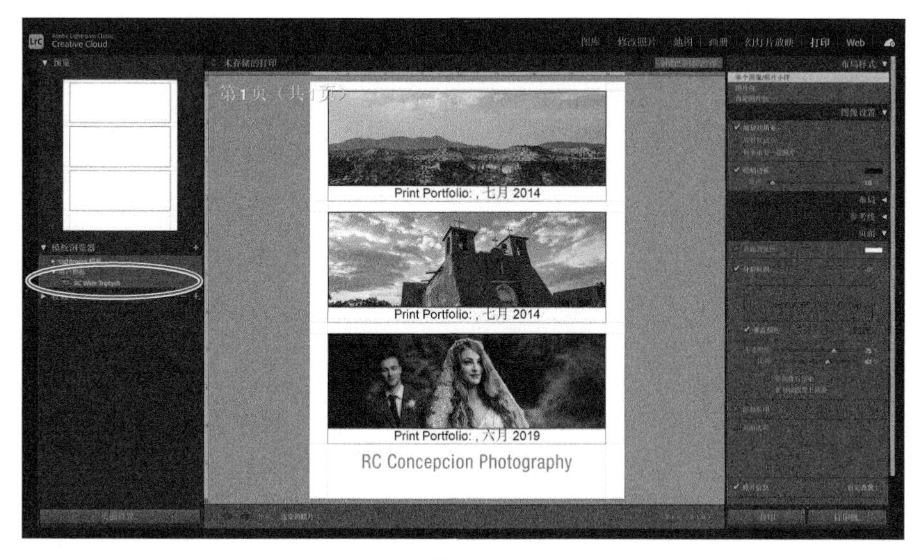

图 9-33

9.8 创建【自定图片包】打印布局

所有【单个图像 / 照片小样】布局中的模板都是基于同等尺寸的照片单元格网格的。如果想要更自由的网页布局，或者希望从零开始自己创建页面布局（并非基于某个现成模板），你可以使用【布局样式】面板中的【自定图片包】选项。

提示 如果你不想使用现成模板，请先在【布局样式】面板中选择【自定图片包】，然后在【单元格】面板中选择【清除布局】，再从胶片显示窗格中把照片直接拖入预览页面中即可。

❶ 从菜单栏中依次选择【编辑】>【全部不选】，或者按 Command+D（macOS）或 Ctrl+D（Windows）组合键，取消选中所有照片。在【模板浏览器】面板中，从【Lightroom 模板】中选择【自定重叠 ×3 横向】，如图 9-34 所示。

❷ 在【标尺、网格和参考线】面板中勾选【显示参考线】，保留勾选【页面出血】【页面网格】，其他选项取消勾选。

自定图片包中的照片是可以重叠排列的。所选模板中包含 3 个在对角线方向有重叠的照片单元格和一个占据大部分页面可打印区域的大照片单元格。

❸ 选择中间照片单元格，使用鼠标右键单击单元格内部，在弹出菜单中，前 4 个菜单命令用来改变照片单元格的叠放顺序。

❹ 从弹出菜单中选择【删除单元格】，如图 9-35 所示，把中间照片单元格删除。此时，页面中还有两个小的照片单元格和一个大的背景照片单元格。

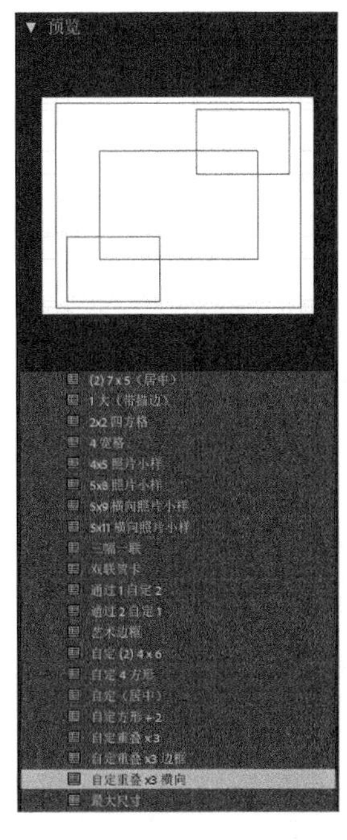

图 9-34

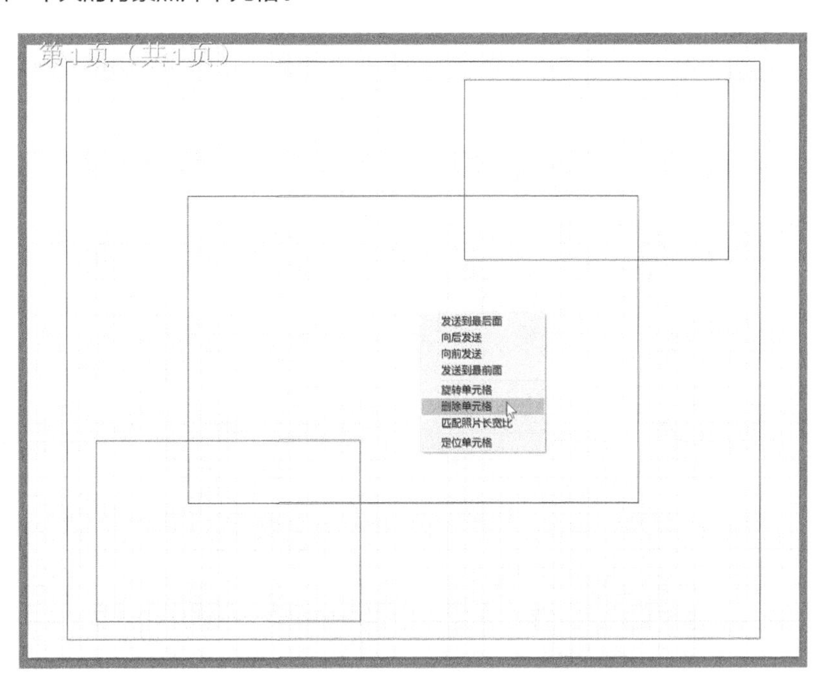

图 9-35

❺ 在【单元格】面板底部，勾选【锁定到照片长宽比】。在胶片显示窗格中，把照片 lesson06-032 拖入右上角的小照片单元格中，把照片 lesson06-004-hdr 拖入最大的背景照片单元格中，如图 9-36 所示。

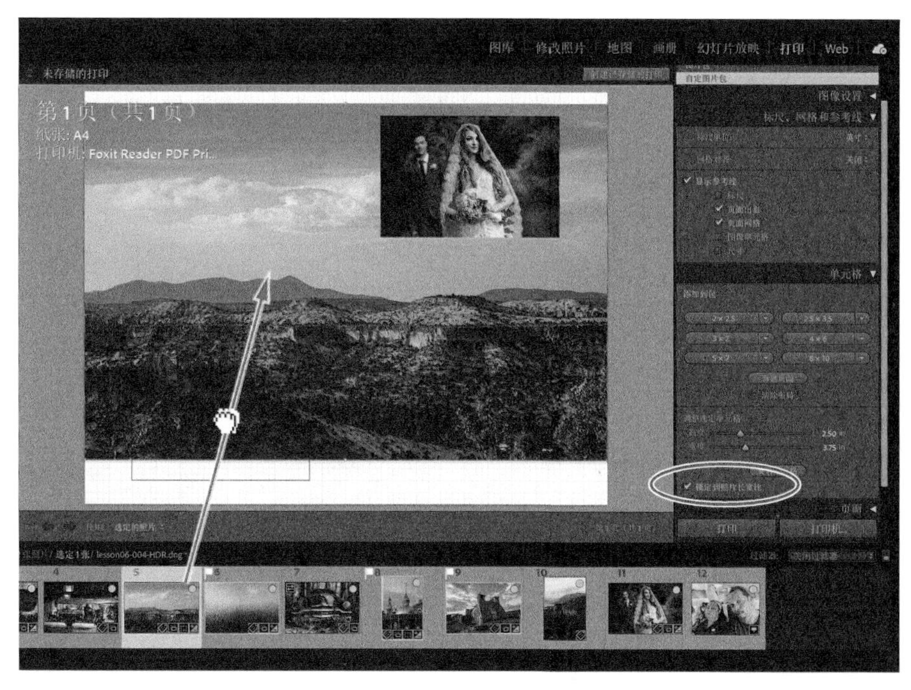

图 9-36

⑥ 在大照片单元格之外单击，取消选择它，然后重新选择照片，使用【单元格】面板中的控件把【宽度】设置为 9.50 in。此时，【高度】值会自动发生变化，以确保照片的原始比例不变。

⑦ 在【单元格】面板中取消勾选【锁定到照片长宽比】，然后向下拖动大照片单元格控制框上边缘的手柄，一边拖动，一边观察【单元格】面板中的【高度】值，当它变为 3.00 in 时，停止拖动。取消勾选【锁定到照片长宽比】之后，Lightroom Classic 会裁剪照片，以适应调整后的单元格长宽比，如图 9-37 所示。

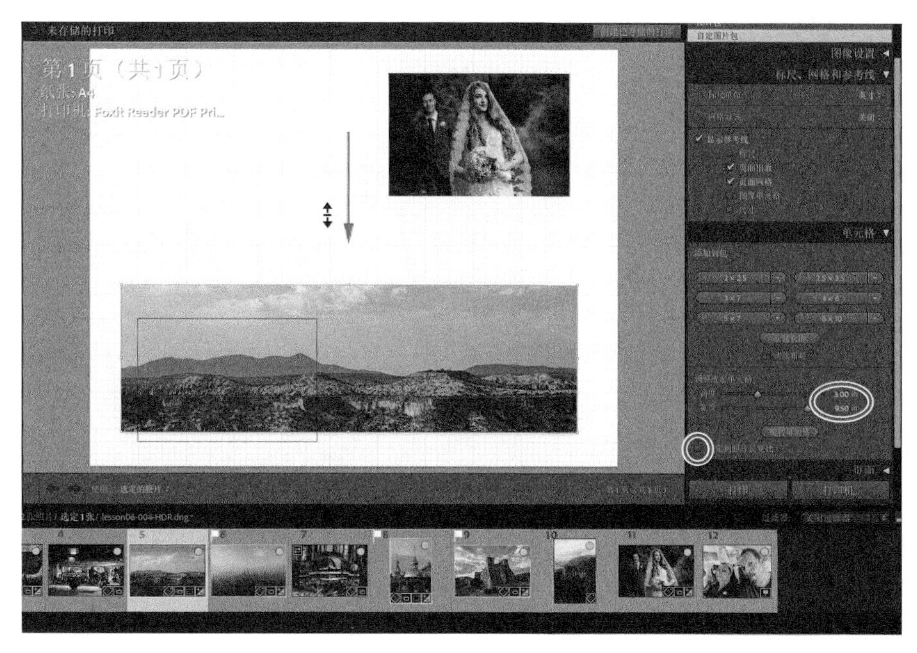

图 9-37

⑧ 在页面中选择小照片，在【单元格】面板中把【宽度】与【高度】值均设置为 4.60in。删除页面左下角的小单元格，然后按住 Option 键（macOS）或 Alt 键（Windows），拖动右上角的方形照片，复制出一份。在胶片显示窗格中，把照片 lesson01-0022 拖入复制出的照片单元格中，替换其中的照片。

⑨ 拖动 3 张照片，在页面中重新排列它们，如图 9-38 所示。调整照片位置时，请确保所有照片都在页面的可打印区域内，即在【页面出血】参考线所标识的灰色框线内。按住 Command 键（macOS）或 Ctrl 键（Windows）拖动照片，可调整其在照片单元格中显示的区域。

注意 不同打印机可打印区域（非出血区域）的设置不一样，有些打印机的可打印区域不在页面正中间，如图 9-38 所示。

图 9-38

更改页面背景颜色

① 在【图像设置】面板中勾选【内侧描边】，拖动【宽度】滑块或者输入数值，把描边宽度设置为 1.0 磅，描边颜色保持默认设置（白色）不变。当设置好背景颜色后，白色描边就会显现出来。

② 在【标尺、网格和参考线】面板中取消勾选【显示参考线】。

提示 为节省打印机油墨，我们一般不会在家用打印机上打印带有大面积亮色或黑色背景的页面。当付费委托专业机构打印时，我们完全可以这样做。

③ 在【页面】面板中勾选【页面背景色】，单击右侧颜色框，打开页面背景色拾色器。

④ 在页面背景色拾色器中，单击顶部的黑色，用吸管取样，然后单击左上角的【关闭】按钮，关闭拾色器，如图 9-39 所示。

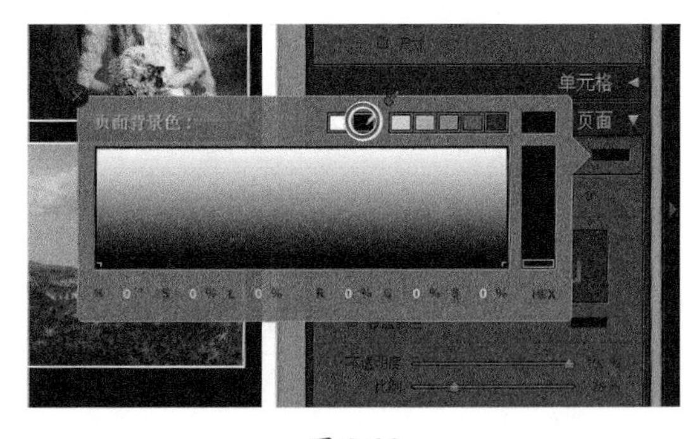

图 9-39

此时，新选的颜色出现在【页面背景色】右侧的颜色框中，同时出现在【打印编辑器视图】中的页面背景中，如图 9-40 所示。如果你想进一步编辑页面中的照片，使其更适合页面，现在就去做吧！

图 9-40

9.9 调整输出设置

付印之前的最后一步是在【打印作业】面板中调整输出设置。

❶ 在右侧面板组中展开【打印作业】面板。

【打印作业】面板顶部有一个【打印到】菜单，从这个菜单中，你可以选择把打印作业发送给打印机或者生成 JPEG 文件（用来以后打印或者发送给专业打印机构打印）。在【打印到】菜单中选择不同的选项，【打印作业】面板中显示的控件略有不同。

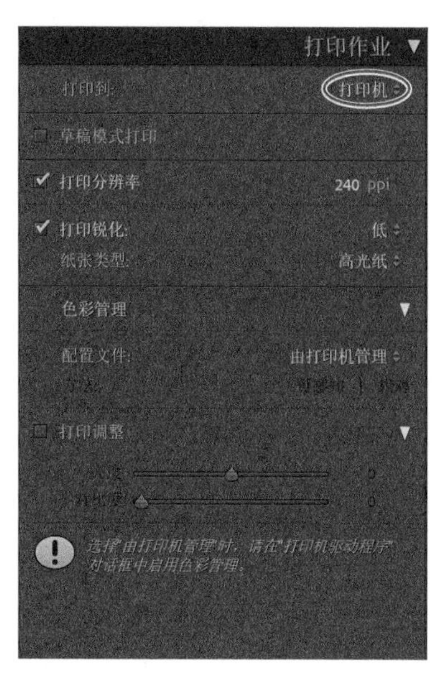

图 9-41

注意 “打印分辨率”和“打印机分辨率”这两个术语含义不同。“打印分辨率”指的是每英寸打印的像素数（ppi）；“打印机分辨率”描述的是打印机的打印能力，即每英寸打印的点数（dpi）。一个特定颜色的打印像素是由几种颜色的墨水打印出的小点组成的图案。

❷ 从【打印作业】面板顶部的【打印到】菜单中选择【打印机】，如图 9-41 所示。

勾选【草稿模式打印】后，其他选项都会被禁用。启用【草稿模式打印】后，打印速度快，但打印质量相对较低。这种方式非常适合用来打印照片小样，在进行高质量打印之前，你可以使用这些照片小样来评估页面布局。做【草稿模式打印】时，可以选用【4×5 照片小样】与【5×8 照片小样】模板。

软打样

每种显示器和打印机都有自己的色域或颜色空间，它们定义了该设备能够准确重现的颜色范围。默认设置下，Lightroom Classic 使用显示器的颜色配置文件（颜色空间的数学描述）确保照片在屏幕中有最好的呈现。打印照片时，打印程序必须根据打印机的颜色空间重新解释照片数据，这个过程中有可能出现颜色与色调的漂移。

为避免这个问题，在进入【打印】模块之前，我们可以先在【修改照片】模块下对照片进行软打样。通过软打样，我们可以预览照片打印时的样子。我们可以让 Lightroom Classic 模拟打印机的颜色空间，以及选用的墨水和纸张，以便在正式打印之前对照片进行优化。

在【修改照片】模块下打开一张照片，在【工具栏】中勾选【软打样】，或者按 S 键，可开启【软打样】。开启【软打样】之后，照片背景变成白色，同时在工作区上方出现【打样预览】字样。在【工具栏】中，使用视图按钮，在【放大视图】和【修改前视图】之间切换，如图 9-42 所示。

图 9-42

开启【软打样】之后，【直方图】面板变成【软打样】面板，其中包含各种打样选项。选择不同的颜色配置文件，色调分布图会发生相应变化。在图 9-43 中，【直方图】面板中显示的是图 9-42 中的照片的直方图。从【软打样】面板中的图形可知，打样预览相对暗淡一些。

若想针对另一台打印机对照片进行软打样，请在【软打样】面板下，从【配置文件】菜单中选择相应的颜色配置文件。若找不到需要的颜色配置文件，请选择【其他】，然后在【选择配置文件】对话框中从已安装的颜色配置文件列表中选择所需要的配置文件，如图 9-44 所示。

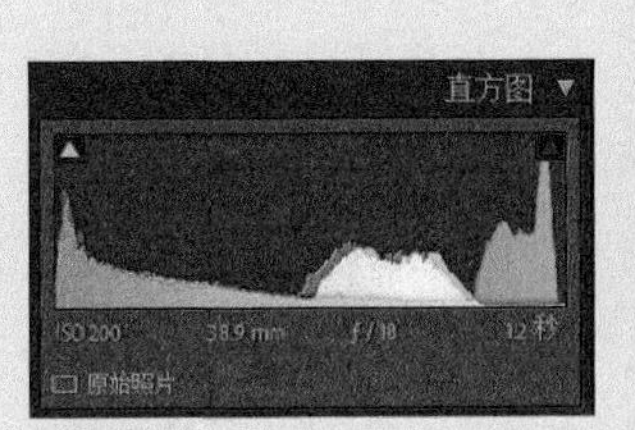

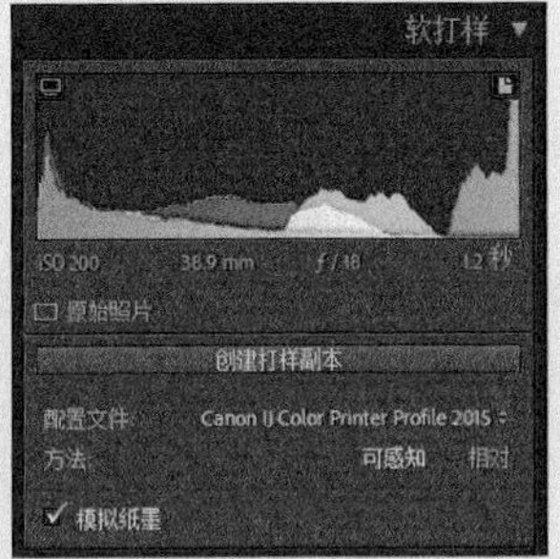

图 9-43

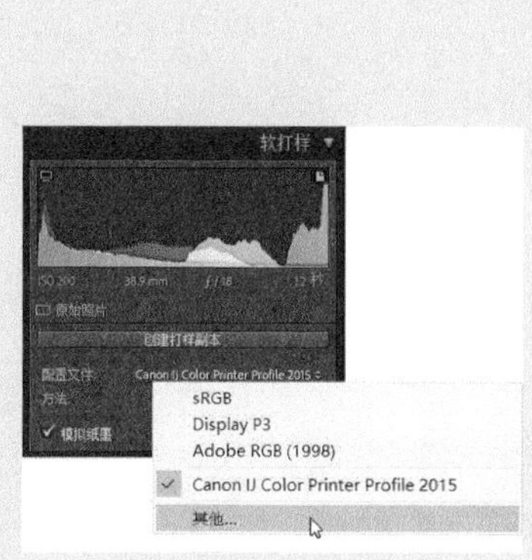

图 9-44

【方法】设置决定着色彩对应方法，影响着一个颜色空间如何转换成另一个颜色空间。【可感知】方法的目标是保持颜色之间的视觉关联，但是颜色值可能会发生变化，同时它会尽量确保颜色自然。【相对】方法是按原样打印色域内的颜色，同时把色域外的颜色转换成最近似的可打印颜色，以此保留更多的原始颜色，但是其中一些颜色之间的关系可能会发生变化。

选择了某个打印机配置文件后，【模拟纸墨】就可用了。勾选【模拟纸墨】，可模拟灰白色的纸张和深灰色的黑墨水。请注意，并非所有配置文件下的【模拟纸墨】都可用。

在【软打样】面板中，使用直方图上方左右两边的按钮，可检查照片中的颜色是否在所选配置文件和色彩对应方法的色域内。移动鼠标指针到直方图左上方的按钮（显示 / 隐藏显示器色域警告）上，在打样预览中那些超出显示器显示能力的颜色会变成蓝色。移动鼠标指针到直方图右上方的按钮（显示 / 隐藏目标色域警告）上，在打样预览中那些打印机无法打印的颜色会显示为红色。同时超出显示器和打印机色域的颜色显示为粉色。单击一下按钮，可一直显示色域警告，再次单击按钮，可隐藏色域警告，如图 9-45 所示。

图 9-45

单击【创建打样副本】，Lightroom Classic 会生成一个虚拟副本，调整这个副本不会影响到主设置。开启【软打样】后，调整照片时，若未事先创建打样副本，Lightroom Classic 会询问是否想为软打样创建虚拟副本或者把主照片用作打样。

在 macOS 下使用 16 位输出

如果你用的是 macOS 和 16 位打印机，可以在【打印作业】面板中开启【16 位输出】设置。开启【16 位输出】后，即使多次编辑照片，照片质量损失也很小，而且色彩伪影明显减少。

注意 当选择了【16 位输出】，但是打印机不支持时，打印性能会下降，但打印质量不受影响。有关【16 位输出】的更多内容，请阅读打印机的说明文档，或者向打印机构的工作人员咨询。

为打印作业设置【打印分辨率】时，设置成多少取决于打印尺寸、照片的分辨率、打印机的打印能力，以及纸材的质量。默认打印分辨率是 240ppi，在这个打印分辨率下，一般能得到不错的打印质量。根据经验，对于较小打印尺寸的作品，使用较高分辨率能够获得高质量的打印结果，例如使用 360ppi 打印信件大小的照片。对于较大打印尺寸的作品，使用低一点的分辨率不会对质量产生太大影响，例如使用 180ppi 打印一个 16 英寸 ×20 英寸（1 英寸≈ 2.54 厘米）的作品。

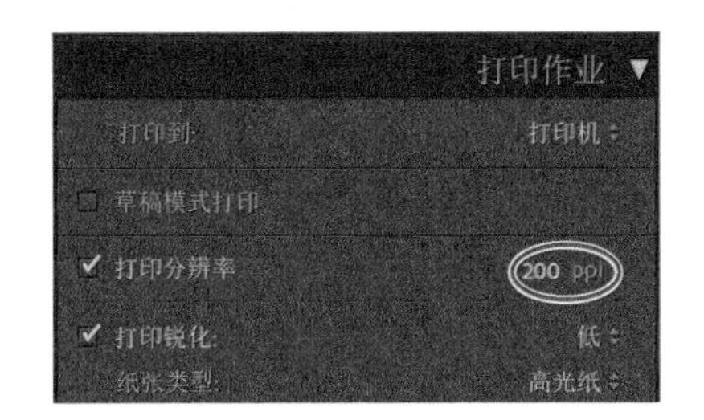

图 9-46

③【打印分辨率】的取值范围是 72 ppi ~ 1440 ppi。这里，我们在【打印分辨率】文本框中输入"200"ppi，如图 9-46 所示。

照片打印在纸张上后，看起来往往不如屏幕上那么清晰。此时，我们可以修改一下【打印锐化】设置，通过提高打印输出的清晰度进行弥补。【打印锐化】菜单中有【高】【低】【标准】3 个选项可供选择，【纸张类型】菜单中有【亚光纸】和【高光纸】两种纸张类型可供选用。这些设置效果无法直接在屏幕上显现出来，只有通过打印结果才能观察到这些设置的效果。

图 9-47

注意【修改照片】模块下的【锐化】用来提高原始照片的清晰度，而【打印】模块下的【打印锐化】用来提升照片在特定纸张上的打印清晰度。

④ 从【打印锐化】菜单中选择【低】，如图 9-47 所示。

9.10 使用【色彩管理】功能

打印照片不是个简单的事，有时屏幕上显示的效果与纸张上的打印结果并不一致。Lightroom Classic 支持非常大的色彩空间，但是打印机所支持的色彩空间往往很有限。

在【打印作业】面板中，我们可以指定是让 Lightroom Classic 做色彩管理，还是让打印机来管理，如图 9-48 所示。

图 9-48

9.10.1 由打印机管理色彩

注意 勾选【草稿模式打印】后，Lightroom Classic 会自动把色彩管理交给打印机。

在【打印作业】面板中，默认色彩管理是【由打印机管理】。得益于打印技术的不断发展，选择该项能够确保我们获得不错的打印效果，但也只是还不错而已。若想进一步控制打印效果，必须在【打印】或【打印机属性】对话框中指定纸张类型、颜色管理等打印设置。在 Windows 系统下，在【打印】对话框中单击【属性】按钮，在打印机属性对话框中可做更多打印设置，如图 9-49 所示。

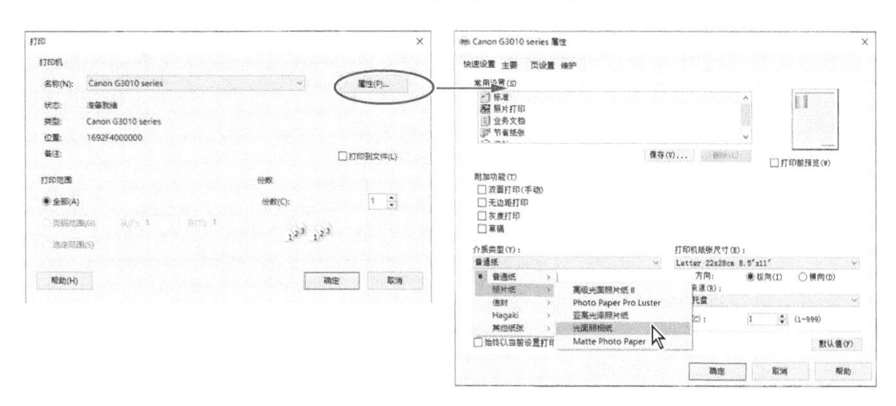

图 9-49

注意 使用不同的打印机，【打印】对话框中显示的选项可能会不一样。

9.10.2 由 Lightroom Classic 管理色彩

一般情况下，由打印机管理色彩就够了，但如果你想获得更好的打印结果，最好还是让 Lightroom Classic 来管理它。选择由 Lightroom Classic 管理色彩之后，你可以为特定类型的纸张或自定义墨水指定一个打印配置文件。

❶ 在【打印作业】面板中，从【色彩管理】的【配置文件】菜单中选择【其他】，打开【选择配置文件】对话框，如图 9-50 所示。

图 9-50

当需要的配置文件不在【配置文件】列表中时，请选择【其他】。此时，Lightroom Classic 会在你的计算机中搜索自定义的打印机配置文件，有些配置文件会随打印机软件一同安装到你的计算机中，还有些配置文件需要你自己动手下载安装，例如你所选用的特定纸张的配置文件。

提示 在【选择配置文件】对话框中，勾选对话框底部的【包括显示器配置文件】，可加载显示器的色彩配置文件。当你需要以不同颜色空间保存照片以便在网络上使用时，请勾选该选项。

② 根据你使用的打印机和纸材，可选择一个或多个打印机配置文件。这里，我选择的是 Canon IJ Color Printer Profile 2015 配置文件。Lightroom Classic 会把你选择的每个配置文件都添加到【色彩管理】下的【配置文件】菜单中，方便下次使用。

当在【打印作业】面板中，从【配置文件】列表中选择某个打印机配置文件后，其下的色彩对应方法就可用了。屏幕色彩空间一般都比打印机色彩空间大得多，这意味着打印机无法准确再现你在屏幕上看到的颜色。打印机在尝试处理超出其色彩空间的颜色时会出现色调分离、颜色分层等问题。选择合适的色彩对应方法，有助于大大降低这些问题出现的可能性。Lightroom Classic 提供以下两种色彩对应方法。

- 【可感知】方法：该方法的目标是保留色彩之间的视觉关系，选择【可感知】方法之后，Lightroom Classic 会把照片的全部颜色映射到打印机所支持的色彩空间（又称色域）内，同时保留颜色之间的关系，但是在把色域之外的颜色变成可打印的颜色时，会导致色域内的某些颜色发生偏移，所以打印出的照片看起来不如屏幕上的鲜艳。
- 【相对】方法：选择该方法打印时，打印机会把位于其色域内的所有颜色打印出来，对于超出其色域的颜色，它会使用其色域中最接近的颜色进行替代打印，Lightroom Classic 会把照片中的原始颜色尽可能地保留下来，但有些颜色之间的关系可能会发生改变。

大多数情况下，两种方法的差异微乎其微。一般来说，如果照片中包含许多超出打印机色域的颜色，此时最好选择【可感知】方法。相反，如果照片中只有很少一部分颜色超出打印机色域，此时选择【相对】方法会更好一些。不过，除非经验非常丰富，否则也很难说出两种方法之间的差别。最好的办法还是直接在打印机上进行测试：分别在两种方法下打印一张色彩丰富且鲜艳的照片，然后再在两种方法下打印一张比较柔和的照片，比较它们的效果，再决定使用哪种方法。

③ 这里，我们选择【相对】方法。

9.10.3 手动调整打印颜色

有时，在打印结果中，照片中颜色的明亮度、饱和度与在屏幕上看到的不一样，即使你专门花时间为打印作业建立了颜色管理也无济于事。

提示 由【打印调整】滑块控制的色调曲线调整不会出现在屏幕预览中。你只能多试几次，才能找到最适合你的打印机的设置。

导致出现这个问题的因素有很多，例如打印机、油墨、纸材，以及未准确校准的显示器等。不管什么原因，我们都可以使用【打印作业】面板中【打印调整】区域下的【亮度】和【对比度】滑块做一定的调整和修复，如图 9-51 所示。

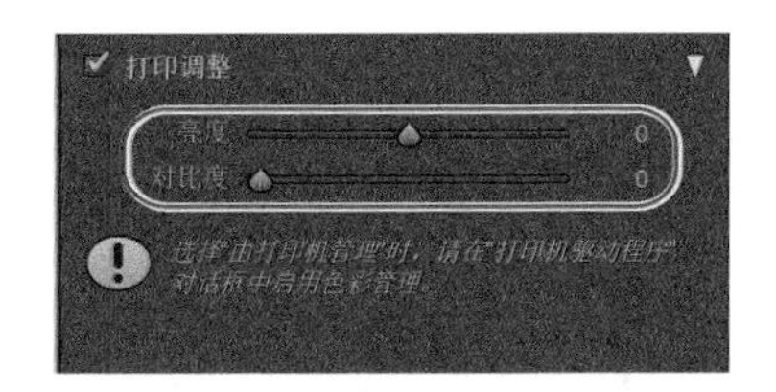

图 9-51

提示 请下载本课配套视频。在配套视频中，你可以学到更多内容，包括如何为特定纸张安装 ICC 配置文件，如何使用它进行打印。有关下载说明，请阅读前言中的内容。

【打印调整】针对的是打印机、纸张、墨水的组合体，只要你一直用相同的输出设置，它们就不会有什么改变，而且会跟你的自定义模板、已存储的打印作业一同保存到 Lightroom Classic 目录文件中。

9.11 把打印设置保存为输出收藏夹

在【打印】模块下，我们一直处理的是未存储的打印，此时，【打印编辑器视图】的左上角显示着【未存储的打印】标签，如图 9-52 所示。

未存储的打印　创建已存储的打印

图 9-52

保存打印作业之前，【打印】模块看起来就像是一个便笺簿。你可以进入其他模块，甚至关掉 Lightroom Classic，当再次返回时，你会发现你做的设置都还保留着。但是，如果在【模板浏览器】面板中选择了一个新的布局模板（包括你当前选用的模板），你做的所有设置就会消失。

把打印作业转换成已存储的打印，不仅可以保留你的布局和输出设置，还可以把布局与设计中用到的照片链接在一起。Lightroom Classic 会把打印作业保存成一种特殊的收藏夹（输出收藏夹），你可以在【收藏夹】面板下找到它。不管打印布局“便笺簿”清除多少次，只要在【收藏夹】面板中单击一下，立即就能找到所有用到的照片，并恢复所有设置。

提示 一旦保存了打印作业，你对布局和输出设置所做的任何调整都会被自动保存下来。

根据个人习惯，你可以在调整布局的过程中随时保存打印作业，也可以在进入【打印】模块后立即创建已存储的打印（包含一系列照片），或者等到布局调整完成后再创建已存储的打印。

打印输出收藏夹不同于普通照片收藏夹。照片收藏夹中包含一组照片，你可以向这组照片应用任意模板或输出设置。输出收藏夹会把一个照片收藏夹（或者收藏夹中的一系列照片）与特定的模板和输出设置链接在一起。

另外，输出收藏夹与自定义模板也不一样。模板中包含你所做的设置，但不包含照片，你可以把模板应用到任意一组照片上。输出收藏夹把模板及其所有设置与一组特定照片链接在一起。

❶ 在【打印编辑器视图】右上角，单击【创建已存储的打印】按钮，或者在【收藏夹】面板的标题栏中单击加号按钮（+），然后从弹出菜单中选择【创建打印】。

❷ 在【创建打印】对话框中，在【名称】文本框中输入“Print Portfolio”，在【位置】下勾选【内部】，从下面的菜单中选择 Images To Print 收藏夹，然后单击【创建】按钮，如图 9-53 所示。

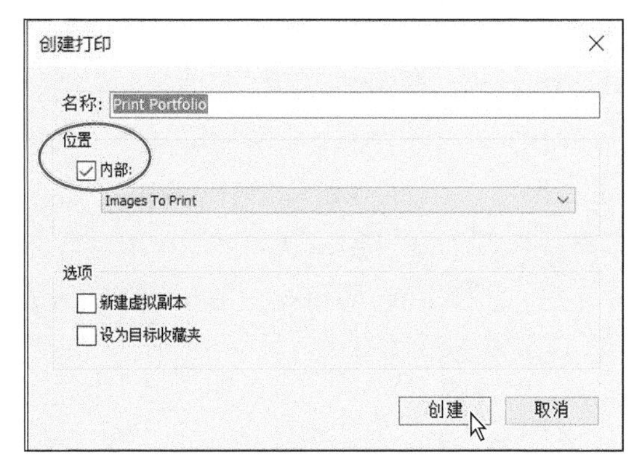

图 9-53

提示 把照片拖入【收藏夹】面板下的打印输出收藏夹中，可向已存储的打印作业中添加更多照片。

此时，已存储的打印输出收藏夹（Print Portfolio）出现在【收藏夹】面板中，而且名称左侧有一个打印机按钮，可以很好地将其与普通的照片收藏夹（带有堆叠照片按钮）区分开。右侧照片张数表示新的输出收藏夹中包含 3 张照片。【打印编辑器视图】上方的标题栏中显示的是已存储的打印作业名称，同时【创建已存储的打印】按钮也消失不见了，如图 9-54 所示。

图 9-54

9.12 启动打印作业

① 在右侧面板组底部，单击【打印机】按钮。

② 在【打印】对话框中检查设置无误后，单击【打印】或【确定】按钮，打印页面。或者单击【取消】按钮，关闭【打印】对话框，取消打印。

提示 若不需要检查打印机设置，请直接单击右侧面板组底部的【打印】按钮，或者从菜单栏中依次选择【文件】>【打印】。

单击【打印】按钮后，Lightroom Classic 会直接把打印作业送到打印机队列，而不会先打开【打印】对话框。当你使用相同设置重复打印，并且不需要在【打印】对话框中做任何改动时，可以直接单击【打印】按钮，启动打印作业。

为了获得最佳打印结果，请定期校准和配置你的显示器，而且一定要认真检查打印设置是否无误，以及选用的纸张是否满足要求。此外，试验也是必不可少的，请尝试选用不同的设置和选项，然后从中选择最合适的一组设置。如果你一开始就成功了，那只能说明你的运气实在太好了！

恭喜你！到这里，我们又学完了一课。本课中，我们主要学习了如何自己动手创建复杂的打印作业。

学习过程中，我们了解了【打印】模块，学习了如何使用各个面板中的控件定制打印模板，如何调整页面布局和输出设置，以及如何向打印页面添加背景颜色、文本、边框与身份标识。

下一课，我们将学习如何备份与导出 Lightroom Classic 目录和照片。开始学习之前，还是让我们先花些时间做几道复习题，回顾一下本课学习的内容。

9.13 复习题

1. 如何快速浏览打印模板，如何查看照片在每种布局中的样子？
2. 有哪 3 种打印模板布局样式，如何判断当前选用的模板是哪一类模板？
3. 如何在打印布局中添加自定义文本和元数据？
4. 【草稿模式打印】适合用来做什么？
5. 已存储的打印输出收藏夹、照片收藏夹、已存储的自定义打印模板之间有何区别？
6. 什么是软打样？

9.14 答案

1. 把鼠标指针移动到【模板浏览器】面板下的每个模板上，就可以在【预览】面板中看到每个模板的布局情况。从胶片显示窗格中选择照片，然后从模板列表中选择一个模板，【打印编辑器视图】就会显示所选照片在所选模板中的样子。
2. 【单个图像 / 照片小样】布局用来在同一个页面中以相同尺寸打印多张照片，从包含多个单元格的照片小样到单个单元格的布局都有。【图片包】布局用来在同一页面上以不同尺寸重复打印单张照片，其中单元格的位置和大小都是可调整的。【自定图片包】布局不是基于网格的，使用它可以在同一页面上以任意尺寸打印多张照片，而且排列照片时，它们之间可以重叠。

   在【布局样式】面板中，你可以知道【模板浏览器】面板中当前选中的模板是哪种类型的：自定图片包、图片包、单个图像 / 照片小样。
3. 使用样式文本身份标识，可以把文本添加到任意布局中。在【页面】面板中，使用【照片信息】选项，可把自定义文本、元数据添加到【单个图像 / 照片小样】布局中。从元数据菜单中选择要显示的照片信息，或者选择【编辑】，打开【文本模板编辑器】对话框编辑文本模板。
4. 勾选【草稿模式打印】后，打印速度快，但打印质量相对较低，因此适合用来打印照片小样。在进行高质量打印之前，可以使用这些照片小样来评估页面的布局情况。【单个图像 / 照片小样】布局中的模板适合用在【草稿模式打印】中。
5. 照片收藏夹是照片的虚拟分组，可以向其应用任意模板或输出设置；已存储的打印输出收藏夹把一组照片与特定模板、布局、输出设置链接在一起；已存储的自定义打印模板会保留自定义布局和输出设置，但不包含照片，可以把模板应用到任意一组照片上。
6. 软打样是在屏幕上模拟照片打印在纸张上的样子。Lightroom Classic 使用色彩配置文件模拟特定打印机使用特定油墨和纸张的打印效果（或把照片保存为不同的色彩空间，就像在准备网络照片时所做的那样），这使得在导出照片副本或付印照片之前可以对照片进行适当的调整。

摄影展

琅勃拉邦是老挝北部的一个小城。在这里，人们进进出出一个放满书籍和计算机的房间，小沙弥和各个年龄段的学生们都坐在计算机屏幕前，认真学习摄影、解魔法等知识。

Carol Kresge 于 2003 年在此创办了“At My Library”，旨在通过免费图书馆让更多的老挝人获得教育资源。多年来，已有大量人因此而受惠。学生们制作了网站，出版了书籍，创办了小微企业，建立了一个虚拟餐厅来练习英语，最近还制作了一个名为 The Giving 的视频，在 YouTube 上获得了超过 500 万次的浏览量。

Kresge 说：“我们希望在一个有趣的环境中鼓励人们去创造、探索、思考，激发人们的自豪感，帮助他们追逐自己的兴趣并实现他们的梦想。这是一个年轻人互相帮助、学习解决问题的地方，学生们可以在这里学习各种技能、获得实践经验，甚至成为其他学生的老师。”

我最近拜访了“At My Library”的学生们，帮助他们为下一个摄影书项目培训 Lightroom Classic 技能。在那里，所有摄影师都有一双智慧的眼睛，这使得他们拍出那么多精彩的照片。我很希望在这里展示一下他们的作品，但限于篇幅，这里只能选几张进行展示。

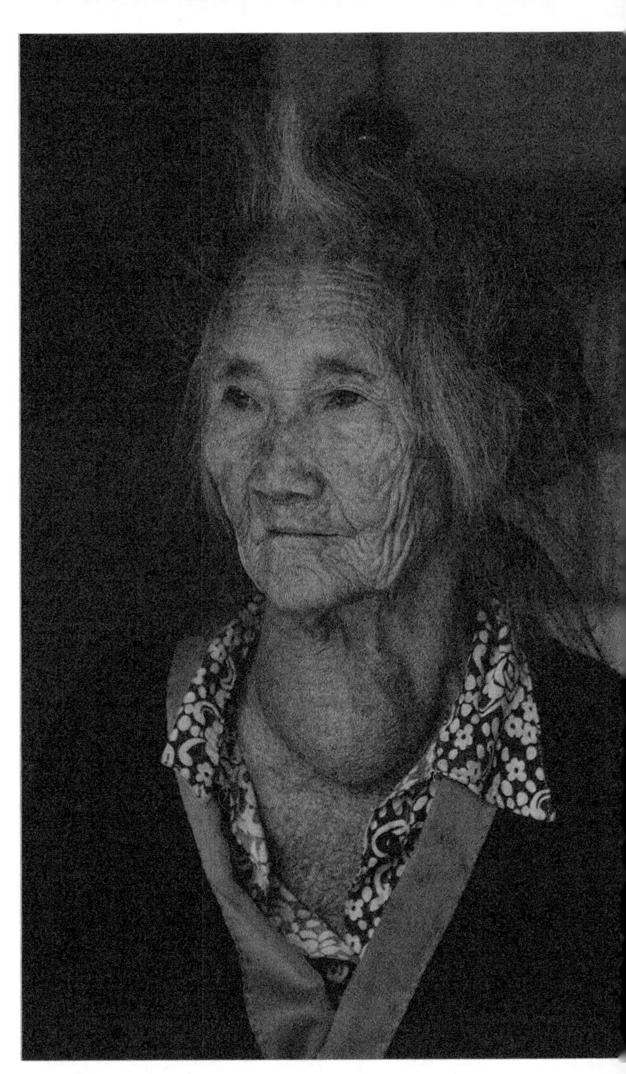

第10课

备份与导出照片

课程概览

在 Lightroom Classic 中，我们可以轻松备份与导出图库中的所有照片和数据，简化工作流程，最大限度地减小因意外而导致的数据丢失产生的影响。在导入照片过程中，我们可以在外部存储器上为照片创建备份，对照片与修片设置完全或增量备份，或者让 Lightroom Classic 自动备份。而且，我们还能以多种格式导出照片，包括为屏幕浏览优化的照片，以及用作存档副本的照片。本课主要讲解以下内容。

- 备份目录文件和整个照片库。
- 增量备份与导出元数据。
- 为屏幕浏览或存档导出照片。
- 导出照片在其他程序中编辑。
- 使用导出预设。
- 创建自动导出后动作。

学习本课需要 1~2 小时

Lightroom Classic 内置多个备份工具，借助这些工具，我们可以很好地保护照片和修片设置，防止意外丢失。备份时，我们一般只备份目录文件、整个照片库，以及修片设置和主文件的副本。导出照片时，可选择以不同文件格式导出，导出后的照片可用在多媒体展示和电子邮件附件中，也可以导入其他外部程序中进行进一步编辑，当然还可以把它们保存起来作为存档。

10.1 学前准备

学习本课之前，请确保你已经为课程文件创建了 LRClassicCIB 文件夹，并创建了 LRClassicCIB 目录文件来管理它们，具体做法请阅读本书前言中的相关内容。

下载 lesson010 文件夹，将其放入 LRClassicCIB\Lessons 文件夹中。

❶ 启动 Lightroom Classic。

❷ 在【Adobe Photoshop Lightroom Classic- 选择目录】对话框中，在【选择打开一个最近使用的目录】列表中选择 LRClassicCIB Catalog.lrcat，单击【打开】按钮，如图 10-1 所示。

图 10-1

❸ Lightroom Classic 在正常屏幕模式中打开，当前打开的模块是上一次退出时的模块。在软件界面右上角的模块选取器中单击【图库】，如图 10-2 所示，进入【图库】模块。

图 10-2

10.2 把照片导入图库

首先，把本课用到的照片导入 Lightroom 图库。

❶ 在【图库】模块下，单击左下角的【导入】按钮，如图 10-3 所示，打开【导入】对话框。

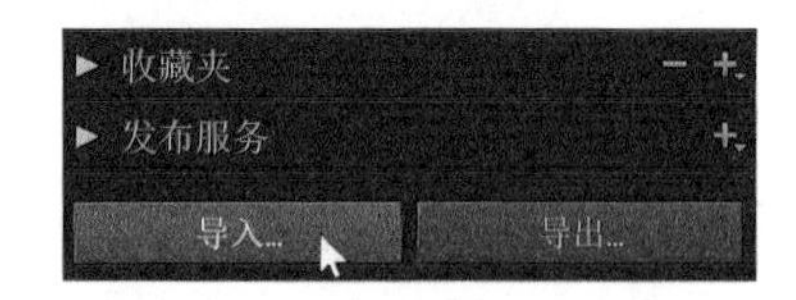

图 10-3

❷ 若【导入】对话框当前处在紧凑模式下，请单击对话框左

下角的【显示更多选项】按钮（向下三角形），如图 10-4 所示，使【导入】对话框进入扩展模式，里面列出了所有可用选项。

图 10-4

❸ 在左侧【源】面板中找到并选择 LRClassicCIB\Lessons\lesson10 文件夹，选择 lesson10 文件夹中的 37 张照片（照片左上角全部打钩），准备导入它们。

❹ 在预览区域上方的导入选项中选择【添加】，Lightroom Classic 会把导入的照片添加到目录中，但不会移动或复制原始照片。在右侧的【文件处理】面板中，从【构建预览】菜单中选择【最小】，勾选【不导入可能重复的照片】。在【关键字】文本框中输入“Lesson 10”。参考图 10-5，检查你的设置是否无误，然后单击【导入】按钮。

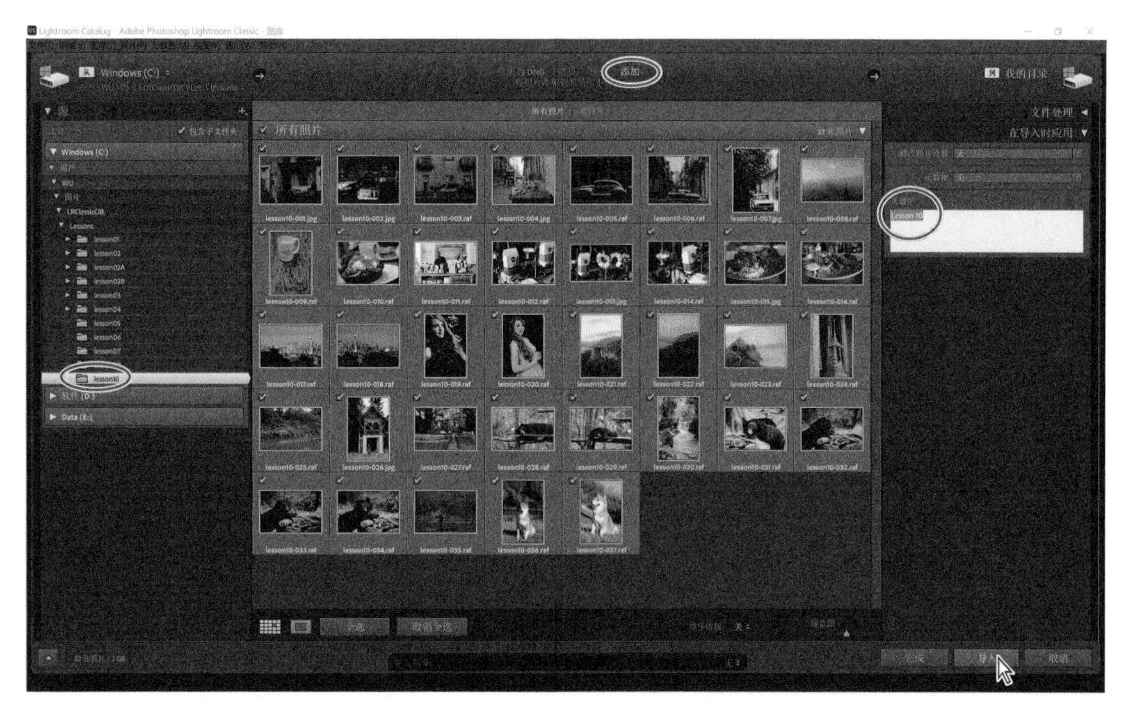

图 10-5

注意 本书中用到的照片各种各样，它们有不同的颜色配置文件，分属不同的主题，拍摄地点也不一样。本书用到的所有照片都是用无反相机拍摄的。我希望借这个机会让大家尝试处理不同相机（从入门级无反相机到中画幅相机）拍摄的大小不同的照片，这样大家就能体会到这些文件的差异了。如果不知道选用什么样的相机，最好的办法就是看一下各种相机拍摄的照片，并尝试做一些调整，看看它们能否满足需要。

⑤ 当 Lightroom Classic 从 lesson010 文件夹把 37 张照片导入之后，你就可以在【图库】模块下的【网格视图】和工作区底部的胶片显示窗格中看到它们了。创建一个名为 Lesson 10 的收藏夹，把所有照片放入其中。

10.3 防止数据丢失

我们往往在数据丢失之后才真正认识到一个好的备份策略是多么重要。如果现在你的计算机被盗了，你会有多大损失？如果硬盘发生故障，会有多少文件无法恢复？处理这些“灾难”会耗费你多少精力和金钱？我们无法阻止“灾难”的发生，但是我们可以采取一些办法减少风险及花销。定期备份可有效地降低这些“灾难”的影响，为我们节省大量时间、精力和金钱。

Lightroom Classic 提供了大量工具，帮助我们轻松地保护图库。至于计算机中的其他文件，你真的应该准备一个好的备份策略，这样才能保护它们。

10.4 备份目录文件

Lightroom Classic 目录文件中存储着与图库中的照片相关的大量信息，包括照片文件的位置、元数据（标题、题注、关键字、旗标、标签、星级），以及照片的修改与输出设置。每次修改照片（例如重命名、校色、润饰、剪裁），Lightroom Classic 都会把所做的修改保存到目录文件中。此外，目录文件中还记录着照片在收藏夹中的组织方式和排序方式，还有发布历史、幻灯片设置、线上画廊设计、打印布局，以及定制的模板和预设。

除非备份目录文件，否则在发生硬盘故障、意外删除或图库文件损坏等情况时，即便你已经把原始照片备份在可移动设备上，你的工作成果也会付诸东流。为防止出现这样的问题，我们可以主动设置一下 Lightroom Classic，使其自动定期备份目录文件。

① 从【Lightroom Classic】或【编辑】菜单中选择【目录设置】，打开【目录设置】对话框。单击【常规】选项卡，从【备份目录】菜单中选择【下次退出 Lightroom 时】，如图 10-6 所示。

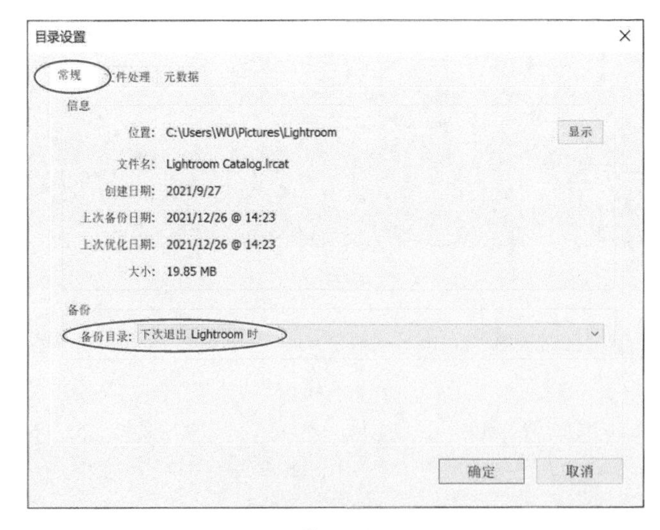

图 10-6

② 单击【关闭】或【确定】按钮，关闭【目录设置】对话框，然后退出 Lightroom Classic。若弹出对话框，询问你是否确定退出 Lightroom Classic，单击【是】按钮。

③ 在【备份目录】对话框中单击【选择】按钮，更改保存备份目录的文件夹。理想情况下，我们应该把备份目录保存到一个与原始目录文件不同的硬盘上。这里，我们选择硬盘上的 LRClassicCIB 文件夹。在打开的【浏览文件夹】或【选择文件夹】对话框中，选择 LRClassicCIB 文件夹作为存放备份目录的文件夹，单击【选择文件夹】按钮。

④ 在【备份目录】对话框中，勾选【在备份之前测试完整性】与【备份后优化目录】。无论何时备份目录，都应勾选这两项，以确保原始目录文件没问题，这样备份目录才有意义。单击【备份】按钮，如图 10-7 所示。

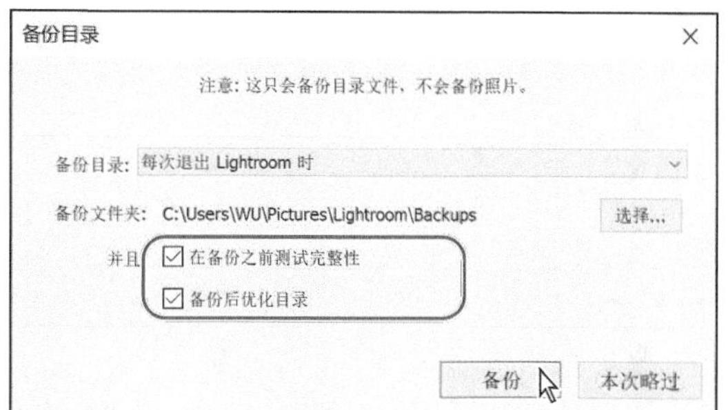

图 10-7

每次备份目录时，Lightroom Classic 都会在指定的文件夹中为目录文件创建一个完整的副本，并将其放入一个新文件夹中，新文件夹的名称由备份的日期和时间组成。为了节省硬盘空间，每次备份时，可以先删除旧备份文件，或者把备份文件压缩。目录文件的压缩率非常高，经过压缩后，其尺寸一般只有原始文件的 10%。使用备份文件恢复目录时，请先将备份文件解压缩。

注意 在 Lightroom Classic 中，采用这种方式备份目录时，不会备份原始照片和工作区中的预览图。使用备份目录恢复时，Lightroom Classic 会为目录文件重新生成预览图，但是需要单独备份原始照片文件。

当目录文件意外删除或损坏时，你可以通过复制备份文件到目录文件夹或者新建一个目录并导入备份文件的内容来恢复它。为了避免无意中修改了备份文件，最好不要直接从 Lightroom Classic 的【文件】菜单中打开它。

⑤ 启动 Lightroom Classic。在【Adobe Photoshop Lightroom Classic - 选择目录】对话框中，在【选择打开一个最近使用的目录】区域下选择 LRClassicCIB Catalog.lrcat，单击【打开】按钮。

⑥ 选择【Lightroom Classic】>【目录设置】或【编辑】>【目录设置】。

⑦ 在打开的【目录设置】对话框中单击【常规】选项卡，根据需要，从【备份目录】菜单中选择一个备份频率。

⑧ 单击【关闭】或【确定】按钮，关闭【目录设置】对话框。

导出元数据

目录文件是一个中央存储文件，用来存储与图库中每张照片相关的信息。为减少目录文件丢失或损坏所产生的影响，有一个办法是导出和分散目录文件的内容。实际上，我们可以把目录文件中每张照片所对应的信息保存到硬盘上的各个照片文件中（可自动保持导出信息和目录文件同步），即对每张照片的元数据和修改设置做一个分布式备份。

当一张照片的元数据发生变化，但这些变化尚未被保存到原始照片文件中时（例如导入本课照片过程中，向照片上添加了关键字“Lesson 10”），在【图库】模块的【网格视图】与胶片显示窗格中，预览窗格右上方会出现【需要更新元数据文件】按钮，如图 10-8 所示。

图 10-8

❶ 若【需要更新元数据文件】按钮未显示在【网格视图】下的预览窗格中，请从菜单栏中依次选择【视图】>【视图选项】，在打开的【图库视图选项】对话框中单击【网格视图】选项卡，在【单元格图标】下勾选【未存储的元数据】，单击对话框右上角的【关闭】按钮，关闭【图库视图选项】对话框。

❷ 在【网格视图】下选择第一张照片，使用鼠标右键单击照片，从弹出菜单中依次选择【元数据】>【将元数据存储到文件】，在确认对话框中单击【继续】按钮。经过一段时间之后，预览窗格右上方的【需要更新元数据文件】按钮消失不见。

❸ 按住 Command 键（macOS）或 Ctrl 键（Windows），单击接下来的 4 张照片，把它们同时选中，然后在所选照片中单击任意一张照片右上角的【需要更新元数据文件】按钮，在弹出的确认对话框中单击【存储】按钮，把更改存储到磁盘上，如图 10-9 所示。

图 10-9

经过短暂的处理之后，所选照片预览窗格右上方的【需要更新元数据文件】按钮就消失不见了。

当在外部应用程序（例如 Adobe Bridge 或 Photoshop Camera Raw 插件）中编辑或添加照片元数据时，Lightroom Classic 就会在【网格视图】下的照片预览窗格上方显示【元数据已在外部更改】按钮。从菜单栏中选择【元数据】>【从文件中读取元数据】，可接受更改并更新目录文件；选择【元数据】>【将元数据存储到文件】，可拒绝修改元数据并使用目录文件中的信息覆盖它。

先选择待更新的多张照片或文件夹，再从菜单栏中选择【元数据】>【将元数据存储到文件】，可为一批照片（或者为整个目录中的所有文件夹和收藏夹）更新元数据。

在过滤器栏中，我们可以使用【元数据】过滤器的【元数据状态】快速找到如下照片：在外部程序中更改了元数据的照片、包含元数据冲突（自上次更新元数据以来，未保存 Lightroom Classic 和另一个程序对元数据做的更改）的照片、未保存在 Lightroom Classic 中所做更改的照片、带有最新元数据的照片，查找结果如图 10-10 所示。

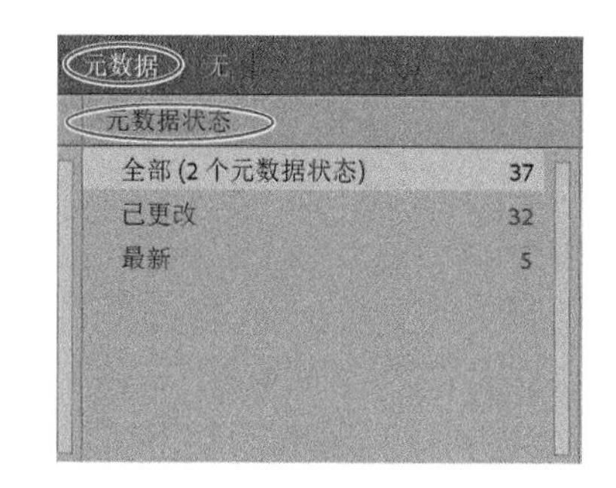

图 10-10

对于 DNG、JPEG、TIFF、PSD 格式的照片（在文件结构中定义了空间，XMP 信息可以与图像数据分开存储），Lightroom Classic 会把元数据写入照片文件中。相反，对相机 RAW 图像的修改会被写入一个单独的 XMP 文件中，其中记录了从 Lightroom Classic 导出至图像的元数据和修改设置。

许多相机厂商采用专用、未公开的 RAW 文件格式，随着新 RAW 格式的出现，原来一些旧的 RAW 文件格式被淘汰。因此，把元数据存储在一个单独的文件中是最安全的做法，这样可以避免损坏原始文件或从 Lightroom Classic 导出的元数据丢失。

❹ 从【Lightroom Classic】或【编辑】菜单中选择【目录设置】，打开【目录设置】对话框。单击【元数据】选项卡，勾选【将更改自动写入 XMP 中】，如图 10-11 所示，当原始照片发生更改时，元数据就会被自动导出，XMP 文件会始终与目录文件保持同步。单击【确定】按钮或【关闭】按钮，关闭【目录设置】对话框。

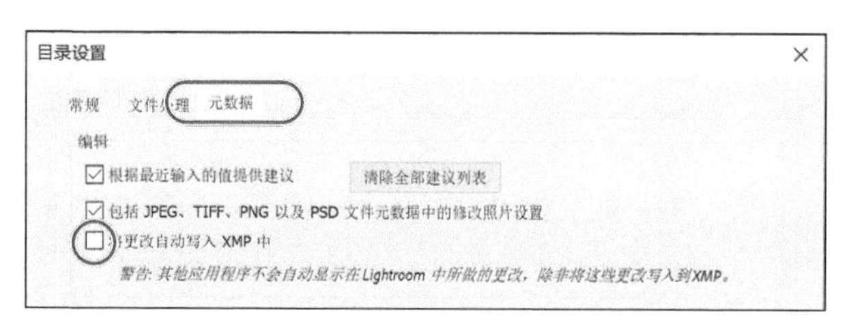

图 10-11

不过，这样导出的 XMP 文件中只包含各张照片的特定元数据，例如关键字、旗标、标签、星级、修改设置等，而不包含与整个目录相关的高层数据，例如堆叠、虚拟副本、幻灯片设置等信息。

10.5 备份图库

前面我们先学习了如何备份目录文件（不含照片），又学习了如何用元数据和目录中的修改信息更新照片文件。接下来，我们将学习如何导出整个 Lightroom Classic 图库，包括照片、目录、堆叠、收藏夹等。

把照片导出为目录

在把照片导出为目录时，Lightroom Classic 会创建目录文件副本，并让你选择是否同时创建主文件副本和照片预览。在以目录形式导出照片时，既可以选择导出整个图库，也可以选择只导出一部分照片。当你希望把照片及相关目录信息从一台计算机转移到另外一台计算机时，采用这种方式导出照片是最佳选择。一旦数据丢失，你可以使用相同方法从备份文件恢复整个图库。

❶ 在【目录】面板中单击【所有照片】，如图 10-12 所示，然后从菜单栏中依次选择【文件】>【导出为目录】，打开【导出为目录】对话框。

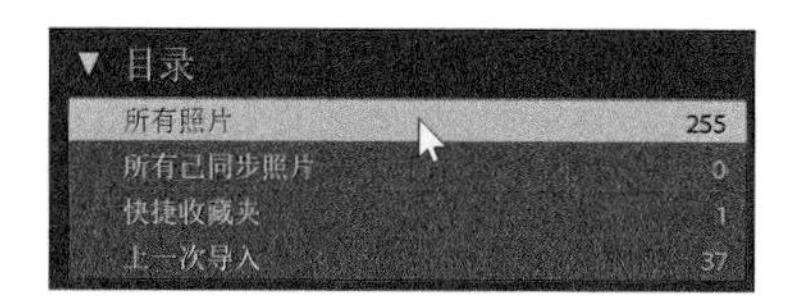

图 10-12

按理说，我们应该把备份文件保存到另一个硬盘上，该硬盘与保存目录文件和主照片文件的硬盘不能是同一个。但这里因为只是操作示例，所以把备份文件保存到桌面上就好。

❷ 在【另存为】(macOS)或【文件名】(Windows)中，输入“Backup”，然后转到【桌面】文件夹下。取消勾选【构建/包括智能预览】【仅导出选定照片】，勾选【导出负片文件】【包括可用的预览】。单击【导出目录】或【保存】按钮，如图 10-13 所示。

新目录创建过程中，软件界面的左上角会显示一个进度条。这里由于目录不大，备份只需几秒即可完成。Lightroom Classic 会在后台把照片文件及其目录复制到新位置。

❸ 导出完成后，打开【访达】(macOS)或【资源管理器】(Windows)，转到桌面下，打开 Backup 文件夹，如图 10-14 所示。

图 10-13

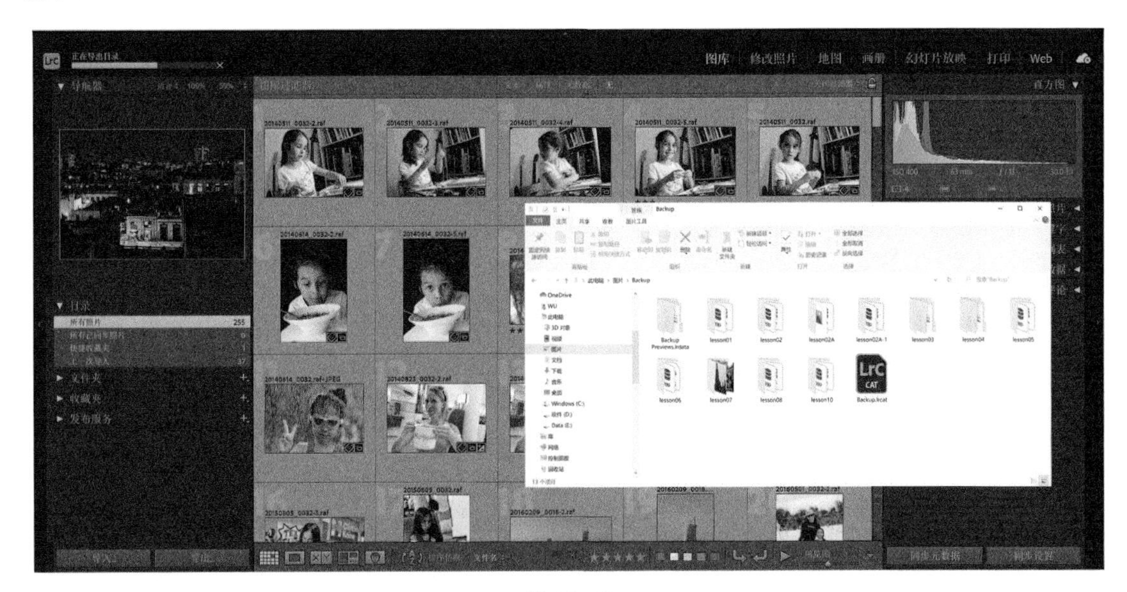

图 10-14

> **注意** 你在 Backup 文件夹中看到的子文件夹（学完的课程文件夹）可能和这里的不一样，这要看你到现在学完了多少课。

可以看到，Backup 文件夹内的文件夹结构复制了【文件夹】面板下的文件夹结构。Lightroom Classic 图库中的所有照片文件都被复制到这些新文件夹中，Backup.lrcat 文件是原始目录文件的完整副本。

❹ 在 Lightroom Classic 中，从菜单栏中依次选择【文件】>【打开目录】，在【打开】或【打开目录】对话框中，转到桌面下的 Backup 文件夹中，选择 Backup.lrcat，然后单击【打开】按钮。此时，

弹出【打开目录】对话框，询问是否重新启动Lightroom Classic来打开该目录，单击【重新启动】按钮，Lightroom Classic 会打开备份目录。

❺ 除了显示在标题栏左侧的文件名之外，这个目录与原始工作目录几乎一模一样，只有一些临时的状态信息丢失了，例如在【目录】面板下，【上一次导入】文件夹现在是空的，【所有已同步照片】文件夹也是空的。你只能从 Lightroom Classic 同步一个目录，所以原始工作目录中所有同步过的收藏夹都不会在这里被标记成同步的。

❻ 在新目录文件中，有些设置会被重置为默认值，这就与原始目录文件（LRClassicCIB）中设置的不一样了。从【Lightroom Classic】或【编辑】菜单中选择【目录设置】，在打开的【目录设置】对话框中单击【常规】选项卡，可以看到备份频率已经被重置成了默认值。单击【关闭】或【取消】按钮，关闭【目录设置】对话框。

❼ 从菜单栏中依次选择【文件】>【打开最近使用的目录】>【LRClassicCIB Catalog.lrcat】，在【打开目录】对话框中单击【重新启动】按钮。若弹出【备份目录】对话框，单击【本次略过】按钮。

10.6 导出照片

前面我们已经讲过一些备份技术，这些备份技术生成的备份文件只能被 Lightroom Classic 或者其他能够识读 XMP 文件的程序读取。如果你想把照片发送给一个计算机中未安装 Lightroom Classic 的朋友，那你首先需要将照片以合适的文件格式导出。这类似于把一个 Word 文档保存成纯文本文件或 PDF 文件发送给别人，虽然这个过程中有些功能和格式会丢失，但至少收件人可以看到你的工作内容。选择什么样的文件导出格式，取决于照片的用途是什么。

- 若将照片作为电子邮件附件发送给对方，用于屏幕浏览，那么导出照片时请选择 JPEG 文件格式。这种图片格式通过降低分辨率和缩小尺寸，可以大大减小文件体积。
- 若照片需要在另一个程序中再次编辑，则在导出时请选择 PSD 或 TIFF 格式，且以全尺寸导出。
- 若照片用来存档，则导出照片时请选择原始文件格式或者 DNG 格式。

10.6.1 导出为 JPEG 文件供屏幕浏览

导出照片之前，我们先使用一个现成预设来编辑它们，这样你能一眼看出修改的设置已经应用到了导出的副本上。

❶ 在【收藏夹】面板中选择 Lesson 10 收藏夹，从菜单栏中依次选择【编辑】>【全选】，选择所有照片。在【快速修改照片】面板顶部，从【存储的预设】菜单中依次选择【用户预设】>【Un Dia】，如图 10-15 所示。

❷ 在 37 张照片仍被选中的状态下，从菜单栏中依次选择【文件】>【导出】，或者使用鼠标右键单击任意一张照片，从弹出菜单中依次选择【导出】>【导出】，或者直接单击软件界面左下角的【导出】按钮，如图 10-16 所示。

❸ 在【导出 37 个文件】对话框的【导出位置】下，从【导出到】菜单中选择【指定文件夹】，然后单击其下方的【选择】按钮，在【选择文件夹】对话框中，转到【桌面】文件夹下，单击【选择】或【选择文件夹】按钮。

图 10-15

图 10-16

提示 若 Lightroom Classic 询问是否要覆盖照片文件中的信息，单击【覆盖设置】按钮即可。

❹ 勾选【存储到子文件夹】，输入子文件夹名称“Export”。取消勾选【添加到此目录】，如图 10-17 所示。

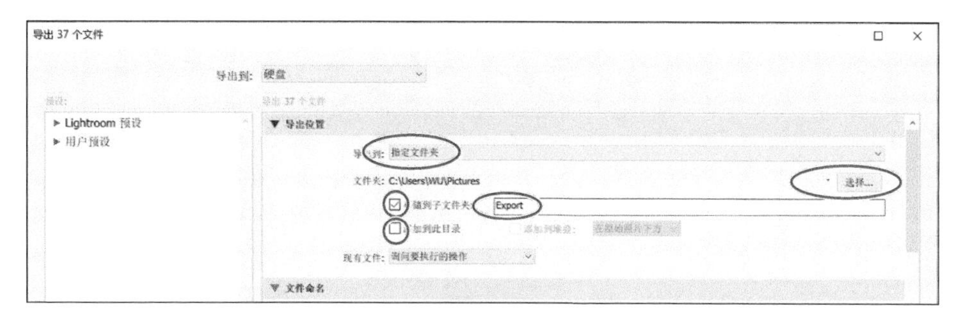

图 10-17

❺ 在【文件命名】下，勾选【重命名为】，然后从菜单中选择【日期 - 文件名】。

❻ 在【文件设置】下，从【图像格式】菜单中选择【JPEG】，把【品质】设置为 70% ~ 80% 之间（在这个范围内，照片质量和文件尺寸达到一个较好的平衡），从【色彩空间】菜单中选择【sRGB】，如图 10-18 所示。若照片用于在网络上浏览，建议选择【sRGB】。另外，当你不知道该选择哪个色彩空间时，建议选择【sRGB】。

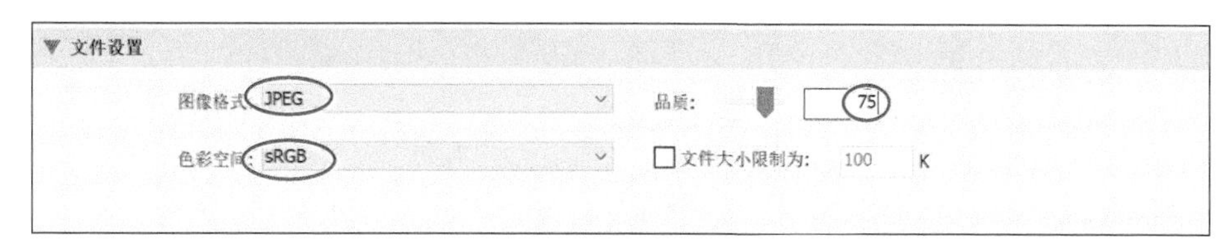

图 10-18

❼ 向下拖动右侧滑动条，在【调整图像大小】下，勾选【调整大小以适合】，从右侧菜单中选择【宽度和高度】，分别在【宽度】和【高度】文本框中输入“1500”，从单位菜单中选择【像素】。这会等比例缩放每张照片，照片的最长边是 1500 像素。本课照片都大于这个尺寸，所以不用勾选【不扩大】（勾选，可避免对较小的照片进行放大采样）。把【分辨率】设置为 72 像素 / 英寸，在屏幕上显示照片时，分辨率设置一般都会被忽略。照片的总像素数少了，照片文件尺寸也会减小，如图 10-19 所示。

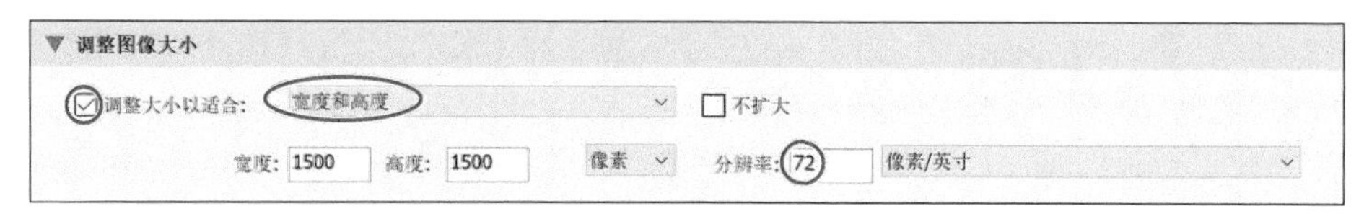

图 10-19

❽ 在【输出锐化】下，勾选【锐化对象】，选择【屏幕】，把【锐化量】设置为【标准】。在【元数据】下，从【包含】菜单中选择【仅版权】。【元数据】下还有其他一些选项，例如选择【所有元数据】之后，可以勾选【删除位置信息】，以保护你的隐私。取消勾选【水印】。在【后期处理】下，从【导出后】菜单中选择【在访达中显示】（macOS）或【在资源管理器中显示】（Windows），如图 10-20 所示。

❾ 单击【导出】按钮。此时，软件界面顶部左侧会出现一个导出进度条。导出完毕后，使用【访达】（macOS）或【资源管理器】（Windows）打开桌面上的 Export 文件夹。

注意 在【首选项】对话框中单击【常规】选项卡，在【结束声音】下，从【完成照片导出后播放】菜单中选择一种声音。这样，当照片导出完成后，Lightroom Classic 就会播放你选择的声音。

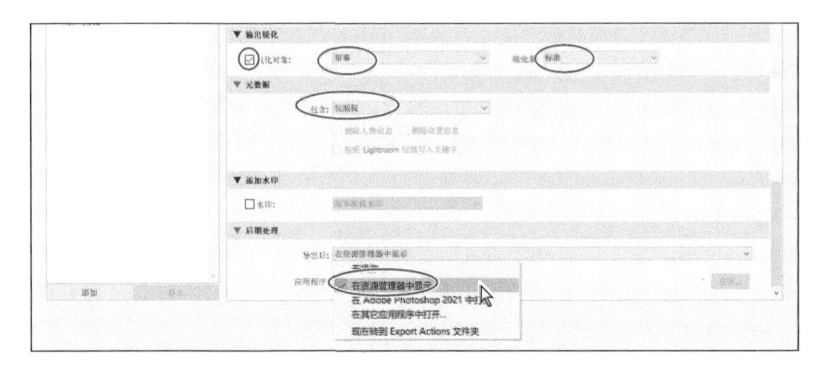

图 10-20

使用导出插件

我们可以使用第三方插件来扩展 Lightroom Classic 的各项功能，包括导出功能。

有一些导出插件可以帮助我们从 Lightroom Classic 导出界面把照片轻松地发送到特定的在线照片分享站点和社交平台，乃至其他应用程序中。例如，借助 Gmail 插件，我们能够创建一个即时 Gmail 信息，并在导出时附上你的照片。

还有一些插件可用来向过滤器栏添加搜索条件、自动压缩备份、创建照片拼贴、设计上传 Web 画廊、使用专业级效果和滤镜、在【修改照片】模块中使用 Photoshop 风格的图层等。

在导出对话框的左下角单击【增效工具管理器】按钮，然后在【Lightroom 增效工具管理器】对话框中单击【Adobe 插件】，可以在线浏览第三方开发者提供的各种插件，这些插件会提供额外功能，或者帮助你实现自动化、自定义工作流，以及创建样式效果。

你可以按类别搜索可用的 Lightroom Classic 插件，浏览相机原始配置文件、修片预设、导出插件，以及网络画廊模板。

⑩ 在【资源管理器】中显示预览图，或者单击【放映幻灯片】按钮，查看 Export 文件夹中的照片，如图 10-21 所示。在 macOS 的【访达】中，在【列视图】或【画廊视图】下选择一张照片进行预览，你可以看到在导出之前 Un Dia 预设已经应用到了本课照片的副本上。这些照片副本的宽度为 1500 像素，文件尺寸大大减小。

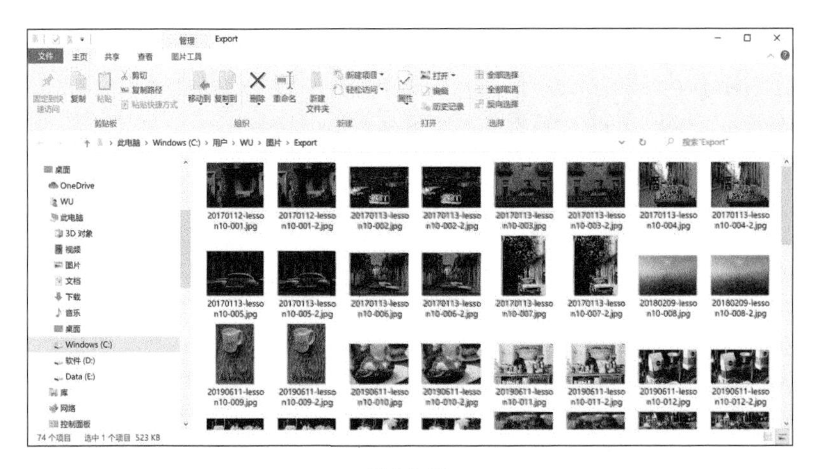

图 10-21

⓫ 删除 Export 文件夹中的照片，返回到 Lightroom Classic 中。在 37 张照片仍被选中的状态下，从菜单栏中依次选择【编辑】>【还原 Un Dia】，把照片颜色恢复成原来的样子。

10.6.2 导出为 PSD 或 TIFF 文件供进一步编辑

❶ 在【网格视图】下，从菜单栏中依次选择【编辑】>【全部不选】，然后选择 lesson10-003。在【快速修改照片】面板（位于右侧面板组中）的顶部，从【存储的预设】菜单中依次选择【创意】>【柔和薄雾】，如图 10-22 所示。

图 10-22

❷ 从菜单栏中依次选择【文件】>【导出】，在导出对话框中，可以看到上一小节中的所有设置仍然被保留着。取消勾选【重命名为】。

❸ 在【文件设置】下，从【图像格式】菜单中选择【TIFF】。在以 TIFF 格式导出照片时，可以选择 ZIP 压缩（无损压缩方式）来减小文件尺寸。从【色彩空间】菜单中选择【Adobe RGB（1998）】，如图 10-23 所示。

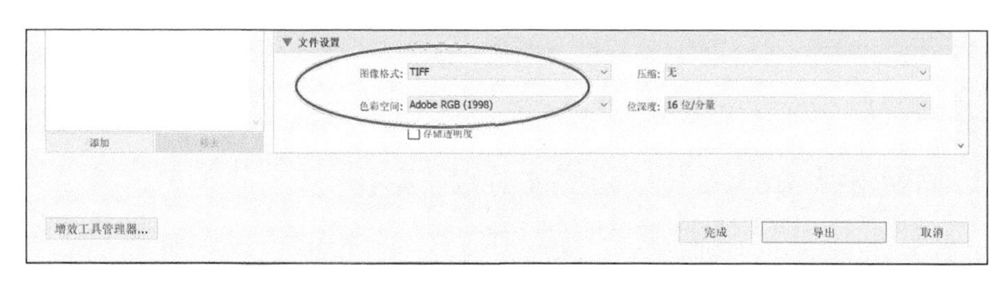

图 10-23

如果一张照片从 Lightroom Classic 导出后还要在其他程序中编辑，强烈建议把【色彩空间】设置为【Adobe RGB（1998）】，而不要选【sRGB】色彩空间。【Adobe RGB（1998）】色彩空间要比【sRGB】大得多，使用这个色彩空间时，几乎不会有颜色被裁切掉，这样照片的原始颜色会被更好地保留下来。【ProPhoto RGB】色彩空间比【Adobe RGB（1998）】还大，它能够表现原始照片中的所有颜色。为了在屏幕上正确显示使用【Adobe RGB（1998）】或【ProPhoto RGB】色彩空间的照片，我们需要一个能够读取这些颜色配置文件的图像编辑程序。此外，还需要开启颜色管理功能并校准计算机显示器。若不这样做，在【Adobe RGB（1998）】色彩空间下，照片在显示器中看起来会一团糟，使用【ProPhoto RGB】色彩空间会更糟。

提示 在【首选项】对话框的【外部编辑】选项卡中，你可以选择喜欢的外部编辑器、文件格式、色彩空间、位深、压缩、文件命名。在 Lightroom Classic 菜单栏中依次选择【照片】>【在应用程序中编辑】，然后从菜单中选择希望使用的图像编辑程序。Lightroom Classic 会以合适的文件格式导出照片，然后在外部编辑器中打开它，同时把转换后的文件添加到 Lightroom Classic 图库中。

④ 从【图像格式】菜单中选择【PSD】，从【位深度】菜单中选择【8 位 / 分量】，如图 10-24 所示。若非明确要求输出 16 位文件，输出 8 位文件就够了，8 位文件尺寸更小，兼容更多程序和插件，但是色彩细节不如 16 位文件保留得多。事实上，在 Lightroom Classic 中处理照片时是在 16 位色彩空间中进行的，当准备导出照片时，其实我们对照片的重要调整和校正都已经完成了。此时，把照片文件转换成 8 位导出并不会降低多少编辑能力。

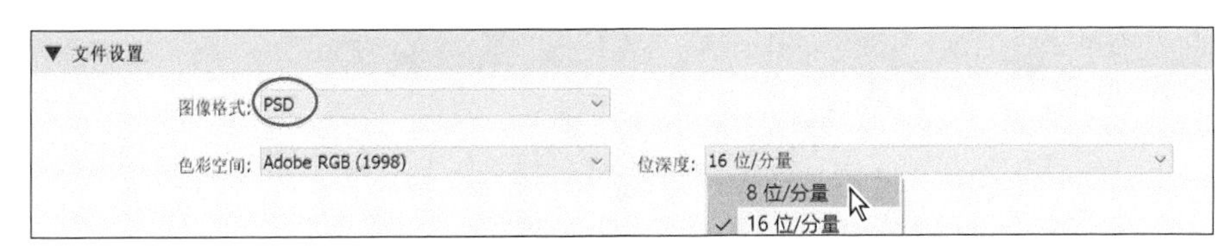

图 10-24

⑤ 在【调整图像大小】下取消勾选【调整大小以适合】，把【分辨率】设置为 300 像素 / 英寸，以匹配原始照片。为保留所有照片信息，以便进一步编辑，我们希望把原始照片的每一个像素都导出去。

⑥【输出锐化】和【元数据】设置保持不变。若你的计算机中安装了 Adobe Photoshop，请在【后期处理】下，从【导出后】菜单中选择【在 Adobe Photoshop 中打开】，或者选择【在其他应用程序中打开】，然后单击【选择】按钮，选择要用的图像编辑程序，单击【导出】按钮。

⑦ 导出完成后，照片会在外部编辑程序（这里是 Adobe Photoshop）中打开。导出后的照片已经应用上了【创意】下的【柔和薄雾】预设，而且照片尺寸与原始尺寸（8256 像素 ×6192 像素）一样，如图 10-25 所示。

⑧ 退出外部编辑程序，在【访达】（macOS）或【资源管理器】（Windows）中打开 Export 文件夹，删除照片，然后返回到 Lightroom Classic 中。

10.6.3 以原始格式或 DNG 格式导出照片用于存档

① 在【收藏夹】面板下，找到 Develop Module Practice 收藏夹，选择照片 lesson05-009.raf，如图 10-26 所示。

图像大小
图像大小: 146.3M
尺寸: 8256 像素 × 6192 像素
调整为: 原稿大小
宽度(D): 8256 像素
高度(G): 6192 像素
分辨率(R): 300 像素/英寸
重新采样(S): 自动
确定
取消

图 10-25

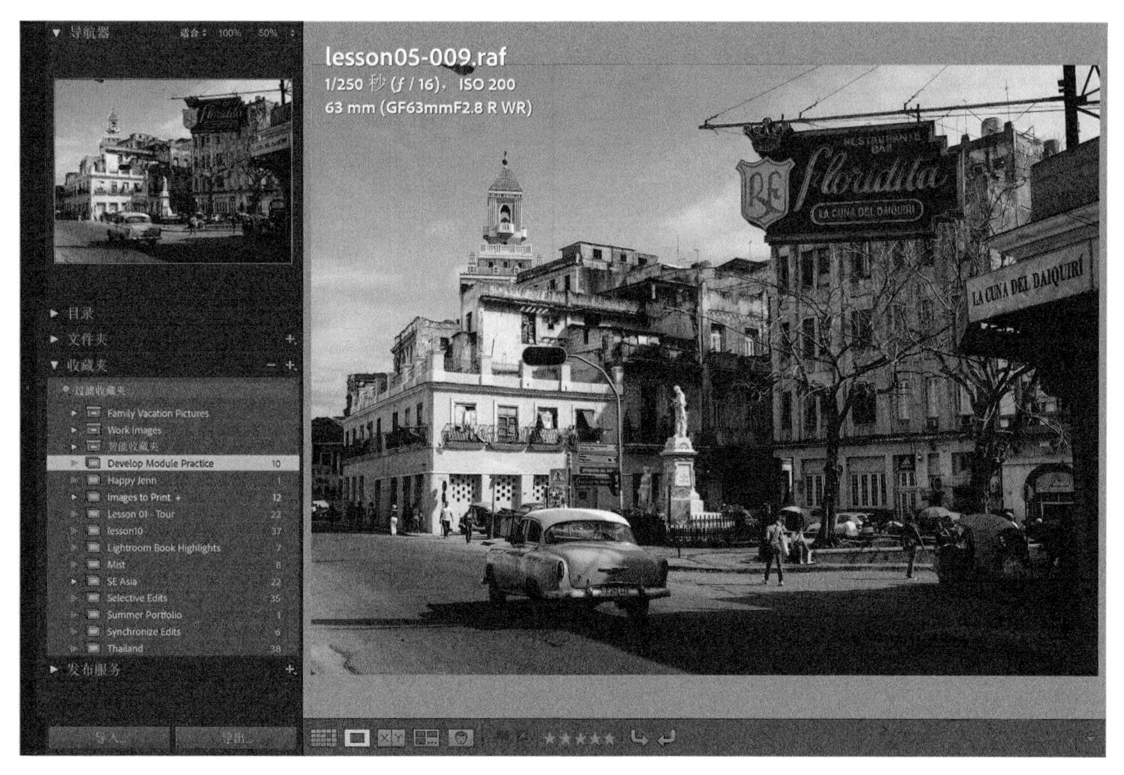
导航器
lesson05-009.raf
1/250 秒 (f / 16)， ISO 200
63 mm (GF63mmF2.8 R WR)
目录
文件夹
收藏夹
Family Vacation Pictures
Work Images
Develop Module Practice
Happy Jenn
Images to Print +
Lesson 01 - Tour
lesson10
Lightroom Book Highlights
Mist
SE Asia
Selective Edits
Summer Portfolio
Synchronize Edits
Thailand
发布服务
导入...
导出...
Floridita
LA CUNA DEL DAIQUIRI

图 10-26

❷ 从菜单栏中依次选择【文件】>【导出】，在导出对话框的【导出位置】下，取消勾选【存储到子文件夹】，直接把照片导出到桌面。

❸ 在【文件设置】下，从【图像格式】菜单中选择【原始格式】。此时，其他【文件设置】【调整图像大小】【输出锐化】等选项都变得不可用了，Lightroom Classic 会原封不动地导出原始照片数据。

❹ 在【后期处理】下，从【导出后】菜单中选择【在访达中显示】或【在资源管理器中显示】，单击【导出】按钮。

注意 选择以 DNG 格式导出照片时，尽管有很多选项会影响 DNG 文件的创建方式，但是原始照片数据保持不变。

❺ 导出完成后，在【访达】(macOS) 或【资源管理器】(Windows) 中，转到【桌面】文件夹下，你会看到一个原始照片文件的副本，还有一个 XMP 文件，其中记录着对照片元数据（导入时添加的关键字）的更改，以及编辑历史（对照片的修改调整），如图 10-27 所示。

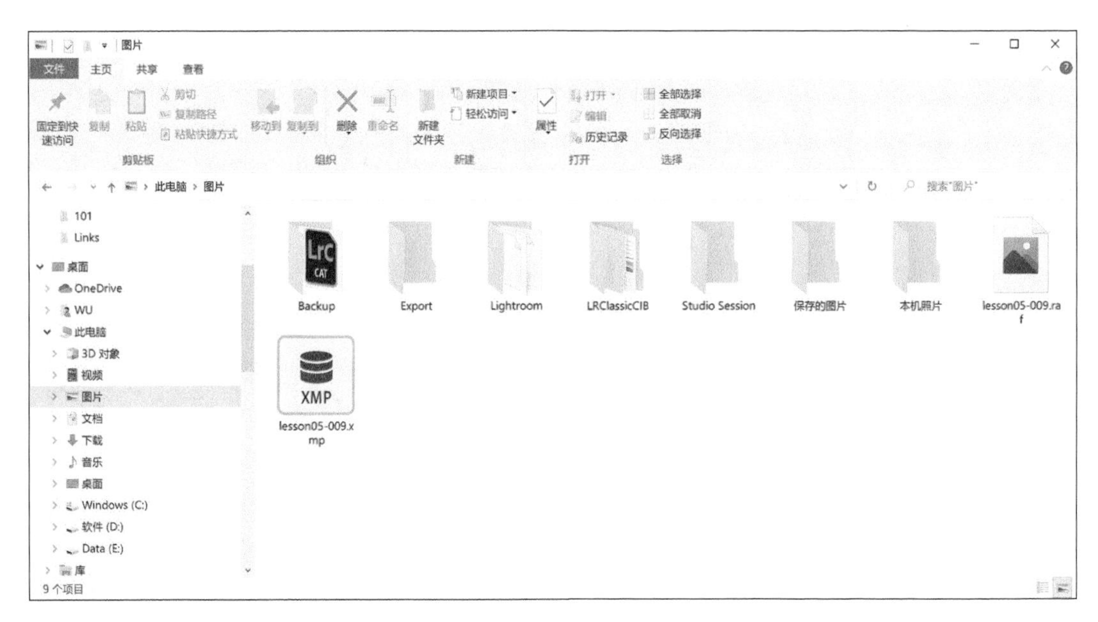

图 10-27

❻ 在【访达】(macOS) 或【资源管理器】(Windows) 中打开【桌面】文件夹，删除两个文件，然后返回到 Lightroom Classic 中。

10.6.4 使用导出预设

针对常见的导出任务，Lightroom Classic 提供了一些预设。你可以原封不动地使用这些预设，也可以在这些预设的基础上创建自己的预设。

当某些操作反复执行时，可以考虑创建一个预设，把这个过程自动化。

❶ 进入【图库】模块，在【收藏夹】面板下选择 Lesson 10 收藏夹。在【网格视图】下选择任意一张照片，然后从菜单栏中依次选择【文件】>【导出】。

❷ 导出对话框左侧有一个【预设】列表，在【Lightroom 预设】中勾选【适用于电子邮件】，如图 10-28 所示。

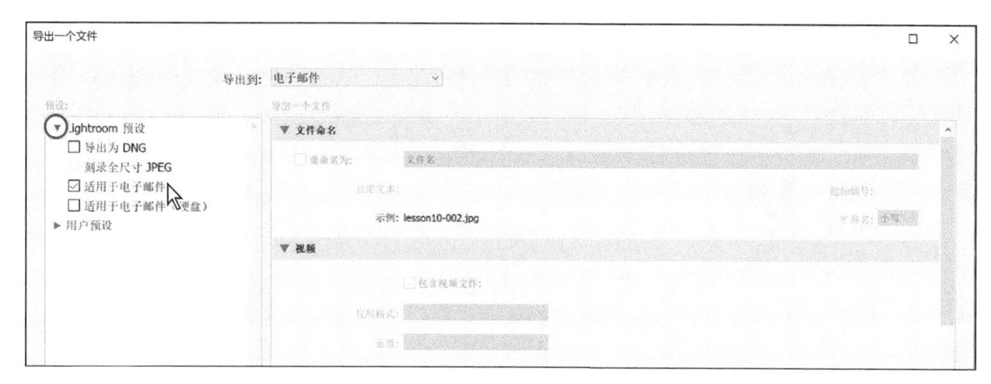

图 10-28

③ 检查该预设下的各个设置。当前【文件设置】下，导出后的文件是一个 sRGB JPEG 文件，【品质】为 60%。在【调整图像大小】下，导出后的图像被缩小了，其最长边只有 500 像素。【输出锐化】和【水印】处于未勾选状态，【元数据】被设置为【仅版权】，而且没有【导出位置】和【后期处理】设置。

Lightroom Classic 会直接把照片导出至电子邮件，所以没有【导出位置】设置。【后期处理】也没必要设置，Lightroom Classic 会自动生成电子邮件，并添加上照片，然后在 Lightroom Classic 中把电子邮件发送出去，并不需要启动电子邮件客户端。

提示 有关把照片导出为电子邮件附件的更多内容，请阅读“1.6 使用电子邮件分享作品”节。

④ 在导出对话框左侧的【预设】列表中，勾选【刻录全尺寸 JPEG】。

⑤ 请注意对话框右侧各个导出设置的变化。首先，导出对话框顶部的【导出到】菜单中当前选择的是【CD/DVD】，不再是【电子邮件】（无【导出位置】设置）；其次，在【文件设置】下，JPEG 的【品质】变成了 100%，如图 10-29 所示。

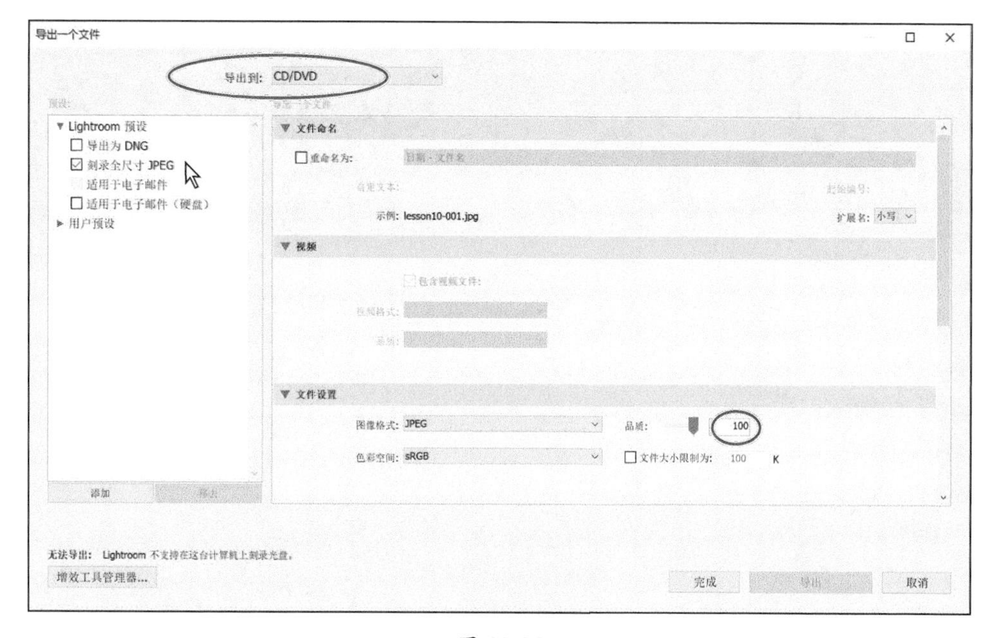

图 10-29

⑥ 向下拖动对话框右侧的滚动条，查看该预设的其他设置项。在【调整图像大小】下，【调整大

小以适合】处于未勾选状态，【元数据】设置为【所有元数据】，删除人物信息和位置信息。

选择某个预设之后，你可以根据需要调整预设中的任意一个选项，然后单击预设列表下的【添加】按钮，将设置保存成一个新预设。

10.6.5 创建用户预设

自定义好导出设置之后，我们可以把它保存成一个新预设。不论何时，你总是可以在【文件】菜单中找到导出预设（【文件】>【使用预设导出】菜单），然后启动导出，而不用先打开导出对话框。下面创建一个预设，用来导出适合上传到 Facebook 社交平台的照片。这个预设会把照片导出到桌面上，照片的长边为 1400 像素，格式为 JPEG，【品质】是 85%，色彩空间为 sRGB。

❶ 在【图库】模块的【收藏夹】面板下，单击 Lesson 10 收藏夹，选择照片 lesson10-001.jpg，单击左下角的【导出】按钮，如图 10-30 所示。

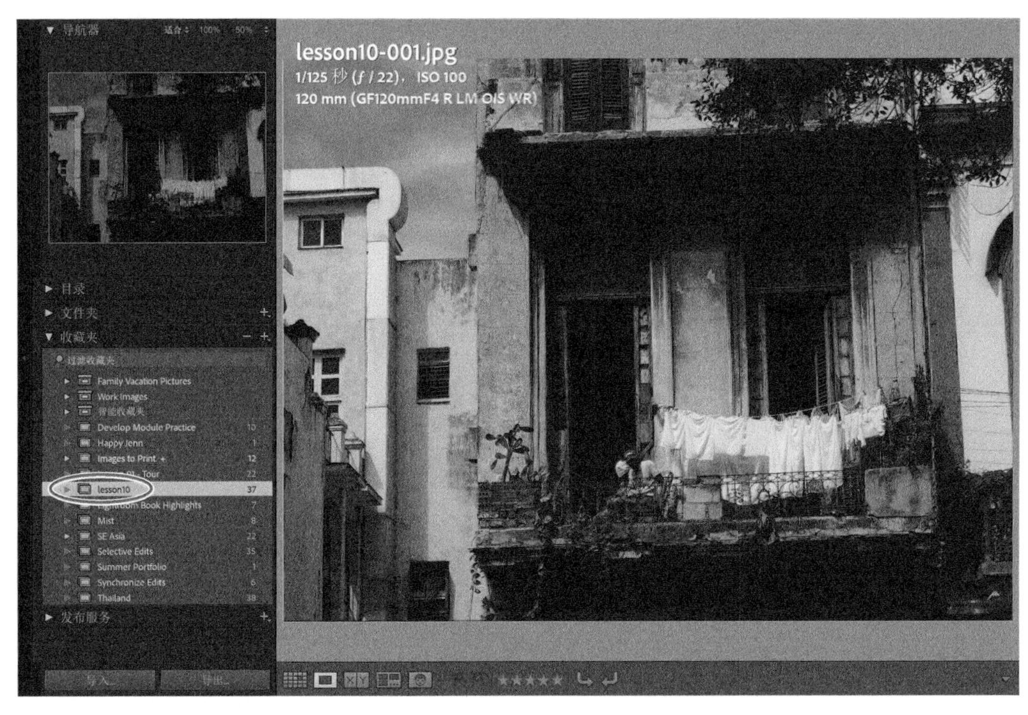

图 10-30

❷ 在打开的导出对话框中做如下设置，如图 10-31 所示。

顶部【导出到】：硬盘。

导出到：指定文件夹。

文件夹：桌面。

图像格式：JPEG。

色彩空间：sRGB。

调整大小以适合：长边。

像素：1400×1400。

分辨率：72 像素 / 英寸。

其他所有设置保持不勾选状态。

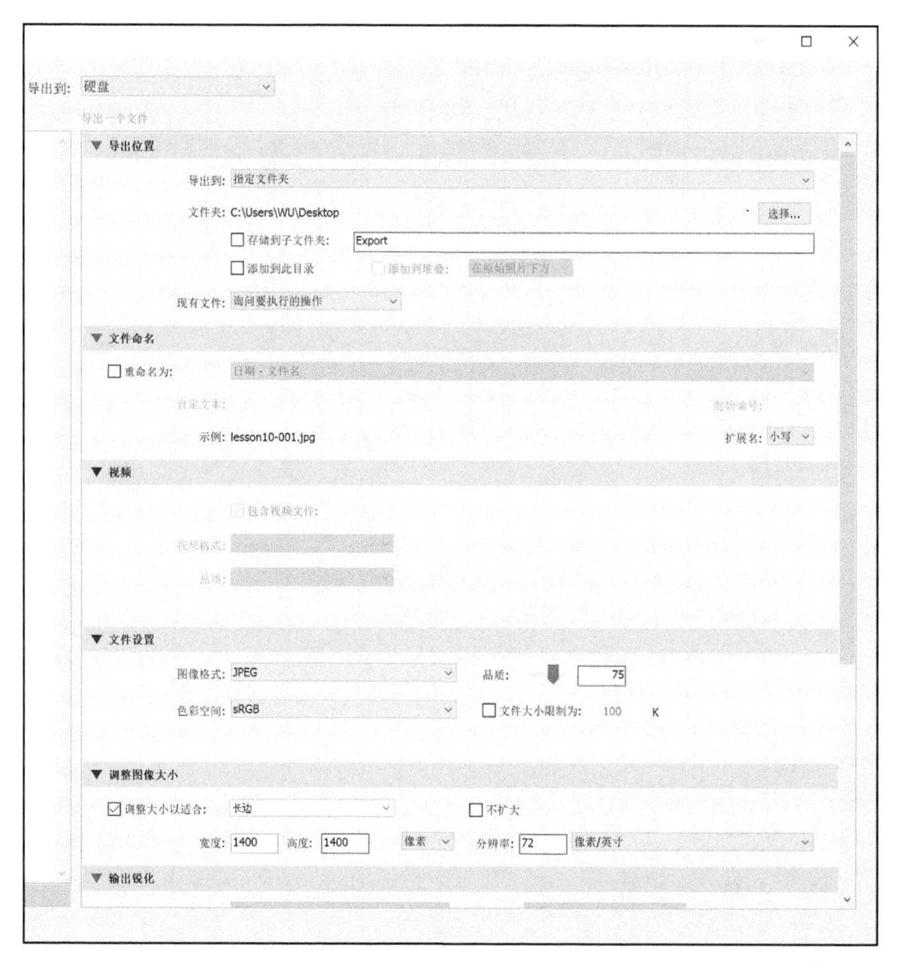

图 10-31

❸ 单击对话框左下角的【添加】按钮，在【新建预设】对话框中，输入预设名称“Facebook Export 1400px”，单击【创建】按钮。此时，在【用户预设】下可以看到刚刚创建好的预设，单击【取消】按钮，关闭导出对话框，如图 10-32 所示。

图 10-32

在照片 lesson10-001.jpg 仍处于选中的状态下，使用鼠标右键单击它，在弹出菜单中依次选择【导出】>【Facebook Export 1400px】，如图 10-33 所示。这样，每次需要导出上传到 Facebook 的照片时，我们就可以使用【Facebook Export 1400px】这个预设快速、准确地导出照片了。

图 10-33

10.6.6 多版本导出

有时，我们需要把一组照片导出为多个版本，例如，一个版本用来上传到 Facebook，一个版本用来交付给客户（高分辨率版本），一个版本作为电子邮件附件发送给客户（低分辨率版本），一个版本用作备份（DNG 版本）。以前，要实现这个目标，我们必须先创建一系列导出预设，然后一个个导出。在 2019 年 11 月发布的 Lightroom Classic 中，我们可以用不同预设同时导出一组照片了。

在导出对话框左侧的【预设】列表中勾选要使用的多个预设，单击【导出】按钮，Lightroom Classic 会同时以多个预设导出照片，如图 10-34 所示。

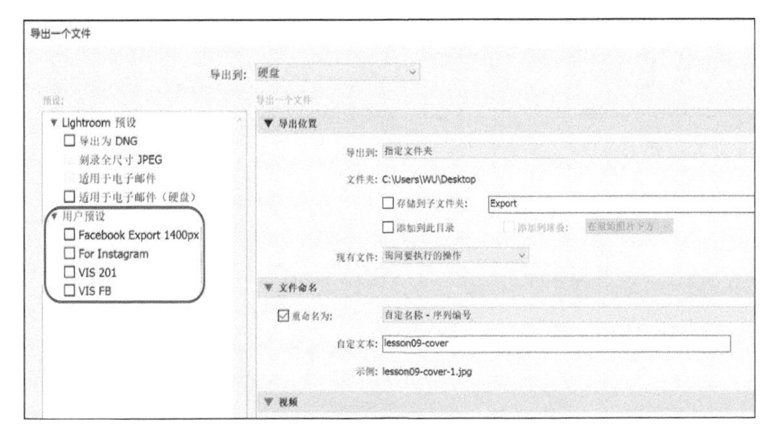

图 10-34

恭喜你！到这里，关于备份与导出照片的全部内容就学完了。本课我们学习了如何使用内置的目录备份功能，如何把元数据保存到文件中，如何使用【导出为目录】命令备份所有照片，以及如何以不同格式导出照片分别用作屏幕浏览、进一步编辑、存档，还学习了如何使用和创建自己的导出预设。在学习下一课内容之前，我们还是先做几道复习题回顾一下本课内容。

10.7 复习题

1. 备份图库时，需要备份哪些部分？
2. 如何把一组照片或整个图库连同目录信息转移到另一台计算机中？
3. 如何判断更新的元数据是否被保存到了文件中？
4. 导出照片时，该如何选择导出格式？
5. 如何创建导出预设？

10.8 答案

1. 图库由两大部分组成，一是原始照片文件（又称主文件），二是目录文件。目录文件中记录着所有元数据、图库中每张照片的编辑历史，以及有关收藏夹、用户模板、预设、输出设置的信息。
2. 在一台计算机中使用【导出为目录】命令创建一个目录文件、原始照片副本及预览图。在另外一台计算机中，依次选择菜单栏中的【文件】>【打开目录】，找到导出的文件，选择 .lrcat 文件，打开它。
3. 在【网格视图】或胶片显示窗格中，若元数据未保存，照片右上角就会出现【需要更新元数据文件】按钮。在过滤器栏中，使用【元数据状态】过滤器可以找到那些需要更新元数据的照片。
4. 导出照片时，选择什么样的导出格式，取决于照片的用途。若导出后的照片用作屏幕浏览或电子邮件附件，请选择 JPEG 格式，它可使照片尺寸最小；若导出后的照片还要在外部图像编辑程序中进行编辑，请选择 PSD 或 TIFF 格式，而且以全尺寸导出；若导出后的照片用来存档，建议选择原始格式或 DNG 格式。
5. 打开导出对话框，根据需要修改设置，然后单击对话框左下角的【添加】按钮，在【新建预设】对话框中输入预设名称，单击【创建】按钮。

摄影师
凯特琳·艾斯曼（KATRIN EISMANN）

“要有好奇心，要勇敢，并享受过程！”

社交平台上，各式各样的照片如潮水般向我们涌来，试图引起我们的注意。作为照片创作者，我们要对照片传递的信息和意义负责。我们是在重复一些令人压抑的陈词滥调，还是在真诚而深入地探讨有关表达、权利、平等的重要问题？真正的艺术会使我们更敏感、更公正、更有责任心。真正的艺术可能会让人感到不舒服，创作起来也不舒服。借助照片，我能够描绘现实，表达自己，打动他人。这个过程不会很容易，但对我来说，“表达自己”这个内心的渴望压倒一切，让我不惧怕任何困难。

关于摄影师，我最欣赏的是他们会提出一些很难的问题，然后通过相机和图像处理来给出各种答案。在这个过程中，问题会发生变化，准备中的答案也需要进行严格的评估和反省。通过取景器，我能更清楚地观察这个世界。每天我都带着相机（有时是智能手机，有时是高端全画幅设备），每天我都在与这个世界互动，每当我向外看时，实际看到的是自己的内心。

最后，我得到的最好的摄影建议，也是我至今仍在遵循的，那就是：“你的作品越是个性化，它就越有普遍性。”相信自己，不断提出问题，与各种答案斗争，从过程中学习，并期待下一次尝试。认真审视你的照片，你会在周围发现一个新世界。要有好奇心，要勇敢，并享受过程！

第 11 课

我个人的工作流程

本课概览

一旦掌握了 Lightroom Classic 的用法，修改和处理照片会变成一件相当容易的事。难的不是这个，是当你的计算机中塞满了照片时该怎么办？当外部存储器存满照片时又该怎么办？我常跟摄影师朋友说，Lightroom Classic 首先是一个组织照片的软件，然后顺便提供了一些修改照片的功能而已。要真正掌握 Lightroom Classic，你需要有一个安全可靠的工作流程。

我在线上和线下都带了很多学生。通过交流，我发现，人们迫切需求一个用来管理照片的可靠的工作流程。本课讲的不是步骤跟做内容，而是我个人使用 Lightroom Classic 时惯用的工作流程。通过介绍我的工作流程，以及我认为最有用的装备，大家或许会对如何使用 Lightroom Classic 组织照片产生更好的想法。本课主要讲解以下内容。

- 介绍硬盘、外部存储器、NAS 设备，以及如何使用 NAS 设备进行云同步。
- 使用内置工具备份外部存储器。
- 离线使用虚拟副本。
- 为基本任务创建智能收藏夹。

学习本课需要 45 分钟

我女儿最近过生日，我哥哥和嫂子也来了，他们给我女儿做了一个很特别的蛋糕。我趁此机会为家人拍了一些照片。

11.1 保持计算机整洁

我发现这样一个规律：计算机中的可用空间越多，计算机就工作得越好。当计算机中的可用空间只剩下 10GB 或 20GB 时，计算机的运行速度会明显变慢。因此，管理项目时，我一直尽可能地让计算机中的可用空间多一些。

在 Lightroom Classic 的【目录】面板下，有一个【所有照片】文件夹，里面包含我们导入的所有照片。看一下图 11-1，你可能会大吃一惊。没错，我拍了 321825 张照片。但是我个人觉得真正算得上好照片的只有 25 张左右，其他的都很一般。可我又舍不得删除，越积越多，就成了现在这个样子。

图 11-1

看一下我的计算机桌面，你会发现我硬盘中的可用空间只有 300GB 多一点，如图 11-2 所示。本书稿件大约占了 100GB，还有一个视频项目大约占了 150GB。所以，实际上，我的计算机中大约有 550GB 的可用空间（硬盘容量是 1TB）。

当 Lightroom Classic 目录中的照片数超过 321000 张时，我是如何让计算机中仍然有这么多的可用空间的呢？这要归功于我的工作流程策略，我称之为“热、中、冷策略”。

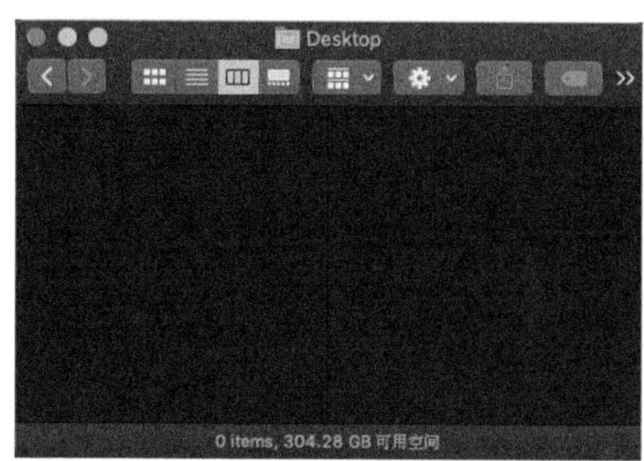

图 11-2

11.2 工作流程概览：热态、中间态、冷态

在具体讲解我的工作流程之前，先大致介绍一下。

当我开始一个拍摄项目（包括个人拍摄、委托拍摄或商业拍摄）时，这个项目就是“热态”项目。这个项目我几乎每天都得关注，每次打开 Lightroom Classic 都会浏览这个项目的照片。

一旦拍摄项目完成，这个项目就进入“中间态”。在这个阶段，我不会频繁访问项目中的照片，但有时客户可能会要求我提供一些照片。因此，我会把项目照片从计算机转移到可移动存储设备中，并且使用智能预览管理它们。这个移动存储设备我会随身携带，并使用操作系统的内置工具进行备份（我使用的是 macOS 的 Mojave 操作系统的【时间机器】）。当需要处理项目中的一些图片时，我会打开 Lightroom Classic 进行处理。当把移动存储设备插入计算机时，所有修改都会同步完成。

过了一段时间之后，项目的访问频率就很低了，项目进入“冷态”。此时，我会把项目文件夹从移动存储设备转移到网络附属存储（Network Attached Storage，NAS）设备中。NAS 设备就放在我家，无论何时，只要连上家里的网络，我就能访问里面的照片。必要时，我会在目录中保留项目的智能预览，但是如果项目过去很久了，我也会把智能预览删掉。此外，我还要确保无论何时何地都能通过浏览器访问家里的 NAS 设备，以便随时下载需要的照片。

在整个过程中，我常用收藏夹集和收藏夹来组织项目中的照片，而且还积极地为照片添加标签和关键字。

下面具体讲解工作流程的每个阶段。

11.3 工作流程：热态

为了做演示，我在 Lightroom Classic 中新建了一个目录，然后把最近使用富士 X-T3 相机拍摄的照片导入其中。

11.3.1 导入照片

最近，我使用富士 X-T3 相机给我女儿、哥哥拍了一些照片。我把这些照片导入项目中，如图 11-3 所示。这里不做任何修改，因为只需要用这些照片做个流程演示而已。

图 11-3

导入照片时应注意以下一些关键点。首先，在【导入】对话框的【文件处理】面板的【构建预览】菜单中一定要选择【最小】，不要选择其他选项。在【文件重命名】面板中，我自己创建了一个重命名模板，规定照片名称形式为“YYYYMMDD_0001”（由年月日和 4 位数字组成），如图 11-4 所示。

注意 如果你希望学习如何自己创建命名模板，请阅读第 2 课中的相关内容。

在【在导入时应用】面板中，我输入了“Cooking”“Tacos”“Family”“Mexican”这几个关键字，而且我把所有照片放入了一个名为 20200912_sabine_bday 的文件夹中，如图 11-5 所示。虽然不需要文件夹中的关键字，但是添加它们可以提醒自己当时的拍摄情况。

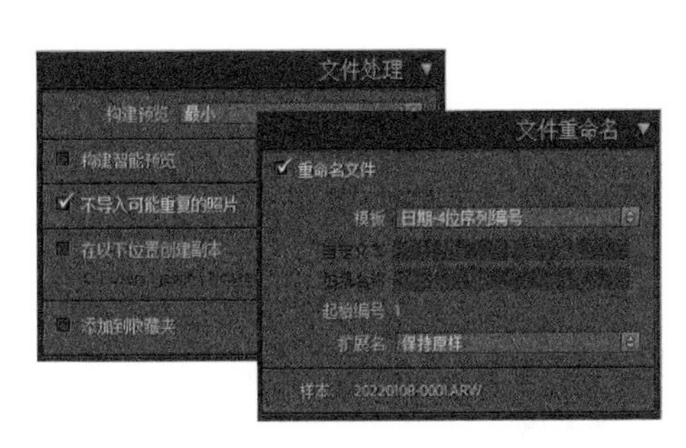

图 11-4

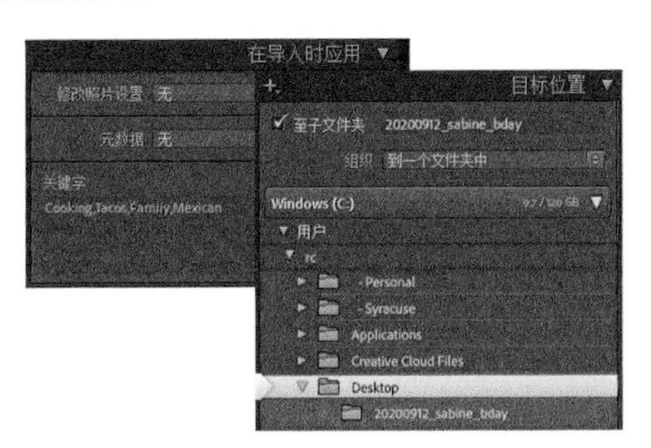

图 11-5

注意 我一般会把当前正在处理的“热态”项目保存在桌面上，这么做是为了提醒自己当前正在做的项目，而且也能让自己快速打开项目进入工作状态。你不必非得这样做，你可以把项目保存到计算机中任意一个地方，只要保证项目的所有文件都在一起就好。

这里，我选择在桌面上创建 20200912_sabine_bday 文件夹。在我看来，计算机桌面和我家里的桌子是一样的。桌面上的东西会引起我的注意，因此，我一般都把当天工作需要的材料放在桌面上。等我做完整个项目之后，我会把项目转移到其他地方。我不会在计算机桌面上放置一些与当前工作无关的文件和文件夹，而只放置当前要做的项目。这有助于我把精力集中到当前项目上，提醒我当前应该做什么。

11.3.2 反复选片：选取与拒绝

注意 关于选片方法，我们先在第 1 课中简单提过，然后又在第 4 课中做了详细讲解。忘记的读者请翻回去阅读相关内容。

目前，我们已经把照片导入桌面上指定的文件夹中了。接下来，该挑选照片了。浏览所有的照片，从中找出那些有问题的（例如失焦、曝光不足、身体被截掉等），然后把它们标记为【排除】。在这个过程中，如果有特别喜欢的照片，你可以把它标记为【选取】，如图 11-6 所示，或者给它标一下星级（例如五星）。这样做的目的是在修改照片之前先对所有照片进行分类和排序。

图 11-6

当然，这么做也很有实际意义。例如，你给客户拍了一些写真，答应出 6 张照片给她。在把照片导入 Lightroom Classic 后，你发现实际拍了 90 多张。你要浏览这些照片，去掉有问题的，找出 6 张最满意的。

挑出最满意的 6 张照片后，你可以先把它们标记为【留用】，然后再修改它们，做进一步处理，最后把处理好的照片交付给客户。

挑选照片不是个简单的事，有时你需要花很多时间，反复对比斟酌，才能选出最满意的照片。商业摄影师 Joe McNally 曾经跟我说过：“桌子上，有些食物是供人享受的，有些食物只是为了凑个数而已”。先把凑数的食物（比喻不好的照片）尽快清理掉，我们才能把所有精力放在那些好吃的食物（比喻好照片）上，如图 11-7 所示。

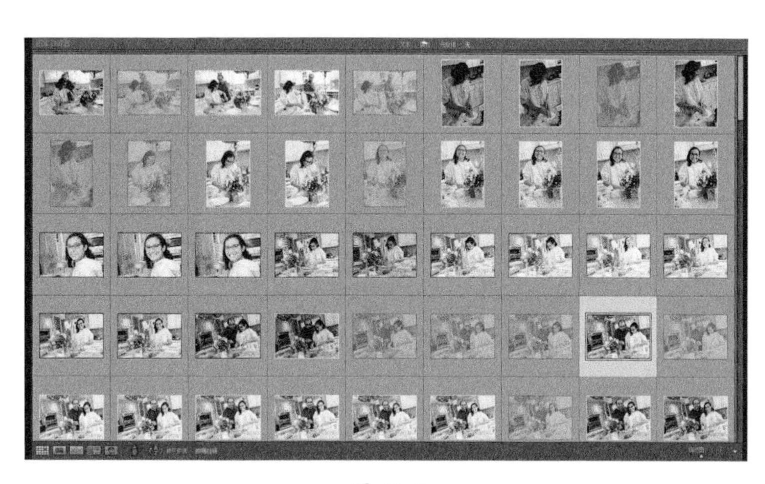

图 11-7

11.3.3 收藏夹集和收藏夹

修改照片之前，我通常还要创建一个收藏夹集，并在其中创建若干收藏夹。收藏夹集代表整个项目，其中的各个收藏夹中存放的是针对不同需求挑选出的一组照片。例如，针对 Sabine 生日拍摄的照片，我创建了图 11-8 所示的收藏夹集和收藏夹。

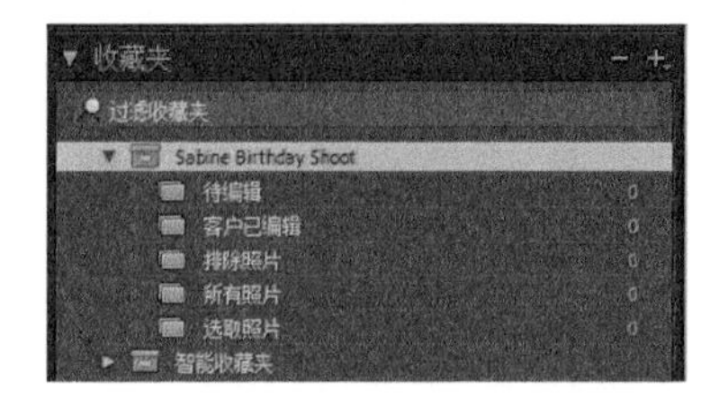

图 11-8

在收藏夹集中，有一个名为【排除照片】的收藏夹。有时客户要求不要删除任何一张照片，所以我会把不好的照片全部放到【排除照片】收藏夹中。

我习惯把个人照片放到一个收藏夹集中，这样我可以快速找到需要的照片。这么做还有助于更好地组织以后的拍摄。假设 Sabine 是我的一个客户，她要求我再给她拍一套毕业典礼的照片。此时，我肯定希望能够快速浏览拍摄的照片。为此，我可以为第二次拍摄再创建一个收藏夹集，然后将其像第一个收藏夹集那样组织一下，如图 11-9 所示。

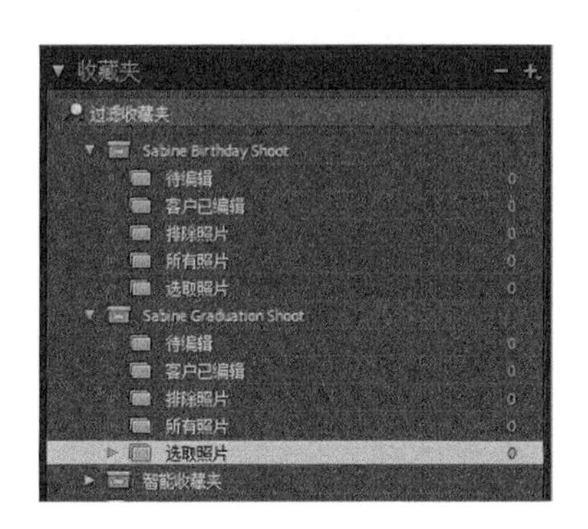

图 11-9

注意 关于如何创建收藏夹集和收藏夹，请阅读第 4 课中的相关内容。

如果我希望把 Sabine 的所有照片全部放到一个地方，又该怎么办呢？此时，我可以创建一个名为 Sabine Concepcion 的收藏夹集，然后把两个收藏夹集放入其中，如图 11-10 所示。当我希望查看所有照片时，只需单击最外层的主收藏夹集即可。如果我只想查看某些照片，只要单击相应的收藏夹即可。

图 11-10

每次拍摄对应一个收藏夹集，每个收藏夹集中都有一个 Picked Images 收藏夹，其中存放着每次拍摄的精选照片。如果我希望把每次拍摄的精选照片都放在一起，又该怎么办呢？此时，我可以在最外层的收藏夹集（主收藏夹集）中创建一个名为 Best of Sabine 的收藏夹，然后把每次拍摄的精选照片拖入其中，这样就可以在 Best of Sabine 这一个收藏夹中查看到所有拍摄的精选照片了，如图 11-11 所示。

图 11-11

最后再举一个例子，假设我刚接手了一个儿童拍摄业务。我会为这个新业务创建一个名为 Child Portraits 的收藏夹集。Sabine 也是儿童，所以我把 Sabine Concepcion 收藏夹集放入其中，如图 11-12 所示。这样，当我把 Child Portraits 收藏夹集折叠起来时，其下所有收藏夹集都会随之一起折叠，只在需要时把它们展开。

如果你喜欢摄影，那有一件事是肯定的，那就是你拍摄的照片会越来越多。为了应对越来越多的照片，你最好找一套适合自己的照片组织方式。刚开始使用这套照片组织方式时，你可能会觉得有点费事，但是随着照片数量的增加，有这么一套合适的照片组织方式会大大提高你的工作效率。我强烈建议你好好看一下这部分内容，总结出一套适合自己的照片组织方式。

注意 在本书配套视频中，我分享了更多使用收藏夹集的例子。无论你是风光摄影师、肖像摄影师、婚礼摄影师，还是纪实摄影师，相信这些例子都会给你带来一些启发和帮助。关于如何下载配套视频，请阅读本书前言。

图 11-12

在【目录】面板中选择【上一次导入】，按 Command+A 或 Ctrl+A 组合键，选择所有照片，然后把它们拖入【所有照片】收藏夹中。使用过滤器栏中的【元数据】过滤器，找出留用照片，并将其全部选中，拖入【选取照片】收藏夹中。同样，找出所有被排除的照片，把它们拖入【排除照片】收藏夹中。另外，把带有待编辑标记的照片放入【待编辑】收藏夹中，如图 11-13 所示。

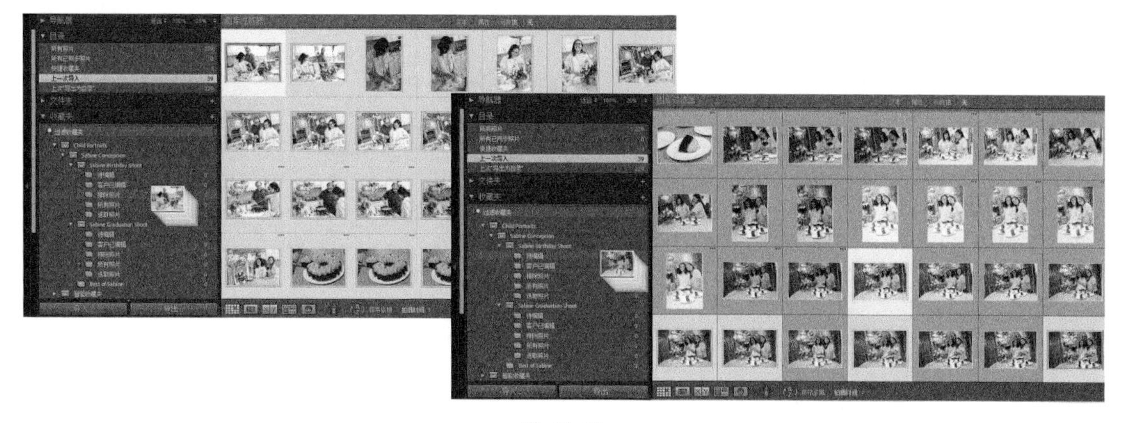

图 11-13

现在可以开始在 Lightroom Classic 中修改照片了。

11.3.4 备份照片

如前所述，组织照片很重要，备份照片也十分重要。接下来，我们聊一聊有关照片备份的事儿。

我是一个 macOS 用户，我使用 macOS 内置的【时间机器】把计算机资料备份到两个外部存储器中。

从 Apple 菜单中依次选择【系统偏好】>【时间机器】，如图 11-14 所示。当把外部存储器连接至计算机时，你可以将其选作备份磁盘，【时间机器】会启动备份并把备份保存到它上面。

经过备份，照片就有了副本。有了副本，我们就可以放心地修改照片了。

这里，我选用的便携式 RAID 存储设备是 G-Technology 公司的 G-SPEED Shuttle（带 ev Series Bay Adapters），如图 11-15 所示。他们家的桌面型存储设备你都可以用（我更喜欢 G-RAID 系列），G-SPEED Shuttle 带有两个雷电 3 接口和 ev Series Bay Adapters，我可以非常方便地连接其他支持雷电 3 接口的硬盘，而且还可以接驳普通外置硬盘。

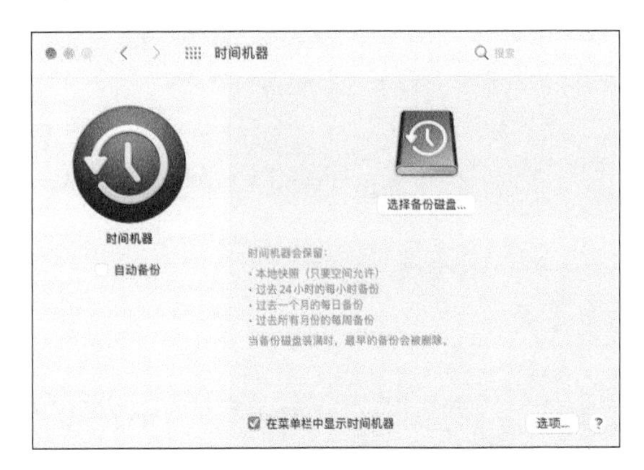

图 11-14

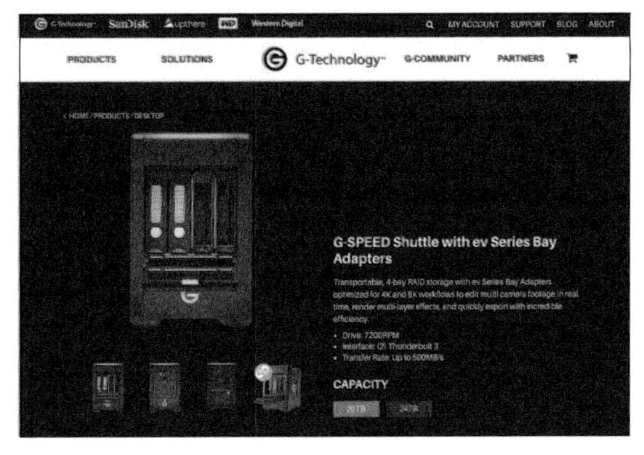

图 11-15

我办公室里还有一台 G-SPEED Shuttle，如图 11-16 所示。每次我去办公室都会连上它，这样我就又有了一个备份。

如果你是 Windows 用户，建议你选用 Genie BigMIND 备份系统，如图 11-17 所示，它会自动把你的所有文件备份到一个私有云上，并允许你从任意一个设备访问它。

图 11-16

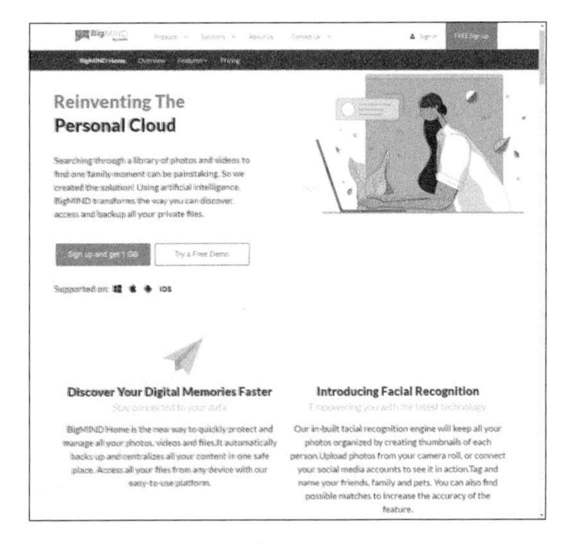

图 11-17

若条件允许，最好把计算机中的文件备份到两个不同的地方，这样可以避免因机器故障而导致文件丢失。

11.4 工作流程：中间态

前面已经组织了照片，也进行了编辑，把该打印的照片送去打印，把该上传的照片也上传了。接下来介绍如何从计算机中“卸载”这些照片，以便腾出更多硬盘空间。

我们可以把“热态”项目转移到一个外置硬盘上。为确保离线照片仍然可用，我们会创建智能预览。这样做的目标是尽可能多地把照片从计算机中移走。

许多摄影师喜欢把自己拍摄的每张照片都带在身边，但随着时间的推移，他们最后不得不放弃这种做法。因为随着照片数量的增加，他们要随身携带的硬盘数量会越来越多，而且搞不清自己需要的照片到底在哪个硬盘上，也不知道该怎么找到它们（图 11-18 所示就是某位摄影师的真实写照）。

图 11-18

11.4.1 随着时间的推移，对照片的访问需求会逐渐减少

其实，你不必把所有照片都带在身边。举个例子，现在我们每个人手里都有一部智能手机，假设不久前你刚用它拍了一张照片，在接下来的几天里，你可能会经常翻看那张照片，但这个行为会持续多久呢?

想一想，你已经多久没有翻以前拍的照片了？应该是好久了吧。随着时间的推移，我们越来越少去翻看过去拍的照片，而是把主要精力放在当前正在做的事情上。

Lightroom Classic 收藏夹中的有些照片我每天都看，但随着时间的推移，翻看的次数会越来越少。我把 7 年前拍的度假照片存放在一个外置硬盘中，偶尔会去翻看里面的照片，但并不会随身携带这个外置硬盘。

认可这一点，你就可以免去许多麻烦。

11.4.2 创建智能预览

在把文件夹移动到外置硬盘中之前，最好先为照片创建智能预览。前面导入照片时，在【文件处理】面板中取消勾选了【构建智能预览】（位于【构建预览】菜单下），如图 11-19 所示。

勾选【构建智能预览】后，即便计算机中不存在照片的副本，我们仍然可以使用它们。在所有预览中，智能预览占用的空间最多（但还是比原始文件要小得多）。在 Lightroom Classic 中，你可以在工作流程的任意阶段创建智能预览。首先选择要创建智能预览的照片，然后从菜单栏中依次选择

【图库】>【预览】>【构建智能预览】，如图 11-20 所示。

智能预览构建完成之后，【直方图】面板的左下角会显示【原始照片 + 智能预览】字样，如图 11-21 所示，表示 Lightroom Classic 已经为选择的照片创建好了智能预览。

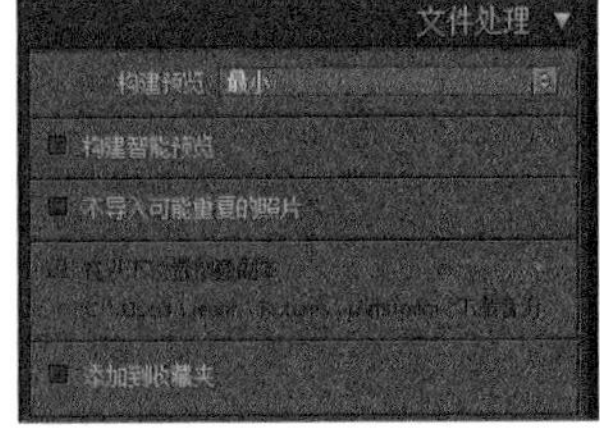

图 11-19

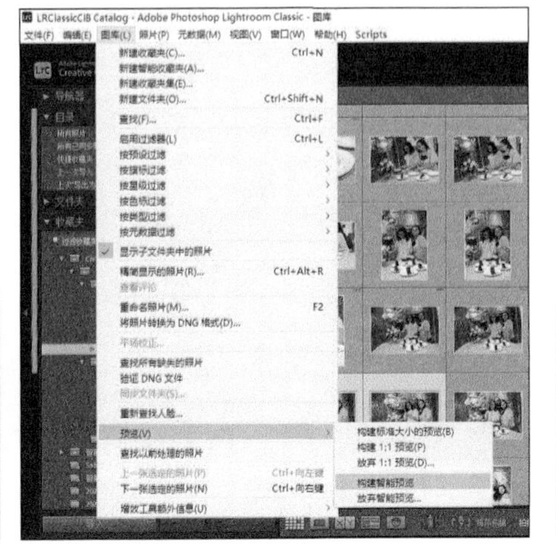

图 11-20

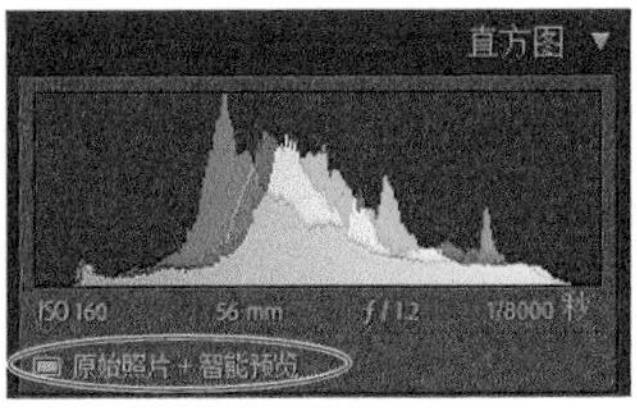

图 11-21

这里，我没有为第一张照片创建智能预览。当选择第一张照片时，【直方图】面板左下角只显示【原始照片】字样。此时，进入【修改照片】模块，你可以随意修改它，如图 11-22 所示。

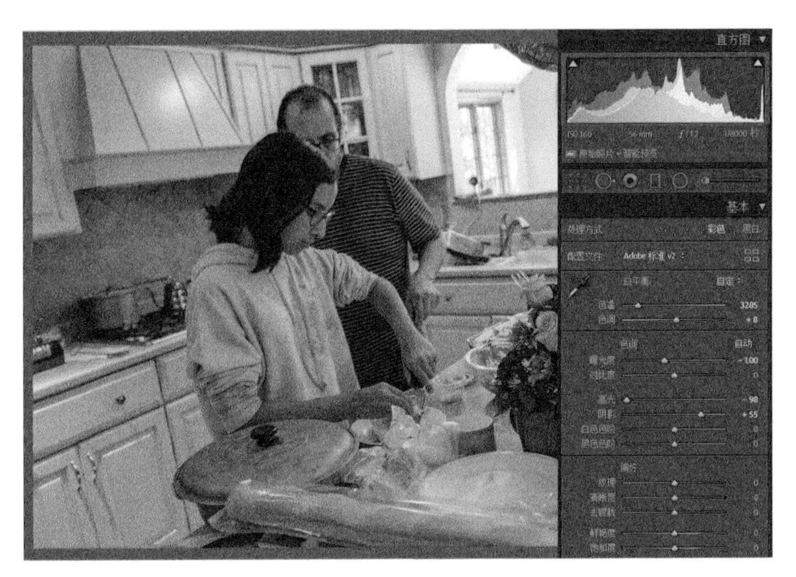

图 11-22

当你把第一张照片移动到其他位置后，Lightroom Classic 将无法修改它，【修改照片】模块变成灰色，如图 11-23 所示，并显示“无法找到文件”错误信息。以第 1 课中的数字笔记本为例，就像是我搬走了家里的所有照片，但是并没有记下把它们搬到了哪里。

当某张原始照片离线，或者你把它从 Lightroom Classic 中移走之后，如果你曾经为这张照片创建了智能预览，Lightroom Classic 会自动启用智能预览，并允许你随时修改它。当原始照片上线，或者被重新找回来后，Lightroom Classic 就会把你对智能预览所做的修改全部同步到原始照片上，如图 11-24 所示。

图 11-23

无智能预览

带智能预览

图 11-24

到此为止，我们就已经做好转移照片的准备了，那要把照片移动到哪里呢？

11.4.3 选择外置硬盘

选择外置硬盘我有两个标准，一个是可靠，另一个是耐用。最好还带保护套，因为我们经常需要随身携带外置硬盘。

G-Technology 公司推出了一款名叫 ArmorATD 的外置硬盘，如图 11-25 所示，具备良好的防水、防尘、抗压能力，很适合随身携带。

此外，该公司的 G-DRIVE ev RaW 外置硬盘带 ATC 保护套，并且防碰撞、防尘、防水，支持 USB 3 或雷电接口，如图 11-26 所示。

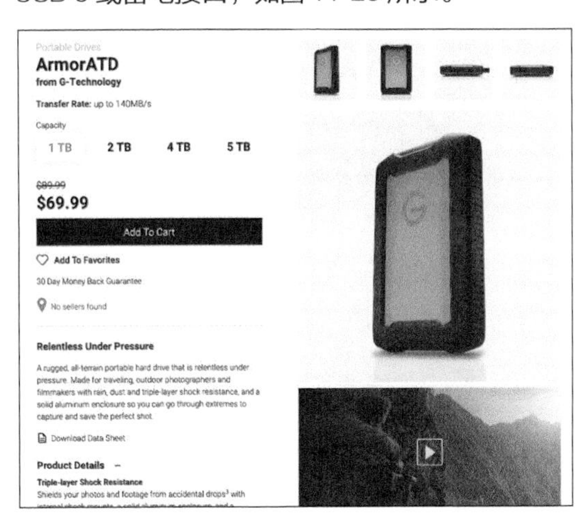

图 11-25

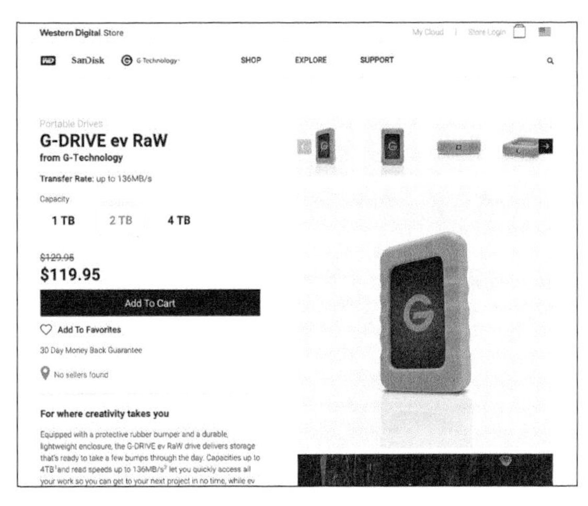

图 11-26

把外置硬盘从保护套中取出，就可以轻松地插入 G-RAID 中，而且可以使用家用线缆进行连接，如图 11-27 所示。虽然完全没必要将它们挂接到 G-RAID 上，但是它们允许这样做，我还是非常开心的。

图 11-27

不管这些硬盘多么好，它们采用的仍然是传统的机械结构，其中存放的信息是由磁头从高速旋转的磁盘上读取的。若受到剧烈碰撞，内部机械结构损坏，其中存放的信息就无法正常读取了。

与传统的机械结构不同，新式硬盘采用的是固态存储器，因此又叫固态硬盘（Solid State Disk，SSD），手机和平板电脑中使用的就是这种硬盘。这种新式硬盘内部没有传统的机械机构，因此不必像使用传统硬盘那样担心其内部移动部件损坏。在我的存储系统中已经开始使用这种硬盘，为数据多加一层保险。我非常喜欢 SanDisk 公司推出的极速移动固态硬盘（1TB），其与 1 TB USB 3 硬盘不相上下，如图 11-28 所示。

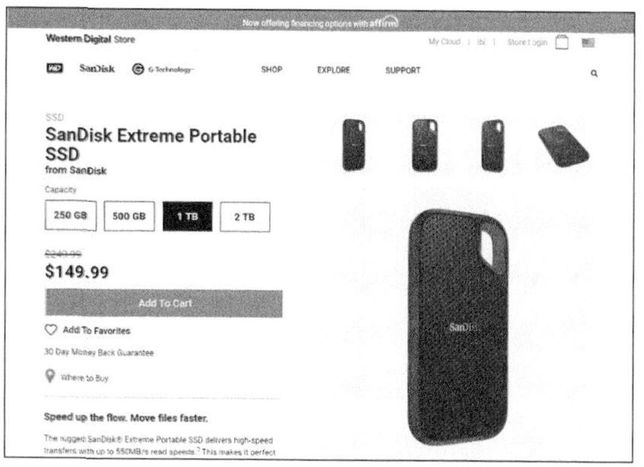

图 11-28

另外，若你的计算机有雷电 3 或 USB-C 接口，通过这些接口连接固态硬盘，读写速度会更快。事实上，我现在正在使用一个固态硬盘来运行计算机操作系统。

11.4.4 把照片转移到外置硬盘上

移动照片时，你可以使用 Lightroom Classic 中的【文件夹】面板，但我更喜欢使用计算机操作系统本身的文件与文件夹管理系统，例如 macOS 下的【访达】和 Windows 下的【资源管理器】。用这两个工具来移动照片非常方便。

同时，为了配合讲解接下来的内容（查找与重新链接文件夹），我们这里选择使用【访达】或【资源管理器】来移动照片。

打开【访达】或【资源管理器】，进入桌面，把照片文件夹从桌面（或者其他存放照片的地方）复制到另外一个移动硬盘中，如图 11-29 所示。移动照片时，我不会使用【剪切】命令，而是使用【复制】命令先把照片复制到新位置，确认照片成功复制到新位置之后，再删除原始照片。这么做是为了防止移动照片的过程中发生意外，谁都无法预料移动照片的过程中会发生什么，还是稳妥一点好。

图 11-29

当照片全部移动完毕之后，使用鼠标右键单击保存原始照片的文件夹，从弹出菜单中选择【删除】，删除原始照片文件夹，如图 11-30 所示。

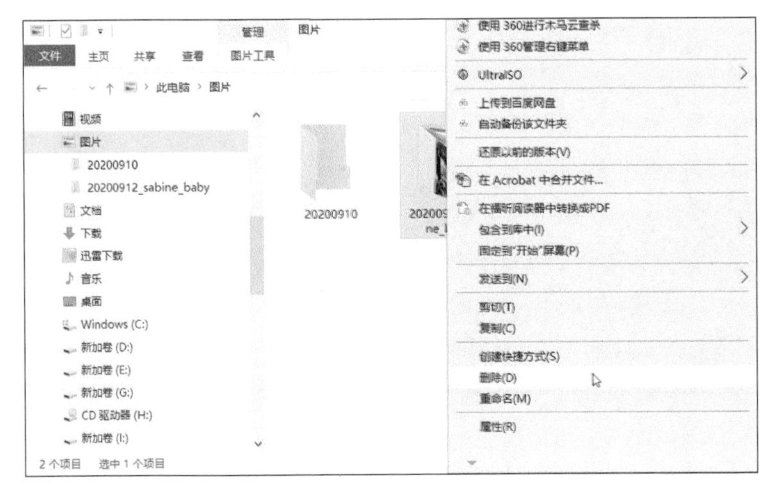

图 11-30

11.4.5 重新链接丢失的文件夹

进入【修改照片】模块，你会发现照片当前只剩下智能预览了，但是你仍然可以编辑它。接下来，我们必须把文件夹重新链接到 Lightroom Classic，这样你才能访问原始文件或更新它们。请参照以下步骤重新链接丢失的文件夹。

❶ 查找丢失的照片（或仅有智能预览的照片）。

❷ 使用鼠标右键单击照片，从弹出菜单中选择【转到图库中的文件夹】，如图 11-31 所示。

图 11-31

❸ 此时，【文件夹】面板中高亮显示照片原来所在的文件夹，而且该文件夹图标上有一个问号，表示 Lightroom Classic 在计算机中找不到这个文件夹，如图 11-32 所示。

❹ 在文件夹被选中的状态下，使用鼠标右键单击文件夹，从弹出菜单中选择【查找丢失的文件夹】，如图 11-33 所示。

图 11-32

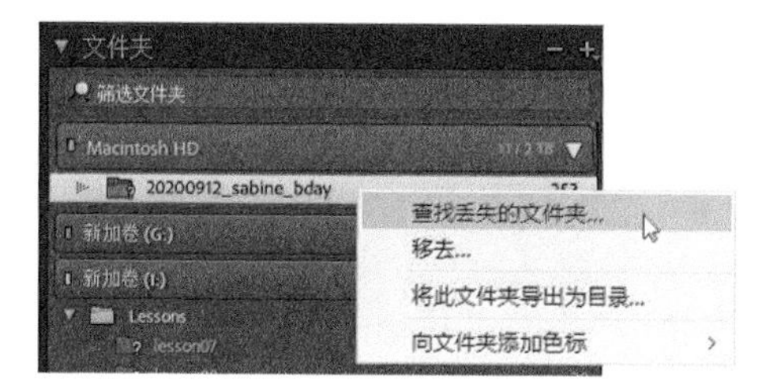

图 11-33

❺ 在【查找丢失的文件夹】对话框中转到移动硬盘中，找到目标文件夹，选择它，单击【选择文件夹】按钮，如图 11-34 所示。

图 11-34

❻ 此时，智能预览与原始照片重新链接在一起，如图 11-35 所示。Lightroom Classic 会把你对智能预览做的所有更改同步到原始照片上。如果你事先没有为丢失文件夹中的照片创建智能预览，在重新链接文件夹之后，你就又可以在【修改照片】模式下正常地编辑它们了。

图 11-35

使用【显示父文件夹】命令快速重新链接文件夹

想把照片搬到一个更大的硬盘中？丢失了 100 个子文件夹？在这些情况下，我们就得学习如何在 Lightroom Classic 中重新链接文件夹了，这也是我们必须掌握的技能之一。

前面已经讲了使用智能预览时如何重新链接单个文件夹，接下来讲另外两种情况及其解决方案。

情况一。假设你在 Lightroom Classic 中发现某张照片缺失了，于是你去【图库】模块的【文件夹】面板下找到相应文件夹，发现丢失的照片属于某个父文件夹下的某个子文件夹（例如共有 3 个子文件夹），如图 11-36 所示。这是不是说，你需要更新文件夹的位置 3 次，每个子文件夹更新一次？其实根本不需要。

在这种情况下，首先选择包含所有子文件夹的父文件夹，然后使用鼠标右键单击父文件夹，从弹出菜单中选择【查找丢失的文件夹】，如图 11-37 所示，更新父文件夹的位置。此时，其下所有子文件夹（有时有好几百个）都会自动更新。

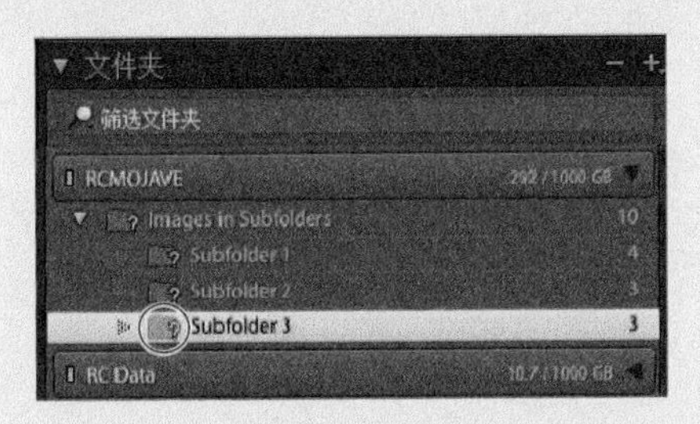

图 11-36

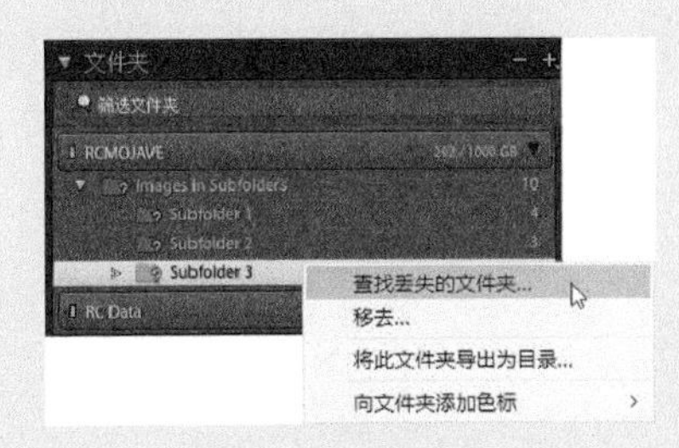

图 11-37

情况二。假设你的 1TB 硬盘空间用完了，因此你把其中所有照片移动到了另一个 4TB 的硬盘上。如果 Lightroom Classic 找不到你需要的照片，该怎么办呢？

使用鼠标右键单击丢失的照片，从弹出菜单中选择【转到图库中的文件夹】，如图 11-38 所示，找到丢失照片所在的文件夹。若在【文件夹】面板中无法看到文件夹所在硬盘的名称，可以使用鼠标右键单击最上方的文件夹，从弹出菜单中选择【显示父文件夹】。

图 11-38

此时，Lightroom Classic 以文件夹的形式显示出外置硬盘的名称。使用鼠标右键单击外置硬盘文件夹，从弹出菜单中选择【查找丢失的文件夹】，如图 11-39 所示。

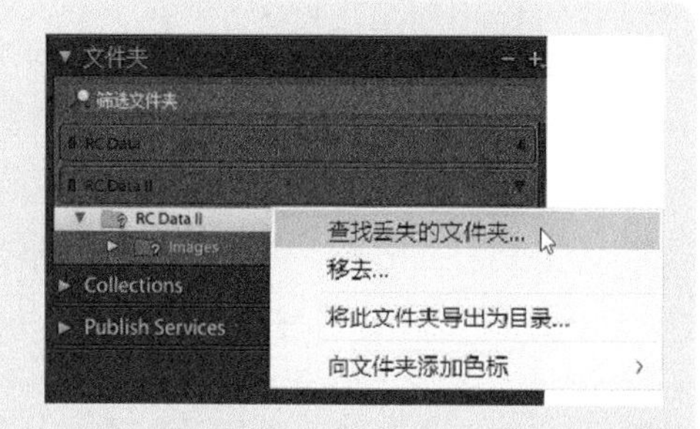

图 11-39

在【查找丢失的文件夹】对话框中转到新硬盘下，选择它，单击【选择文件夹】按钮，如果 11-40 所示。在这期间，请不要选择硬盘下的任何子文件夹。

此时，新硬盘中的所有子文件夹的位置都会更新，这样你就不用再花时间重新链接每一个文件夹了，如图 11-41 所示。

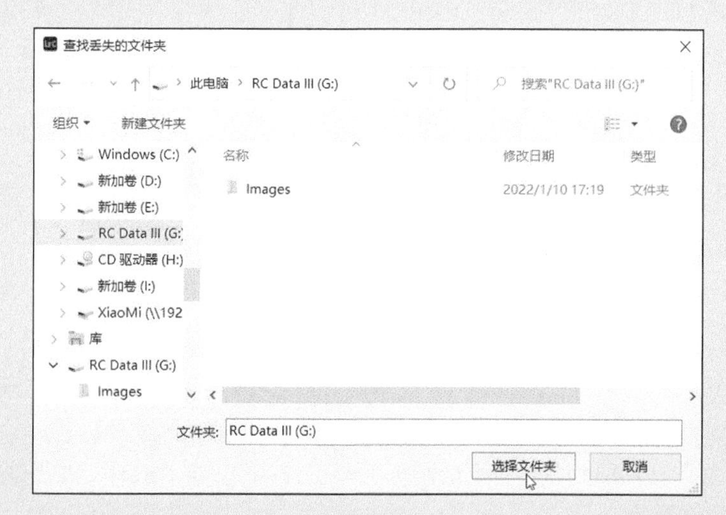

图 11-40

图 11-41

请记住，碰到文件夹丢失时，先找到父文件夹。如果你能先把父文件夹重新链接，那就能节省大量时间，省很多事。

11.4.6 备份外置硬盘

在把照片移动到外置硬盘后，我们还要确保它们被包含在计算机的常规备份中。如果你是macOS用户，你可以将其交付给【时间机器】。这个过程中，你会碰到一个令人迷惑但又非常重要的对话框，请按以下步骤处理。

①在【时间机器】窗口右下角单击【选项】按钮，显示出一系列硬盘，【时间机器】备份时会把这些硬盘排除在外。默认设置下，【时间机器】不会主动备份外置硬盘，但你可以要求它备份。

②在列表中选择你的外置硬盘，然后单击列表左下角的减号按钮（-）。此时，你的外置硬盘就会从排除列表中消失，【时间机器】会为你备份它，如图11-42所示。

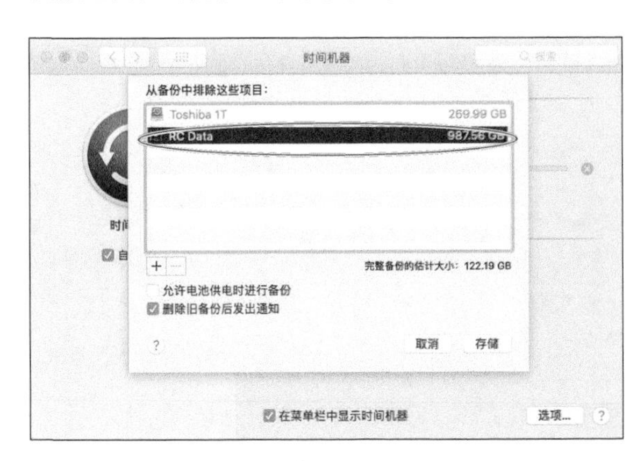

图 11-42

11.5 工作流程：冷态

前面我们已经花了一些时间来处理项目中的照片，并把它们移动到了一个外置硬盘上。随着时间的推移，我访问这个项目的次数越来越少，再加上外置硬盘空间也是有限的，所以接下来我要把项目文件夹从外置硬盘移动到NAS设备中。唯有如此，我们才能更加高效地使用硬盘空间，最大限度地确保当前项目所有数据的安全。

11.5.1 什么是NAS设备

通常，NAS设备就是一组封装在盒子中的硬盘，如图11-43所示。这种盒子会把所有硬盘捆绑在一起，然后借助硬件或软件把硬盘空间提供给我们使用（在技术上，我们称之为RAID配置）。

网络存储设备不是通过USB或雷电接口连接到计算机，而是通过电缆调制解调器或路由器连接到计算机的，如图11-44所示。个人计算机有Windows操作系统，苹果计算机有macOS，NAS设备也有自己的操作系统，用来管理系统中的硬盘。

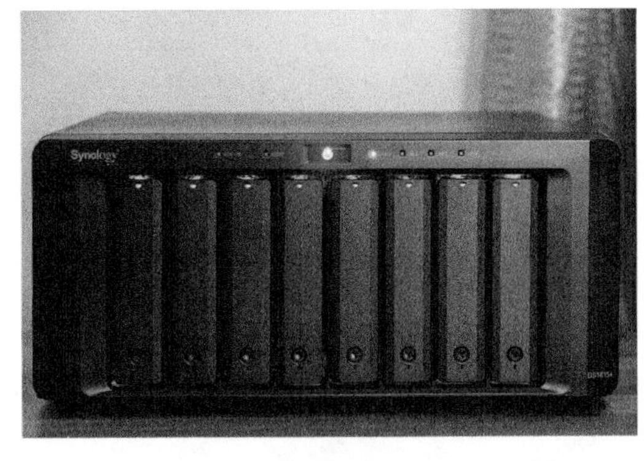

图 11-43

图 11-44

我使用的 NAS 设备是群晖科技的 8 槽位系统，如图 11-45 所示。在可靠性方面，群晖科技的 NAS 产品坚如磐石，应对我的工作绰绰有余。

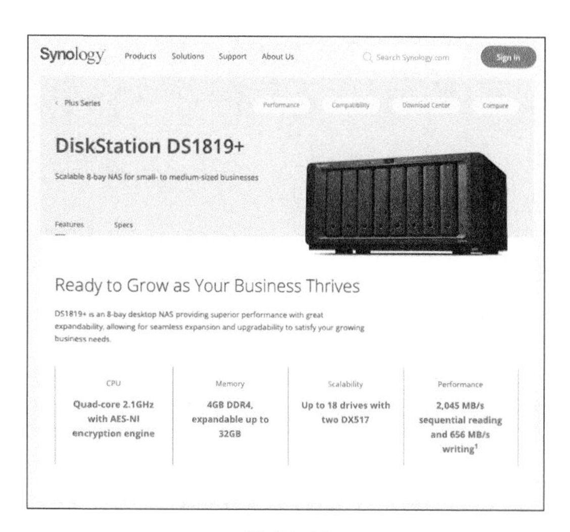

图 11-45

需要注意的是，你购买的 NAS 设备中通常不包括硬盘，也就是说，你得单独购买与之兼容的硬盘。我选择的是希捷科技出品的 Iron Wolf NAS 硬盘，其使用寿命比传统硬盘长得多，如图 11-46 所示。是不是一开始就要买 8 槽位的 NAS 系统？不是。刚开始时，你当然可以先买槽位数少的，例如图 11-47 所示的 5 槽位的产品。而且，刚开始时，你可能也根本用不了那么多槽位，你可以把某些槽位先空着，等到需要扩充硬盘时再用它们也不迟。这些都不要紧，要紧的是你要赶紧买一台 NAS 设备，用来存放你的全部照片。

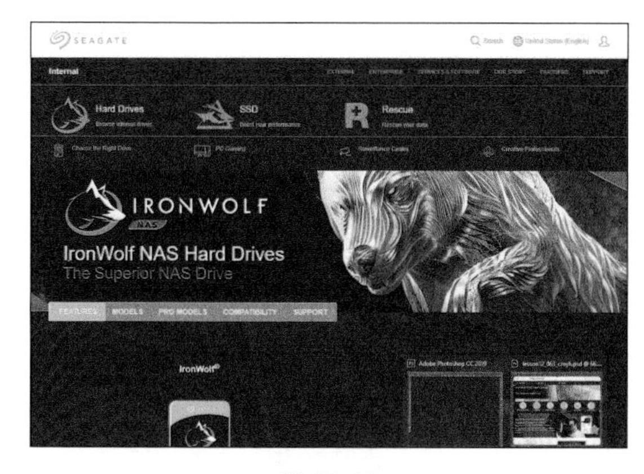

图 11-46

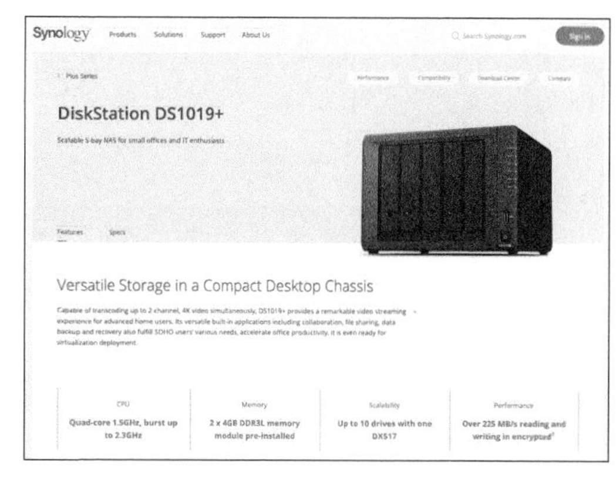

图 11-47

11.5.2 把项目文件夹移动到 NAS 设备中

一旦我准备把某个项目打入“冷宫”，我就会打开计算机，连上家里的网络（有线或无线）。把包含项目文件夹的外置硬盘连接到计算机上，找到待移动的项目文件夹。然后选择项目文件夹，把它复制到 NAS 设备上的某个文件夹（通常含有年份标签）中，如图 11-48 所示。几分钟后，整个项目文件夹就被复制到 NAS 设备中，最后再从外置硬盘中删除它。

图 11-48

回到 Lightroom Classic 中，你会见到一个无法找到文件的错误信息。此时，到【文件夹】面板（在【图库】模块下）中，把文件夹位置更新为其在 NAS 设备中的新位置，如图 11-49 所示。

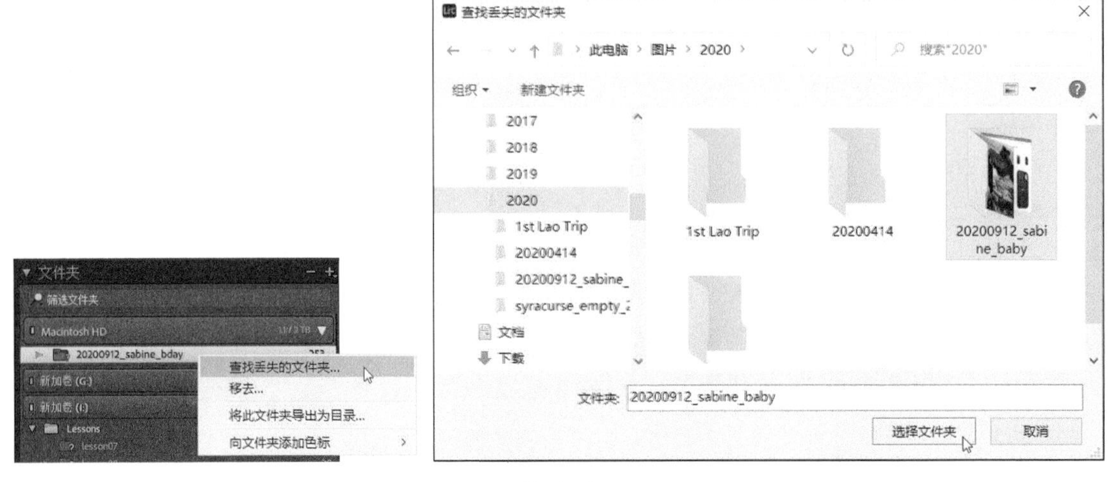

图 11-49

由于我开启了智能预览，所以每次出门，我仍然可以借助笔记本电脑中的智能预览编辑照片。当我回到家再次连上网络，NAS 设备上线，之前我对智能预览做的所有修改都会同步到 NAS 设备中的原始照片上，如图 11-50 所示。

图 11-50

11.5.3 从互联网访问 NAS 设备中的文件

如前所述，连上家里的网络（局域网）后，我们可以自由地访问 NAS 设备中的文件。但是有些时候，我们在外面也需要访问家中 NAS 设备里的文件，这时我们可以通过互联网访问家里的 NAS 设备。

前面讲过，NAS 设备其实就是一个包含多个硬盘的盒子，它接入家里的局域网，带有自己的操作系统。就群晖科技的 NAS 设备来说，其专用操作系统叫 DSM，它默认支持动态域名服务 (Dynamic Domain Naine Server,DDNS) 功能，做简单的设置之后，我们就可以在外面使用浏览器通过互联网访问家里的 NAS 设备了。当需要用到存放在 NAS 设备中的某个文件时，我只要登录 NAS 设备，然后下载所需文件即可，如图 11-51 所示。

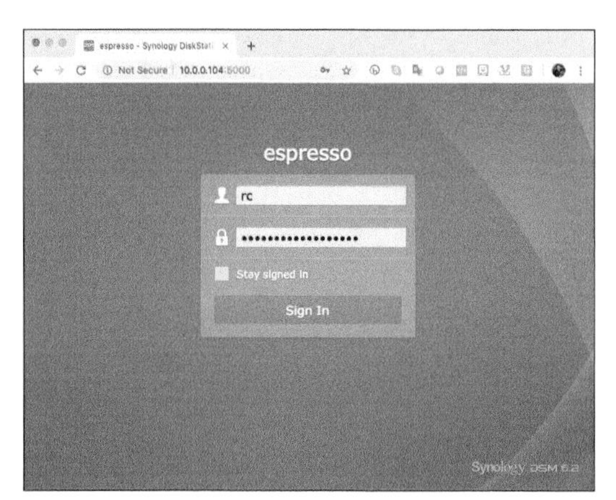

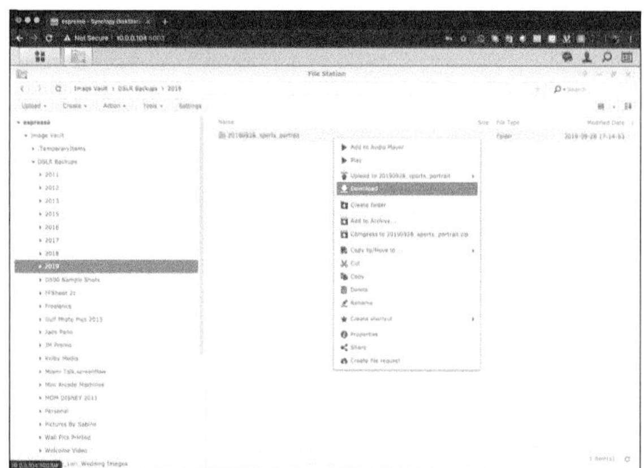

图 11-51

事实上，如果你在 Lightroom Classic 中为照片创建了智能预览，那真正需要从互联网访问 NAS 设备的机会并不多。有了智能预览，我们不仅可以编辑智能预览，还可以将其导出，作为某种用途使用。导出智能预览时，把导出格式指定为 JPEG，分辨率设置为 240ppi，最终可以得到一张长边为 2560 像素的图片，比 7 英寸 ×10 英寸略大，如图 11-52 所示。

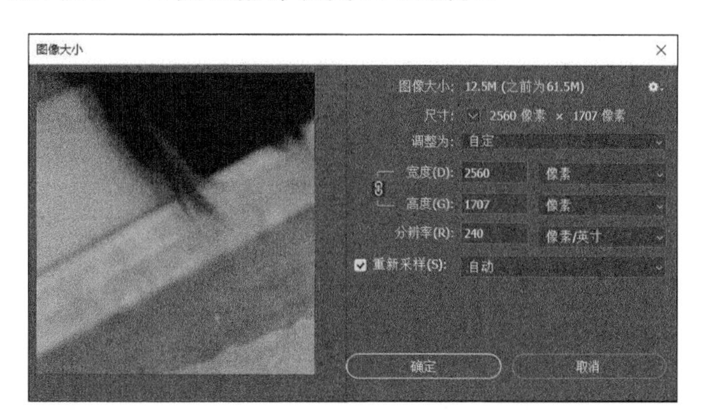

图 11-52

11.5.4 使用智能收藏夹清理目录

学到这里，你可能会想：既然智能预览有这么多好处，那在导入照片时，我们选择为所有照片创建智能预览好了。不错，创建智能预览有很多好处，但是它们会占据一定硬盘空间，所以也不应该滥用。我一般会使用智能收藏夹来跟踪它们。

在导入照片的过程中，Lightroom Classic 会创建一系列预览图。我们可以在【文件处理】面板下的【构建预览】菜单中指定预览图的大小，3 个选项分别是【最小】(最小尺寸)、【标准】、【1：1】(100%)。预览图尺寸越大，其占用的磁盘空间越多。

考虑到预览图尺寸会影响到照片占用的空间大小，Lightroom Classic 会定期自动清理预览图。

在 Lightroom Classic 的【目录设置】对话框的【文件处理】选项卡中，在默认设置下，Lightroom Classic 每 30 天会删除一次 1：1 预览（最大尺寸的预览），如图 11-53 所示。

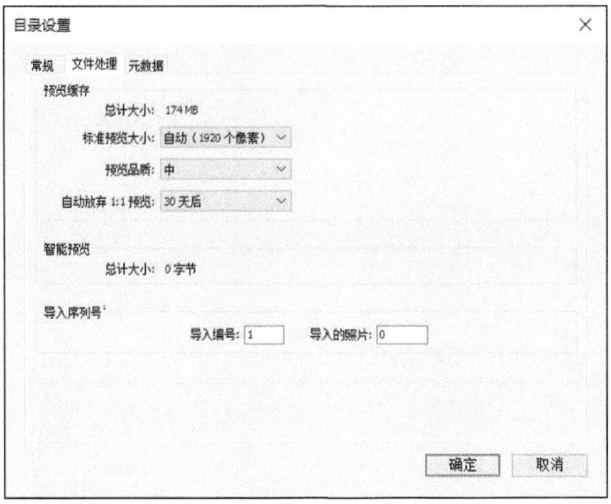

图 11-53

从理论上说，智能预览的尺寸应该比 1：1 预览大，因为它们允许编辑。但是，在【目录设置】对话框中，Lightroom Classic 并未提供定期删除智能预览的选项。导入照片时，勾选【构建智能预览】，系统中很快会积累大量智能预览图，我们也没办法知道它们的具体数量。

此时，智能收藏夹就派上大用场了。在 Lightroom Classic 目录中，我一般创建两个智能收藏夹来清理目录，其中一个智能收藏夹用来收集所有被标记为【排除】的照片。创建该智能收藏夹时，需要在【创建智能收藏夹】对话框中指定【留用旗标】为【是】、【排除】，如图 11-54 所示。

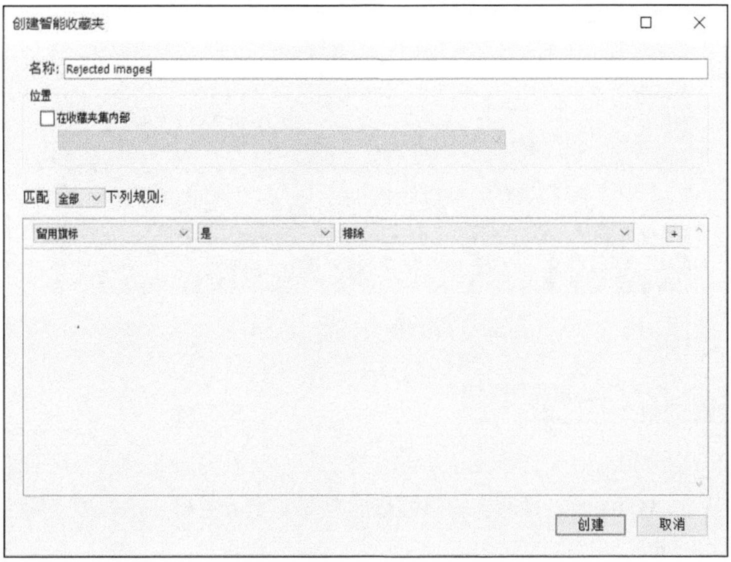

图 11-54

另一个智能收藏夹用处更大，用来收集那些有智能预览的照片。创建该智能收藏夹时，需要在【创建智能收藏夹】对话框中指定【有智能预览】为【是】，如图 11-55 所示。

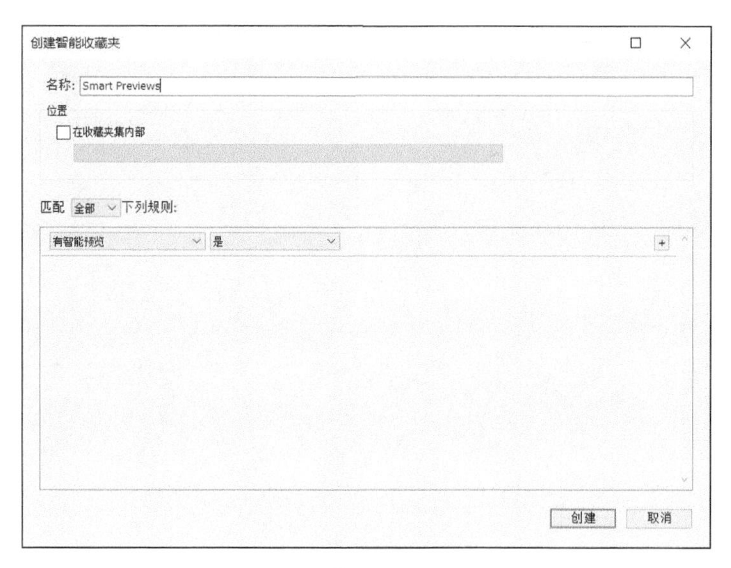

图 11-55

这样,【收藏夹】面板下就会有一个智能收藏夹一直在收集那些有智能预览的照片。当有智能预览的照片数量太多，或者某些照片不再需要智能预览时，我会选择这些照片，然后从菜单栏中依次选择【图库】>【预览】>【放弃智能预览】，把智能预览删除掉，如图 11-56 所示。

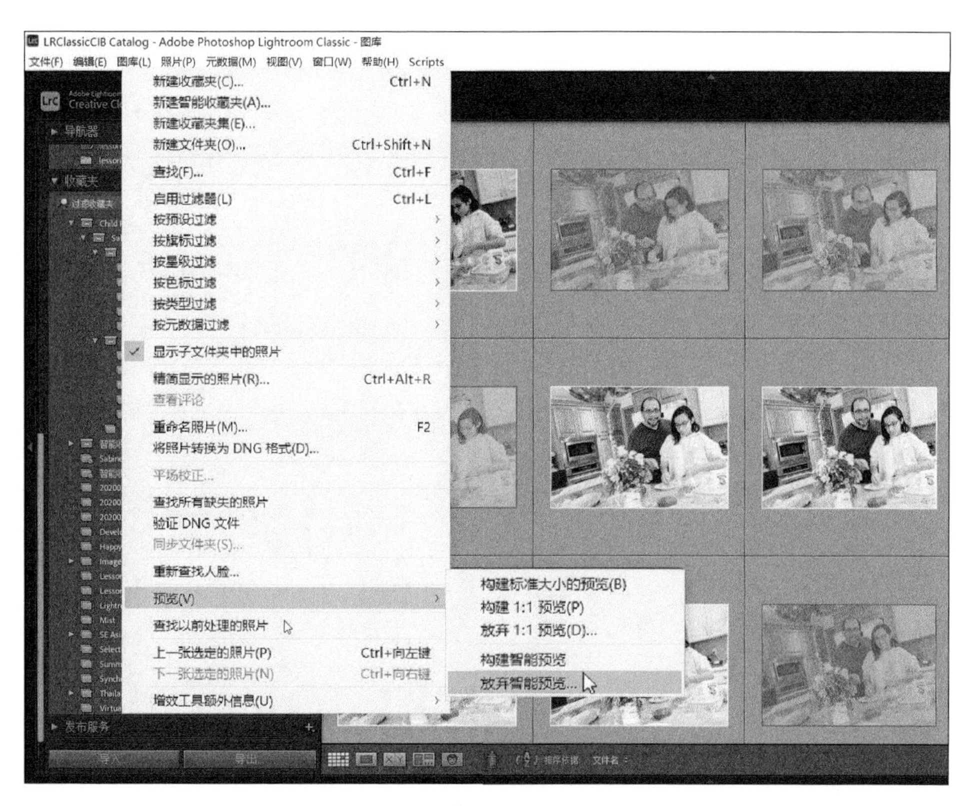

图 11-56

以上就是我个人使用的整个工作流程，希望对大家有所启发和帮助!

11.6 复习题

1. 在 Lightroom Classic 中，当希望以层级结构组织照片时，应该使用哪个工具？
2. 使用智能预览有什么好处？
3. 把一系列文件夹从一个硬盘移动到另一个硬盘后，如何快速重新链接它们？
4. 在 Lightroom Classic 中组织不断增加的照片时，NAS 设备有什么用？
5. 照片导入开始时，在 Lightroom Classic 中挑选照片有什么意义？

11.7 答案

1. 应该使用收藏夹集。收藏夹集是一个容器，可以把一系列收藏夹保存在里面。一个收藏夹集本身也可以嵌套其他收藏夹集，这样就可以为照片创建更加复杂的层级结构。借助收藏夹集，我们可以按某种层级结构把大量的收藏夹组织起来，方便在【图库】模块下轻松找到所需的照片。
2. 有了智能预览，即使原始照片脱机（例如存放照片的移动硬盘或 NAS 设备未连接至计算机），我们也可以在 Lightroom Classic 中正常编辑照片。在原始照片脱机的情况下，若无智能预览，进入【修改照片】模块后，所有滑块都不可用，而且会显示“无法找到文件”错误信息。若有智能预览，Lightroom Classic 会把所做的修改应用到照片的一个低分辨率版本上，当原始照片上线后，Lightroom Classic 会把所有修改同步到原始照片上。
3. 在【文件夹】面板中，使用鼠标右键单击最顶层的文件夹，从弹出菜单中选择【显示父文件夹】。找到父文件夹之后，使用鼠标右键单击父文件夹，从弹出菜单中选择【查找丢失的文件夹】，然后在新位置下找到文件夹。选择文件夹，单击【选择文件夹】按钮。此时，所有子文件夹会自动与 Lightroom Classic 目录同步。
4. NAS 设备是装在盒子中的一个或多个硬盘，这种盒子有自己的操作系统，能够方便地管理硬盘，而且能够连接到家庭网络（局域网）中。当计算机连接上家庭网络时，你就可以轻松地访问 NAS 设备中的照片。有些 NAS 设备支持 DDNS，经过设置之后，我们可以在户外通过互联网访问家里 NAS 设备中的文件。把一些不常访问的照片从计算机转移到 NAS 设备中，可以腾出更多硬盘空间，存储那些最近拍摄的照片，有助于提升计算机性能。
5. 每一次拍摄都会有一些拍得好和拍得不好的照片。把照片导入 Lightroom Classic 后，浏览照片，对照片分类，把不好的照片标记出来，有助于我们把精力集中到所需要的照片上，还有助于缩短处理照片的时间。照片导入开始时，有一个好的选片方法，可以大大加快工作进程，让你制作出更多好照片。